黄河流域水量分配方案优化及综合调度关键技术丛书

黄河流域水量分配方案优化及综合调度关键技术

王 煜 彭少明 郑小康 等 著

科 学 出 版 社
北 京

内 容 简 介

本书面向黄河流域生态保护和高质量发展重大国家战略需求，以黄河流域作为环境剧烈变化和缺水流域的典型代表，围绕变化环境下流域水资源供需演变驱动机制、缺水流域水资源动态均衡配置理论、复杂梯级水库群水沙电生态耦合机制与协同控制原理三大科学问题，以实现2030年前减少黄河流域缺水量10亿～20亿 m^3 为攻关目标，突破了具有物理机制的黄河流域经济社会-生态-高效输沙精细需水预测技术，创新了统筹效率与公平的缺水流域水资源动态均衡调控理论方法，创建了复杂梯级水库群水沙电生态多维协同调度技术与方法，发展了缺水流域水资源动态均衡配置与协同调度理论体系。本书的研究成果已在黄河流域分水方案优化和水量调度方案编制等工作中开展了业务化应用，直接服务于黄河流域生态保护和高质量发展顶层设计、流域水资源管理和调度实践。

本书可作为流域水资源规划与管理、水库群多目标协同调度等相关领域的科研人员、管理人员和技术人员的参考用书，也可供水文水资源专业本科生和研究生参考阅读。

审图号：GS(2022)723号

图书在版编目(CIP)数据

黄河流域水量分配方案优化及综合调度关键技术 / 王煜等著. —北京：科学出版社，2022.7

(黄河流域水量分配方案优化及综合调度关键技术丛书)

ISBN 978-7-03-072022-1

Ⅰ.①黄… Ⅱ.①王… Ⅲ.①黄河流域-水资源管理-研究 Ⅳ.①TV213.4

中国版本图书馆CIP数据核字（2022）第053331号

责任编辑：王 倩 / 责任校对：樊雅琼

责任印制：吴兆东 / 封面设计：无极书装

科学出版社出版

北京东黄城根北街16号

邮政编码：100717

http://www.sciencep.com

北京建宏印刷有限公司 印刷

科学出版社发行 各地新华书店经销

*

2022年7月第 一 版 开本：787×1092 1/16

2022年7月第一次印刷 印张：21 3/4

字数：515 000

定价：268.00元

（如有印装质量问题，我社负责调换）

“黄河流域水量分配方案优化及综合调度关键技术丛书”编委会

总　　序

黄河是中华民族的母亲河，也是世界上最难治理的河流之一，水少沙多、水沙关系不协调是其复杂难治的症结所在。新时期黄河水沙关系发生了重大变化，“水少”的矛盾愈来愈突出。2019 年 9 月 18 日，习近平总书记在郑州主持召开座谈会，强调黄河流域生态保护和高质量发展是重大国家战略，明确指出水资源短缺是黄河流域最为突出的矛盾，要求优化水资源配置格局、提升配置效率，推进黄河水资源节约集约利用。1987 年国务院颁布的《黄河可供水量分配方案》（黄河“八七”分水方案）是黄河水资源管理的重要依据，对黄河流域水资源合理利用及节约用水起到了积极的推动作用，尤其是 1999 年黄河水量统一调度以来，实现了黄河干流连续 23 年不断流，支撑了沿黄地区经济社会可持续发展。但是，由于流域水资源情势发生了重大变化：水资源量持续减少、时空分布变异，用水特征和结构变化显著，未来将面临经济发展和水资源短缺的严峻挑战。随着流域水资源供需矛盾激化，如何开展黄河水量分配再优化与多目标统筹精细调度是当前面临的科学问题和实践难题。

为破解上述难题，提升黄河流域水资源管理与调度对环境变化的适应性，2017 年，“十三五”国家重点研发计划设立“黄河流域水量分配方案优化及综合调度关键技术”项目。以黄河勘测规划设计研究院有限公司王煜为首席科学家的研究团队，面向黄河流域生态保护和高质量发展重大国家战略需求，紧扣变化环境下流域水资源演变与科学调控的重大难题，瞄准“变化环境下流域水资源供需演变驱动机制”“缺水流域水资源动态均衡配置理论”“复杂梯级水库群水沙电生态耦合机制与协同控制原理”三大科学问题，经过 4 年的科技攻关，项目取得了多项理论创新和技术突破，创新了统筹效率与公平的缺水流域水资源动态均衡调控理论方法，创建了复杂梯级水库群水沙电生态多维协同调度原理与技术，发展了缺水流域水资源动态均衡配置与协同调度理论和技术体系，显著提升了缺水流域水资源安全保障的科技支撑能力。

项目针对黄河流域水资源特征问题，注重理论和技术的实用性，强化研究对实践的支撑，研究期间项目的主要成果已在黄河流域及临近缺水地区水资源调度管理实践中得到检验，形成了缺水流域水量分配、评价和考核的基础，为深入推进黄河流域生态保护和高质量发展重大国家战略提供了重要的科技支撑。项目统筹当地水、外调水、非常规水等多种水源以及生活、生产、生态用水需求，提出的生态优先、效率公平兼顾的配置理念，制订的流域2030年前解决缺水的路线图，为科学配置全流域水资源编制《黄河流域生态保护和高质量发展规划纲要》提供了重要理论支撑。研究提出的黄河“八七”分水方案分阶段调整策略，细化提出的干支流水量分配方案等成果纳入《黄河流域生态保护和高质量发展水安全保障规划》等战略规划，形成了黄河流域水资源配置格局再优化的重要基础。项目研发的黄河水沙电生态多维协同调度系统平台，为黄河水资源管理和调度提供了新一代智能化工具，依托水利部黄河水利委员会黄河水量总调度中心，建成了黄河流域水资源配置与调度示范基地，提升了黄河流域分水方案优化配置和梯级水库群协同调度能力。

项目探索出了一套集广义水资源评价—水资源动态均衡配置—水库群协同调度的全套水资源安全保障技术体系和管理模式，完善了缺水流域水资源科学调控的基础认知与理论方法体系，破解了强约束下流域水资源供需均衡调控与多目标精细化调度的重大难题。“黄河流域水量分配方案优化及综合调度关键技术丛书”是在项目研究成果的基础上，进一步集成、凝练形成的，是一套涵盖机制揭示、理论创新、技术研发和示范应用的学术著作。相信该丛书的出版，将为缺水流域水资源配置和调度提供新的理论、技术和方法，推动水资源及其相关学科的发展进步，支撑黄河流域生态保护和高质量发展重大国家战略的深入推进。

中国工程院院士 王浩

2022年4月

序

黄河流域属资源性缺水地区，人均占有河川径流量为473m^3，仅为全国平均水平的五分之一，流域上下游间、地区之间、部门之间用水竞争激烈，供需矛盾突出。1987 年，为缓解黄河严重的断流问题和协调上下游用水矛盾，国务院批复实施《黄河可供水量分配方案》（黄河“八七”分水方案），明确了黄河流域 9 省（自治区）及河北、天津多年平均耗水指标、河流输沙及生态等用水量。黄河“八七”分水方案实施三十多年来，在控制用水总量、促进节约用水和计划用水、保障生态用水等方面发挥了重要作用。变化环境下黄河天然径流量持续衰减，流域经济社会发展格局、用水结构、骨干工程和水源条件等都发生了显著变化，水资源短缺仍是流域最大的矛盾，水资源安全保障面临重大挑战。科学认识变化环境下黄河流域水资源供需演变规律，深入研究缺水流域水资源动态均衡配置和多维协同调度技术，是保障河流健康、促进流域持续发展的必然选择。为此，“十三五”国家重点研发计划设立“黄河流域水量分配方案优化及综合调度关键技术”项目。该项目主要的研究目标是揭示流域水资源供需演变机制，突破水资源动态评价—精细预测—均衡配置—协同调度的理论和技术方法，提出 2030 年前减少黄河流域缺水 10 亿 ~20 亿 m^3 的路线图，实现流域水资源优化配置与科学调控。

“黄河流域水量分配方案优化及综合调度关键技术”项目由黄河勘测规划设计研究院有限公司牵头，联合南京水利科学研究院、清华大学、中国水利水电科学研究院、黄河水利科学研究院等多家单位开展攻关，在黄河水资源动态均衡配置和水库群多维协同调度方面开展了深入研究，破解了长期制约变化环境下黄河流域水资源管理与工程调度的重大科学和实践难题，取得了多项创新成果。一是揭示了变化环境下流域水资源供需演变驱动机制，明晰了水文–环境–生态相互作用下黄河干支流和近海生态需水机理，创建了黄河动态高效输沙过程塑造技术，建立了流域全口径需水精细预测技术体系；二是构建经济社会耗水 Budyko 模型揭示了经济社会用水行为基本规律，创建了缺水流域统筹公平与效率的水资源动态均衡配置理论、技术体系与模型系统，构建了多场景下分水方案调整集，综合评估了方案调整的适应性，提出了黄河“八七”分水方案分阶段调整策略；三是探明梯级水库群调度下水沙电生态多过程响应机制与演变规律，揭示了复杂梯级水库群多维协同控制原理，创建了水沙电生态多维协同调度和多因素扰动下扰动精细控制技术，提升了复杂梯级水库群联合调度技术水平。

在取得一系列理论创新和技术创新的同时，项目的研究成果在黄河流域水资源管理实践中也开展了广泛的应用。项目依托黄河流域生态保护和高质量发展工程技术中心与水利部黄河水利委员会黄河水量总调度中心，建成黄河流域水资源动态优化配置与协同调度示范基地，项目相关成果已纳入黄河流域生态保护和高质量发展水安全保障规划等重大战略规划，为流域机构和沿黄各省（自治区）水资源配置、调度和管理业务工作提供了技术支持，为深入推进黄河流域生态保护和高质量发展重大国家战略提供了重要科技支撑。

该书是对项目核心技术成果的总结和凝练，体现了理论、方法、技术、应用系统集成的全链条创新。该书的出版将会进一步丰富流域水资源配置理论方法，开拓复杂梯级水库群联合调度新思路，显著提升缺水流域水资源配置与调度的科技水平。

薛松贵

2022 年 6 月

前　言

黄河流域水资源严重短缺，经济社会发展与生态环境保护用水竞争激烈，是世界上水资源调控最为复杂的河流之一。自20世纪70年代以来用水刚性需求持续增长，流域水资源供需矛盾不断加剧，下游频繁断流。1987年国务院颁布我国大江大河首个分水方案——《黄河可供水量分配方案》（黄河“八七”分水方案），奠定了黄河流域水资源统一管理和调度的技术基础，该方案实施以来对黄河水资源合理利用及节约用水起到了积极的推动作用。由于流域水资源情势发生了重大变化：水资源量持续减少、时空分异加剧，用水特征和结构变化显著，常态问题与极端事件交织等，开展变化环境下黄河流域水资源配置优化与协同调度研究具有重要科学意义和实践价值。

本书面向黄河流域生态保护和高质量发展重大国家战略需求，以国家重点研发计划项目“黄河流域水量分配方案优化及综合调度关键技术”（2017YFC0404400）、国家自然科学基金面上项目“复杂梯级水库群多维协同调控原理与模型仿真”（51879240）的研究成果为基础，开展黄河流域水资源配置格局优化和水库群多维协同调度理论、方法与技术研究。项目研究围绕变化环境下流域水资源供需演变驱动机制、缺水流域水资源动态均衡配置理论、复杂梯级水库群水沙电生态耦合机制与协同控制原理三大科学问题，经过近4年的科技攻关和应用实践，突破了流域水资源动态评价—精细预测—均衡配置—协同调度的理论和技术方法，揭示了变化环境下流域水资源供需演变驱动机制，明晰了水文-环境-生态相互作用下黄河干支流和近海生态需水机理，提出了变化环境下缺水流域水量分配方案适应性综合评价方法，创建了缺水流域水资源动态均衡配置理论和梯级水库群水沙电生态协同控制原理，提出了黄河“八七”分水方案分阶段调整策略，建成黄河流域水资源配置与调度示范基地，为黄河流域水资源优化配置、水量调度与管理提供重要技术支撑，有效提升了缺水流域水资源安全保障的科技支撑能力。

本书凝练了国家重点研发计划项目“黄河流域水量分配方案优化及综合调度关键技术”（2017YFC0404400）的主要成果，全书由黄河勘测规划设计研究院有限公司、南京水利科学研究院、黄河水利科学研究院、清华大学、中国水利水电科学研究院、北京师范大学、郑州大学、西安理工大学、黄河水资源保护科学研究院、黄河水文水资源科学研究院等单位的研究人员共同编写完成。全书内容分为8章，各章执笔人如下：第1章由郑小康、王煜、彭少明、靖娟撰写；第2章由金君良、鲁帆、郑小康、舒张康、刘翠善、陶奕源、宋昕熠撰写；第3章由李勇、李春晖、潘轶敏、李小平、葛雷、付健、赵芬、王平、王威浩、丰青撰写；第4章由赵建世、武见、周翔南、蒋桂芹、方洪斌、严登明、明广辉、王淏、张漠凡撰写；第5章由王煜、畅建霞、吴泽宁、王慧亮、武见、周翔南、尚文绣、王学斌、狄丹阳撰写；第6章由彭少明、尚文绣、游进军、方洪斌、金文婷、王佳、王旭、程冀、刘珂撰写；第7章由王煜、彭少明、郑小康、靖娟撰写；第8章由王煜、彭少明、郑小康撰写。全书由王煜统稿。

本项研究工作是在项目指导专家组的悉心指导下完成的，感谢中国科学院刘昌明院士、中国工程院王浩院士、中国科学院夏军院士、中国工程院冯起院士对项目研究和本书编著的关心和指导；感谢中山大学陈晓宏教授、西安理工大学黄强教授、清华大学王忠静教授、中国科学院地理科学与资源研究所贾绍凤研究员、中国水利水电科学研究院王建华教授级高级工程师和赵勇教授级高级工程师、武汉大学刘攀教授和付湘教授、华中科技大学伍永刚教授对本书的支持和帮助。在本书研究过程中，水利部黄河水利委员会陈效国教授级高级工程师、薛松贵副主任、李文学总工程师、乔西现副总工程师、李景宗教授级高级工程师、张国芳副局长为项目研究和顺利实施提供了诸多支持和帮助，青海省水利厅、甘肃省水利厅、宁夏水利厅、内蒙古水利厅、陕西省水利厅、山西省水利厅、河南省水利厅、山东省水利厅、黄河上中游管理局、山东黄河河务局、黄河上游水电开发有限责任公司等单位在资料收集和野外调研中给予了大力支持，在此一并致谢。

限于笔者水平和编写时间，书中难免存在不足之处，敬请广大读者不吝批评赐教。

作　者

2021年12月于郑州

目　　录

第1章　绪　　论

1.1 研究意义

黄河水少、沙多、水沙关系不协调，流域土地、能源、矿产资源丰富，是我国重要的能源化工基地、粮食主产区，也是国家“两屏三带”生态安全战略格局的主要组成部分，在国家战略格局中的地位十分突出。黄河是我国西北、华北地区的重要水源，以其占全国2%的径流量承担了全国15%的耕地和12%的人口供水任务，同时还承担着向流域外部分地区远距离调水的任务。黄河流域人均河川径流量为473m^3，不足全国平均水平的1/4，是我国水资源极其短缺的地区之一。黄河流域是国家重要能源基地和粮食主产区，自20世纪70年代以来流域用水刚性需求持续增长，水资源供需矛盾不断加剧，黄河下游频繁断流。1987年国务院颁布的我国大江大河首个分水方案——《黄河可供水量分配方案》(黄河“八七”分水方案)，是流域水资源管理和调度的依据，对黄河水资源合理利用及节约用水起到了积极的推动作用。但由于流域水资源情势发生了重大变化：水资源量持续减少、时空分布变异，用水特征和结构变化显著，常态问题与极端事件交织等，黄河流域未来将面临经济发展和水资源短缺的严峻挑战。

本书面向黄河流域生态保护和高质量发展重大国家战略需求，以黄河流域作为环境剧烈变化和缺水流域的典型代表，围绕变化环境下流域水资源供需演变驱动机制、缺水流域水资源动态均衡配置理论、复杂梯级水库群水沙电生态耦合机制与协同控制原理三大科学问题，以实现2030年前减少黄河流域缺水量10亿~20亿m^3为攻关目标，以变化环境下流域水资源供需演变—动态配置—协同调度为主线，按照机理识别—规律揭示—理论创新—技术创建—示范应用的总体思路，突破具有物理机制的黄河流域经济社会-生态-高效输沙精细需水预测技术，创新统筹效率与公平的缺水流域水资源动态均衡调控理论方法，创建复杂梯级水库群水沙电生态多维协同调度技术与方法，发展缺水流域水资源动态均衡配置与协同调度理论体系，显著提升我国在缺水流域水资源配置与调度的科技水平。

1.2 国内外研究进展

随着气候变化和人类活动影响的深入，流域水循环过程及通量发生了改变，对水资源产生了显著影响，水循环演变是应对水危机的重要基础和支撑，受国际社会、政府部门和学术界的高度重视，是政府间气候变化专门委员会（Intergovernmental Panel on Climate Change，IPCC）、美国国家自然科学基金会（National Science Foundation，NSF）等国际组织和政府部门关注的重大问题，是国际地圈生物圈计划（International Geosphere-Biosphere Program，IGBP）和国际水文计划（International Hydrological Programme，IHP）等关注的重大热点和前沿命题。解决水资源量不足短期在节水、长期靠调水；解决水资源时空分布不均的关键在于优化调配。美国依靠需水控制在 20 世纪 80 年代实现了用水负增长，以色列凭借先进节水技术支撑经济发展，新加坡、澳大利亚等国家通过多水源+严格管理+科学调配破解了水资源不足的问题。国际上，过去 30 年间，水资源优化配置与调度技术从以单纯追求一个目标最优的择优准则，向由复杂事物固有的多目标优化满意准则转化；从单一整体、功能有限的模型结构形式，发展为分散的、多层次的而且能协调和聚合的多功能模型系统。流域水资源配置未来的一个发展方向就是要平衡各类关系、遵循各类决策机制，实现综合用水效率最高。水资源调度向统筹供水、发电、生态等需求的综合调度技术发展。

1.2.1 流域广义水资源评价方面

1. 我国北方气候变化观测事实及未来预估

地表水资源量受降水、气温、日照等多个气象因素影响，在全球气候变化的大背景下，我国北方各类气象因素呈现出不同的时空变化特征。高继卿等（2015）基于实测站点的分析结果表明，我国北方降水以小雨、中雨为主，降水日数和小雨频数均有不同程度减少。降水的季节性和区域性特征明显，夏、秋季节降水日数和降水量均有下降，冬季降水有所增加（宁亮和钱永甫，2008）。暴雨在华北地区和北方半干旱地区有所减少，而在西北地区有所增加（王炳钦等，2016）。与之相比，年均气温、极端气温普遍呈显著上升趋势，高纬度地区无霜期明显延长（翟盘茂和潘晓华，2003；郭志梅等，2005）。受变暖影响，我国北方大约 80% 地区干旱有加剧迹象，其中春季干旱化尤为严重（史尚渝等，2019）。海河流域潜在蒸散发呈现出下降趋势，而黄河中上游区域均有所上升，风速、辐射等气象要素在整个区域都呈下降趋势，其中风速下降趋势十分显著（刘昌明和张丹，2011；周志鹏等，2019）。

基于大型环流模型（general circulation models，GCMs）和区域气候模式（regional climate models，RCMs）的模拟结果表明我国北方气温升高的形势更为严峻，极端天气发生频率也将持续增加。在全球升温 2℃ 的背景下，我国北方气温增幅在 3℃ 左右，且在排放情景特别报告（special report on emissions scenarios，SRES）A1B、A2 和 B1 情景下，增暖幅度均随海拔增大（姜大膀和富元海，2012；李博和周天军，2010）。Chen 和 Frauenfeld（2014）评估了20个第五次耦合模式比较计划（Coupled Model Intercomparison Project Phase 5，CMIP5）模式数据模拟我国气温变化的精度，在低、中、高三种典型浓度路径（representative concentration pathway，RCP）（RCP2.6/RCP4.5/RCP8.5）下，我国气温变化倾向率分别为0.1℃、0.27℃、0.6℃，其中北方气温增幅更大。此外，极端气象事件仍将持续变化，SRES B2情景下高温事件增加，作物生长季随之延长，低温天气发生频率显著减少，极端降水事件基本呈上升趋势。基于CMIP5的多模式结果评估同样表明，我国未来年降水量、小雨、中雨、极端暴雨的量值均有明显增加，其中我国西北地区各项降水指标增加最为明显，其次为华北地区（Chen，2013；Zhou et al.，2014）。

2. 水文模型水循环模拟

水文模型同样基于水量平衡，将复杂的水文过程概化，采用不同的经验公式估算流域内植被截流、下渗、蒸发、产汇流等水文循环中的关键过程，从而可以描述不同气候条件下流域中水文循环各要素的演变。水文模型是在水文预报方法的基础上发展而来的，但受计算机能力限制，早期的集总式模型将流域看作一个整体，通常以降水等气象条件作为主要输入，使用可调整的经验参数描述流域内植被、土壤、河道等信息，集总式水文模型结构简单、便于应用，在20世纪60～80年代得到了广泛的应用，常用的集总式水文模型主要包括斯坦福水文模型（Stanford watershed model）、水箱模型（tank model）、新安江模型等（吕允刚等，2008）。与Budyko方法类似，集总式水文模型也是用于模拟流域内整体的水量变化情况，但其能模拟更精细的时间尺度（小时、日尺度），也常应用于洪水预报（陈洋波和朱德华，2005）。不过，集总式水文模型无法考虑流域内气象、植被、地形、土壤等关键参数在空间上的差异性，且其参数的物理意义并不明确，因此不能准确地反映气候和下垫面变化的影响，近年来已经无法满足人们在水资源精细化管理等方面的要求。

随着科学技术的日益进步，国内外的学者们更趋向于定量地描述水文循环过程中各要素的时空变化特征。基于数字高程信息的流域分布式水文模型在最近三四十年发展迅速，为定量模拟气候变化和人类活动对水文循环的影响提供了技术支撑。分布式水文模型也称为物理性水文模型，其根据数字高程模型（digital elevation model，DEM）将流域划分为若干个网格，每个网格都具有对应的土壤、植被信息，在能量和水量平衡的基础上，采用具有明确物理意义的公式，模拟每个网格的水文循环过程，模型每个网格间存在水量交互，根据DEM可以确定网格间的流向信息，详尽的时空分布结果可为政策制定和管理提供更准确的数据支撑。分布式水文模型内部参数都具有明确的物理意义，因此从理论上来说各参数（如河道坡度、土壤孔隙度、下渗能力、反射率、导水系数、植被不同季节的叶面积指数、根系深度等）数值都可以通过野外实测得到，能直接应用于无径流观测资料地区的水文模拟。目前开发的分布式水文模型主要有分布式水文土壤植被模型（distributed hydrology soil vegetation model, DHSVM)、丹麦水力学研究所开发的 MIKE SHE 分布式水文模型、适用于干旱半干旱地区的中小尺度分布式水文模型（Tsinghua Integrated Hydrological Models for Small Watershed, THIHMSSW）等（陈仁升等，2003；王中根等，2003；刘闻等，2012）。相较概念式模型，分布式水文模型能更准确地描述流域下垫面变化的影响。

分布式水文模型的发展为水资源的精细化管理提供了便利，但在应用中仍存在一些问题及困难：①模型在结构和参数上存在不确定性。模型中用来描述水量、能量平衡过程及下垫面特征的参数众多，模型中假定各参数间互相独立，但实际上气候因子、土壤、植被之间存在紧密联系，例如叶面积指数对根系发育有较大的影响。②模型结构复杂，参数的率定及验证过程缓慢，计算负荷较大，同时存在多组参数返回相同的模拟结果这一问题(异参同效)，因此最优参数可能与实际情况相悖，这使得模型参数确定变得更加复杂。③为满足模型中物理公式的计算要求，模型对输入数据要求高，通常要求高分辨时空尺度的气象数据和精细的土壤、植被、地形等下垫面数据，在人类活动影响下往往还需要结合人类活动取用水信息进行模拟，因此在无资料和资料缺乏地区难以构建分布式水文模型，也往往无法验证模拟结果。

为满足水资源时空变化分析的需求，同时减少计算负荷，半分布式水文模型根据流域特征划分计算单元，在计算单元上采用集总式模型进行计算。目前常用的半分布式水文模型主要有 SWAT（soil & water assessment tool）、HBV（hydrologiska Byrans vattenbalansavdeling）、WEP（water and energy transfer process）、VIC（variable infiltration capacity）、TOPMODEL（topography based hydrological model）等。基于半分布式水文模型可以得到流域内各计算单元上的蒸发、入渗、截流、产流、土壤水等信息对气候和下垫面条件的响应。以 SWAT 为例，模型先将流域划分为多个子流域，并根据地形、土壤、植被、管理措施等信息，进一步将子流域划分为若干个水文响应单元（hydrological response units, HRU）。HRU 即为 SWAT 模拟中最基本的计算单元，HRU 内部包含了降水、植被截流、蒸发、下渗、产流等水循环过程中的基本要素。类似地，WEP 模型也将流域划分为多个子流域和等高带，不过 HRU 之间并不存在空间关系，而等高带之间具有上下关系，即等高带间存在水量流入、流出的交互过程。

3. 水文过程对气候和人类活动的响应

气候变化和人类活动对天然水文过程造成的影响是长远且深久的，一方面，降水、气温等气象条件的变化使区域水量、能量平衡状态发生改变，直接影响着区域蒸散发和径流量；另一方面，水利工程的兴建改变了径流的年内过程，蒸散发条件、降水入渗和产汇流过程受地形和植物覆被影响（Kramer and Soden，2016；张成凤等，2019）。观测事实和模拟结果表明我国气候已经发生了很大的变化且仍将持续，社会经济的发展也使得人类活动的影响无可避免，因此，研究水文过程在变化环境下的演变规律可为水资源管理提供可靠的数据支撑。

自然界的水文过程受众多因素影响，与地球的气候、生态系统有着十分密切的关系，综合考虑气候变化、人类活动因素的综合影响能更准确地预估未来水资源演变趋势，但是气候变化和人类活动对水文过程的影响十分复杂，主要体现在以下几个方面：①降水、气温、辐射等变化改变了区域水量输入和能量供给，对水量、能量平衡过程有直接影响，目前的分布式水文模型均是以气象条件为输入，在水量、能量平衡的基础上，采用物理公式模拟流域水文过程中各个分量（Neitsch et al., 2012）。②植被是水文循环中的重要纽带，反映着大气、土壤多因子间的相互作用过程（神祥金等，2015）。大量研究表明气候变化对全球范围内的植被生育期、群落、盖度带来了不同程度的影响（Theurillat and Guisan, 2001；Richardson et al., 2013），人类活动中的开垦、植树、城市发展等行为也直接改变了区域内的植被类型。试验和模拟结果均表明植物覆被变化会显著影响径流量，其中林地变化影响较大。因此，下垫面类型变化将改变区域的降水-径流关系，而区域水文过程改变也将影响植被生长（Deshmukh and Singh, 2019）。③人类活动中工程建设、取排水等行为能直接、间接地影响水文过程。具有年调节能力的水库会极大改变径流年内分配过程，坡地改梯田增加了土壤蓄水能力，将显著减少降水产流量（张树磊，2018），人类活动排放的温室气体则是全球变暖的主要原因，2018 年全球 CO_2 排放已经超过 330 亿 t，并仍有增加趋势。

在目前气候变化和人类活动的影响下，我国北方流域径流在年内分配和年际变化上最为显著（李娟，2015）。径流在发生显著变化的同时，对气候和人类活动的响应也呈现出明显的区域特征。基于双累积曲线法的分析表明人类活动是黑河、滦河流域径流衰减的主要影响因素，而渭河流域径流受降水的影响程度略大于受人类活动的影响（王金星等，2008；李志等，2010；毕彩霞等，2013）。需要注意的是，采用不同方法得到的结论存在一些差异。例如，统计分析的结果表明人类活动对黄河流域径流影响的贡献率超过 90%，且在下游地区最为显著（Kong et al., 2016；师忱等，2018）；基于 Budyko 方法的研究结果同样表明下垫面变化是黄河流域径流衰减的主要因素，但上游区间下垫面变化对径流的影响要远大于下游区间（Wang et al., 2012；Yuan et al., 2016）。

总而言之，经济社会取用水、植物覆被改变、地形变化等人类活动因素是整个黄河、海河流域径流量衰减的主要因素。基于水量平衡法，人类活动对海河流域山区径流衰减的贡献率可达 75%（杨大文等，2015），下垫面变化是黄河流域径流量衰减的主要原因，且在中、下游地区影响尤为显著，伊洛河流域气候变化对径流量影响的贡献率仅占 20% 左右（王贺年等，2019）。基于水文模型的研究也能得到类似的结果，人类活动对海河流域、黄河中游径流量影响的贡献率均在 60% 以上（王国庆，2006；Liu et al., 2009），下垫面的变化导致了流域蒸散发增加，径流量和土壤含水量下降（欧春平等，2009）。结合未来可能变化情景，降水是影响径流量的最主要气候因子，其次为气温（贺瑞敏等，2015；王莺等，2017）。

4. 气候模式概述

1979 年，在瑞士日内瓦召开的第一次世界气候大会上，气候变化首次作为一个受到国际社会关注的问题提上议事日程。国内外学者对气候变化及其影响开展了广泛的研究，主要采用 GCMs 与 RCMs 描述不同尺度的气候变化特征（Giorgi and Mearns，1991；Leavesley，1994；Liang et al.，1994；张磊等，2018）。

GCMs 描述了大气圈、冰冻圈、海洋及地表间的物理过程，能模拟大尺度全球气候系统对温室气体变化的响应。GCMs 的发展最早可追溯到 20 世纪 20 年代数值气象预测模型的提出，在 20 世纪 50 年代发展为二维预测模型，其随着计算机技术的进步在 20 世纪 80 ~ 90 年代迅猛发展，并在全球范围内得到广泛应用（Mechoso and Arakawa，2015；董敏等，2009）。迄今为止，GCMs 仍在不断发展，模拟变量的复杂程度和时空分辨率都在不断提高，第六次耦合模式比较计划（Coupled Model Intercomparison Project Phase 6，CMIP6）共有 49 家机构参与，提供了超过 100 种模式模拟结果。最近 20 年间已有众多学者采用 GCMs 对未来气候变化进行预估（Chervin，1980；Gosling and Arnell，2016；Luo et al.，2018）。需要注意的是，GCMs 在较大的空间尺度上（如 100 ~ 1000km）模拟未来气候变化，在小尺度应用时通常需要对其进行降尺度或采用中小尺度的 RCMs（陈杰等，2016）。

1.2.2 经济社会需水和生态需水预测方面

水是最基本的自然资源和战略性的经济资源，是人类生存和社会发展不可缺少的物质基础（夏军等，2011）。近年来，随着经济发展、居民用水和生态环境用水需求的增长，水资源的供需矛盾不断加剧。水资源已成为影响区域经济社会高质量发展的最大刚性约束，解决水资源问题迫在眉睫（孙宇飞和肖恒，2020）。用水结构是区域水资源利用、经济产业结构及生态文明建设的综合反映结果，合理的用水结构是缓解区域用水压力，实现水资源可持续发展的关键所在（尚晓三，2017）。在气候变化和人工干预双重影响的背景下，对水资源系统来说，探究区域用水结构的变化，预测未来的需水情势，有助于把握水资源系统的演变规律，分析区域范围内不同类型用水需求的变化趋势，为流域水资源的合理配置提供参考依据。

1. 流域社会经济用水变化研究现状方面

现阶段有许多研究方法被应用于用水结构演变的相关研究，主要可以分为四类：以信息学理论为基础的信息熵及均衡度模型（商玲等，2013；朱丽姗等，2019；Wu et al.，

2016）、以经济学理论为基础的洛伦兹曲线与基尼系数模型（陈园等，2020；张洪波等，2018）、基于生态学原理的生态位及其熵值模型（焦士兴等，2011；胡德秀等，2018）和基于统计学原理的数理统计方法（白鹏和刘昌明，2018）。信息熵及均衡度模型主要从整体层面上揭示用水结构的特征，信息熵的值可以度量用水系统的有序化程度，但是信息熵模型缺乏对某一用水类型在水资源系统中变化程度的反映（Wu et al.，2016）；洛伦兹曲线与基尼系数模型是度量空间均衡性的重要方法，有助于分析水资源利用在空间分布上的特征，主要的缺陷在于模型无法反映用水结构的时间变化；数理统计法可直观反映用水结构随时间的变化特征，但无法有效揭示导致用水结构变化的驱动因素，而生态位及其熵值模型通过用水生态位反映区域不同用水类型的时空变化态势，可以比较区域与下属分区的用水结构生态位熵值来反映区域及分区之间的用水结构差异，有利于全面地分析用水结构的演变趋势，具有一定研究潜力。

以往区域用水结构的研究对象多以经济发达的省市或者干旱缺水地区为主，以流域为研究对象的较少（魏榕等，2019），其中以整个黄河流域用水结构展开的研究相对匮乏。张士锋和贾绍凤（2002）通过分析黄河流域的来用水情况，总结了黄河流域的用水特征，并预估了未来流域的用水结构变化趋势。马翔堃和陈发斌（2018）统计了甘肃省黄河流域的水资源状况，分析黄河流域水资源利用存在的主要问题。刁艺璇等（2020）利用耦合协调模型，分析了黄河流域城镇化与用水结构之间的关系，并提出了相关建议。这些研究多针对流域不同用水类型的占比关系、发展趋势及协调性，缺乏流域和省份间用水结构关系的研究。

生态位包含生物单元的状态和对环境的现实影响力或支配力，反映了生物在特定生态系统中所占据的生态位置（李雪梅和程小琴，2007）。生态位理论最初由生态学领域提出，后被广泛应用于城市（秦立春和傅晓华，2013）、土地利用（高雪莉等，2019）等领域，生态位概念也被引申为不同领域系统下，各系统组成成分发展态势的表现。生态位及其熵值模型通过用水生态位反映区域不同用水类型的时空变化态势，可以通过比较区域与下属分区的用水结构生态位熵值来反映区域及分区之间的用水结构差异，有利于全面地反映用水结构的演变趋势。焦士兴等（2011）在探讨水资源利用生态位内涵的基础上，构建了水资源利用生态位及其熵值模型，分析了水资源利用生态位与生态环境关系，首次将生态位及其熵值原理应用于安阳市需水结构变化的研究中。此后有施丽珊和张曼（2014）利用生态位宽度模型和熵模型开展研究，揭示了福建省用水结构的演变规律。近年来有胡德秀等（2018）建立用水结构生态位及其熵值模型，揭示了陕西省各区市用水结构及其相对于陕西省、全国的演变态势。但上述研究皆以省市为主要的研究对象，且用水结构的比较分析局限于国内，未能更加深入地分析比较流域和省份、发达国家之间的用水结构变化。

2. 流域需水预测及机理研究方面

需水预测可以为区域水资源配置及高效的水资源利用提供基础（Prerna et al.，2021）。

明晰政府管理政策、经济社会、生态环境对水资源需求的影响，是制定合理、可持续的水资源管理政策的前提。随着区域人口数量增长、经济发展需求增加，相对恒定的区域水资源量和日益增长的用水需求的矛盾显得越发严峻。近年来，变化环境对水资源需求的影响受到广泛关注，如何准确地预测区域的水资源需求发展演变态势成为了重要的科学问题（Zapata，2015；Payetburin et al.，2018；黄航行和李思恩，2019）。

需水预测是影响经济社会、水资源和环境可持续发展的复杂问题，有许多学者对需水预测的相关问题进行了研究，主要的需水预测方法可以分为时间序列方法（李析男等，2017）、多因素相关分析方法（郭磊等，2017）和系统分析方法（李晶晶等，2017）。Wang 等（2017）利用线性回归模型建立了工业需水量与气温的相关关系，综合考虑经济发展、技术进步和气候变化对工业需水量的影响，对变化环境下淮河流域的工业需水量展开预测。秦欢欢（2020）通过建立北京市需水量预测系统动力学（systems dynamics，SD）模型，考虑影响需水量的社会经济、水文、气象、工程技术等因素，通过情景分析预测在气候变化和人类活动双重驱动因素影响下北京市未来需水量及水资源供需平衡关系。

需水预测结果是否合理主要受需水驱动机制解析和需水预测方法的影响（赵勇等，2021）。时间序列方法可以通过建立时间序列预测模型来表明需水与时间序列之间的关系，就短期预测而言，时间序列方法的预测效果证明其具有一定适用性，然而，时间序列方法不能反映需水的内在机理，也不能客观地描述复杂的需水系统（王海锋等，2009；郭强等，2018）。多因素相关分析方法通常可以较为准确地解析需水的驱动机制，可以通过建立需水与其相关变量之间的关系来提供较合理的需水预测结果，但很难系统地刻画水资源供需之间复杂的动态反馈关系，也无法考虑变化环境对需水量的影响作用（吴丹等，2016；He et al.，2018）。系统分析方法可以通过构建经济、人口等与水资源相关的子系统，来反映需水系统这种复合系统中的诸多影响因素及其相互关系，适用于中长期的需水预测（Sun et al.，2017）。现阶段系统分析方法被应用于水资源承载力（朱洁等，2015）、气候变化对区域需水量的影响（金菊良等，2018）、水资源供需平衡分析（Hoekema and Sridhar，2013）等方面的研究，并逐渐得到广泛认可。但系统分析方法一般通过定额法构建各行业需水关系，这要求大量准确的定额数据，且由于在需水分析过程中涉及的气象要素较多，在以往研究中，模型对于变化环境下需水过程的反映相对粗糙，很少考虑到物理机制对需水过程的影响，且大多主要反映气象因子对灌溉需水的影响，没有考虑工业和生活需水物理机制在 SD 模型中的应用。

物理机制是始终伴随在需水过程中的重要机制，在预测过程中考虑物理机制可以更好地反映变化环境对需水的影响程度。物理机制被广泛应用于农业灌溉需水的研究中，主要反映了气象因子对农作物需水的影响（张腾等，2016）。其中气温的增加会直接影响到作物的蒸散发过程，延长作物的物候期，进而导致灌溉需水量的增加；而有效降雨量主要用于供给作物生育期的需水，进而减少作物的灌溉需水量。此外，生活及工业的需水过程也与物理要素息息相关。居民生活饮用水随着气温的增加而增多；居民家庭生活需水中占50%的洗衣及洗澡需水皆与气温要素相关，在高温天气的影响下，洗澡洗衣的频率会增加，从而导致生活用水需求的增加（粟晓玲等，2020）。工业生产过程中，冷却用水量最大，约占整个工业用水的60%。工业冷却水的效率随着气温增加而降低，从而导致工业需水量增加（刘家宏等，2013）。将物理机制引入需水过程的研究，将其与社会、经济发展等人类活动影响相结合，有助于把握气候变化及人类活动影响下流域需水的变化脉络。

综上所述，专题基于水资源系统理论（何霄嘉，2017），结合需水机制方法，建立了考虑物理机制的需水预测系统模型。考虑物理机制的需水预测系统模型在明晰各行业需水的驱动要素基础上，采用需水物理机制的相关研究方法，构建驱动要素和不同行业需水量之间的关系，并将构建的关系应用于系统动力学模型，考虑多系统反馈的作用，分情景对区域中长期的需水量进行预测。该需水预测模型可以较好地反映复合系统对区域供需关系的影响、需水的相关要素及其驱动机制，可以精细化地预测区域中长期需水量的变化态势，为实现变化环境下区域水资源的优化配置和高效利用提供参考依据。

3. 河流生态需水研究方面

生态需水研究始于美国对河流流量与鱼类产量关系的研究，兴起于20世纪70年代的大坝建设高峰期（杜朝阳等，2013），经历了萌芽期（20世纪70年代以前）、发展期（20世纪70年代到80年代末）和成熟期（20世纪90年代以后）3个阶段（Tennant，1976；Ardisson and Bourget，1997；Tharme，2003；Mathews and Richter，2007）。国内有关生态需水的研究开展相对较晚，始于20世纪70年代针对水环境污染的河流最小流量确定方法的研究，兴起于20世纪90年代的生态环境用水的研究，先后经历了认识（70年代~90年代末）和研究（2000年以后）两个阶段（丰华丽等，2002；冯夏清和章光新，2008；张丽等，2008；Kim and Montagna，2009；彭涛等，2010；崔真真等，2010；崔瑛等，2010），在引进大量国外研究理论和方法的基础上，改进并发展了一些具有针对性的研究方法（李丽娟和郑红星，2000；严登华等，2002；唐克旺等，2003；严登华等，2007a；Jin et al.，2011；靳美娟，2013）。由于生态系统和水资源利用状况的差异，对生态需水内涵的认识也存在差异。刘昌明等（2020）对生态水文的主要术语的定性描述中指出生态需水是“在现状和未来特定目标下，维系给定生态、环境功能所需的水量”。《水利部关于做好河湖生态流量确定和保障工作的指导意见》（水资管〔2020〕67号）中明确了河湖生态流量的内涵：河湖生态流量是指为了维系河流、湖泊等水生态系统的结构和功能，需要保留在河湖内符合水质要求的流量（水量、水位）及其过程（刘昌明等，2020）。随着对洪水灾害、河道断流、水体污染等问题的研究，河流生态需水研究得以普遍展开，前期研究主要侧重于河道生态系统，主要集中在根据河道形态、特征鱼类等对流量的需求确定最小及最适宜的流量（中华人民共和国水利部办公厅，2015）。近年来，河流流量在纵向上的连通性以及河流生态系统的完整性受到关注，从流量要素变化的角度来分析河流生态系统的适应性，突破了河流生态系统类型的限制，逐步拓展到其他生态系统类型生态需水的综合分析。生态需水计算方法的研究和应用也取得了较大的进展，由于对生态需水内涵的认识存在差异，因此其计算方法并没有统一的原则和标准。当前，国内外有关生态需水的计算方法可归纳为水文学方法、水力学方法、栖息地模拟方法及综合评估方法等（张文鸽等，2008）。其中，基于历史流量数据的水文学方法（Tennant 法及其改进方法）的应用最广泛；水力学法中基于曼宁公式的 R2CROSS 法应用较为广泛；栖息地模拟方法中以生物学基础为依据的流量增加法（instream flow incremental methodology，IFIM）应用也较为广泛；整体法中以河流系统整体性理论为基础的分析方法（南非的开发建筑块方法（building block methodology，BBM）和澳大利亚的整体评价法）最具代表性。这些生态需水核算方法大多建立在一定假设的基础上，研究对象大多选取特定的生物，侧重最小生态流量的计算，生态需水的计算方法虽多，但还不成熟。

黄河大部分流经我国干旱与半干旱地区，由于人类活动过多挤占了生态用水，黄河干流和河口湿地生态系统出现退化现象，但由于黄河流域面积之大，上、中、下游以及河口生态需水存在较大差别。黄河干流上、中游断面主要关注生态系统保护为主的生态需水核算，主要包括河道的生态基流量（维持鱼类栖息地的生态流量）以及水体自净需水量等；下游主要以泥沙输水量为主进行研究，主要包括维持河道输沙冲淤的输沙水量（水量及脉冲过程）；河口生态系统生态需水主要以三角洲湿地（鱼类和植被等）为主进行研究，主要包括维持河口三角洲生态的水量（连续性水量及水量过程）。

4. 输沙水量研究方面

输沙水量是关系到河道输沙效果和河道自身健康发展所需水量的一个重要指标。研究输沙水量（输送单位重量的泥沙所需要的水量），就是为了更好地节约输沙用水量，促进水资源的合理利用（岳德军等，1996）。钱意颖等（1993）首次提出输沙水量的概念，认为黄河下游输沙水量与来水来沙条件及河床边界条件关系密切。“八五”国家科技攻关计划项目“黄河治理与水资源开发利用”对黄河下游的河道输沙水量进行了初步研究，其中利津（1960～1989 年）汛期的输沙水量与三门峡、黑石关和武陟三站（简称三黑武）的含沙量密切相关，存在一定的线性关系；而非汛期输沙水量则与三黑武来沙量密切相关。

齐璞等（1997）提出输沙耗水量的定义，认为输沙耗水量的取值完全取决于含沙量的高低，采用断面平均含沙量进行表示。严军（2003）在其博士论文中对 1950～2000 年黄河下游各站汛期、非汛期、全年和洪水期输沙水量和单位输沙水量开展了较为详细的分析工作，并采用黄河下游主要控制站输沙量法和含沙量法的数据对其经验公式的参数进行率定，形成不同河段的参数表。采用假设较为简化的小浪底水库运用方式，应用一维水沙数学模型，对高效输沙水量和高效输沙水沙组合的设计方案进行了计算。石伟和王光谦（2003）从河流输沙水量的概念出发，根据输沙平衡原理推导出考虑河道冲淤、引水引沙情况下河流最经济输沙水量的计算式，他们认为输沙水量与含沙量成反比，与流量也成反比关系，同时提出最经济输沙水量是输沙效率与河道淤积状况综合最优时的输沙水量，即平滩流量时对应的输沙水量。申冠卿等（2006）根据黄河下游1950~2002年水沙、河道冲淤及洪水观测资料，系统分析了黄河下游主要控制站输沙水量与来沙量、洪水量级、水沙搭配区间引水引沙及河道允许淤积度等因子间的相互关系，认为年输沙量、河段冲淤程度、流量级、大流量来水过程持续时间对汛期的输沙水量起到决定作用，并以黄河下游花园口站、利津站实测资料提出了适用于黄河下游主要控制站汛期、洪峰期和非汛期输沙水量计算的经验公式。潘贤娣等（2006）研究提出高效输沙洪峰概念。张原锋等（2007）认为输沙水量的计算思路为，首先确定不同的输沙情况所需的输沙水量，再根据流量、含沙量及淤积比关系进行反复试算，使得输沙情况下的淤积量等于允许淤积量，并最终求得输沙水量。张翠萍等（2007）根据渭河下游水沙条件、河道边界条件等资料对其输沙水量开展研究，分析了汛期和非汛期输沙水量的特点，并采用不同的方法进行了计算，综合确定了汛期、年输沙水量，提出并论证了流量级对输沙水量的重要性。张原锋和申冠卿（2009）针对不同学者对黄河下游输沙水量的不同定义进行了分类讨论，提出了维持主槽不萎缩输沙水量，采用1986~1999年黄河下游实测水沙过程，提出黄河汛期输沙水量的容许淤积量，考虑小浪底水库调节措施以及不同主槽规模、不同水库调节方案的输沙水量计算方法。

李小平等（2010）重点研究了黄河下游1950~2005年发生在汛期的平均流量大于2000m³/s的243场洪水的冲淤特性以及高效输沙洪水过程，建立了洪水淤积比的计算公式，提出黄河下游洪水期输沙需水量的计算步骤。吴保生等（2012）从能量守恒角度出发分析了挟沙水流能量耗散机理和水流塑槽与输沙能量的分配，通过黄河下游1957~2007年各主要测站长期现场观测资料得出挟沙水流与塑槽及输沙平衡的经验公式，以三黑小的来水来沙条件计算了黄河下游河道塑槽输沙水量。李凌云（2010）在其博士论文中对吴保生的能量守恒方法及河道塑槽输沙水量的工作进行了较为详细的说明。刘小勇等（2002）从上游来水来沙状态、下游河道输沙目标、下游河道水流输沙能力和水利枢纽调控调度4个层次分析了黄河下游河道输沙用水效率。根据1950~1997年期间的实测资料，分别讨论了黄河下游不同河段在自然、受控、复杂和异常状态下的输沙需水量，在各种状态下根据河道和输沙特性的差异，分别按照均衡和平衡输沙目标计算了下游河道输沙需水量。刘晓燕等（2007）基于黄河下游历史实测资料，分析了流量、水量、含沙量和来沙量等主要因素与主槽形态的响应关系。通过对未来入黄泥沙形势、黄河下游洪水形势、黄河下游不同量级洪水的挟沙能力、不同量级及历时的洪水塑槽机理分析，阐述了小浪底水库运用后进入黄河下游的泥沙将主要在洪水期下泄的特点。对未来下游来沙量在 8 亿~9 亿 t 情况下，黄河下游主槽不萎缩所需洪水条件，即维持下游主槽过流能力 $4000m^3/s$ 左右，对应的洪水水量应维持在 60 亿~70 亿 m^3。

吴保生等（2011）根据 1964~2007 年黄河下游孙口水文站观测数据，以滑动平均水量和滑动平均沙量为参数，建立了黄河下游汛期塑槽需水量的计算公式，包括上限需水量和下限需水量，构成塑槽需水量的变化区间。其资料分析和公式计算结果显示，汛期塑槽需水量与汛期来沙量及平滩流量均成正比关系。林秀芝等（2005）分析了渭河下游汛期输沙水量，利用 1974~2002 年断面法淤积资料，与汛期进入渭河下游的水沙资料建立相关关系式，并对其合理性进行了充分论证。

对代表性输沙水量关系式进行汇总，如表 1-1 所示。

表 1-1　输沙水量代表性关系式

作者	河段	公式	备注	序号
岳德军等，1996	利津	$\lg\eta_{ij}=1.849-S_{shw}/150$	η_{ij} 为利津需水量；S_{shw} 为三黑武含沙量，汛期	1
		$\lg\eta_{ij}=2.586-0.0027W_{shw}$	W_{shw} 为三黑武来沙量；其他单位同上，非汛期	2
		$S>150kg/m^3$，$\eta_{ij}=10m^3/t$，河道淤积比 60%。 $S<40kg/m^3$，$\eta_{ij}=80m^3/t$，河道冲刷	洪峰期	3
严军，2003	黄河下游主要控制站	$q=kS^mq$	q 为输沙水量；S 为平均含沙量；k 和 m 为待定参数	4
石伟和王光谦，2003	黄河下游部分水文站	$q_{sm}=\dfrac{1000}{\left(S_mQ_m-\dfrac{1000T}{\Delta t}-\dfrac{1000\Delta Z}{\Delta t}\right)\dfrac{1}{Q_m}}-\dfrac{1}{\gamma_s}$	q_{sm} 为最经济输沙水量；S_m 为某一时段平均平滩流量 Q_m 对应的平均含沙量	5
申冠卿等，2006	黄河下游主要控制站	汛期花园口站 $W=22W_s-42.3Y_s+86.8$ 汛期利津站 $\dfrac{W_{利}}{W_{s利}}=21.84W_s^{-0.5179}W^{0.2643}$ 洪水期花园口站 $W=\dfrac{1000W_s}{0.23e^{0.0215\eta}Q^{2/3}}$ 洪水期利津站 $\dfrac{W_{利}}{W_{s利}}=2.767\left(\dfrac{W_s}{W}\right)^{-0.72}$ 非汛期 $W_s-C_s=\begin{cases}0.002W^{2.13} & W\leqslant 50\\ 0.03W-0.67 & W>50\end{cases}$	W 为汛期花园口输沙水量，亿 m^3；W_s 为来沙量，亿 t；Y_s 为下游河道允许淤积量，亿 t；$W_{利}$ 为汛期利津输沙水量，亿 m^3；$W_{s利}$ 为汛期利津沙量，亿 t；C_s 为冲淤量	6
张原锋等，2007	黄河下游	$S/Q^{0.8}=0.18\eta^3+0.3\eta^2+0.17\eta+0.066$ $\eta=C_s/W_s$	S/Q 为洪水期来沙系数，η 为冲淤比，C_s 为洪水期冲淤量，W_s 为洪水期来沙量	7

续表

作者	河段	公式	备注	序号
张原锋等，2009	黄河下游	$Se^{-1.2P^*}/Q^{0.8}=0.111\eta^3+0.168\eta^2+0.089\eta+0.035$	η 为主槽冲淤量与来沙量的比值，P^* 为粒径小于 0.025mm 的泥沙所占百分数	8
李小平等，2010	黄河下游	$P_s=(25/S+0.32)*100\%$	P_s 为场次洪水的排沙比，S 为场次洪水的平均含沙量	9
吴保生等，2011	黄河下游孙口水文站	$\overline{W}_{sk}=0.0396\,Q_{bf}^{0.944}\overline{W}_{s,sk}{}^{0.27}$　平均线 $\overline{W}_{sk}=0.0396\,(Q_{bf}+826)^{0.944}\overline{W}_{s,sk}{}^{0.270}$　上包线	$\overline{W}_{sk}$ 为孙口站塑槽输沙需水量，亿 m^3；$\overline{W}_{s,sk}$ 为孙口站输沙量，亿 t；Q_{bf} 为平滩流量，m^3/s。	10
吴保生等，2012	黄河下游主要控制站	$W=\frac{1}{\gamma\Delta H}[E_1(Q_b)+E_2(W_s)]$ $E_1(Q_b)=K\hat{K}_1Q_b^{\alpha}\quad E_2(W_s)=\hat{K}_2\overline{W_s}$	γ 为水体的容重；W 为水体体积；ΔH 为研究河段进出口断面间高差；水流用于克服边界阻力，塑槽和维持一定规模的水力几何形态所消耗的能量为 E_1，而用来输送水流中的泥沙所消耗的能量为 E_2；$\hat{K}_1$ 和 $\hat{K}_2$ 为系数；α 为指数	11
林秀芝等，2005	渭河下游，华县水文站	$W_{华汛}=9.49W_{s汛}-72.89\Delta W_s+23.65$	$W_{华汛}$ 为华县水文站汛期输沙水量，亿 m^3；$W_{s汛}$ 为渭河下游汛期来沙量，亿 t；ΔW_s 为渭河下游河道在该来沙情况下允许淤积量，亿 t	12

费祥俊（1998）从输沙耗水量的定义表达式出发，对以断面平均含沙量与泥沙容重表示的输沙耗水量公式所引发的黄河下游河道长距离高含沙输沙问题开展了讨论。以渠道和黄河下游 20 世纪 80 年代至 90 年代观测资料对其通过水槽试验得到的高含沙水流不淤流速表达式进行讨论分析，进一步提出高含沙水流长距离输沙所需最小坡度的表达式。费祥俊（1999）应用小浪底水库未投入运用前（1998 年之前）的黄河下游水沙资料开展试验研究，得到不同河段河道输沙能力的关系式，提出应采取出库高含沙水流通过渠道向两岸低地放淤的综合减淤措施，并根据其关系式认为，若放淤浑水含沙量为 300kg/m^3，输沙水量为 3m^3/t。

白夏等（2015）在分析讨论黄河上游可调输沙水量基本概念的基础上，阐明了可调输沙水量与水库可调水量之间的相关关系，进而通过计算黄河上游龙羊峡水库 1987 ~

2010年可调水量，探讨了满足综合用水需求和发电用水需求两种情景模式下的黄河上游历年可调输沙水量及水库水沙调控效益。齐璞和侯起秀（2008）认为可利用高含沙水流输沙入海，节省输沙水量，减缓河道淤积。并采用黄河下游1970～1996年实测资料设定计算方案，其方案显示水库开始排沙后，年均输沙水量为43亿m^3，丰水年输沙水量达128亿m^3，最小者为16亿m^3。姜立伟（2009）基于1950～2006年黄河下游水沙变化规律与趋势的分析，通过建立场次洪水排沙比以揭示河道输沙特性，并以此为基础建立了维持主槽冲淤平衡的汛期输沙水量的优化模型，最后分别应用特定年份水沙条件线性回归法（5年滑动平均年、汛期水沙量存在较好的线性相关）和平滩流量计算公式法获得了维持黄河下游4000m^3/s平滩流量的汛期输沙水量。严军（2009）依据输沙水量的基本概念和黄河下游河道泥沙输移经验规律，分析了黄河下游1964年、1977年、1992年输沙水量与泥沙输移之间的关系，进而推求了黄河下游河道输沙水量适用公式，计算了下游河道输沙水量，分析了冲淤平衡状态时下游河道单位输沙水量与输沙量的关系。

杨丽丰等（2007）基于1974～2003年渭河下游汛期实测资料的大量分析，研究并提出了影响输沙水量的主要因素，并根据一维恒定流非饱和输沙方程和渭河下游的来水来沙特点及冲淤规律，建立了渭河下游汛期输沙水量计算公式。陈雄波等（2009）对渭河下游输沙水量研究中主要工作的创新性给予总结。宋进喜等（2005）基于对1960～2000年渭河下游河流输沙运动特性的分析，认为最小河流输沙水量是当河流输沙基本上处于冲淤平衡状态时输送单位重量的泥沙所需要的水的体积，通过河段进口即上游断面水流挟沙力与含沙量比较，分别建立了最小河段输沙水量的计算方法，并应用该方法对渭河下游输沙水量做了计算。

刘立权（2013）在辽河干流径流与泥沙研究基础上，应用不同方法进行输沙水量相关影响因素分析，并对不同粒径泥沙对应的不同径流量进行复合分析研究，建立了不同时间输送不同粒径泥沙所需径流量的统计关系。引用石伟和王光谦的输沙水量计算公式，并采用辽河相关资料率定参数，进而确定辽河干流不同时间、不同河段、针对不同性质泥沙的输沙水量，张燕菁等（2007）在对辽河干流河道1954～2000年冲淤演变特性观测研究的基础上，对维持河道稳定的输沙水量采用严军和胡春宏提出的输沙水量公式进行了分析计算。研究成果表明，辽河河道输沙水量与来沙量大小成正比，辽河干流下游河段多年平均输沙水量小于不淤（高效）输沙水量，说明现有的来水量不足以维持下游河道的冲淤平衡；要保证下游河道不发生持续性淤积，还需要采取其他措施增加输沙水量，以便维持下游河道的相对稳定。

史红玲等（2007）通过对松花江干流1955～2000年多年水沙过程、纵剖面及横断面形态、河道稳定性计算及河势变化分析，发现松花江干流河势总体相对稳定。针对松花江以推移质造床为主，输沙水量不是维持河道稳定的决定性因素的特点，提出了包含水量、流量和历时要求的维持河道稳定需水量的概念。

综上可知，输沙水量的概念自黄河下游输沙规律研究过程中提出后，已推广用于整个黄河干支流输沙规律的研究工作中，同时在辽河、松花江等其他流域逐步推广使用，以更加明确地研究河流输沙特性。

根据所搜集的国内外关于输沙水量的研究文献，关于黄河干支流河道输沙水量的研究大多基于小浪底水利枢纽正常运用之前的黄河水沙观测资料，部分学者将研究资料更新至2007年。依据前人对输沙水量的研究成果可知，输沙水量与来水来沙条件、河道边界条件以及泥沙组成和级配均有着较为密切的关系。随着小浪底水量枢纽的运用，水库下泄流量的减小，下泄水流含沙量锐减，河床粗化，河道展宽与下切强度与速率的改变，以及黄河河道河工建筑物（控导工程、险工等）随着河势变化的不断调整与修建等一系列不同于以往黄河河流水沙条件和底床、边滩边界条件的新变化，前人基于黄河河道实测资料获得的输沙水量表达式及其适用性需要进一步论证。

1.2.3　在流域水资源配置方面

1. 国际上关于水资源配置研究的发展历程

国外关于水资源配置问题的研究始于20世纪40年代中期，主要研究单一工程的优化调度，后来逐渐发展到流域水资源的优化分配，水资源配置的研究内容、配置目标、研究方法以及配置机制都得到了发展。

美国总统水资源政策委员会的报告（1950）是最早综述水资源开发、利用和保护问题的报告之一。该报告的出台推动了行政管理部门进一步开展水资源方面的调查研究工作；美国陆军工程师兵团（1953）为了研究解决美国密苏里河流域6座水库的运行调度问题设计了最早的水资源模拟模型。

国外水资源合理配置的研究始于20世纪60年代初期，1960年，科罗拉多的几所大学对计划需水量的估算及满足未来需水量的途径进行了研讨，体现了水资源配置的思想。

20世纪70年代以来，伴随计算机技术、系统分析理论和模拟技术的发展及其在水资源领域的应用，关于水资源配置的研究成果逐渐增多。Haimes和Yacor（1975）对多目标水资源系统的功能进行了探讨，并应用多层次管理技术研究地下水与地表水联合调度问题，从多目标多水源的角度推动了水资源配置模型技术的发展。Cohon和Markshead（1975）建立了实用的评价多目标水资源规划的编程技术，对水资源多目标问题进行了研究。1979年，美国麻省理工学院应用模拟模型技术对阿根廷科罗拉多河流域水量的利用进行规划研究，提出了基于多目标的规划理论。1982 年，水资源多目标分析会议在美国召开，进一步推动了多目标决策理论与技术在水资源管理领域的应用。伯拉斯（1983）所著《水资源科学分配》，是最早比较系统地研究水资源分配理论与方法的专著，该书简要阐述了 20 世纪六七十年代发展起来的水资源系统工程学内容，较为全面地论述了水资源开发利用的合理方法，围绕水资源系统的设计和应用这个核心问题，着重介绍了运筹学数学方法和计算机技术在水资源工程中的应用。

20 世纪 90 年代以来，水资源量与质统一管理理论研究不断深入，国际上从单纯的水量配置研究发展到水量水质统一配置研究。同时，随着经济社会快速发展与水资源短缺之间的矛盾愈演愈烈，各国水污染事件频发、水危机不断加剧。为了实现水资源的可持续利用，水资源配置的研究更加重视生态环境与社会经济的协调发展。1990 年由联合国出版的《水与可持续发展准则：原理与政策方案》充分分析了水资源与经济社会发展的关系，确定了水资源开发在可持续发展中的基本准则和地位。Watkins 和 Mckinney（1995）介绍了一种伴随风险和不确定性的可持续水资源规划模型框架，建立了有代表性的水资源联合调度模型，此模型是一个二阶段扩展模型，第一阶段可得到投资决策变量，第二阶段可得到运行决策变量，运用大系统的分解聚合算法求解最终的非线性混合整数规划模型。Percia 等（1998）以经济效益最大为目标，建立了以色列南部 Eilat 地区的污水、地表水、地下水等多种水源的管理模型，模型中考虑了不同用水部门对水质的不同要求。

20 世纪末以来，国外研究更加集中于水资源配置机制、水资源管理体制和政策等方面。在求解方法上，随着智能优化算法发展迅猛，采用智能优化方法求解经济模型、水管理模型等水资源配置模型成为发展的新趋势。Grimble（1999）对水短缺问题进行了探讨，认为水必须要通过市场机制在不同用户或用途之间进行分配或配置，改进效率、提高可持续利用程度。Tisdell（2001）研究了澳大利亚 Border 河 Queensland 地区水市场的环境影响，研究结论是水权交易有可能使生产需水和天然流量情势之间矛盾增加，因此需要在生产需水和环境需水间寻求平衡；Minsker 等（2000）考虑到水文的不确定性，运用遗传算法建立了水资源配置多目标分析模型用于模拟水资源系统中多目标间的不确定性；Yang 等（2001）开发了不同时空尺度下多目标水资源配置模型，利用灰色模拟技术率定地下水模型参数，并在此基础上将二者进行耦合；Mckinney 等（2002）采用面向对象的手段，使 GIS 系统与水资源管理系统有机联动，从而更加真实地模拟流域水资源动态分配；Mahan 等（2002）认为采用市场机制可以提高水的利用效率，并通过网络模型在量化短期效率提高下重新分配地表水源；Kelman 和 Kelman（2002）针对干旱地区社会经济用水量超过水资源承载力的问题，讨论了水分配机制，提出了基于不同用水户、机会成本的水资源配置模型；Kralisch 等（2003）提出一种神经网络方法用以解决城市引水与农业高用水之间的平衡关系。之后，一些学者在市场经济机制、水资源产权界定、水权交易、组织管理等对水资源配置产生的影响方面做了相关研究；Babel 等（2005）考虑社会、经济、环境和技术等方面的因素协调，提出了一个互动整合水资源配置模型；Prodanovic 和 Simonovic（2010）基于系统方法，构建了耦合水文模拟和描述社会经济过程的模块，研究了加拿大 Upper Thames 流域在气候模式变化和社会经济发展耦合情景下的风险和脆弱性；Nyagumbo 和 Rurinda（2012）分析了相关政策和制度框架对农业用水管理的影响；Kucukmehmetoglu（2012）在流域跨境问题的背景下集成了博弈论和帕累托最优化理念，提出了一套基于国家战略层面的水资源配置思路；Davijani 等（2016）考虑社会效益和经济效益，构建多目标优化模型，并采用元启发式算法进行求解，研究了干旱地区的水资源优化配置问题；Abdulbaki 等（2017）以损失最小为目标，建立了水资源优化配置模型。

2. 我国水资源配置的研究历程

我国水资源科学分配方面的研究起步较迟，但发展很快。20 世纪 60 年代，开始了以水库优化调度为先导的水资源分配研究，这一时期的研究主要集中于单一的防洪、灌溉、发电等水利工程，研究的目标是实现工程经济效益的最大化。80 年代初，华士乾（1985）以系统工程方法进行水资源利用问题研究，成为我国水资源配置研究的雏形。从“六五”国家科技攻关计划开始，经过几十年发展，我国水资源配置研究取得了丰硕的成果。

从“六五”国家科技攻关计划开始，针对不同阶段出现的问题，在水资源配置理论方面形成了几个代表性的阶段。

（1）就水论水配置阶段

“六五”国家科技攻关计划项目“华北地区地下水资源的开发利用及其管理”对华北地区水资源数量、地表水和地下水的国民经济可利用量进行了评价，为水资源配置奠定了基础。80 年代初，由华士乾教授为首的研究小组对北京地区的水资源利用系统工程方法进行了研究，该项研究考虑了水量的区域分配、水资源利用效率、水利工程建设次序以及水资源开发利用对国民经济发展的作用。“七五”国家科技攻关计划项目“华北地区及山西能源基地水资源研究”中突出了“四水”转化机理分析和水资源合理利用，进行了以需定供模式下的地下水和地表水联合配置研究。

就水论水配置阶段，在分析思路上存在“以需定供”和“以供定需”两种思想的配置模式。前者以经济效益最优或经济用户缺水量最小为唯一目标，以过去或当前的国民经济结构和发展速度资料预测未来的经济规模，通过该经济规模预测相应的需水量，并以此得到的需求水量进行供水工程规划；后者以水资源的供给可能性进行生产力布局，强调资源的合理开发利用，在可供水量分析时与地区经济发展相分离，没有实现资源开发与经济发展的动态协调。这一阶段将水资源的需求和供给分离开来考虑，忽视了与区域经济发展的动态协调，对于影响配置的社会经济因素缺乏互动性的分析。

（2）基于宏观经济的水资源配置阶段

1991 年，“水资源优化配置”一词正式在我国出现，拓展了水资源配置及相关问题的研究方向。1995 年出版的《水资源大系统优化规划与优化调度经验汇编》较系统地总结了 20 世纪 80 ~ 90 年代初期我国水资源调度及规划领域的新理论、新方法。随着水资源开发利用与区域经济发展模式关系更为密切，基于宏观经济的水资源优化配置理论逐步形成。

“八五”国家科技攻关计划项目“黄河治理与水资源开发利用”重点研究了水与国民经济的关系，将宏观经济、系统方法与区域水资源规划实践相结合，形成了基于宏观经济的水资源优化配置理论，并在这一理论指导下提出了多层次、多目标、群决策方法，形成了水与经济发展协调关系下的配置模式，进行了华北地区水资源优化配置的方案研究。黄河水利委员会勘测规划设计研究院与美国水资源管理公司（1992）合作开发了黄河流域水资源经济模型，是黄河流域水资源领域首个功能丰富、先进和实用的数学计算模型。黄晓荣等（2006）分析了宁夏目前经济结构下水资源利用效率及产出效益，开展了基于宏观经济结构合理化的宁夏水资源合理配置。刘金华（2013）在揭示社会经济、水资源和生态环境系统规律的基础上，构建水资源与社会经济协调发展分析模型，并以淮河流域为例，基于投入产出编制方法，编制完成了淮河流域 2009 年竞争型投入产出表。

基于宏观经济的水资源优化配置理论通过投入产出分析，从区域经济结构和发展规模分析入手，将水资源优化配置纳入宏观经济系统，以实现区域经济和资源利用的协调发展，该理论不是单纯着眼于水资源系统本身，而是认为水资源系统是区域自然–社会–经济协同系统的一个有机组成部分。区域宏观经济系统的长期发展，既受其内部因素的制约，如投入产出结构、消费积累结构、调入调出结构、技术进步政策、投资政策及产业政策的影响，又受到外部自然资源和环境生态条件的制约。一方面经济规模的增长会促进水需求的增长，另一方面水供给的紧缺也会限制经济的增长并促使经济结构作适应性调整。这一阶段的水资源配置目标主要是经济效益最大化，从社会经济整体出发将水资源作为资源条件，扩大了配置分析的范围，形成了水与经济的双向反馈机制。由于水与社会经济的复杂关系，复杂性适应性理论、多目标风险分析、人工智能算法等不同分析方法也逐步被引入水资源配置模型构建中。

作为宏观经济核算重要工具的投入产出表只是反映了传统经济运行和均衡状况，投入产出表中所选择的各种要素经过市场最终达到一种平衡，忽视了资源自身价值和生态环境的保护。因此，基于宏观经济的水资源优化配置虽然考虑了宏观经济系统和水资源系统之间相互依存、相互制约的关系，但并未把环境保护作为一种产业考虑到投入产出的流通平衡中，忽视了水循环演变过程与生态环境系统之间的相互作用关系，必然会造成环境污染或生态遭受潜在的破坏。

（3）面向社会经济、水资源与生态环境协调发展的水资源配置与综合调控阶段

20世纪末，随着经济的快速发展，各地水资源供需矛盾日益突出，水污染加剧，生态环境不断恶化，传统的水资源配置模式已不能满足需要。水资源系统是由宏观经济-社会-水资源-生态-环境组成的复杂系统，各子系统间相互依存、相互制约。水资源合理配置的目标，是协调各子系统之间的关系，追求各系统的可持续发展。

“九五”国家科技攻关计划项目“西北地区水资源合理开发利用及生态环境保护研究”将水资源系统与社会经济系统、生态环境系统联系起来并统一考虑水资源的合理配置，提出了基于二元水循环模式的水资源合理配置理论与方法。“十五”国家科技攻关计划重大项目“水安全保障技术研究”提出面向全属性（自然、环境、生态、社会、经济五种属性）功能的流域水资源配置概念，首次提出以模拟—配置—评价—调度为基本环节的流域水资源调配四层总控结构，并且实现了水资源宏观配置方案和实时调度方案的耦合与嵌套，为流域水资源调配研究提供了较为完整的框架体系。冯耀龙等（2003）基于可持续发展理论，构建了面向可持续发展的区域水资源优化配置模型。刘丙军和陈晓宏（2009）根据协同学理论，分别对社会、经济和生态环境子系统设置序参量，并结合信息熵原理，构建了一种基于协同学原理的流域水资源配置模型。陈晓宏（2011）开展了湿润区变化环境下的水资源优化配置研究。秦长海等（2013）在科学认知水循环多维属性和特征的基础上，深入辨析水资源、经济、社会、生态、环境五维系统特征，建立了水循环多维临界整体调控模型体系，提出了海河流域合理的水资源开发利用阈值。杨朝晖（2013）选取国内生产总值、粮食产量、污染负荷量等目标，统筹考虑社会经济和生态环境对水资源的需求，建立面向生态文明的水资源调控模型。王煜等（2014）建立水资源综合调控框架体系，优选与区域水资源承载力水平相适应的经济规模和结构，实现区域水资源可持续利用。夏军等（2015）针对水资源脆弱性的适应性调控，设置了用水总量调控、用水效率调控、水功能区达标调控、生态需水调控和综合调控五个不同方案进行研究。

在这一阶段，可持续发展理论、协同学理论、控制论等广泛应用于水资源的优化配置，配置目标不再单纯追求经济效益最大，而是追求水资源综合效益最优。水资源优化配置充分考虑当前经济形势发展，遵循资源、经济、社会、生态环境协调的原则，在保护水环境的同时合理地开发利用，既满足经济发展需求下的水资源供给，又保障了可供持续利用的水环境，促进国民经济、社会、生态、水环境协调发展。该类型优化配置的研究主要侧重于时间序列（如当代与后代、人类未来等）上的认识，对于空间分布上的认识（如区域资源的随机分布、环境格局的不平衡、发达地区和落后地区社会经济状况的差异等）基本没有涉及。同时，针对当前环境剧烈变化的流域和缺水流域，水资源优化配置理论和方法研究仍显不足，仍是未来研究的热点和难点。

(4) 广义水资源配置阶段

以往的水资源配置未能将社会、经济、人工生态和天然生态统一纳入配置体系中，并且对天然降水和土壤水的配置涉及较少，配置目标也仅考虑传统的人工取用水的供需平衡缺口，对于区域经济社会和生态环境的耗水机理并未详细分析。

“十五”国家科技攻关计划项目“水安全保障技术研究”提出了广义水资源配置，将大气有效降水、土壤水和再生水纳入水源范围，同时充分考虑中水回用等再生性水资源利用，并在宁夏开展应用。魏传江（2006）根据自然-人工二元水循环、区域社会经济需水特点、流域经济生态耗水平衡、径流过程，构建出基于水资源多重属性的全要素水资源优化配置模型，并提出了较完备的全要素水资源优化配置理论体系。汤万龙（2007）在ARCSWAT应用技术上，从宏观角度构建了基于蒸散（evapotranspiration，ET）的流域管理模式。蒋云钟等（2008）提出了以可消耗ET分配为核心的水资源合理配置技术框架，围绕ET指标进行水平衡分析与分配计算，并进行了实例研究。周祖昊等（2009）在综合考虑自然水循环天然耗水和社会水循环用水耗水的基础上，进行各区域、各部门ET的分配，并在海河流域中得到了初步应用。

广义水资源配置的对象包括土壤水和降水在内的广义水资源，扩大了传统的资源观；配置范围在传统的生产、生活和人工生态的基础上，考虑了天然生态系统；配置指标基于全口径配置指标全面分析区域经济生态系统水资源供需平衡状况，包括传统的供需平衡指标、地表地下耗水供需平衡指标和广义水资源供需平衡指标。广义水资源配置理念较为超前，而目前的水资源配置工作一般基于现有的水资源评价口径开展，对于大气降水、土壤水等水源缺乏相应的基础数据积累，因此在实际使用中存在较大困难，同时，基于耗水的配置也存在ET监测控制困难的问题。

(5) 跨流域大系统配置阶段

南水北调工程是跨流域大系统配置研究的重要推动因素，由于南水北调涉及长江、淮河、黄河、海河四大流域，水量分配存在多水源、多用户、多阶段、多目标、多决策主体，水资源合理配置是确定工程规模的基础。为构建清晰可行的配置思路和定量方法，王浩（2003）提出了“三次平衡分析”的理论方法，为复杂大系统水量配置和规划分析提供了可行的分析途径。跨流域调水工程涉及调水区、受水区的水量分配，徐良辉（2001）提出了包含调水区与受水区所在流域整体进行系统模拟的系统概化和模型构建技术，并在松花江流域规划中进行了应用。王劲峰等（2001）提出了区际调水时空优化配置理论模型，该模型通过设定调水工程最优运行的目标和相关约束，实现对水资源的时间、空间和部门分配。考虑跨流域工程运行受需求、工程和水价成本、本地水与外调水关系等多个因素影响，系统仿真理论、供应链管理理论、“水银行”、多目标线性规划等分析方法也被引入到跨流域调水的配置和调度分析中，并在南水北调受水区得到广泛应用。

大系统水资源配置技术既要考虑调水工程的优化调度效应，又要从水量配置效益角度分析水源区、受水区、营运方等不同利益主体间的协调关系。而目前跨流域调水的规划论证分析（一般在本地水不足基础上考虑调水）和建成后的运行需求（需要优先供外调水保证工程的运行）存在一定偏差，因此对于已建调水工程配置一般还是在预定分水方案和配置优先序基础上与本地水实现优化配置，尚不能完全反映复杂大系统特点。

（6）水量水质一体化配置阶段

水量与水质是水资源的两个基本属性，两者是互为依存的统一体。随着人口增长、经济社会发展，水资源需求不断增加，排污量增长，面临的水质与水量双重压力不断增加，水量水质一体化调配成为当前研究的热点问题。

邵东国和郭宗楼（2000）开展了水量调度影响下的水质变化状况研究，主要从水源角度分析水量分配状态下的水质变化。王同生和朱威（2003）开展了太湖流域的分质供水的相关研究，并在引江济太调水之后进一步开展了大量关于水量水质联合调控的实例研究。但分质供水属于静态的水量水质联合配置，不能动态分析系统水量分配下的水质联动变化，因此水量水质统一模拟配置逐渐变得更为必要。水量水质联合模拟和评价是量质一体化配置的基础，牛存稳等（2007）以黄河为例在分布式水文模型模拟的基础上提出了水量水质联合模拟与评价方法。刘丙军等（2008）提出基于信息熵分析的河流水质时空演化分析模型，对东江流域水量调控下的水质变化规律进行了验证。严登华等（2007c）以水量水质双总量控制为约束条件，分析了区域水资源合理配置。吴泽宁等（2007）以生态经济效益最大为目标，建立了区域水质水量统一优化配置模型。董增川等（2009）、付意成等（2009）、张守平等（2014）采用数值模拟、水资源系统网络等方法构建了水量水质联合模拟和配置模型。彭少明等（2016）以黄河兰州至河口镇河段为研究对象，采用分解、协调、耦合和控制技术，建立水量水质一体化调配模型，优化提出河段水量水质一体化调配方案。

水量水质一体化配置的相关研究经历了基于分质供水的水量配置；在水量过程模拟基础上分析水质过程，进而进行水量配置；在动态联合水量和水质实现时段内紧密耦合的联合动态模拟配置。目前的研究主要集中于前两个层面，对于联合动态模拟配置的研究还不够系统，目前仍是量质一体化配置研究的重点和难点。

我国水资源配置相关研究自 20 世纪 80 年代正式提出后，在之后的水资源规划管理中得到了重视。从“六五”国家科技攻关计划到“八五”国家科技攻关计划中，重点研究了水资源配置的基础理论以及与社会经济发展之间协调关系和相应的解决措施，相继提出了水资源评价方法、“四水”转化模式和地下水地表水的联合调配以及基于宏观经济的水资源合理配置理论与方法；之后，随着经济社会的快速发展，水资源供需矛盾日益突出，面向社会经济、水资源与生态环境协调发展的水资源配置与综合调控成为研究的热点和焦点，同时，广义水资源的配置得到了研究；随着南水北调工程的建设和经济发展所面临的水质与水量压力加大，跨流域大系统配置和量质一体化配置得到了发展。

3. 对分水方案适应性评价的研究

流域分水方案及其适应性研究是水资源系统分析的重要研究内容。传统研究中人类活动与自然水循环两个子系统相互独立，人类活动只作为水文系统的外在因素。而从历史发展的角度看，自然水循环受到人类活动的介入逐步加强：原始社会阶段，人类沿河居住，尚无主动改造自然以提高生产力或规避风险的能力，此时人类与自然水资源系统的互动很弱，几乎所有的可更新水资源以径流或植被蒸发的方式回归自然；农耕文明阶段，灌溉和防洪标志着人类已经开始影响水文循环，但是影响范围较小且扩大趋势缓慢；随着社会发展，人类社会工业化和城市化的进程使得生产力与水资源需求的联系愈发紧密，人类通过建设水利设施能够更加充分地利用水资源，包括深层地下水和流域外调水，此时对水文循环的作用已经相当显著。随着人类对于全球水循环的影响程度与日俱增（Siebert et al.，2015），两个子系统的耦合作用日益明显，出现了若干如生态用水冲突、极端水文事件（干旱、洪水）响应等令研究者及政策制定者棘手的问题（Gober and Wheater，2013；Viglione et al.，2014）；国内外人类活动密集的流域（如黑河、塔里木河、墨累-达令河流域）也出现了相似的人类水资源耦合系统发展过程：无限制开发—水资源短缺—生态退化—环保意识加强—水环境恢复（Zhou et al.，2015）。而自然水循环系统已经不能全面涵盖其中的社会和人文问题。

学者们很早就将水与社会的关系作为人类与社会的关系的一方面（Glacken，1967）。早期的观点是以环境决定论的立场来考虑水如何影响人类。随后的研究着眼于水资源是如何将自然过程与人类社会联系起来的命题（Chorley and Barry，1969）。Harris（1977）提出了加入人类、技术和经济因素的水资源规划框架，以反映水资源社会价值中的人类福祉和生活水平。80 年代，可持续发展的概念被提出，如何通过调整水资源管理政策以满足当下需求且不损害后代福祉是其重要议题之一（张利平等，2009）。Merrett（1997）将人类对水资源的利用过程定义为“社会水循环”（hydrosocial cycle），用来研究水资源的经济社会价值，这个概念在随后十年的研究泛指水资源具有的密不可分的社会价值和物理价值，如水文的季节性变化让人类社会的经济和文化活动节奏产生了对应的变化。Swyngedouw（1999）坚持人类与水资源联系的内在性，不能将其中一环作为前提，而应该是整体耦合的过程。Wagener 等（2010）呼吁水文学的研究领域应该交叉扩展以更好应对人类活动和变化环境带来的预测挑战。国际水文学会（International Association of Hydrological Sciences，IAHS）围绕学科未来发展针对 2013 ~ 2022 年提出了“万物皆流”（Panta Rhei-Everything Flows）的科学十年计划，旨在通过研究人类活动与水文循环的动态变化提高预测能力，从而更好地支持变化环境下水资源可持续发展（Montanari et al., 2013）。

Sivapalan等（2014）明确提出作为交叉学科的社会水文学（socio-hydrology），该学科致力于研究人类系统与水文系统的双向互馈机制，更好地刻画和预测人类自然水循环耦合系统的协同演化过程，为水资源管理提供有力的理论支持。Viglione等（2014）通过分析集体风险意识、风险偏好、对政府信任程度三个因素，研究了人类定居位置选择与洪水间的关系。Kandasamy等（2014）指出澳大利亚马兰比吉河流域百年间在农业发展和生态保护的目标下钟摆式发展。Roobavannan等（2017）在钟摆效应的问题上强调了社会结构和文化价值与水资源系统的互馈过程，将经济差异性作为关键变量，构建了从农业生产转移到生态修复与可持续发展的价值取向。Voisin等（2017）将综合评价模型加入到地球系统模型，以评估人类行为对于水资源空间特性的影响。Kuil等（2018）将农民对于可利用水资源的判断作为其作物选择和用水分配的依据，结果与有限理性的理论保持一致，农民的用水行为接近最优化的作物种植。

在国内，为了描述经济与水环境相互依存和制约的关系以及水资源的自然和社会经济双重属性，翁文斌等（1995）通过多目标决策分析模型将宏观经济系统纳入水资源规划的研究中，从系统论的角度提出了宏观经济水资源规划的概念和多目标集成系统研究方法。王书华等（2003）提出将生态环境子系统加入宏观经济水资源系统进行耦合，用于判断区域可持续发展状态。贾绍凤等（2003）定义了社会经济系统水循环，并将其细化为水安全、水经济、水环境、水管理等方面进行阐述。秦欢欢和郑春苗（2018）将系统动力学与宏观经济模型结合，采取情景分析法对张掖盆地现状及未来的水资源供需情况进行了分析。自然-社会二元水循环理论也是中国特色的水资源研究方法。贾仰文和王浩（2006）分别使用分布式模型和集总式模型模拟自然水循环和人工水循环，通过水量平衡和水力联系实现耦合。周祖昊等（2011）利用二元水循环理论推导出的用水评价完善了现行方法。贺华翔等（2013）将改进后的分布式水质模型与二元水循环过程耦合，强化了人类活动带来的点、面源污染的物理机制刻画。二元水循环理论也被广泛应用于中国水资源矛盾尖锐的流域，包括黄河流域（黄强等，2002）、海河流域（刘家宏等，2010；邵薇薇等，2013；王浩等，2013）、石羊河流域（高前兆等，2004）、新疆玛纳斯河（张军民，2006）等。王浩和贾仰文（2016）在以往研究历程的基础上，系统探析了学科范式、科学问题、研究内容与研究方法。

在认识到系统的耦合性前，水资源系统的研究思路是基于实测资料还原天然状态，然后再建立模型，但这种思路难以反映耦合系统复杂的非线性互馈关系，导致计算误差大，实践性差（王浩和贾仰文，2016）。随着研究深入，已经有一系列环境社会科学（如环境人类学、环境历史学）研究社会和生态系统的互馈，人类和水资源的关系也包含其中，而这些社会科学的研究方法是描述性的，反映了人类是如何看待和评价环境的。区别于早期对于耦合系统演化的探索研究的描述性方法，后期国内外的研究将此关系量化，应用定量研究的方法提供更加深入的理解（Zhou et al.，2015）。因此二元耦合系统的研究方法面临的最大挑战是在两种研究范式差异极大的学科量化方式中寻找平衡点。Sivapalan（2015）提出“用研究自然科学的方法研究社会科学”，将社会学的方法和理念纳入水文学的研究方法。Massuel 等（2018）认为水文学的传统研究方法应该对人文科学的研究思路应该更加开放包容。这向以纯粹自然科学为基础的水文建模和以纯粹社会科学为基础的机构分析的传统研究方法提出了挑战。

在此背景下，采取“自下至上”（bottom-up）研究思路的数学模型框模拟方法被提出并得到广泛应用。研究思路主要是通过提出假设后，通过设定初始条件、边界条件和模型参数对过程建立模型，系统地模拟、观测二元耦合系统发展轨迹，从现象的感知出发，认识和发现基本的特征规律。主要创新体现在引入了一个可以反映二元耦合系统互馈过程的变量，从而可以模拟重现观测到的涌现性特征：如堤防效应中的洪水社会记忆，钟摆效应中的环境意识或集体环境敏感度（Elshafei et al.，2014）。模型类型中，主体模型（agent-based model，ABM）被公认为通过非线性函数模拟复杂、非线性系统的有效方法（Bonabeau，2002）。目前已有研究将人类活动模块加入模拟水文过程的模型中，从而作为综合水资源管理和政策分析的有效手段（Harou et al.，2009；Mulligan et al.，2014；Pulido-Velazquez et al.，2016），可以综合反映水资源系统、管理措施、经济效益的时空特性。主体模型能够很好地模拟二元耦合中的互馈机制，基于不同主体的行为规则表示空间上的决策行为，呈现耦合系统的涌现性特征。因此主体模型已经成功引入水资源系统研究中，包括地下水管理（Mulligan et al.，2014；Castilla-Rho et al.，2015）和水环境问题（Zechman，2011）。但是当模拟对象较多或行为较为复杂时，模型结果难以解释。模型模拟研究着眼于空间分散的流域案例分析，强调时间尺度上展现出的涌现性特征（Konar et al.，2019）。案例主要集中在水资源矛盾较为尖锐的干旱流域。这种方法依赖于对所有过程的详细物理描述，如二元水循环模型包含宏观经济多目标决策、水资源配置和分布式水循环多个模块，涉及人口、经济、气候、水文、下垫面等较多方面的变量和参数，因此这种方法适用于已有大量积累数据和成果的流域，如海河流域（贾仰文等，2010），而大多数流域的资料可能并不足以支撑顺利建模。目前对于二元耦合系统的数据积累主要集中在水文气象要素，而对于社会子系统中人类用水的各个过程的观测（如取水、输水、供水等）仍然较为薄弱，有待提高（王浩和贾仰文，2016）。

与之相反，“自上而下”（top-down）的方法是指“在系统层面直接提出概念性模型然后使之适用于更低层级”，将系统视为整体去解释其中的行为现象，而不是孤立地关注物理过程。通过对比多个系统行为的相似性和差异性去总结简单稳定的时空特征，并从中提炼出相应理论。这种方法的优点是模型复杂度大幅减小，并且鼓励普适性原则的发现，但是背后的物理机制有限，导致不同的模型结构和参数可以产生同样的结果。近年来有若干研究都在主张二元耦合系统应向着综合宏观的理论框架发展，通过明晰不同案例间多层次多尺度的关联形成普适性理解，从而应用于广泛的问题（王浩和贾仰文，2016）。

水资源管理是二元耦合系统中人类用水与水循环的边界的交集（Konar et al.，2019）。水资源的突出矛盾首先体现在人类活动用水与各种水生态系统功能的动态竞争，即此消彼长的权衡、相互增益的协同等变化，并展现出空间性（如上下游间）、时间性（现在与未来）和可逆性（动态平衡）。水资源的竞争也体现在人类各用水户之间，不同利益群体对水资源的需求各有差异，如何协调不同利益群体间对水资源需求的差异是实现水资源可持续利用的重要环节。水资源管理的研究着眼于通过多学科和参与性的方法更好地优化水资源配置（顾圣平等，2009；Kasprzyk et al.，2018）。自20世纪90年代开始，水资源综合规划（integrate water resources management，IWRM）成为水资源管理的主要范式（Gleick，2000），在水资源的水文维度上融合了文化、生态和经济作用。但是，传统的水资源管理的假设是人类与水循环要素的稳态性，对于耦合系统的演化认知并不充分，增加了规划目标失败的可能性。水资源管理通常采用情景分析法揭示人类与水资源系统的相互作用，但是这种方法与实际情况往往有较大差距，也无法进行长期预测。另外，水资源管理中也广泛使用了一个假设，即人口增长与经济发展会导致人类用水的增加。传统的水资源管理关注如何设计建造运营供水系统设施，由此带来的好处是提高供水保证并缓冲极端水文事件带来的影响；但同时代价也很明显，如生态环境退化和建设带来的经济问题。与通过无止境增加新的供给相对，“软”方案通过科技进步提升用水和资本效率来提高用水产出从而解决相同的问题。水资源的规划管理者的观念也相应地从新设施建设转变到如何利用现有资源最大化解决人类需求，并且理解用水需求端的机制（Gleick，2003）。因此，水资源管理应将二元耦合系统的研究方法引入，综合考虑供给系统（水循环）和需求系统（人类用水）的特质与变化。

水资源系统理论和模型可以为适应性评价提供定量分析基础，而分水方案适应性评价还与水资源可持续利用关系密切。为了更好地评价一个系统的可持续性，Loucks（1997）提出了一种可持续性评价的指标和方法，该方法的基本指标是：可靠性、弹性和脆弱性，分别表示一定条件下系统达到满意水平的概率，系统受破坏后恢复正常的能力，评价期内系统受破坏的深度，这种方法在水资源系统评价方面应用广泛。

1.2.4　流域梯级水库群调度方面

流域水库群需要满足防洪、发电、供水、生态、航运等多种社会和经济需求，有效兼顾各种调度需求的梯级水库群多目标联合调度研究日趋得到重视（郭生练等，2010；冯仲恺等，2017）。国内外学者针对梯级水库多目标联合调度开展了卓有成效的研究，在调度理论方法和模型求解等方面取得了丰硕的研究成果，但由于梯级水库群具有大规模、高维、多阶段动态等特征以及内部复杂的联系，优化调度问题正朝着多尺度、多层次、多目标方向发展，但仍没有得到很好解决（王森，2014）。

1. 水库群多目标联合调度模型

多目标的选择。20 世纪 50 年代水库优化调度方法的研究逐渐兴起，70 年代初期梯级水库群联合优化调度方法逐步精细化，模型条件逐渐接近水库调度的实际情况。杨侃和陈雷（1998）建立了同时考虑发电引用水量、泄洪损失水量蓄水量、灌溉水量、航运蓄水量和供水量等目标的梯级水电站优化调度多目标模型。王兴菊和赵然杭（2003）建立了包括供水、灌溉与发电等目标的多目标调度模型，采用优选迭代试算方法协调生活、工业、灌溉和发电之间的关系。刘涵等（2005）建立了包含防洪减灾目标、生态目标和水资源利用目标的黄河干流梯级水库补偿效益仿真模型，协调了三个目标之间的关系。高仕春等（2008）建立了供水、灌溉和发电综合利用的多目标优化调度模型，协调了主目标与次要目标之间的矛盾。Mehta 和 Jain（2009）构建了包含供水、灌溉、发电的多目标联合调度模型；Kumar 和 Janga（2006）综合考虑防洪风险、灌溉供水保证率和发电效益等调度目标构建了梯级水库群多目标联合调度模型。Akbari（2011）建立了考虑随机入流不确定性和变量的离散化不精确性的多目标水库调度模型。欧阳硕（2014）研究了流域梯级水库群多目标防洪优化调度模型，提出洪水资源化联合优化调度方案。马吉明（2015）建立了龙羊峡、刘家峡河段梯级电站的多年发电优化的数学模型。Bai 等（2015）综合考虑防洪、供水、发电等目标，建立了黄河上游多目标模型，通过龙羊峡和刘家峡水库联合优化调度，提高了系统发电量并增加供水量。Xu 等（2015）建立了梯级水库群短期电能优化模型并分析了长期电量影响。彭少明等（2016）建立了黄河梯级水库群联合调度模型，提出了多年调节旱限水位策略。Reager 等（2016）针对气候、用水等变化，建立了适应变化环境的水库调度模型。张睿等（2016）在分析发电效益、航运效益和容量效益间竞争与冲突关系的基础上，建立了以总发电量最大、通航流量最大、时段保证出力最大为目标的梯级水库群多目标兴利调度模型。杨光等（2016）采用数据挖掘方法建立了汉江梯级水库防洪、供水、发电和航运多目标的优化调度规则。于洋等（2016）建模模拟了澜沧江-湄公河流域跨境水量-水能-生态互馈关系。徐斌等（2017）考虑防洪、发电、供水目标，研究了金沙江下游梯级与三峡-葛洲坝联合调度问题。流域水库群调度的防洪、供水、输沙、发电、生态需水等目标相互竞争、不可公度，具有高度复杂性，当前研究多针对梯级水库群调度的两类或三类目标，采用约束法或权重法处理多目标问题，对各目标之间的作用机制和耦合机理的定量描述尚不深入。

梯级水库群水沙联合调度与水沙过程控制。多沙河流水库调度在运用过程中不仅要考虑水的因素，还要考虑泥沙的影响，因此更加复杂。自从水库泥沙问题的严重性引起人们关注，学者们开始关注水库减淤措施的研究，按照水沙调节程度的不同可分为蓄洪运用、蓄清排浑、自由滞洪、多库联合运用等不同类型。2002～2010年利用小浪底水库连续开展3次黄河调水调沙试验和72次生产实践，揭示了黄河下游水沙运动规律和动力条件（李国英和盛连喜，2011）。围绕水库水沙调度和过程控制，现有研究成果可概括如下：①动态高效的输沙机理（胡春宏，2014），如高效输沙洪水的水沙阈值（Chang et al.，2003）、出库水沙过程与入库水沙条件、库区边界条件和库水位的复杂响应关系（安新代等，2005；张红武等，2016）等；②研究水库调节塑造协调的水沙关系，探求减轻和冲刷下游河床淤积途径，如水沙调控措施、水库群联合调度和人工扰动的黄河调水调沙方法（李国英，2006），水沙调节的三大关键技术（李国英和盛连喜，2011）；③水沙联合调度模型，包括单目标（彭杨等，2004）或多目标（李继伟，2014；Bai et al.，2015；白夏等，2016；张红武等，2016）、单库或多库（刘方，2013；白涛等，2016）的水沙调控模型。国内外水沙联合调度的研究主要集中在单个水库，由于泥沙冲淤计算与水库调度计算是两种性质完全不同、决策时段差异甚大的系统，且泥沙淤积具有累积效应，如何在优化调度中考虑梯级水库群水沙联合运用、水库间泥沙淤积形态控制以及缺水背景下泥沙输送与兴利调节关系协调等，是水库水沙联合调度的难点。

梯级水库群生态调度。传统的水库调度以兴利调度和除害调度为主，对水库生态问题关注不够，随着梯级水库运行对河流生态环境影响的不断显现，如何协调这些目标之间的关系成为研究的热点（胡和平等，2008；许继军等，2011）。在发达国家，河流生态调度已成为水库调度运行的最重要目标之一（刘忠恒和许继军，2012）。1991～1996年为改善田纳西河下游河道生态环境，美国田纳西河流域管理局（TVA）在实施20个水库供水调度的同时兼顾了水库生态调度（Labadie，2004），有效改善了流域水生态环境状况；1996年和2000年，实施了科罗拉多河水库生态调度，达到河道输沙、恢复生境和保护鱼类等综合目标（Susan and Stevens，2001）。我国于21世纪初开始生态调度研究，起步较晚，董哲仁等（2007）在分析现行水库运行对河流生态环境系统影响的基础上，提出了水库多目标生态调度基本思路，河流生态调度逐渐成为水库调度研究的热点。艾学山和范文涛（2008）建立了以经济效益、社会效益和生态效益组成的综合效益最大为目标函数的水库生态调度多目标数学模型。胡和平等（2008）提出了基于生态流量过程线的水库优化调度模型。黄草等（2014b）综合考虑发电、河道外供水和河道内生态用水等目标构建了长江上游15座大型水库群的联合优化调度模型。Chen等（2014）以保护减水河段鱼类生存的流量为目标，平衡生态与社会经济用水关系提出雅砻江锦屏梯级水库的生态调度方案。Dong等（2015）研究了优化小浪底水沙调度方式，分析水沙过程改变对黄河中下游生物多样性的影响。吕巍等（2016）构建了梯级水电站多目标优化调度模型，提出了兼顾生态保护目标的梯级水电站调度方案。现有梯级水库联合调度多把生态流量作为约束处理，对供水、灌溉、输沙、发电和生态多目标相互影响及其过程作用考虑不足，如何面向河流生态过程、协调多目标作用关系是水库调度的难点。

2. 水库群多目标优化方法

水库多目标调度的各个目标之间相互竞争、不可公度，是多约束、多阶段、多目标的复杂优化问题，一直是国内外研究的热点（张睿等，2016）。梯级水库群多目标优化调度求解方法可分为两类：一类是通过目标函数拟合、约束法、权重法等将多目标问题转化为单目标问题进行求解；另一类则运用以 Pareto 理论为基础的多目标优化算法对问题进行求解（马黎和冶运涛，2015）。

转化为单目标的求解方式。由于多目标问题求解的复杂性和困难程度，研究者通常将多目标问题转化为单目标问题，常用的转化方法有权重法、约束法等。唐幼林和曾佑澄（1991）基于模糊集理论，采用不同模糊子集描述水库多个调度目标，以各模糊子集加权隶属度之和最大为水库优化调度的最优性准则，构建了水库综合调度模糊非线性规划模型。陈洋波和胡嘉琪（2004）采用交互式决策偏好系数法将以发电量和保证出力为目标的多目标优化问题简化为单目标问题，并运用动态规划（dynamic programing，DP）法对该模型进行求解。邵东国等（1998）建立了两个决策变量的综合利用水库多目标动态规划实时优化调度模型，提出了含变动罚系数的离散微分动态规划方法。杜守建等（2006）运用约束法将净效益、发电量和耗水量等目标转化为单目标问题，并采用逐次优化算法（progressive optimization algorithm，POA）对模型进行求解。高仕春等（2008）分析了供水、灌溉和发电三个目标的优先权，通过将次优先级的目标转化为约束的方式建立了多目标优化调度模型，该模型可较好地协调主目标与次要目标之间的矛盾。吴杰康等（2011）以模糊理论为基础采用模糊隶属对梯级电站多个调度目标函数进行了拟合，并采用非线性规划法求解拟合后的单目标优化问题，得到了可均衡考虑各目标的综合调度方案。覃晖等（2010）将基于差分进化的多目标优化算法应用于三峡梯级的多目标调度问题中。徐刚和昝雄风（2016）在生态流量和灌溉需水量约束情况下，建立多目标函数并将其转化为单目标问题。多目标问题简化为单目标问题的处理方式具有实现简单的优点，不足之处在于人工设定的权重向量或模糊隶属度难以反映各调度目标间的制约与竞争关系。

以 Pareto 理论为基础的智能优化可同时优化多个调度目标并获得一组非劣调度解集，2000 年以来多目标进化算法成为梯级水电站群联合优化调度研究的热点，各种智能优化算法层出不穷（卢有麟，2012）。Janga 和 Nagesh（2006）综合考虑灌溉、发电等调度目标构建印度 Bhadra 水电站多目标优化调度模型，并采用遗传算法（genetic algorithm，GA）

及粒子群算法（particle swarm optimization，PSO）的框架设计了模型的多目标并行优化解法。张睿等（2016）建立了以总发电量最大、通航流量最大、时段保证出力最大为目标的金沙江梯级水库群多目标兴利调度模型，并采用多目标进化算法对其进行求解。Brouwer等（2008）提出了一种多目标粒子群（PSO）算法，对算法中缺乏共享机制、多样性低等缺陷进行了改进，并将其应用于解决梯级水电站群目标优化调度问题中。周建中等（2010）对粒子群算法进行了多目标扩展，在算法中引入了适应小生境技术，求解了三峡梯级电站的中长期多目标发电问题。刘方等（2012）建立三峡水利枢纽水沙联合调度多目标优化模型，采用基于鲶鱼效应的多目标粒子群算法，得到了收敛较好、分布均匀的多目标非劣解集。Sun等（2016）采用改进的蛙跳算法，解决了李仙江梯级水库群发电优化问题，大大提高了运算效率。吴恒卿等（2016）以引水量最小和水库换水量最大为目标函数，采用改进的遗传算法对模型进行优化求解。王学斌等（2017）在黄河下游水库多目标调度研究中改进了NSGA-Ⅱ算法。人工蜂群和重力搜索算法等智能新算法水库优化调度中也得到应用（Ahmad et al.，2014）。张睿等（2016）采用改进的多目标文化算法MOCA-PSO求解了金沙江下游梯级水库群多目标兴利调度模型。冯仲恺等（2017）采用知识规则降维方法，动态生成符合实际问题的水库群系统可行搜索空间，提出了梯级水库群联合优化调度求解新思路。

多目标智能优化的发展为水库调度提供了有效的工具，但随着梯级水库群规模增加、运行环境不断变化、调度目标更加多样，多目标智能优化算法在求解水库群多目标调度时面临过程变化、目标函数间解析关系不明确等问题。

3. 梯级水库群多目标调度规则

水库群联合调度中水库的协同调度规则和蓄放水次序是关键问题。水库群优化调度规则的研究方法主要有两类，一类是优化模型+回归分析方法，另一类是预定义规则+优化模型方法。

第一类通过建立优化模型，优化水库群调度过程，产生离散的优化解向量集，然后采用统计回归等方法提出优化调度规则。如张勇传等（1988）进行了水库群优化调度函数的研究。黄强等（1995）建立黄河干流水库联合调度模型求解水库群长期满意的运行策略，归纳出黄河干流各水库调度规则模型。胡铁松等（1995）采用人工神经网络被应用于从隐随机优化调度中提取调度规则。李承军等（2005）采用双线性回归分析方法提取了电站调度规则。许银山等（2011）以能量的形式将混联水库群聚合成一个等效水库，并通过建立等效水库的调度函数模型，采用逐步回归分析提取调度规则。黄草等（2014b）建立了长江上游水库群多目标优化调度模型，并求解多目标协调方案，通过统计得出长系列调度和多年平均水文条件下的各水库联合调度规则图。Zhou等（2015）挖掘了金沙江、三峡梯级水库群联合优化调度的蓄水规则。粗糙集（Barbagallo et al.，2006）、支持向量机（左吉昌等，2007）、协同演化免疫算法（王小林等，2010）、基于可行空间搜索遗传算法（王旭等，2014）等数据处理方法都被应用于从隐随机优化调度中，利用水库全运行期的最优调度成果推求调度规则。

第二类方法则先拟定含待定参数的水库或水库群优化调度规则，然后通过模型仿真长系列的水库群调度过程，最终由优化的待定参数确定优化的调度规则。Tu 等（2008）将水库调度曲线以及不同调度区的供水率设为待定参数，并采用混合整数规划推导的水库群优化调度规则和优化供水率。王宗志等（2012）参数化表达水库的城市、生态和农业供水限制线，通过优化这些供水限制线来优化潘家口水库的调度策略。郭旭宁等（2011b）通过水库群联合供水调度模型，提出了基于模拟–优化模式的供水水库群联合调度规则。胡铁松（2014a）建立了并联水库系统两阶段联合调度模型，推导并给出了具有解析表达形式的并联水库系统联合调度规则。冯仲恺等（2017）提出了降维方法，并将其应用于水库群联合优化调度知识规则。

现有规则研究多针对单库多目标或者梯级水库群有限的目标，对梯级水库群的协同作用和相互影响考虑不足，对于河流径流变化、需求变化、目标变化等外界环境变化适应性不强，因此无法应对变化环境下复杂梯级水库群多目标优化问题。

4. 水库群多目标决策

水库群的多目标优化调度本质是多目标决策过程，该过程包括多目标优化及多属性决策两个方面。前者主要是从无限水库群调度方案中寻求符合目标要求的非劣解集，后者则通过建立属性集即评价指标体系，采用一定的决策方法对备选方案集进行综合评价，以获得最佳或偏好方案。通过多目标优化后得到的各个备选方案各有优劣，决策者如何从这些备选调度方案集中筛选出最佳或偏好方案是水库群优化调度多属性决策需要解决的主要问题。目前，该方面的研究已取得一定的进展。屈亚玲（2007）研究了基于模糊 TOPSIS 的多属性分析方法，以解决三峡梯级水库发电与防洪的多目标决策问题，得到了决策者满意的调度方案，科学指导了三峡梯级水库的实际运行。Bahram 等（2011）提出了一种考虑决策者偏好的多目标决策方法 ELECTRE-TRI，并成功运用于伊朗西南部 Dez-Bakhtiari 梯级水库群的防洪、供水多目标优化调度方案决策中。覃晖（2011）建立了考虑风险的多属性决策模型，并基于相对优势度和综合赋权提出了新的多属性风险决策方法，有效处理了随机决策变量。李继伟等（2013）针对传统 TOPSIS 决策方法未考虑指标间相关性的不足，提出了基于马氏距离的 TOPSIS 多属性决策方法，建立了水库多目标水沙联合调度方案评价的指标体系，并分析了相关指标间的相关性。唐榕（2020）提出了量化多目标两两竞争程度指标及单目标与其余目标竞争强度指标，并应用于不同用水情景下的尼尔基水库多目标竞争关系量化及决策方案优选。当前水库（群）优化调度方案多属性决策方法方面的研究主要集中于方案决策矩阵、评价指标权重及方法的研究，绝大多数权重系数的确定都带有一定的主观人为因素，此外，各类方法对标量化指标还没有统一规范的定义。因此，研究水库（群）优化调度多属性决策方法，实现对优化调度方案的综合评价、偏好排序和筛选也是需重点研究的方面。

综上所述，国内外已有的研究成果为梯级水库群系统优化调度提供了重要的理论依据和技术支撑，对发展和优化资源配置起到了积极的推动作用。然而，现代水库承担着流域防洪、供水、输沙、发电、生态等任务，梯级水库群调度必须综合考虑多种目标需求、协调各种过程、兼顾多种效益，调度智能高效化、管理决策科学化要求不断提高，多维协同调度是梯级水库群调度研究的发展方向。目前梯级水库群协同调度的各种理论和方法还不很完善，面临复杂系统耦合机制认知、多过程仿真建模、高维非线性优化求解等诸多科学问题和方法难题。开展梯级水库群水沙电生态多维协同调度对提高水资源利用效率、协调河流系统关系具有重要的科学价值和现实意义。

1.3　研究目标与技术路线

1.3.1　研究目标

本书的研究目标是，针对变化环境下黄河流域水资源供需矛盾日趋尖锐的问题，研究流域水资源系统演变特征与成因，评价黄河“八七”分水方案的适应性，构建流域水资源均衡调控技术，提出黄河流域水资源动态配置模式、方案和措施。研究黄河梯级水库群水沙电生态调度技术，开发调度平台，提出适应环境变化的黄河梯级水库群调度方案。建成黄河流域水资源动态优化配置和调度示范基地，提高黄河流域水资源管理与调度水平，提升黄河流域水资源安全保障的科技支撑能力。

1.3.2　技术路线

本书采用原型观测、数据挖掘与统计归纳方法，按照水资源供需演变分析—动态均衡配置—多维协同调度—应用示范的主线条开展研究，研究黄河径流与流域需水变化规律，揭示水资源对变化环境的响应机理及需水驱动机制；采用系统科学与经济分析手段，研究水量分配方案适应性综合评价方法，创建基于综合价值与均衡调控的流域水资源动态配置理论；采用关联分析、集值预报与模拟仿真技术，研究复杂梯级水库群水沙电生态多维耦合关系，创建多维协同与实时调度技术，构建黄河梯级水库群协同调度平台；创建黄河流域水资源动态优化配置和协同调度示范基地，开展分水方案优化调整、重大战略规划、重大引调水工程论证、洪水和泥沙调度实践等。本书研究的技术路线见图 1-1。

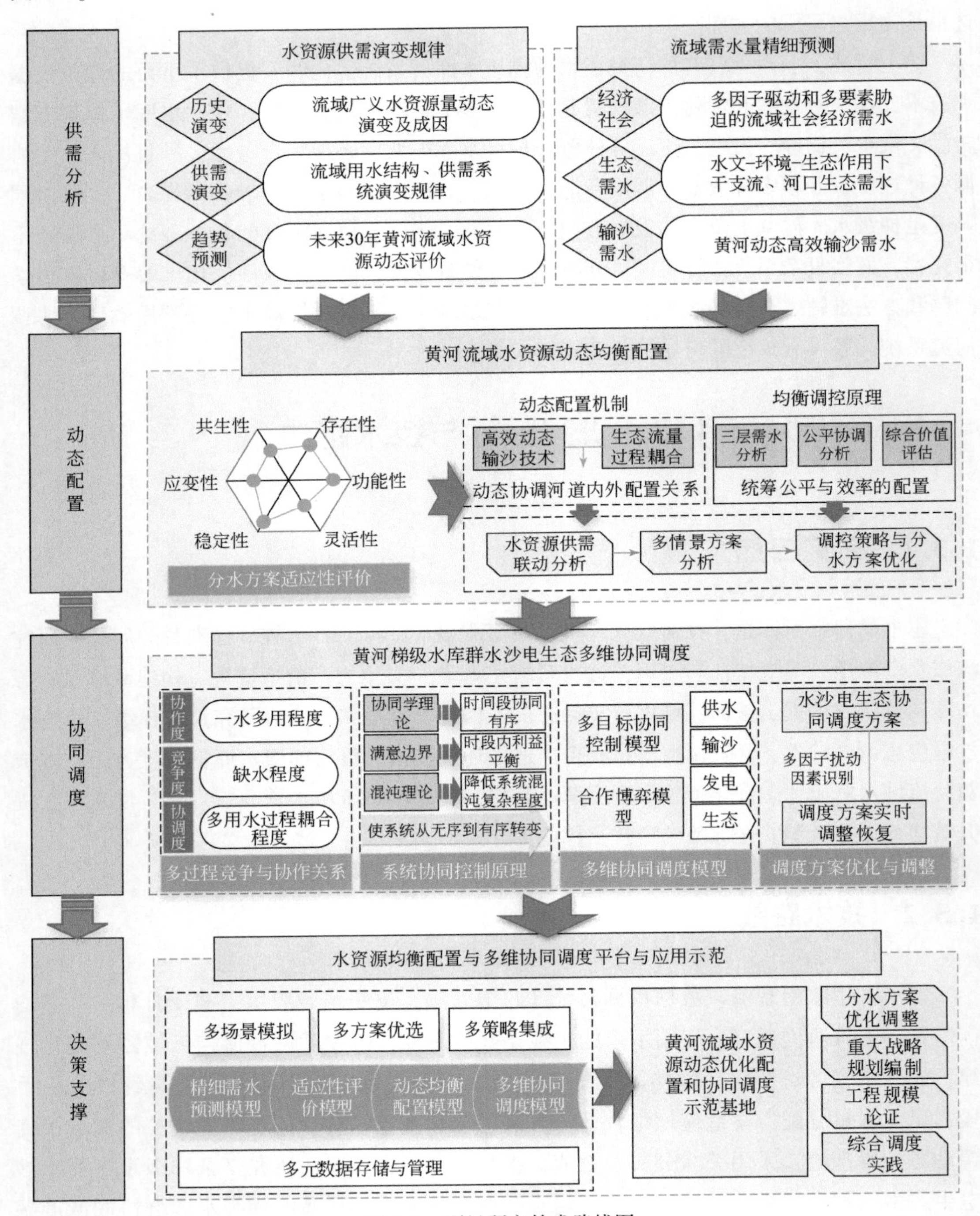

图 1-1　项目研究技术路线图

1.4 本章小结

本章介绍了面向黄河流域生态保护和质量发展重大国家战略需求，开展本书研究的重大科技价值和现实意义。结合当前国内外在水资源配置和调度领域的最新研究进展，阐述了当前本领域研究重点方向以及研究的热点、难点问题，概述了本书研究的目标和技术路线。

第2章　黄河流域水资源系统演变规律

受人类活动和气候变化的双重影响，流域水文循环过程已经发生了根本性的变化。一方面，土地利用/土地覆被变化和全球变暖影响着陆地系统碳循环过程；另一方面，水土保持和水库修建等人类活动极大地改变了降水入渗、产汇流过程。本章围绕变化环境下黄河流域水文循环与水资源系统演变和预估问题，采用统计与机理模型相结合的方式，系统分析了黄河流域自然-人工水循环要素的演变特点，揭示了多因子作用下黄河流域水资源系统的演变规律；结合第六次耦合模式比较计划的气候情景数据和不同下垫面变化因素的水文效应，预估了未来30年黄河流域水资源的变化趋势，可为流域水资源调配提供科学依据。

2.1　流域水资源系统概况

2.1.1　自然地理

黄河是我国第二大河，起源于青海省的巴颜喀拉山脉，位于东经95°53′~119°05′，北纬32°10′~41°50′之间。黄河自西向东流经9省（自治区），干流河道全长5464km，流域面积达79.5万km^2。黄河干流河道受地形地貌影响，河道蜿蜒曲折。根据河段特点、自然地理条件、支流水系和行政区划完整性等要求，将黄河流域划分为8个二级区，29个三级区。黄河流域支流众多，其中集水面积大于1000km^2的一级支流76条，大于10 000km^2的一级支流有包括渭河、汾河等在内的10条。

2.1.2　气候特征

黄河流域空间尺度较大，且由于大气和季风的影响，流域内不同区域的气候要素差异显著，流域从东南向西北由湿润气候逐渐转变为干旱气候。黄河流域的多年平均降水量为486mm，多年平均气温为5.8℃。

选用黄河流域95个气象站1981~2018年的日平均气温及日降水量数据对黄河流域进

行克里金插值，插值结果见图 2-1 和图 2-2。插值结果表明，黄河流域的主要气候要素在

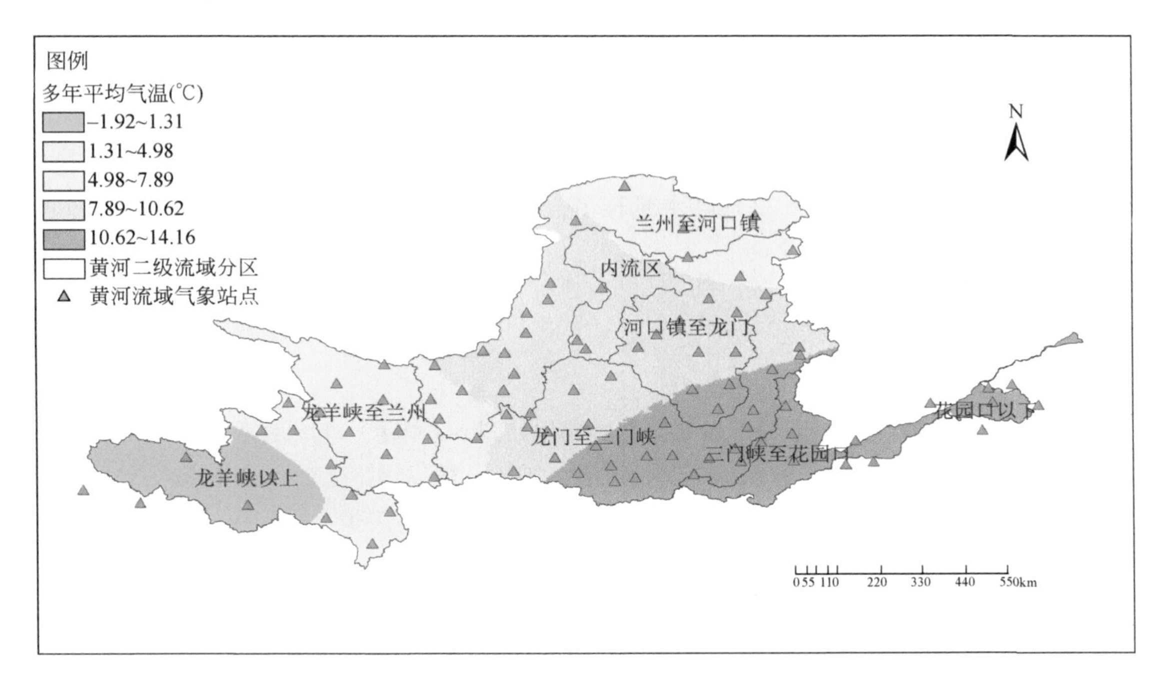

图 2-1　黄河流域多年平均气温

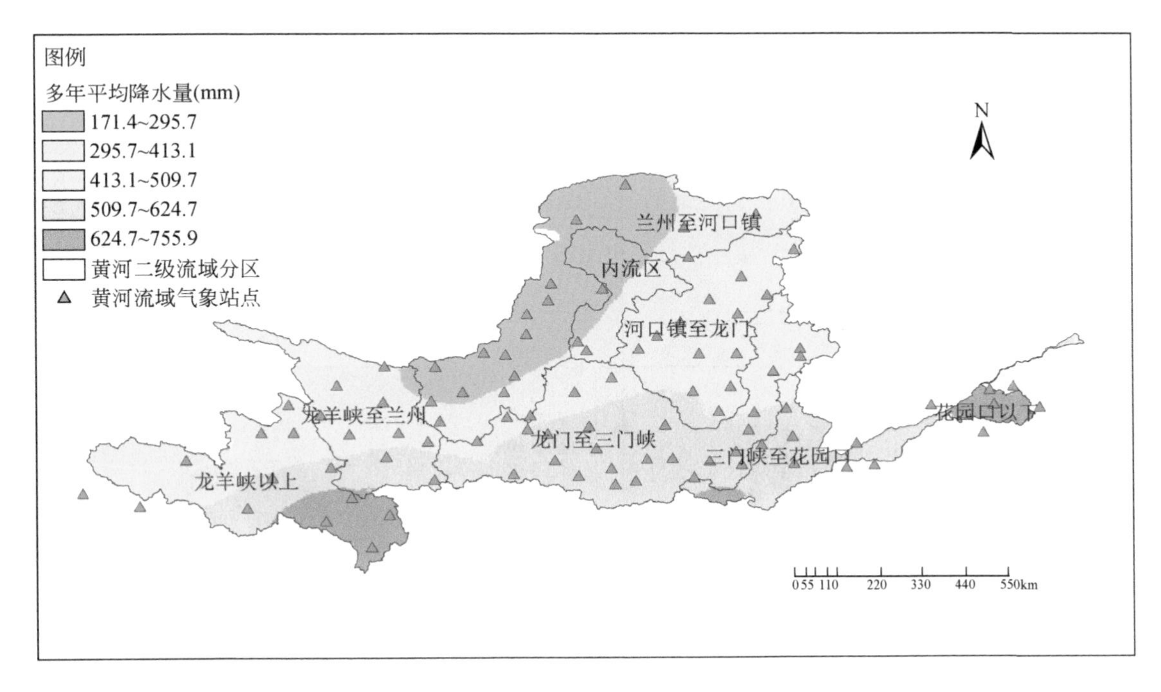

图 2-2　黄河流域多年平均降水量

空间分布上差异较大。黄河流域的多年平均气温自西向东、由北向南呈现递增趋势。流域中游区域南北跨度下的多年平均气温在4.98～14.16℃；龙羊峡以上段最低，在-1.92～4.98℃之间；三门峡至花园口及以下段最高，在10.62～14.16℃之间。

就多年平均降水量而言，黄河流域主要表现为自东南向西北递减的趋势。其中位于流域西北部的兰州至河口镇段的多年平均降水量最少，大部分区域在171.4～295.7mm之间；北纬34°以南区域的多年平均降水量较多，在509.7～755.9mm之间；花园口以下段最多，在624.7～755.9mm之间。

2.1.3 下垫面变化

黄河流域1980～2015年的土地利用类型变化如图2-3所示。土地利用发生变化的区域大多数集中在黄河流域中部和东部，其中城乡、工矿、居民用地类型增加显著，增加率达到44.32%。流域内的草地、旱地、林地一直是主要土地利用类型，在1980～2015年期间，草地分布范围最广，主要集中在黄河上中游地区，分布于内蒙古、宁夏两自治区，35年以来，草地减少了约1.6%；旱地分布极不均匀，主要分布在流域中南部地区，主要形式为耕地；林地主要分布在东南部地区，35年以来，增加了约2.53%；未利用土地和水田则大多分布在西北部地区。

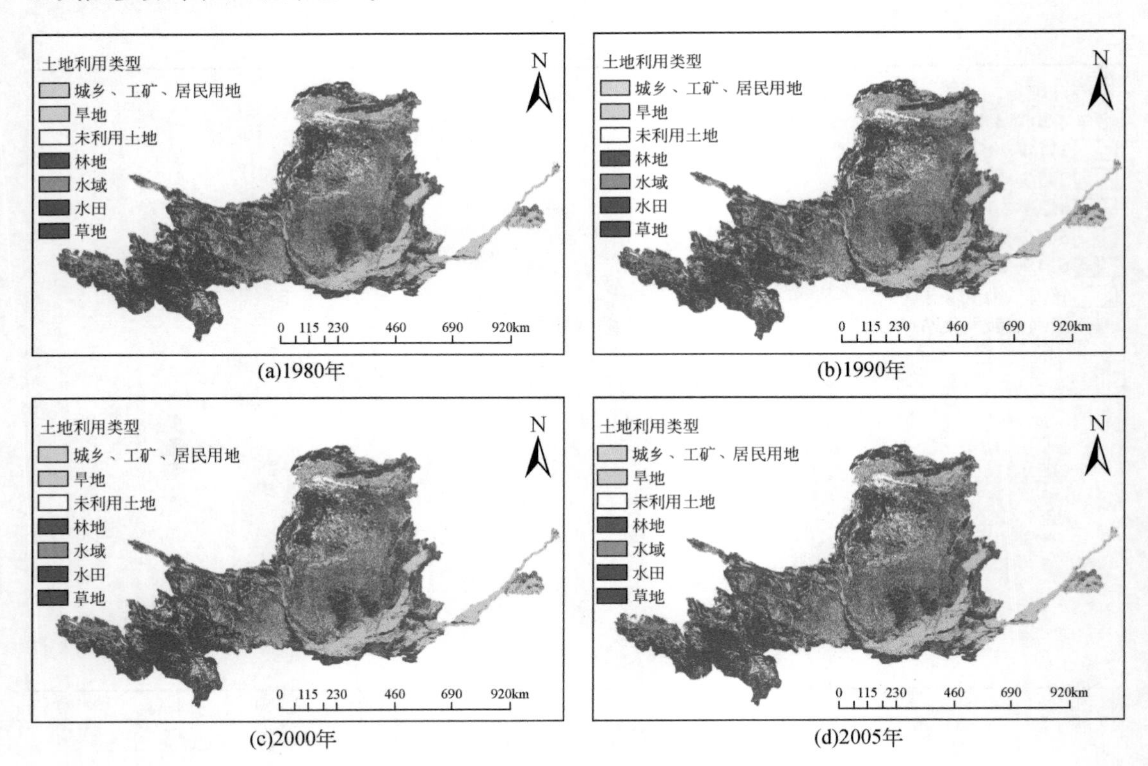

(a)1980年　　(b)1990年

(c)2000年　　(d)2005年

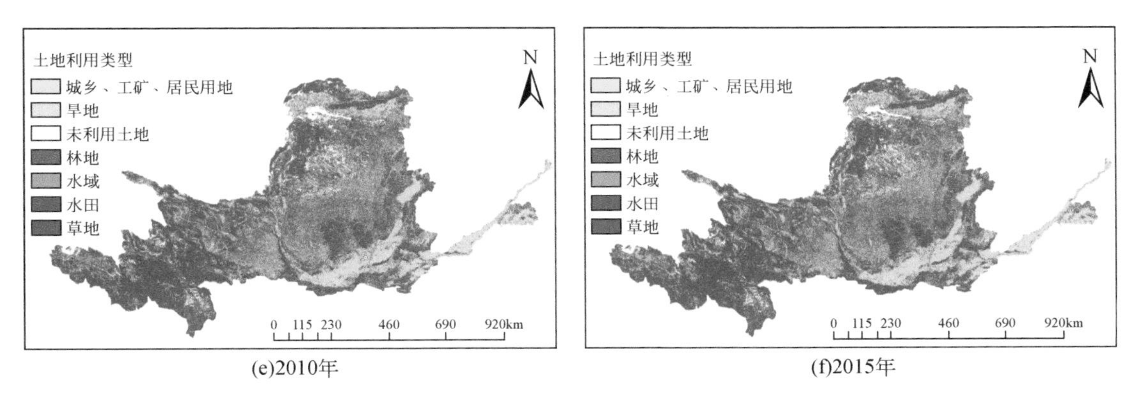

(e)2010年 (f)2015年

图 2-3 黄河流域土地利用时空变化

2.1.4 经济社会

采用流域内主要省（自治区）的统计年鉴数据，根据各省（自治区）在流域中的比重，结合《黄河流域水资源综合规划 2010—2030 年》进行核算，得到流域经济社会指标核算结果如表 2-1 和表 2-2 所示。

表 2-1 黄河流域主要经济指标（不变价）核算结果

区域	GDP（亿元）			第三产业增加值（亿元）			工业增加值（亿元）		
	2000 年	2010 年	2017 年	2000 年	2010 年	2017 年	2000 年	2010 年	2017 年
青海	160.2	518.0	946.4	62.3	251.0	466.1	75.2	222.7	421.8
四川	2.6	8.3	15.1	0.5	2.2	4.0	0.9	2.8	5.3
甘肃	591.6	1 912.5	3 494.1	273.7	1 103.0	2 048.4	281.6	834.5	1 580.5
宁夏	289.4	935.6	1 709.3	112.4	453.2	841.5	110.3	326.8	618.9
内蒙古	1 099.3	3 553.7	6 492.6	464.6	1 872.7	3 477.7	349.0	1 034.2	1 958.8
山西	1 211.9	3 917.7	7 157.5	646.7	2 606.4	4 840.1	412.6	1 222.8	2 315.8
陕西	1 610.2	5 205.4	9 510.1	736.5	2 968.3	5 512.3	554.6	1 643.5	3 112.8
河南	1 039.9	3 361.8	6 141.9	499.2	2 012.2	3 736.7	331.1	981.1	1 858.2
山东	709.8	2 294.5	4 192.1	362.9	1 462.6	2 716.1	294.1	871.6	1 650.8
黄河流域	6 714.9	21 707.4	39 659.2	2 409.2	7 140.0	13 522.8	2 621.7	11 075.6	19 530.3

表 2-2 黄河流域人口核算结果

区域	总人口（万人）			城镇人口（万人）			城镇化率（%）		
	2000 年	2010 年	2017 年	2000 年	2010 年	2017 年	2000 年	2010 年	2017 年
青海	429.8	467.5	496.1	140.2	196.2	246.8	32.6	42.0	49.7
四川	9.1	8.8	9.1	1.9	2.8	3.6	20.9	31.5	39.9
甘肃	1 814.0	1 812.6	1 859.3	396.0	595.3	784.2	21.8	32.8	42.2

续表

区域	总人口（万人）			城镇人口（万人）			城镇化率（%）		
	2000 年	2010 年	2017 年	2000 年	2010 年	2017 年	2000 年	2010 年	2017 年
宁夏	561.9	632.9	681.9	175.4	292.1	380.1	31.2	46.2	55.7
内蒙古	834.5	868.3	888.2	374.2	506.6	578.6	44.8	58.3	65.1
山西	2 149.9	2 330.6	2 414.0	693.4	1 034.6	1 278.9	32.3	44.4	53.0
陕西	2 760.9	2 860.5	2 937.1	907.7	1 332.3	1 700.0	32.9	46.6	57.9
河南	1 672.1	1 699.1	1 726.9	348.6	592.8	778.5	20.8	34.9	45.1
山东	774.3	813.3	853.4	295.3	405.7	518.9	38.1	49.9	60.8
黄河流域	11 006.7	11 493.6	11 866.1	3 332.7	4 958.4	6 269.5	30.3	43.1	52.8

近年来，黄河流域的经济发展速度较快，人口数不断增加。2017 年黄河流域的总人口数达 11 866.1 万人，人口自然增长率为 8.2‰，其中城镇人口达 6269.5 万人，城镇化率为 52.8%。2017 年流域的国内生产总值（GDP）（不变价下同）为 39 659.2 亿元，GDP 增长率为 6.5%，第二产业增加值为 23 642.9 亿元，第三产业增加值为 13 523 亿元，其中工业增加值达 19 530.3 亿元。黄河流域为主要的农业生产区域，2017 年流域的有效灌溉面积达 8252.1 万亩①，其中流域主要作物春小麦、冬小麦、春玉米和夏玉米的有效灌溉面积分别为 223.1 万亩、2474.3 万亩、1204.1 万亩和 1540.0 万亩。

自党的十九大以来，黄河流域的经济社会发展逐渐转向生态优先的高质量发展之路。现阶段黄河流域的经济社会发展主要表现为高速度向高质量转变的发展态势，流域经济仍然以中高速发展为主。流域产业结构在经济新常态的带动下逐步发生转变，第一、第二产业仍占较大比例。此外，黄河流域的水污染和大气污染也较为严重，生态环境用水存在被占用现象，流域的能源利用效率较低，需水压力较大，水资源安全问题突出。随着黄河流域生态保护和高质量发展上升为重大国家战略，水资源将作为最大的刚性约束影响流域的经济社会发展。

2.2 流域水资源演变态势

2.2.1 水循环要素演变特征与成因

2.2.1.1 流域降水时空演变特征

采用黄河流域内 310 个气象站点和流域周边 8 个气象站点共计 318 个站点 1961 ~ 2011

① 1 亩≈666.7m^2。

年的日降水量数据，分析了黄河流域 29 个三级分区面降水序列的趋势变化和突变情况。黄河流域降水空间分布变化详见图 2-4。

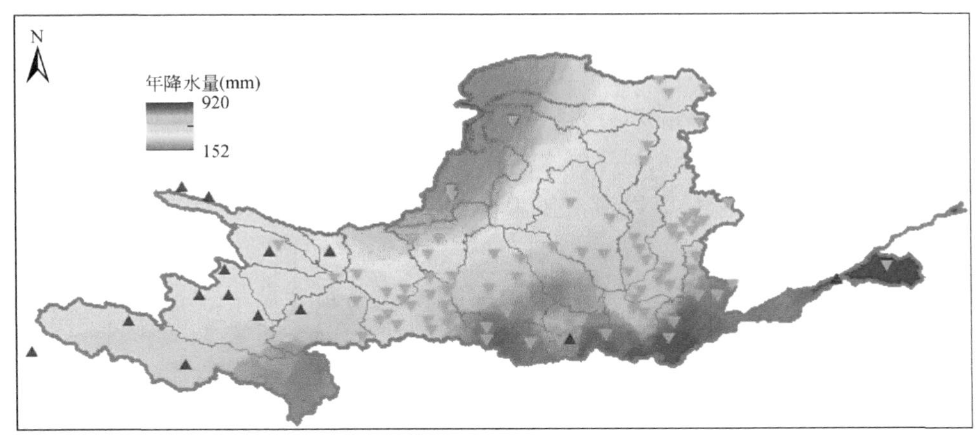

(a)年降水量

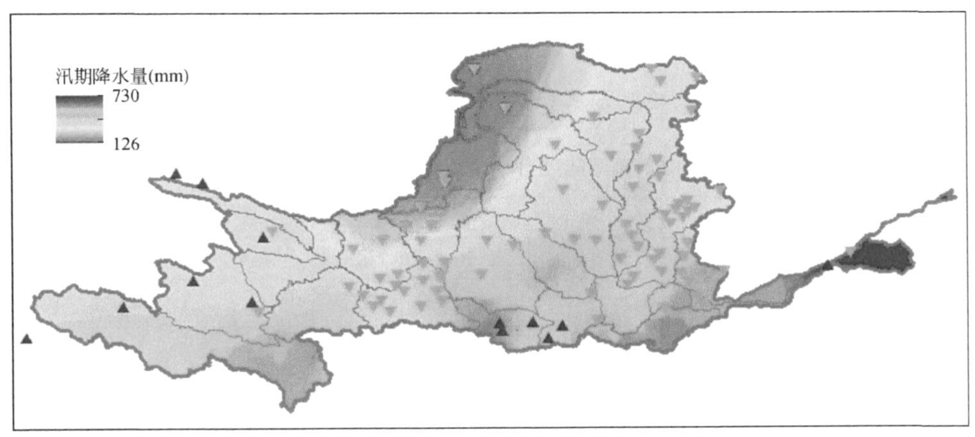

(b)汛期降水量

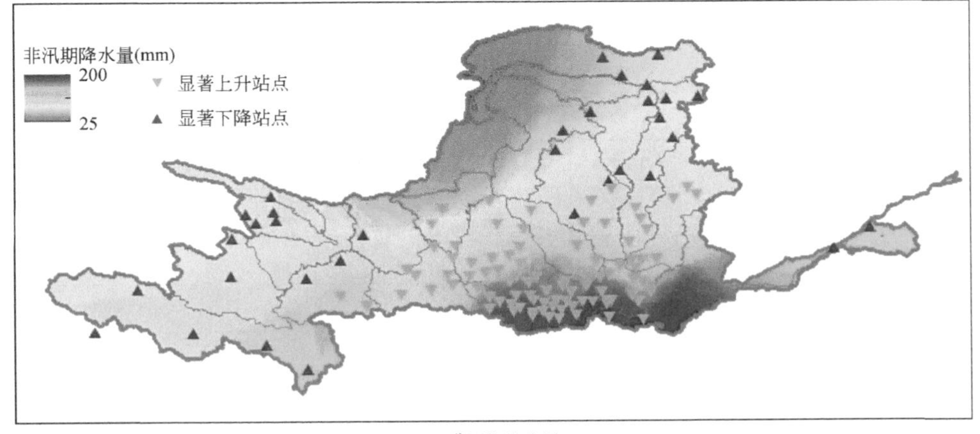

(c)非汛期降水量

图 2-4 黄河流域降水空间分布

黄河流域年、汛期、非汛期的降水分布由北至南均呈增加趋势，流域北部降水量最小，南部降水分布自西向东呈增加趋势。流域上游西部和下游站点的降水序列主要呈显著上升趋势，上游东部和中游主要呈显著下降趋势。

黄河流域不同时间尺度上的降水序列主要呈下降趋势。上游各三级区的年、汛期降水序列主要呈下降趋势，非汛期降水序列主要呈上升趋势，以河源至玛曲非汛期降水序列上升趋势最为显著，清水河与苦水河年降水序列下降趋势最为显著。中游呈显著性变化的三级区均表现为下降趋势，其中，以渭河宝鸡峡至咸阳非汛期降水序列下降趋势最为显著，部分三级区呈小幅度上升趋势。下游三级区的年、汛期降水序列均呈下降趋势，非汛期降水序列均呈上升趋势，以花园口非汛期降水序列上升趋势最为显著，汛期降水下降趋势显著。以非汛期降水序列发生显著性变化的三级区最多，汛期最少。

非汛期降水的突变较为一致，除花园口以下干流区间和泾河张家山以上外，非汛期降水三级区突变均发生在1975年附近。非汛期降水河源至玛曲、花园口以下干流区间两个三级区发生了降水升高的突变。非汛期降水渭河宝鸡峡至咸阳、泾河张家山以上渭河咸阳至潼关，在突变后，降水减少。

黄河流域各三级区降水趋势和突变检验结果见表2-3和表2-4。

表2-3　黄河流域各三级区降水趋势检验结果

区间	三级区	年		汛期		非汛期	
		统计量U	趋势	统计量U	趋势	统计量U	趋势
上游	河源至玛曲	0.25		-0.05		4.95	上升
	玛曲至龙羊峡	1.04		0.46		1.01	
	大夏河与洮河	-1.12		-0.93		-0.55	
	龙羊峡至兰州干流区间	0.82		0.16		0.63	
	湟水	0		-0.44		1.12	
	大通河享堂以上	2.54	上升	2.21	上升	2.68	上升
	兰州至下河沿	-2.82	下降	-3.09	下降	-0.33	
	清水河与苦水河	-3.17	下降	-1.53	下降	-2.3	下降
	下河沿至石嘴山	-0.57		-0.71		0.11	
	石嘴山至河口镇南岸	-0.77		-1.7		2	上升
	石嘴山至河口镇北岸	-0.68		-0.66		1.39	
	内流区	-0.55		-0.85		0.77	

续表

区间	三级区	年		汛期		非汛期	
		统计量 U	趋势	统计量 U	趋势	统计量 U	趋势
中游	渭河宝鸡峡以上	-3.75	下降	-3.28	下降	-2.62	下降
	渭河宝鸡峡至咸阳	-1.2		1.31		-4.95	下降
	泾河张家山以上	-3.06	下降	-1.29		-2.98	下降
	渭河咸阳至潼关	-1.31		0.49		-4.59	下降
	北洛河狱头以上	-1.83		-0.96		-2.02	下降
	龙门至三门峡干流区间	-1.48		-0.85		-2.43	下降
	汾河	-2.98	下降	-2.43	下降	-1.2	
	吴堡以上右岸	-0.49		-2.21	下降	0.33	
	吴堡以下右岸	-1.37		-1.89		0.33	
	河口镇至龙门左岸	-2.57	下降	-0.41		0.3	
	伊洛河	-0.6		-0.41		-1.37	
	沁丹河	-3.61	下降	-3.23	下降	0.19	
	三门峡至小浪底区间	0.14		-0.16		-0.1	
	小浪底与花园口干流区间	-2.02	下降	-1.75		-1.18	
下游	金堤河和天然文岩渠	-0.82		-1.26		1.12	
	花园口以下干流区间	-1.78		-2.68	下降	4.51	上升
	大汶河	-0.27		-0.3		0.98	

表 2-4 黄河流域各三级区降水突变检验结果

区间	三级区	年		汛期		非汛期	
		M-K	滑动 t	M-K	滑动 t	M-K	滑动 t
上游	河源至玛曲		1969、1981		1981	1974	1973、1999
	玛曲至龙羊峡		2005		2005		1976、1982
	大夏河与洮河		2003		2003		1978、1983、1992
	龙羊峡至兰州干流区间						1975、1983
	湟水						1976、1983
	大通河享堂以上			1974			1971、1984、1993
	兰州至下河沿				1992		1978、1983、1992
	清水河与苦水河		1975、1980				1993
	下河沿至石嘴山					1967	1988、1993
	石嘴山至河口镇南岸				1975、1980		
	石嘴山至河口镇北岸		1980		1975		1993
	内流区						1993

续表

区间	三级区	年		汛期		非汛期	
		M-K	滑动 t	M-K	滑动 t	M-K	滑动 t
中游	渭河宝鸡峡以上		1994	1968			1978、1983、1992
	渭河宝鸡峡至咸阳	1964	1993			1975	1976、1987、1992
	泾河张家山以上					1991	1976、1992
	渭河咸阳至潼关		1981		1981、1986	1972	1978、1987
	北洛河洑头以上						
	龙门至三门峡干流区间				1981、1986		
	汾河	1977	1997	1978	1997	1965	1972、1995
	吴堡以上右岸		1980		1980、1997		
	吴堡以下右岸						
	河口镇至龙门左岸	1978	1980、1997		1980、1997		1980、1997
	伊洛河	1985			1980、1986		1976
	沁丹河	1971		1976			1989、1995
	三门峡至小浪底区间				2003	1964	1975
	小浪底与花园口干流区间						1989
下游	金堤河和天然文岩渠	1965	1977、1990	1964	1970、1977、1982		
	花园口以下干流区间	1974	1979	1974	1979	1968	1968、1974
	大汶河						

注：突变发生在两年份之间，以上一年份为准。

2.2.1.2 流域实际蒸发演变特征

大夏河与洮河、湟水、渭河宝鸡峡至咸阳、泾河张家山以上、北洛河洑头以上、龙门至三门峡干流区间、石嘴山至河口镇北岸、吴堡以下右岸、伊洛河、沁丹河、三门峡至小浪底区间、小浪底与花园口干流区间、金堤河和天然文岩渠、花园口以下干流区间等14个三级区年、汛期和非汛期蒸发序列均有显著性变化。其中，大夏河与洮河、渭河宝鸡峡至咸阳、北洛河洑头以上、吴堡以下右岸4个三级区不同时间尺度上蒸发序列均呈显著上升趋势，除渭河宝鸡峡至咸阳外，均通过了显著性水平检验，吴堡以下右岸蒸发序列倾向率最高为205.197/10a，渭河宝鸡峡至咸阳蒸发序列倾向率最小为12.504/10a。泾河张家山以上年蒸发和非汛期蒸发序列呈显著下降趋势，汛期蒸发呈显著上升趋势，汛期蒸发序列倾向率最高为47.935/10a。其他9个三级区年、汛期、非汛期蒸发序列均呈显著下降趋势，小浪底至花园口干流区间10a倾向率最小，湟水汛期10a倾向率最大。此外，河源-玛曲、大汶河年蒸发序列无显著变化趋势，河源至玛曲汛期和非汛期、大汶河非汛期变化趋势较为显著且呈上升趋势，大汶河汛期蒸发呈显著下降趋势。龙羊峡至兰州干流区间、石嘴山至河口镇南岸、内流区汛期蒸发序列无显著变化趋势，但年和非汛期蒸发均呈显著下降趋势。下河沿至石嘴山汛期蒸发无显著变化趋势，年蒸发呈显著上升趋势，非汛期蒸发呈显著下降趋势。渭河宝鸡峡以上年蒸发和汛期蒸发均呈显著下降趋势，而非汛期蒸发无显著变化。吴堡以上右岸年蒸发序列呈显著下降趋势，汛期蒸发呈显著上升趋势，而非汛期蒸发无显著变化趋势。渭河咸阳至潼关年蒸发序列呈下降趋势，汛期和非汛期蒸发无显著变化趋势。玛曲至龙羊峡年汛期蒸发序列无显著变化趋势，而非汛期蒸发序列呈显著下降趋势。详见表 2-5。

表 2-5　黄河流域各三级区蒸发趋势检验结果

三级区名称	年		汛期		非汛期	
	倾向率/10a	统计量 U	倾向率/10a	统计量 U	倾向率/10a	统计量 U
河源至玛曲	19.552	1.859	6.908	2.516	10.837	2.488
玛曲至龙羊峡	-12.301	-1.668	2.094	-0.492	-14.394	-3.254
大夏河与洮河	83.799	6.535	52.263	6.398	31.535	5.523
龙羊峡至兰州干流区间	-24.049	-2.598	-3.489	-1.641	-20.561	-4.129
湟水	-43.081	-4.402	-15.293	-4.019	-27.786	-5.250
大通河享堂以上	38.995	1.559	25.755	0.736	-4.398	-0.533
兰州至下河沿	-9.098	-2.953	-9.579	-3.432	7.539	0.602
清水河与苦水河	73.549	5.113	13.771	2.160	12.504	3.199
下河沿至石嘴山	-30.143	-2.898	47.935	2.598	-50.945	-6.234
石嘴山至河口镇南岸	-34.297	-4.594	-8.337	-1.832	3.232	1.148
石嘴山至河口镇北岸	132.633	7.656	53.385	4.088	29.658	5.879
内流区	-192.321	-10.883	-87.315	-9.133	-54.342	-8.449
渭河宝鸡峡以上	28.349	0.930	31.693	1.641	-3.345	-1.094
渭河宝鸡峡至咸阳	22.330	1.504	17.535	1.641	4.795	0.574
泾河张家山以上	1.991	-1.340	6.758	-0.437	-4.769	-1.203
渭河咸阳至潼关	21.514	2.598	3.688	0.957	-14.436	-2.707
北洛河湫头以上	-34.061	-2.105	-9.962	-1.805	-24.099	-3.637
龙门至三门峡干流区间	-75.757	-5.496	-40.466	-3.992	-35.293	-6.726
汾河	-232.403	-7.766	-12.634	-1.449	-17.189	-3.582
吴堡以上右岸	-439.434	-4.553	16.591	2.919	-3.245	0.609
吴堡以下右岸	205.197	7.957	40.029	4.047	39.598	6.125
河口镇至龙门左岸	10.707	0.410	18.691	1.203	-5.793	-1.805

续表

三级区名称	年		汛期		非汛期	
	倾向率/10a	统计量 U	倾向率/10a	统计量 U	倾向率/10a	统计量 U
伊洛河	-185.626	-8.723	-102.164	-8.819	-59.248	-7.741
沁丹河	-56.310	-3.773	-28.791	-3.527	-27.519	-4.238
三门峡至小浪底区间	-118.219	-8.326	-71.702	-8.528	-25.527	-5.304
小浪底与花园口干流区间	-423.627	-11.894	-233.248	-11.816	-210.733	-11.628
金堤河和天然文岩渠	-197.713	-11.348	-109.876	-11.307	-82.447	-10.144
花园口以下干流区间	-195.930	-10.855	-101.805	-9.680	-91.469	-10.582
大汶河	-3.882	-0.725	-9.051	-2.252	22.286	4.768

选择变化趋势较为明显且日蒸发数据较为完整的大夏河与洮河、伊洛河两个三级区为例对蒸发序列趋势进行详细分析。

大夏河与洮河年、汛期、非汛期蒸发序列均呈显著上升趋势，其中以年蒸发显著性最为明显，1963～1970 年蒸发量变化较为显著，在 1968 年蒸发量达到最小值，最小年蒸发量为 432.662mm，1970～2003 年，蒸发序列变化趋势较为平缓，2003～2013 年，序列出现大幅度变化，上升和下降趋势交替出现，在 2003 年达到最大蒸发值，蒸发量为 1805.15mm。汛期蒸发自 1963～2002 年，一直处于平稳变化状态，变化频率较高，但幅度较小。序列 2002～2013 年，变化幅度较大，2003 年汛期蒸发上升至大夏河与洮河蒸发序列的最大值，为 1094.33mm，2009 年降至最小蒸发 486.372mm。非汛期的蒸发序列曲线变化情况较为单一，在 1968 年前后变化较为显著，达到非汛期蒸发最小值 228.958mm，1970～2013 年，均为小幅度的上升或下降趋势，但整体呈上升趋势。详见图 2-5。

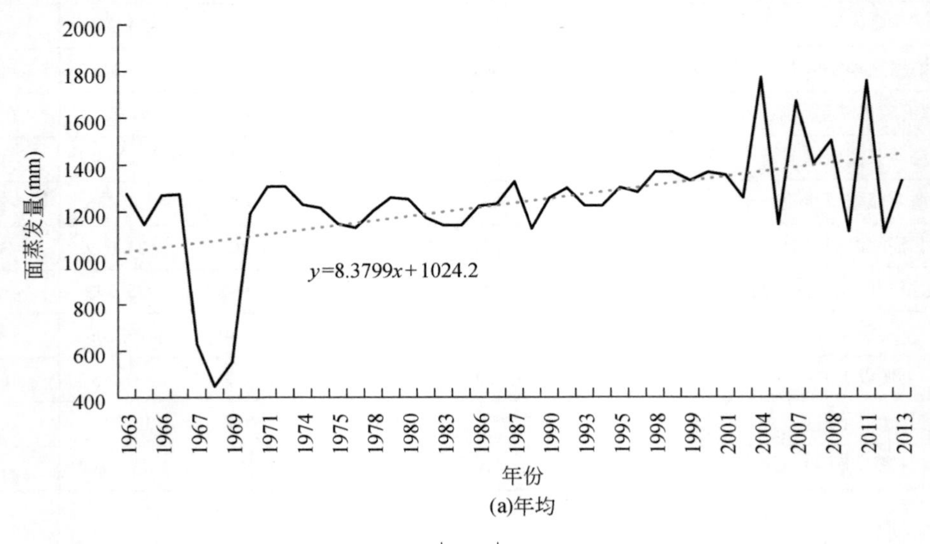

(a)年均

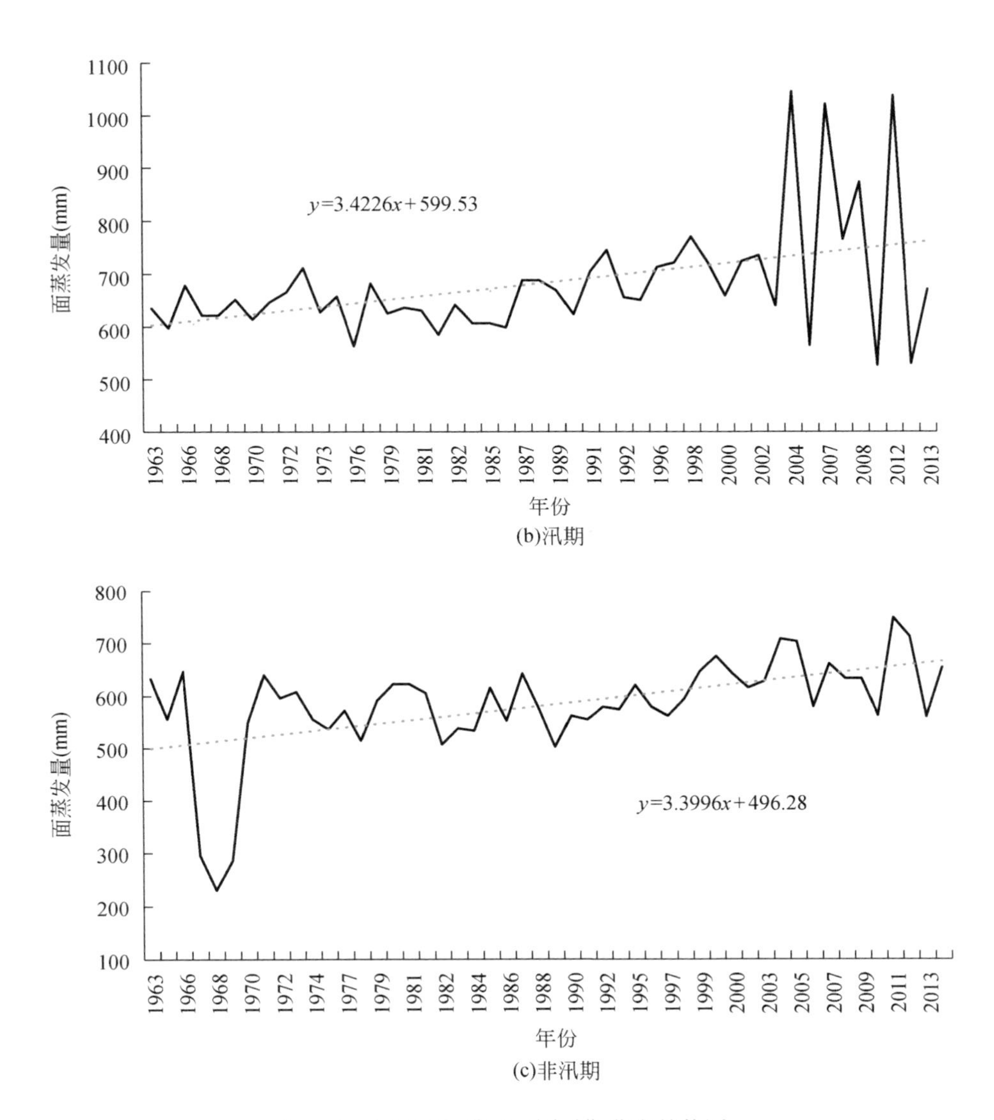

(b)汛期

(c)非汛期

图 2-5　大夏河与洮河不同时期蒸发趋势图

分析伊洛河流域不同时间尺度上蒸发序列的变化趋势，伊洛河年、汛期、非汛期蒸发量变化均为显著下降趋势且其蒸发量曲线变化情况极为相似。首先，伊洛河年蒸发量在1963～1966 年呈大幅度上升状态，在 1966 年取得年蒸发最大值 1868. 8mm，1966～1988年间呈平缓下降状态，1988～1999 年有持续的不平稳上升状态，1999～2013 年蒸发序列变化幅度较大，呈骤降骤升状态，在 2011 年取得最小蒸发值 222. 8mm。汛期蒸发序列演变情况自 1963～1989 年一直呈平缓下降变化趋势，在 1966 年取得最大蒸发 1016. 9mm，1989～2013 年，蒸发序列变化趋势呈增加—减小—增加—减小—增加的状态，增加和减小趋势交替出现，2003 年之后，蒸发变化极为明显，变化幅度较大。非汛期蒸发序列 1963～

1966 年处于上升趋势且在 1966 年取得蒸发序列的最大值，为 851.9mm，1966 ~ 1993 年，蒸发序列有小幅度上升和下降趋势，但序列和线性趋势整体呈下降趋势，1993 ~2000 年序列处于上升趋势，但 2000 年之后，蒸发量减少和增加趋势交替出现，在 2011 年取得最小值 207.5mm。年、汛期、非汛期均在 1966 年取得最大蒸发量，在 2011 年取得蒸发量最小值。详见图 2-6。

河源至玛曲、大通河享堂以上、清水河与苦水河、石嘴山至河口镇南岸、河口镇至龙门左岸 5 个三级区的年蒸发、汛期蒸发、非汛期蒸发序列没有发生突变，其他 24 个三级区在不同时期的不同年份发生了突变。龙门至三门峡干流区间年蒸发序列和汛期蒸发序列、伊洛河和三门峡至小浪底年蒸发序列 4 组蒸发序列的变化趋势均超过显著性水平 0.05 临界线，甚至超过 0.001 显著性水平，表明蒸发序列的变化十分显著。年蒸发序列发生突变的三级区占 69%，其中突变时间年份在 1966 ~ 1975 年和 1976 ~ 1985 年的三级区均占

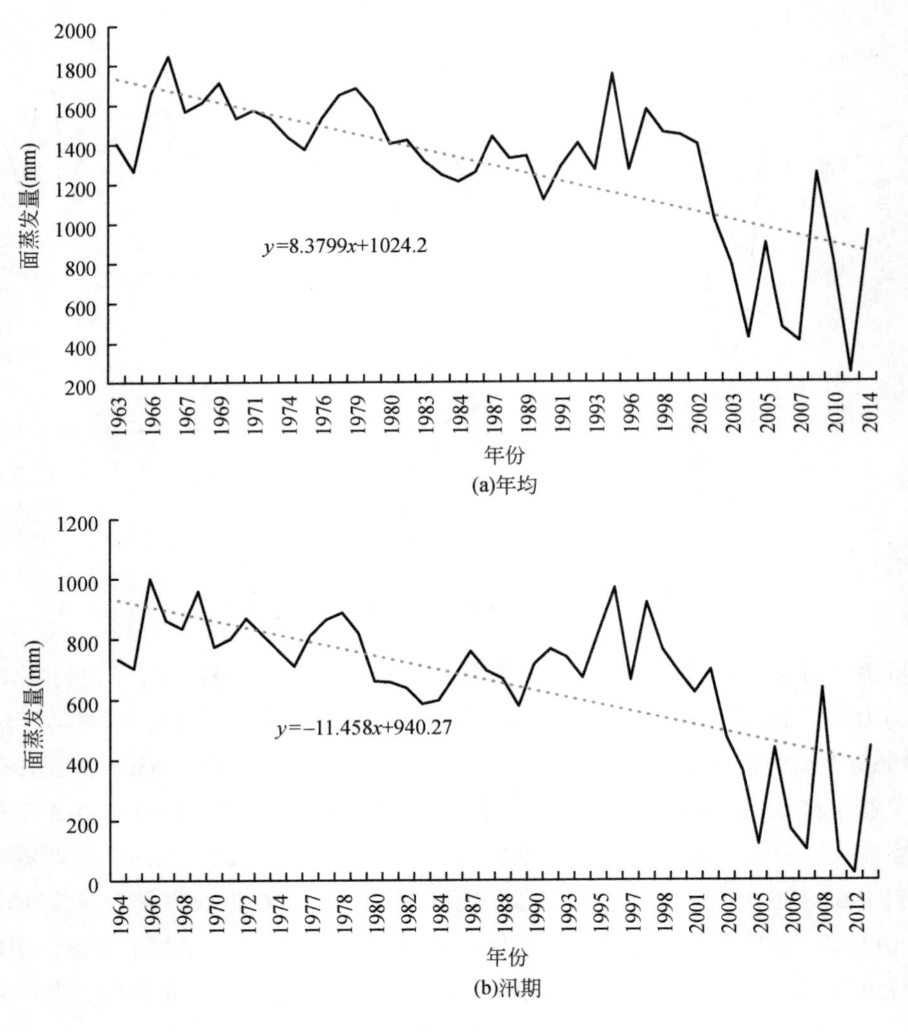

(a)年均

(b)汛期

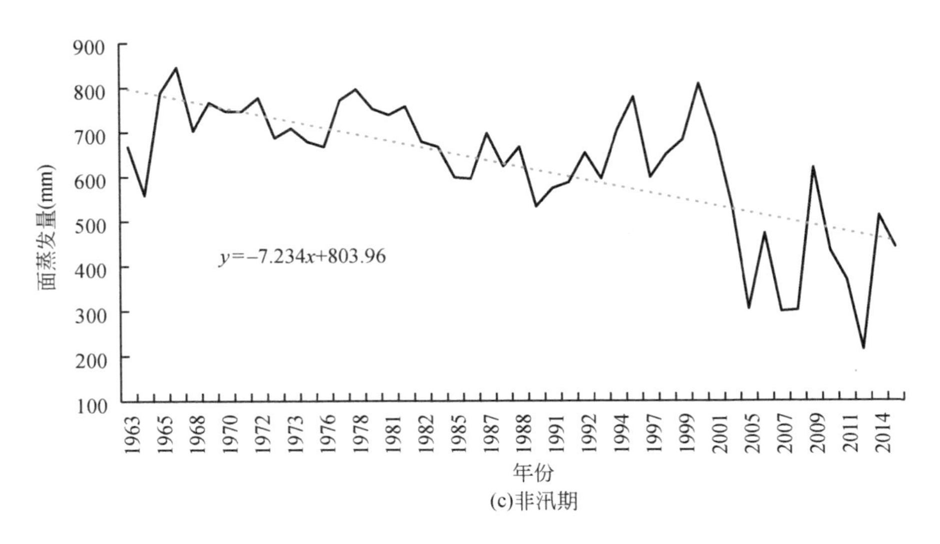

(c)非汛期

图 2-6 伊洛河不同时期蒸发趋势图

20.7%，突变年份在 1986～1995 年的三级区占 17.3%，突变年份在 1996～2005 年的三级区占 10.3%，说明年蒸发序列突变发生在 1966～1985 年的可能性较大。汛期蒸发序列发生突变的三级区占 55.2%，其中突变发生在 1966～1975 年和 1986～1995 年的三级区均占 17.3%，突变年份在 1976～1985 年的三级区占 6.8%，突变年份在 1996～2005 年的三级区占 13.8%。非汛期蒸发序列发生突变的三级区占 65.5%，其中突变时间年份在 1966～1975 年、1986～1995 年和 1996～2005 年的三级区均占 13.8%，突变年份在 1976～1985 年的三级区占 24.1%，说明突变在 1976～1985 年比较集中。

利用滑动 t 检验法的检验结果显示，对于年蒸发序列，25 个三级区发生突变，占 86.2%（相比三级区总数），共有 55 个突变点。其中，河源至玛曲、玛曲至龙羊峡、北洛河洑头以上、清水河与苦水河、金堤河和天然文岩渠、花园口以下干流区间 6 个三级区均有 3 个突变点。在 1966～1975 年存在的突变点占 30.9%（相比突变点总数），突变发生在 1976～1985 年的突变点占 29.1%，1986～1995 年存在的突变点占 5.5%，1996～2005 年存在的突变点占 34.5%。24 个三级区的汛期蒸发序列发生突变，占 82.8%，共 37 个突变点，仅清水河与苦水河的汛期蒸发序列有 3 个突变点。在 1966～1975 年和 1976～1985 年发生突变的突变点均占 24.3%，在 1986～1995 年突变点占 8.1%，发生在 1996～2005 年突变点占 43.3%。对于非汛期蒸发序列，发生突变的三级区为 52 个，占 93.1%，总突变点 52 个，其中，龙门至三门峡干流区间、伊洛河、沁丹河、金堤河和天然文岩渠 4 个三级区的非汛期蒸发序列均存在 3 个突变时间点。在 1966～1975 年发生突变的突变点占 13.5%，1976～1985 年的突变点占 38.5%，1986～1995 年的突变点占 28.8%，发生在 1996～2005 年的突变点占 19.2%。

黄河流域各三级区不同时期蒸发序列 M-K 突变检验结果和蒸发滑动 t 检验结果详见表 2-6 和表 2-7。

表 2-6 黄河流域各三级区不同时期蒸发序列 M-K 突变检验结果

三级区	突变起始年份		
	年	汛期	非汛期
河源至玛曲			
玛曲至龙羊峡		1974^	1969
大夏河与洮河	1994	1989	1996
龙羊峡至兰州干流区间		1968	1973^
湟水	1972	1970^	1972
大通河享堂以上			
渭河宝鸡峡以上	1973	1974^	
渭河宝鸡峡至咸阳	1982	1980	1991
泾河张家山以上	1975		1979
渭河咸阳至潼关	1997		
北洛河洑头以上	1991	1996^	1984
龙门至三门峡干流区间	1982&	1995&	1987
汾河	1968		1978
兰州至下河沿			1966
清水河与苦水河			
下河沿至石嘴山	1977		
石嘴山至河口镇南岸			
石嘴山至河口镇北岸	1980	1987	2001
内流区	1979		
吴堡以上右岸	1968		
吴堡以下右岸	1986	1996	1978^
河口镇至龙门左岸			
伊洛河	1999&	1999	2001
沁丹河	1974	1974	1979
三门峡至小浪底区间	1998&	1997	2004
小浪底至花园口干流区间	1978 *	1979 *	1983 *
金堤河和天然文岩渠	1987 *	1986 *	1990 *
花园口以下干流区间	1992 *	1992 *	1995 *
大汶河			1984

& 表示通过 0.001（2.56）的显著性水平；* 表示在显著性水平临界线之外出现交点；^ 表示交点在两年份之间，起始年份以上一年时间点为准。

表 2-7 三级区不同时期蒸发滑动 t 检验结果

三级区	可能的突变年份（5 年滑动 t）		
	年	汛期	非汛期
河源至玛曲	1969、1974、2000	1989、2000	1969、1980
玛曲至龙羊峡	1974、1982、1998	1981	1982、1998
大夏河与洮河	1997	1986	1998
龙羊峡至兰州干流区间	1974、1997	1973	1974、1998
湟水	1973、1983	1973	1982
大通河享堂以上	1981、2004	2004	1967、2004
渭河宝鸡峡以上	1982、1994	1975、1994	1982、1993
渭河宝鸡峡至咸阳		1978	1972、1983
泾河张家山以上	1980、2003	1975、2003	1982、1994
渭河咸阳至潼关			1994
北洛河洑头以上	1979、1983、2003	2003	
龙门至三门峡干流区间	1978、2003	1980、2003	1974、1979、2003
汾河	1975、1991	1981	1983、1992
兰州至下河沿	1975、1997	1975、1997	1988、1994
清水河与苦水河	1971、1976、1997	1971、1976、1997	1983、1994
下河沿至石嘴山	1972、1997	1971、1997	1987、1994
石嘴山至河口镇南岸	1974、1997	1997	1974、1993
石嘴山至河口镇北岸	1975、1988		2005
内流区	1973、1979		1982
吴堡以上右岸	1983、1997	1983、1997	1985、1994
吴堡以下右岸			1983
河口镇至龙门左岸	1975、1997	1997	1983、1994
伊洛河	1981、2002	1980、2002	1977、1982、2003
沁丹河	1973、1982	1980	1977、1982、1994
三门峡至小浪底区间	1980、2003	1980、2003	1984、1992
小浪底至花园口干流区间	1970、2002	1970、2002	1989、2002
金堤河和天然文岩渠	1972、1983、2002	1970、2002	1972、1983、2002
花园口以下干流区间	1973、1983、2002	2002	1983、2003
大汶河			

2.2.1.3 流域径流演变趋势及归因分析

选择黄河干流贵德、兰州、石嘴山、龙门、花园口、利津等 6 个水文站 1956 ~ 2017

年的实测与天然年径流量系列，利用线性回归法、Kendall 秩次相关检验法、Spearman 秩次相关检验法分析上述站点径流的变化趋势。图 2-7 显示了上述站点在黄河流域的位置。表 2-8 是各水文站点年径流变化趋势的检测结果，包括线性方程的斜率 a、Kendall 秩次相关检验法统计量 U 和 Spearman 秩次相关检验法统计量 T。表中各站点的 a 均为负值。实测径流序列的 U 值均为负且绝对值都大于显著性水平 0.05 对应的标准正态分布双尾检验临界值 1.96，T 值均大于显著性水平 0.05 对应的 t 分布双尾检验临界值 2.02，说明所有站点实测年径流序列均呈显著减少趋势，而且比较不同站点的检验结果，可以发现下游站点实测径流的下降趋势大于上游站点，上游贵德站的下降趋势相对较小，下游利津站的下降趋势最大。相比实测序列而言，天然径流序列的下降趋势相对较小。

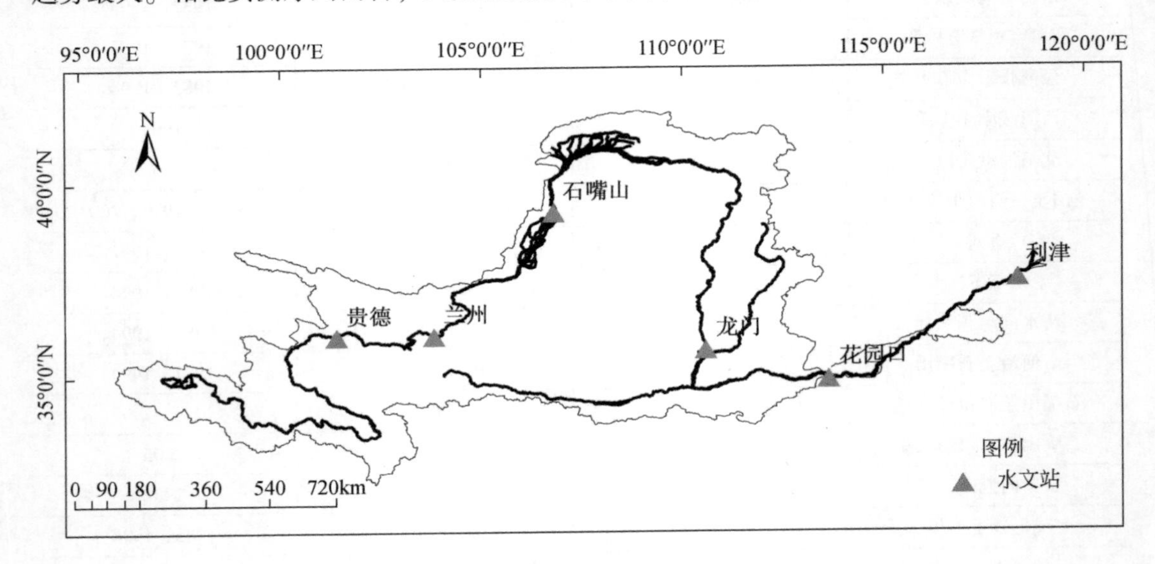

图 2-7　研究区域及站点位置

表 2-8　水文站点年径流变化趋势检测

水文站	实测径流序列			天然径流序列		
	线性方程的斜率 a	Kendall 秩次相关检验法统计量 U	Spearman 秩次相关检验法统计量 T	线性方程的斜率 a	Kendall 秩次相关检验法统计量 U	Spearman 秩次相关检验法统计量 T
贵德	−0.76	−2.13	2.26	−0.52	−1.51	1.48
兰州	−1.18	−1.96	2.1	−0.48	−0.83	0.79
石嘴山	−1.75	−3.29	3.77	−0.7	−1.26	1.24
龙门	−2.96	−5.24	6.85	−0.79	−1.22	1.36
花园口	−5.04	−5.5	6.91	−1.8	−1.99	1.92
利津	−6.71	−5.87	7.54	−2.05	−1.99	1.96

气候变化与人类活动是影响水文循环改变的两大驱动因子。气候变化通过大气环流、冰川和积雪等条件变化引起降水、气温、日照、相对湿度、径流等一系列变化，在水循环研究中，能定量描述的气象因子主要是降水与蒸发；在水文学中，人类活动是指人类从事建造工程、改变土地利用方式和影响气候条件的生产、生活和经营活动，人类活动对地表径流的影响分为水资源开发利用活动的直接影响和流域下垫面变化的间接影响，直接影响表现为人为的河道取水或引水、跨流域调水及水利工程调蓄作用等，间接作用表现为人口增长、城市化发展、水土保持工程及植被变化对自然下垫面条件的改变。

基于 Budyko 框架，分析 2000 年前后研究区径流演变归因分析的计算结果如表 2-9 所示。由表中可以看出，黄河上游及中游的 7 个小流域中，所有流域下垫面变化对径流的影响均高于气候条件变化的影响。黄河上游及无定河流域气候变化导致流域内径流增加，这可能与上游及无定河流域 2000 年以后降水量有所增加有关。中游其他 6 个小流域的气候变化和下垫面变化均导致径流减少（表 2-9）。

表 2-9　气候变化和人类活动对径流变化的贡献率　（单位：%）

流域	气候变化	下垫面变化
黄河上游	49. 19	-149. 19
窟野河	-27. 81	-72. 19
无定河	71. 60	-171. 60
汾河	-25. 53	-74. 47
泾河	-39. 49	-60. 51
北洛河	-20. 61	-79. 39
伊洛河	-48. 37	-51. 63
沁河	-1. 47	-98. 53

注：负值表示导致径流减少；正值表示导致径流增加。

黄河源区下垫面变化主要体现在植被覆盖度增加，冻土减少。1955～2015 年，黄河源区年均 NDVI 为 0. 3141，变化趋势方面，则呈显著增加趋势，增加幅度为 0. 004/10a。黄河源区位于季节性冻土与多年冻土的过渡带，在青藏高原多年冻土分布区边缘地带，多年冻土占 85%，季节冻土占 10%，融区占 5%。随着气温的升高，季节性冻土与多年冻土的边界正在发生变化。在过去的 50 年中，黄河源流域多年冻土活动层从 1. 4m 增大到 2. 4m，增长速率达到 2. 2cm/a，多年冻土的上层温度也由-1. 1℃增长到-0. 6℃，多年冻土区面积由 2. 4 万 km^2 缩减到 2. 2 万 km^2，退化率为 $74km^2/a$。活动层增厚增加了储水空间，从而增加了降水下渗量和基流量，减少了地表产流量，使得黄河源地表径流量减少和径流年内过程变化。

中游地区下垫面变化主要有淤地坝、梯田、林草植被和小型水土保持措施。淤地坝又分为骨干坝和中小淤地坝，其中，1986 年以后，骨干坝进入有组织的建设阶段，有约 3/4 的骨干坝建成于 2000 年以后；而 83% 的中小淤地坝建成于 1979 年以前，80 年代、90 年代和 2000 年以来建成的中小淤地坝数量占比分别为 4.9%、2.1% 和 10%。淤地坝减水量 = 3×当地多年平均径流深×坝地面积，减水效果明显。潼关以上现状梯田的 51% 建成于 1996 年以后，1996 年以来，宁夏清水河、泾河、北洛河上游和渭河上游的增幅分别达 285%、241%、127% 和 123%。除泾河和渭河外，1998 年以后其他地区盖度大于 30% 和 70% 的林草地面积增量分别占 82% 和 94%，说明林草植被的改善主要发生在 1998 年以后。2000 年前后，林草植被改善和梯田面积增加，使得花园口以上地区径流量减少 11 亿 m^3，2007 ~ 2014 年，合计减水量近 40 亿 m^3。据全国第一次水利普查成果，黄河潼关以上黄土高原共有小型水土保持工程近 200 万座（处），不仅包括水平阶、水平沟、鱼鳞坑和谷坊等水土保持设施，还包括水窖和涝池等集雨工程。

2.2.2 水资源量演变规律

（1）黄河水资源量

黄河流域大部分属于干旱半干旱地区，多年平均降水量为 452mm，水资源总量为 598.9 亿 m^3，其中河川天然径流量为 490.0 亿 m^3，不重复的地下水资源量为 108.9 亿 m^3。黄河流域人均水资源量为 491m^3，仅为全国平均水平的 24.5%，水资源短缺是黄河流域长期面临的突出问题。黄河干流主要水文断面水资源总量见表 2-10。

表 2-10　黄河流域干流主要水文断面水资源量（1956 ~ 2016 年系列）

主要断面	集水面积（万 km^2）	河川天然径流量（亿 m^3）	断面以上地表水与地下水之间不重复计算量（亿 m^3）	水资源总量（亿 m^3）
唐乃亥	12.20	200.2	0.4	200.6
兰州	22.26	324.0	1.9	325.9
河口镇	36.79	307.4	24.1	331.5
龙门	49.76	339.0	43.0	382.0
三门峡	68.84	435.4	84.8	520.2
花园口	73.00	484.2	94.6	578.8
利津	75.19	490.0	108.9	598.9

进一步分析 1998 ~ 2016 年黄河水资源量的距平变化百分比（图 2-8），1998 ~ 2016 年共有 8 年水资源量偏少，且偏少幅度均超过 10%；在水资源富余的年份，仅 2003 年、

2005 年、2011 年和 2012 年水资源总量偏多幅度大于 10%，其他偏多年基本稳定在年平均值线附近。

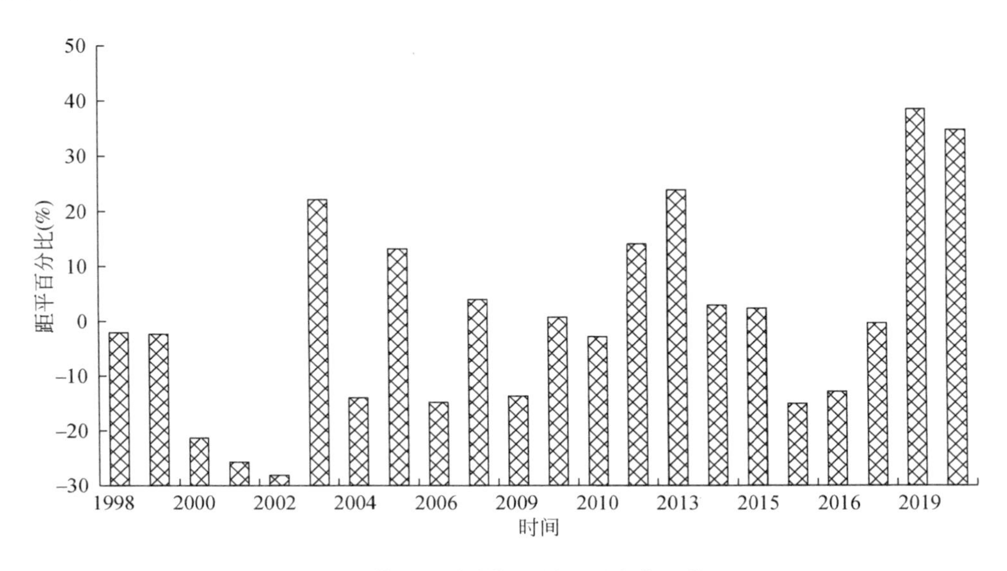

图 2-8　黄河流域水资源量距平变化百分比

(2) 黄河水资源变化

受自然条件变化和人类活动影响，自 20 世纪 80 年代以来，黄河水资源量衰减严重。《黄河流域第三次水资源调查评价》、《黄河流域水资源综合规划》及《黄河可供水量分配方案》干流主要断面天然河川径流量成果比较结果见表 2-11。《黄河流域第三次水资源调查评价》成果中河口镇和利津断面天然径流量分别为 307.4 亿 m^3 和 490 亿 m^3，较《黄河流域水资源综合规划》分别减少了 24.3 亿 m^3 和 44.8 亿 m^3，较《黄河可供水量分配方案》分别减少了 5.2 亿 m^3 和 90 亿 m^3。预测未来随着气候变化和人类活动影响，流域水资源量还将进一步减少。

表 2-11　不同成果的天然河川径流量变化

断面	单位	兰州	河口镇	龙门	三门峡	花园口	利津
《黄河流域第三次水资源调查评价》(1956～2016 年)(①)	亿 m^3	324	307.4	339	435.4	484.2	490
《黄河流域水资源综合规划》(1956～2000 年)(②)	亿 m^3	329.9	331.7	379.1	482.7	532.8	534.8
绝对差值(①-②)	亿 m^3	-5.9	-24.3	-40.1	-47.3	-48.6	-44.8
占比例((①-②)/②)	%	-1.8	-7.3	-10.6	-9.8	-9.1	-8.4
《黄河可供水量分配方案》(1919～1975 年)(③)	亿 m^3	322.6	312.6	385.1	498.4	559.2	580
绝对差值(①-③)	亿 m^3	1.4	-5.2	-46.1	-63	-75	-90
占比例((①-③)/③)	%	0.4	-1.7	-12.0	-12.6	-13.4	-15.5

2.3 流域水资源供需演变规律识别

2.3.1 流域供用水演变特征

2.3.1.1 水资源开发利用历程和现状

黄河流域水资源开发利用历史悠久，早在公元前246年前战国时期，秦国就兴修郑国渠引泾水灌溉农田210万亩，变关中为良田。秦汉时期宁夏平原已经开始引黄灌溉，黄河水和泥的淤灌，使荒漠泽卤变成良田，久享“塞上江南鱼米之乡”的美誉。北宋时期黄河下游就兴建引黄河水沙淤灌农田之举，1076年，引黄、汴河放淤开封及东西沿汴两岸农田。20世纪20年代，李仪祉先生在陕西主持修建泾惠渠等“关中八惠”，成为国内一批较早的、具有先进科学技术的近代灌溉工程。

中华人民共和国成立后，黄河流域进行了大规模的水利建设，不仅改造扩建了原来的老灌区，而且兴建了一批大中型水利工程，到1980年流域内新建、扩建和改善的有效灌溉面积达到6492万亩，若包括下游流域外引黄灌溉面积，则达到8000万亩。2019年黄河流域有效灌溉面积达到9454万亩，其中内蒙古灌溉面积最大，为2444万亩，陕西、山西、河南三省灌溉面积均超过1000万亩。除向农业供水外，还建成了一批工业、城镇供水工程和流域外远距离调水工程。2019年，黄河流域已建成蓄引提水工程约5.4万座，为流域及下游引黄地区1.2亿亩灌区及60多座大中城市、340个县（市、旗），以及晋陕宁蒙地区能源基地、中原和胜利油田提供了水源保障，同时还向河北、天津、胶东半岛、河西内陆河等地区供水，支撑了全国12%的人口、15%的耕地用水需求。通过大力推进流域节水型社会建设，农田灌溉水利用系数从2012年0.52提高到0.56，2019年万元GDP用水量、万元工业增加值用水量分别为全国平均值的76.2%、50.7%。重要城市群和经济区多水源供水格局加快形成，城镇供水安全得到保障。建成了比较完整的农村供水体系，农村自来水普及率达到82%，累计解决了近9000万农村人口的饮水问题。

自20世纪50年代以来，随着国民经济的发展，黄河的供水量不断增加。1950年，黄河流域供水量约为120亿m^3，其中主要为农业用水，2019年黄河流域总供水量达到550亿m^3左右。1988～2019年黄河流域供水量和供水结构变化情况见图2-9和图2-10。

根据《黄河流域水资源公报》统计数据显示，1988～2019年黄河流域年均供水总量为500.47亿m^3，其中地表水供水量375.54亿m^3，占总供水量的75%，地下水供水量124.93亿m^3，占总供水量的25%。1988～2019年黄河流域总供水量呈现两个阶段的变

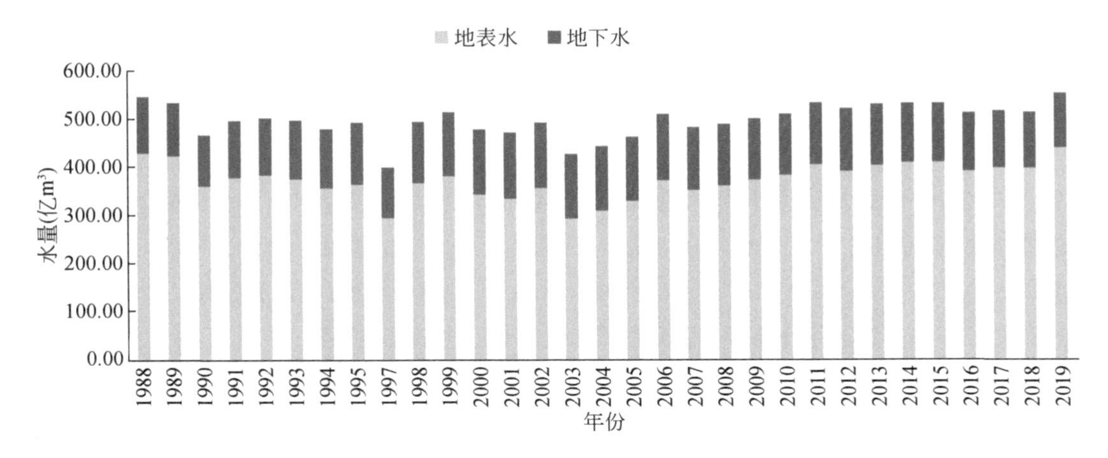

图 2-9　黄河流域 1988 ~2019 年供水总量变化

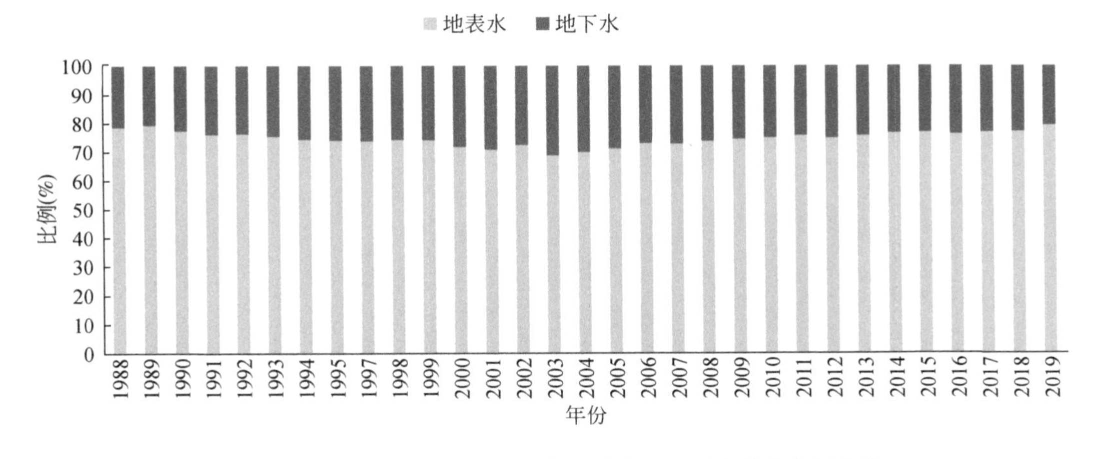

图 2-10　黄河流域 1988 ~2019 年地表水和地下水供水比例变化

化。1988 ~2003 年，黄河流域总供水量总体上呈减少趋势，1988 年流域总供水量为 549 亿 m³，之后供水量有所减少，1991 ~1995 年基本稳定在 495 亿 m³，至 1997 年达到最小值 402 亿 m³；1998 ~2002 年又稳定在 492 亿 m³ 上下，至 2003 年达到第二个波谷 429 亿 m³；之后的十余年供水总量呈明显上升趋势，2013 ~2015 年供水总量稳定在 534 亿 m³，2016 年稍有下探至 514 亿 m³，2019 年由于黄河来水整体较丰，流域供水量增加至 556 亿 m³。

从供水结构来看，黄河流域以地表水供水为主，地表水平均供水量占总供水量的 75%，地下水平均供水量占总供水量的 25%。1988 ~2019 年黄河流域供水结构也呈现两个阶段的变化。1988 ~2003 年，地表水供水比例呈现明显下降趋势，从 1988 年的近 80% 减少至 2003 年的最小值 69%，而地下水供水比例从 1988 年的 20% 左右增加至 2003 年的峰值 31%；2003 年后呈现相反的趋势变化，地表水供水比例呈现逐年增加的趋势，2015 ~

2019 年稳定在 77% 左右，地下水供水比例呈现逐年减少趋势，2015 ~ 2019 年稳定在 23% 左右。

2.3.1.2 近年来用水量和用水水平变化

1988 ~ 2019 年黄河流域年均用水总量为 500.47 亿 m^3，其中农业年均用水量为 385.46 亿 m^3，占总供水量的 77.1%，工业年均用水量为 64.88 亿 m^3，占总用水量的 13.0%，生活年均用水量为 50.13 亿 m^3，占总用水量的 9.9%。1988 ~ 2019 年黄河流域总用水量呈现两个阶段的变化。1988 ~ 2003 年，黄河流域总用水量总体上呈减少趋势，1988 年为此阶段用水量最多的年份，为 549.34 亿 m^3，之后用水量有所减少，1991 ~ 1995 年基本稳定在 495 亿 m^3，至 1997 年达到最小值 401.88 亿 m^3；1998 ~ 2002 年又稳定在 492 亿 m^3 上下，至 2003 年达到第二个波谷 429.12 亿 m^3；之后的 10 余年用水总量呈明显上升趋势，2013 ~ 2015 年用水总量稳定在 534 亿 m^3，2016 年稍有下探至 514 亿 m^3，2019 年用水总量增加至近 30 年来最大值 556 亿 m^3。详见图 2-11。

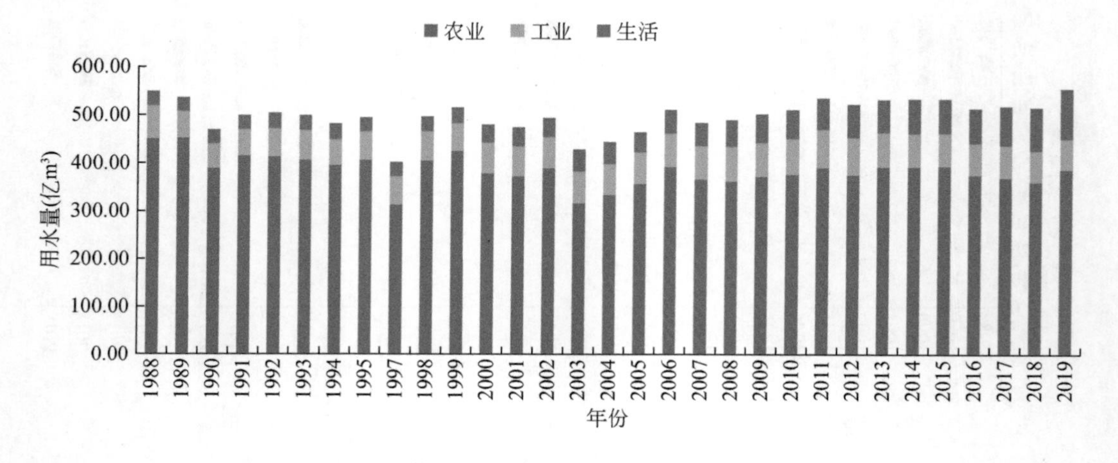

图 2-11 黄河流域 1988 ~ 2019 年用水总量变化

黄河流域农业用水（包含林牧渔畜）是用水第一大户，1988 ~ 2019 年，农业平均用水量占总用水量的 77.1%，其次是工业和生活，平均用水量分别占总用水量的 13.0% 和 9.9%。从近 30 年用水结构演变来看，农业用水占比呈现明显下降趋势，从 1989 年的 84.3% 下降至 2012 年的最低值 71.9%，并在近 3 年（2017 ~ 2019 年）稳定在 70.4% 左右；工业用水占比呈现波浪式微增加趋势，从 1989 年的 10.4% 增加至 2003 年的最高值 15.5%，之后稍有减少，近 3 年稳定在 12% 左右；生活用水占比则呈现稳步增加趋势，从 1988 年的 5.4% 稳步增加至 2019 年的 18.7%，增加了 2.5 倍。详见图 2-12。

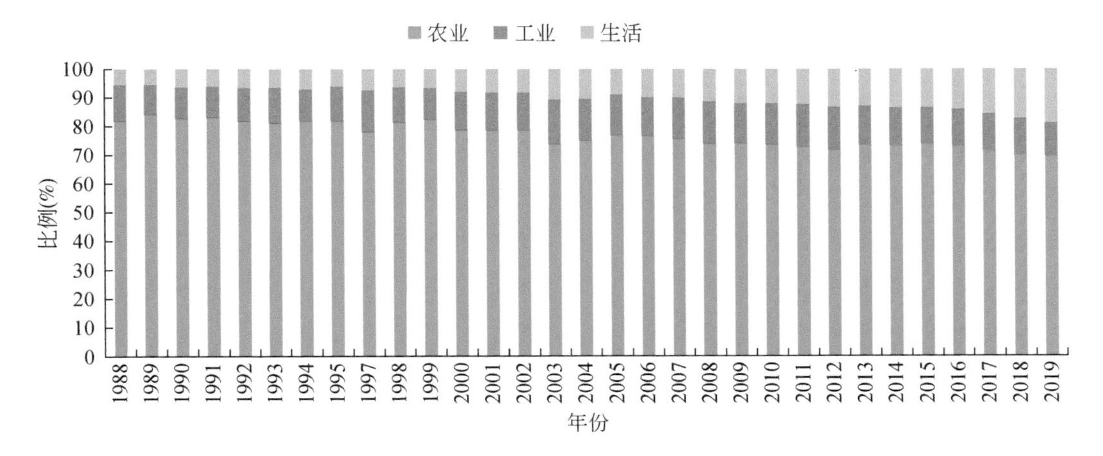

图 2-12 黄河流域 1988 ~ 2019 年各行业用水比例变化

2.3.1.3 黄河流域用水结构分析

基于信息熵理论，计算黄河流域 1988 ~ 2019 年水资源利用结构的信息熵和均衡度，详见图 2-13。由图可知，近 30 年来黄河流域用水结构信息熵呈现持续增长趋势，由 1988 年的 0.6 左右增长至 2019 年的 1.2，增加了 95.4%；用水结构均衡度也呈现持续增长趋势，由 1988 年的 0.44 增长至 2019 年的 0.67，增加了 51.2%，这说明黄河流域的水资源利用结构是向有利于经济社会发展的方向演变。

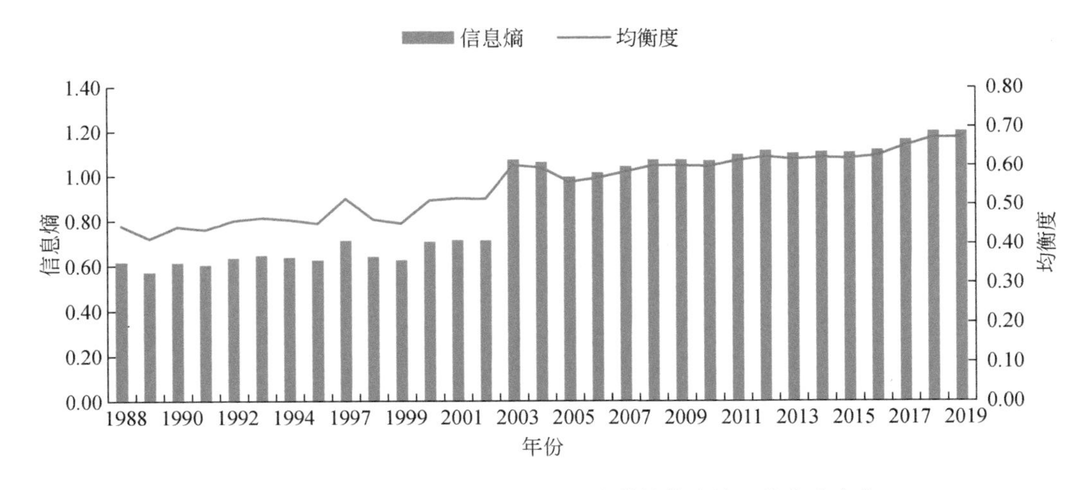

图 2-13 黄河流域 1988 ~ 2019 年用水结构信息熵和均衡度变化

另外，黄河流域用水结构信息熵和均衡度明显呈现两个阶段的变化：①1988 ~ 2002 年，黄河流域用水结构的信息熵平均水平较低，仅为 0.65，表明用水系统有序度较低，此阶段用水部门仅分为 4 个类别，且仅农业用水就占总用水量的 80% 左右；但此阶段用水结构的均衡度呈现缓慢增长趋势，由 1988 年的 0.44 增长至 2002 年的 0.51，说明系统的用水结构有趋于均衡的发展态势，原因是此阶段农业用水占比呈现减少趋势，而工业和生活用水占比呈现增加趋势。②2003～2019 年，黄河流域用水结构平均的信息熵达到了 1.10，表明用水系统有序度大幅提高，此阶段用水部分进一步细分为 6 个类别，且各类别的用水占比更趋合理，此时除了保障生活和生产用水外，还细分了一部分生态环境用水。另外，此阶段流域用水结构的信息熵和均衡度除在 2003～2005 年稍有下探外，呈现逐年增加态势，都在 2019 年达到最大值 1.2 和 0.67，并在近 5 年（2015～2019 年）趋于稳定。这表明，流域用水系统的用水结构更趋合理，并在近 5 年基本稳定。

选取黄河流域用水系统用水结构逐步趋于稳定的 2003～2019 年时段，计算黄河流域 9 个省（自治区）用水系统的信息熵，分析黄河流域信息熵的空间变化特征，详见图 2-14。从各省（自治区）用水结构信息熵的平均水平来看，陕西用水结构信息熵最高，达到了 1.36，四川和山西次之，用水结构信息熵平均值分别达到 1.30 和 1.28；青海、甘肃和河南用水结构信息熵处于 1.1～1.2；宁夏、内蒙古和山东的用水结构信息熵在 0.9 以下。这是因为陕西的用水结构最为均衡，农田灌溉、林牧渔畜、工业、城镇公共、居民生活和生态环境用水比例为 52：10：18：3：14：3，四川和山西用水结构相对均衡，各用水行业用

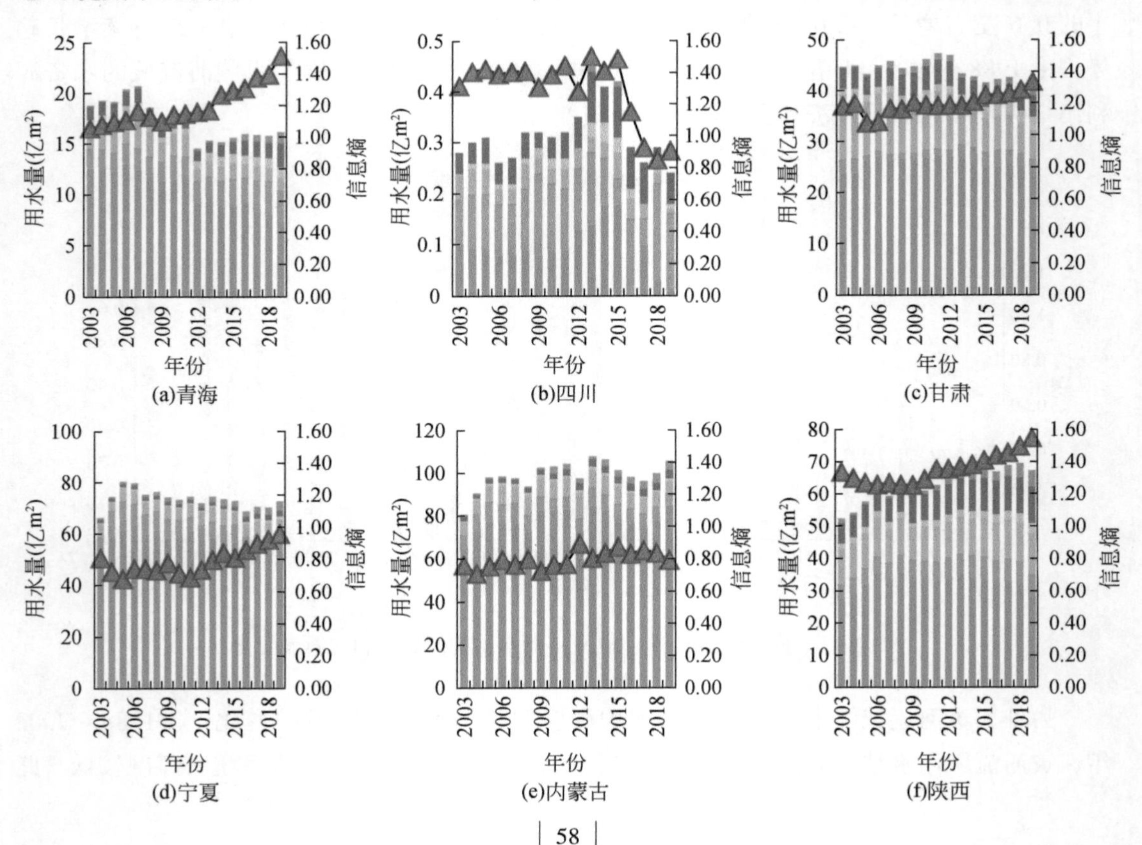

(a)青海 (b)四川 (c)甘肃 (d)宁夏 (e)内蒙古 (f)陕西

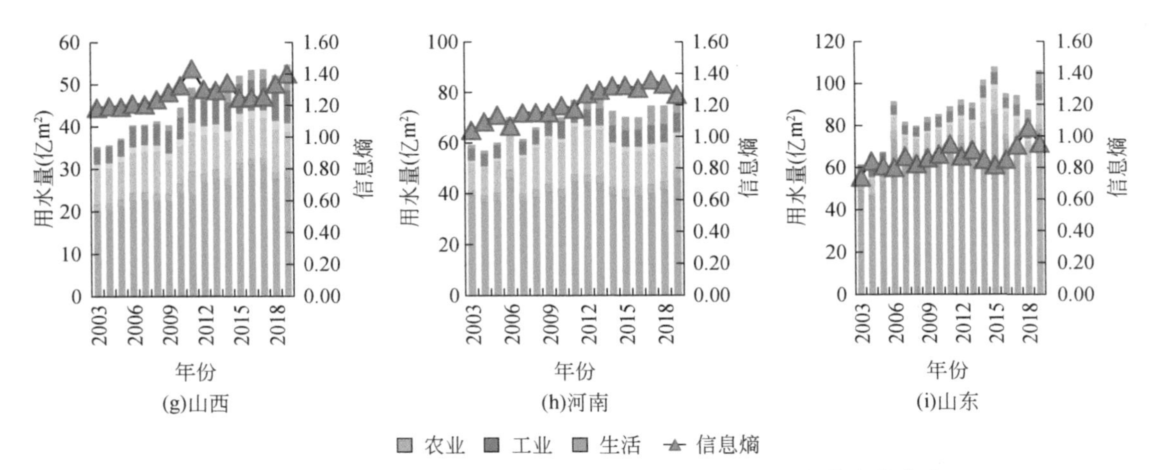

图 2-14　黄河流域各省（自治区）2003～2019 年用水结构信息熵变化

水比例分别为 28 : 38 : 11 : 4 : 18 : 0 和 55 : 4 : 20 : 4 : 13 : 4。宁夏、内蒙古和山东的用水结构极不均衡，3 省（自治区）农业用水（包括农田灌溉、林牧渔畜用水）占比分别达到 88%、86% 和 80%，在黄河流域农业用水占比排名前 3 位。

从各省（自治区）用水结构信息熵的时间变化来看，青海用水结构信息熵上升趋势最为明显，2019 年相对于 2003 年用水结构信息熵增加了 43%，这是因为过去 16 年青海省农田灌溉用水占比减少 22%，而林牧渔畜、城镇公共、居民生活和生态环境用水增加了 1 倍以上，用水结构朝向更为均衡的方向发展；其次为山东和河南，分别增加了 29% 和 22%，主要是由于用水占比占绝对优势的农田灌溉用水减幅达到 10% 左右，生态环境用水占比大幅增加 3～4 倍；山西、陕西、宁夏、甘肃 4 省（自治区）用水结构信息熵在波动中上升，增幅在 10%～20%，因为 4 省（自治区）各行业用水占比变化幅度相对较小；内蒙古用水结构信息熵最为稳定，16 年来稍有增加，但增幅仅为 4%，这是因为内蒙古农田灌溉、工业、城镇公共 3 行业用水占比基本没有变化，林牧渔畜用水占比稍有减少；9 省（自治区）中用水结构信息熵唯一呈减小趋势的是四川，16 年来用水结构信息熵减小 31%，这是因为 16 年来农田灌溉和工业用水占比大幅减少 3/4 以上，而林牧渔畜用水占比增加了 1 倍左右达到了 63%，成为用水第一大户，用水结构朝更不均衡的方向发展。

进一步分析黄河流域 9 省（自治区）用水均衡度的变化，与黄河流域用水结构信息熵空间分布特征基本一致，详见图 2-15。四川、陕西和山西用水结构的均衡度处于 0.6～0.7，在黄河流域处于较高水平，青海、甘肃和河南用水结构均衡度处于 0.6～0.7，在黄河流域处于中等水平；宁夏、内蒙古和山东的用水结构均衡度小于 0.5，说明这 3 省（自治区）用水结构的合理性在黄河流域处于较差水平。从用水结构均衡度的时间演变来看，2003～2019 年，除四川用水结构均衡度呈下降趋势外，其他省（自治区）用水结构均衡度都呈上升趋势，其中青海增幅最大，增加了 43%，山东和河南增幅都超过了 20%，宁夏、山西、陕西和甘肃增幅处于10% ~20%，内蒙古增幅仅为4%，与各省（自治区）用水结构信息熵的时间演变过程基本一致。

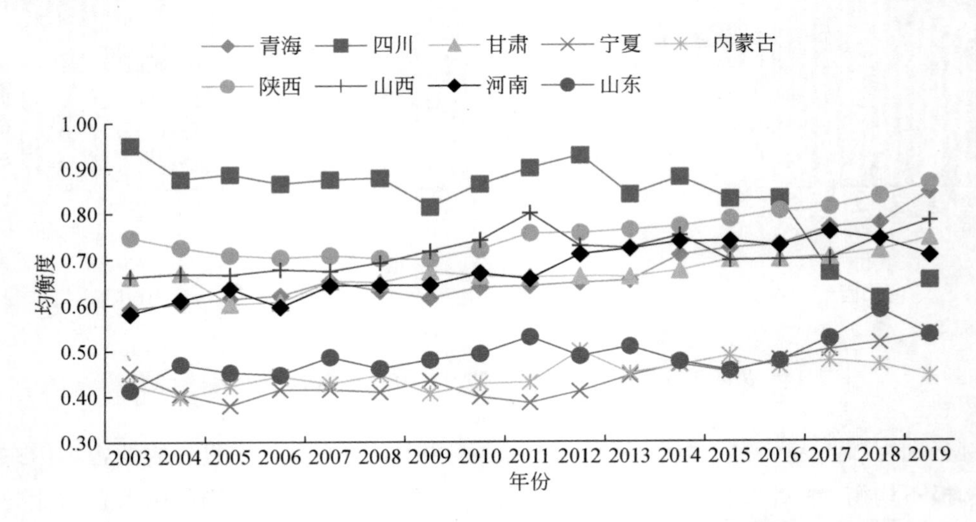

图 2-15　黄河流域各省（自治区）2003 ~2019 年用水结构均衡度变化

2.3.2　流域水资源供需演变规律

2.3.2.1　水资源供需系统演变模型

（1）系统动力学

水资源系统具有复杂开放的巨系统特征，由水资源、人口、经济、生态等子系统及其相关要素构成。各子系统及其内部的各要素间互相影响、互相制约，构成多因子驱动和多要素胁迫共同作用下的复杂系统。这些不同作用的影响因子与水资源系统中的各种状态变量形成了非线性、高阶次的多重反馈关系。此外，相关研究表明，黄河流域仍然存在一系列的水问题，流域能源利用效率较低，需水压力突出，水资源保障形势严峻。在流域供水不足以满足水需求时，应调整需水管理政策来控制各行业需水。为了研究水资源系统的演变特征及变化规律，合理地解决流域供需矛盾，本研究利用系统动力学方法建立水资源系统模型，研究水资源系统的主要驱动因子，并以驱动因子为调节变量分析水资源系统演变规律，寻求保障黄河流域水资源安全的有效方法。

系统动力学是基于系统控制理论将社会与自然科学相结合的学科。系统动力学将所有对象视作完整、开放的复杂系统，系统内部各组成成分间通过关联和制约的作用，进而形成不同结构的子系统。系统动力学通过定性分析各子系统的结构，定量分析各系统成分之间的关系，来揭示系统内部信息传输的反馈机制和动态演化的发展规律。反馈回路是由系统内部单元动态联结与信息交互而形成的闭合路径，系统动力学主要通过主导性过程反映整个系统的反馈回路，进而把握系统行为的方向及发展的趋势，达到对系统演变预估的目的。近年来，系统动力学多被用于解决多重反馈、复杂时变的系统性问题。系统性问题的定性建模有助于发现问题可能的根源因素，从而找到解决问题方法。

（2）系统变量及基本方程

系统动力学将系统视作整体性和层次性的有机统一，故而系统（S）可以分解为多个（p 个）结构不同且相互关联的子系统。

$$S=\{S_i \in S|_{1\sim p}\} \tag{2-1}$$

式中，S 为整个系统；S_i 为子系统，$i=1,2,\cdots,p$。

系统动力学的系统由单元、运动和信息三部分组成，与系统组成部分相对应的基本变量包括状态变量、速率变量与辅助变量等。其中状态变量，又称积累变量，是体现系统时域行为的变量，即下一时刻量为现有量加上变化量，在水资源系统主要包括人口、灌溉面积、城市绿地面积等变量；速率变量反映积累变量的时变强度，表示为单位时段内积累变量增加或减少的量，主要有人口增长率、GDP 增长率等；辅助变量为系统中具有时变性，不随时间累积变化的量，例如产业比例、城镇化率等变量。状态变量主要体现系统单元的累积状态，速率变量则反映系统信息积累的速率和运动状态，而辅助变量则提供了系统行为变化所需的信息量。上述主要变量构成系统单元信息的动态传输与回授过程，并分别通过状态、速率与辅助方程进行转化表示，从而构建系统动力学模型，其表达式为

$$\begin{bmatrix} \boldsymbol{R} \\ \boldsymbol{A} \end{bmatrix} = \boldsymbol{W} \begin{bmatrix} \boldsymbol{L} \\ \boldsymbol{A} \end{bmatrix} \tag{2-2}$$

式中，$\boldsymbol{L}$ 为状态向量；$\boldsymbol{R}$ 为速率向量；$\boldsymbol{A}$ 为辅助变量向量；$\boldsymbol{W}$ 为关系矩阵。

2.3.2.2 系统结构及因果反馈关系

根据水资源系统研究要求，结合模型建立的基本原则，充分考虑物理要素、经济增长速度及缺水程度等影响因素，将水资源系统划分为需水、供水、经济、社会、气候和生态六大子系统，具体子系统结构见图 2-16。

根据对水资源系统内部相关要素因果关系和相互作用的分析，得出水资源系统的反馈关系，主要反馈回路如下：水资源供需与生态环境、经济发展、产业结构、农业生产、农村生活为负反馈关系，与城镇生活、经济发展、再生水利用为正反馈关系。反馈回路详见图 2-17，回路中“+”为正反馈（使系统振荡或放大控制），“-”为负反馈（使系统误差减小趋于稳定）。

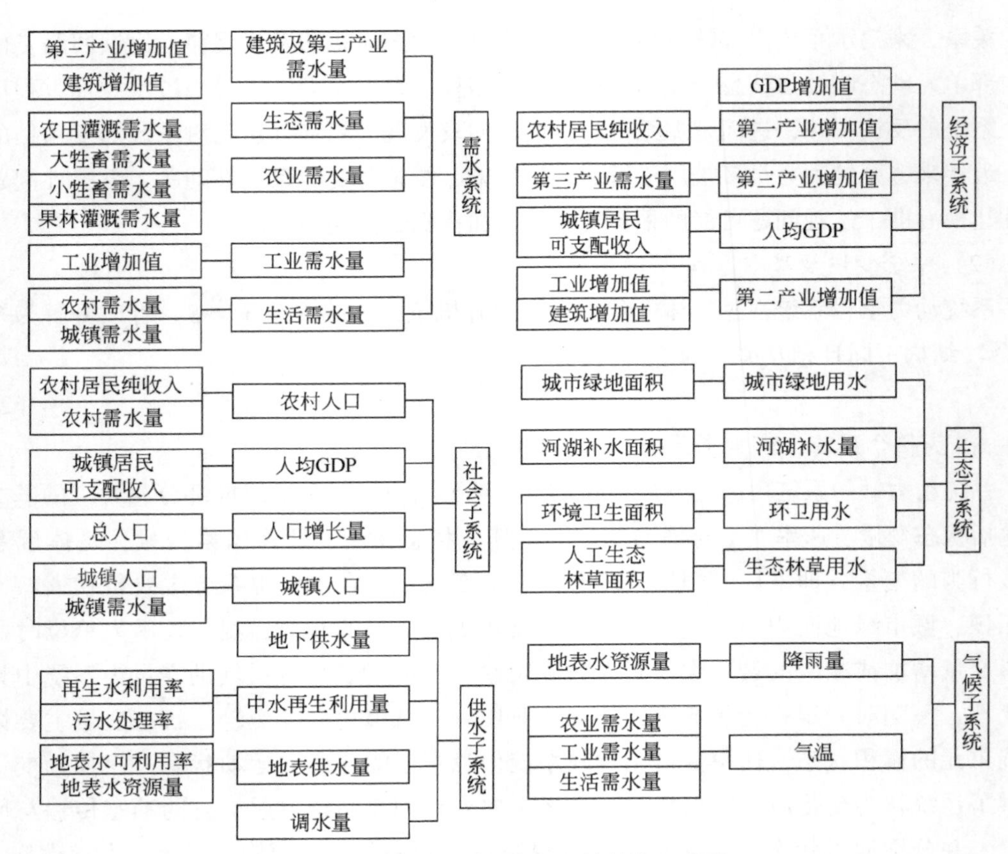

图 2-16　黄河流域水资源系统结构组成图

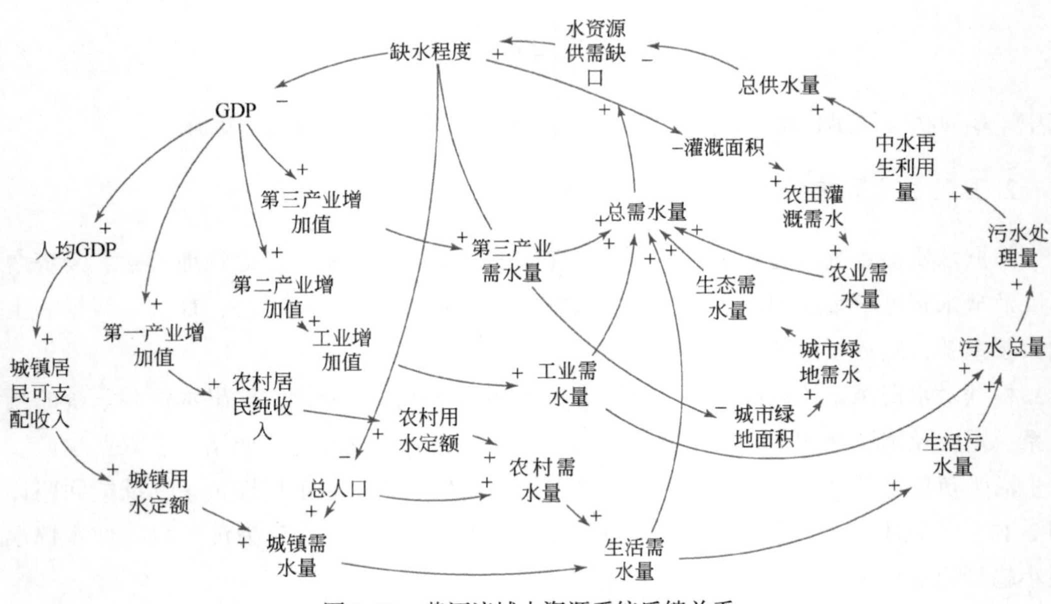

图 2-17　黄河流域水资源系统反馈关系

2.3.2.3 水资源供需系统演变规律

在其他各相关因子保持常规发展值不变的基础上，将对各行业需水影响显著的 GDP 增长率、城市绿地面积增长率和城镇化率三大主要驱动因子较常规值均分别减少 5%、7.5%、10% 和 15%，而工业水重复利用率和灌溉水利用系数两个主要胁迫要素较常规值分别增加 5%、7.5%、10% 和 15%，即均朝向有利方向发展。此外，另设综合调控（各影响因子均做相同变化幅度）作为对比。以此得到不同幅度驱动因子和胁迫要素变化下流域总需水量和缺水程度的变化规律，如图 2-18 和图 2-19 所示。

由图 2-18 可以看出，在五大影响因子的变化作用下，总需水量均有下降趋势。受 GDP 增长率、城市绿地面积增长率和城镇化率三大主要驱动因子影响的总需水量变化趋势大致相同，而受工业水重复利用率和灌溉水利用系数两个主要胁迫要素影响的总需水量变化趋势也基本一致。

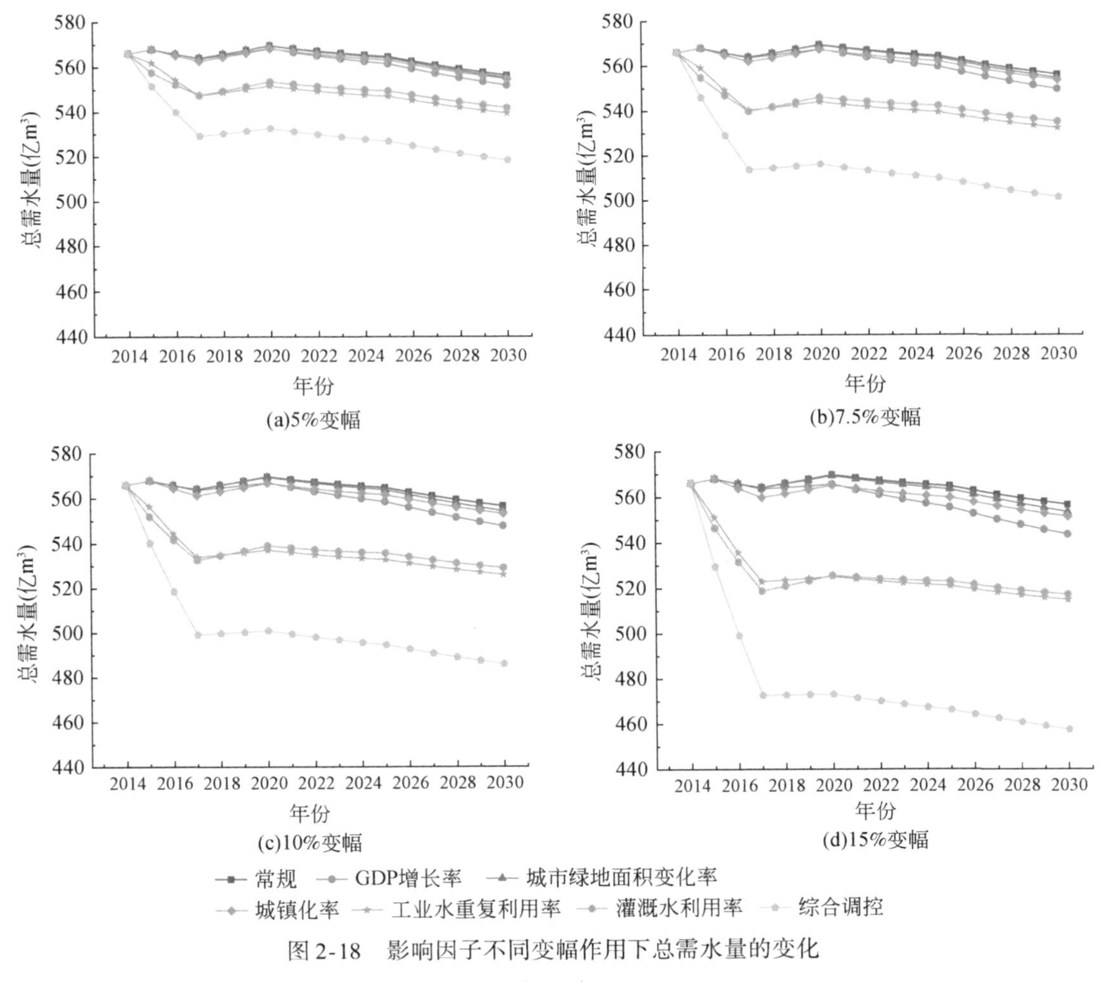

图 2-18 影响因子不同变幅作用下总需水量的变化

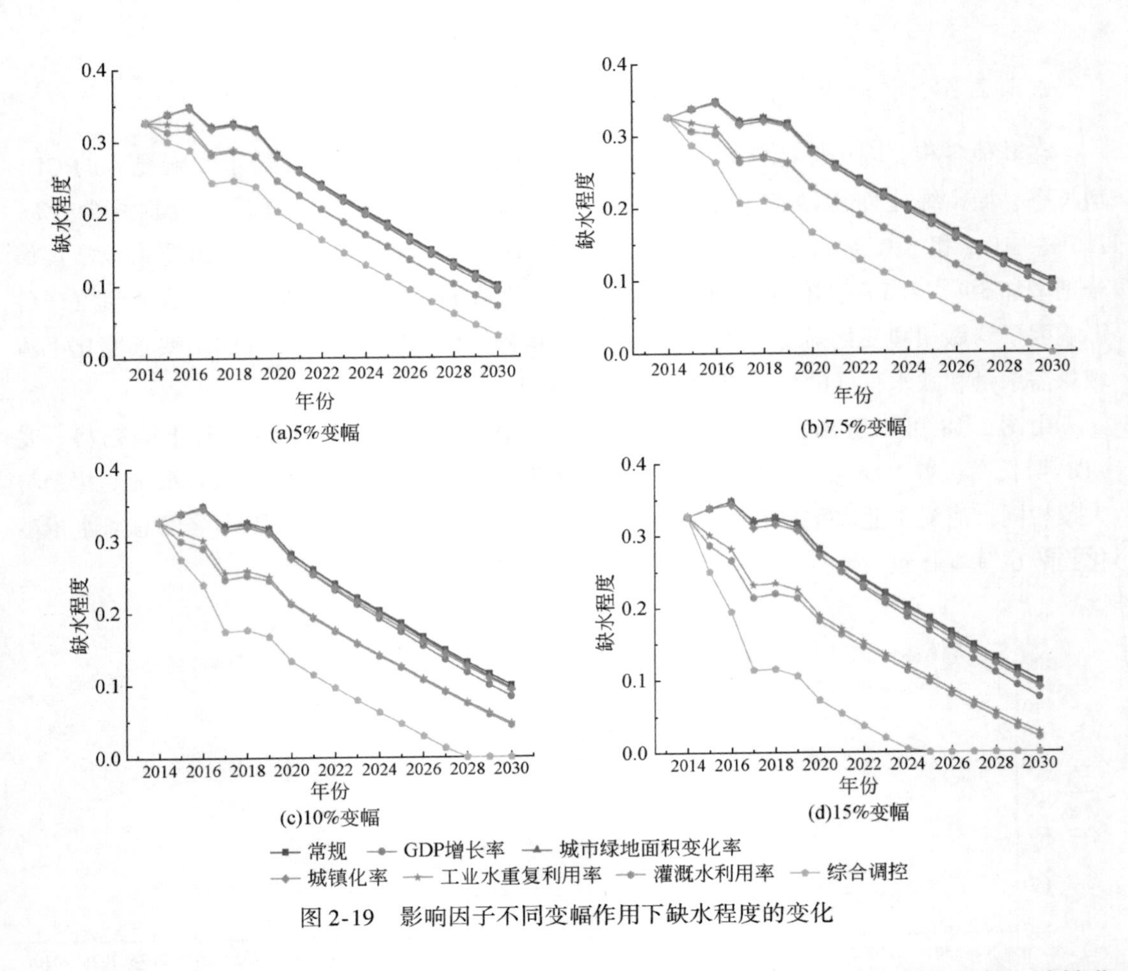

图 2-19　影响因子不同变幅作用下缺水程度的变化

当影响因子比例变化为 5% 时，可以看出 GDP 增长率、城市绿地面积增长率和城镇化率三大主要驱动因子对总需水量的影响与常规模式相差无几。在 5% ~15% 的比例变化过程中，GDP 增长率对总需水量的影响愈发显著，受 GDP 增长率变化影响的总需水量减少幅度明显大于受城市绿地面积增长率和城镇化率影响的总需水量变化程度。而城市绿地面积增长率和城镇化率的影响在 5% 变幅时基本一致，随着变化比例的增加，城镇化率的影响逐渐变大，而城市绿地面积增长率和常规模式的影响程度依然大致相同。各分图对比表明 GDP 增长率驱动因子对总需水量下降的贡献率最大，城镇化率次之，城市绿地面积变化率和常规模式总需水量的影响相当（图 2-18）。

就起到胁迫作用的影响因子而言，可以看到随着参数变幅的增加，工业水重复利用率和灌溉水利用系数对总需水量的胁迫作用也愈发明显，同时当驱动因子和胁迫因子都进行有利于总需水量下降的变化时，胁迫要素的影响要大于驱动因子的同变幅影响。从图 2-18 各分图对比中可知，工业水重复利用率是影响总需水量变化的主要胁迫要素，灌溉水利用系数对总需水量下降的贡献率略低于工业水重复利用率。

从图 2-19 可以看出，控制驱动因子和胁迫因子的变化，有助于降低流域的缺水程度。对比各分图结果可知，GDP 增长率是影响缺水程度最显著的驱动因子。当 GDP 增长率减少幅度为 5% 时，缺水程度达到 9.1%；GDP 增长率减少幅度为 10% 时，缺水程度达到 8.4%；GDP 增长率减少幅度为 15% 时，缺水程度达到 7.6%。而工业水重复利用率和灌溉水利用系数对缺水程度的影响程度在参数变幅较低的情况下基本一致，当变化比例达到 15% 时，灌溉水利用系数对缺水程度下降的贡献率要大于工业水重复利用率。当灌溉水利用系数增加幅度为 5% 时，缺水程度达到 7.0%；灌溉水利用系数增加幅度为 10% 时，缺水程度达到 4.4%；灌溉水利用系数增加幅度为 15% 时，缺水程度达到 2.1%。

当前，水资源供需问题逐渐成为制约黄河流域经济社会发展的主要因素。就上述研究提出三点认识：①GDP 增长率是驱动需水量和流域缺水程度变化的主要影响因素。在面对流域需水压力的问题上可以发展需水量较低的第三产业，促进产业结构优化调整，提高经济发展质量，走缓速高质量的发展模式，控制流域经济增长速度；②工业水重复利用率和灌溉水利用系数等要素对需水变化的胁迫作用相当显著。在未来一段时间内，不断加强水资源管理政策的实施，促进节水意识的提高，增加节水技术的投资，可以有效改善流域用水紧张形势；③生态保护是黄河流域高质量发展的生命底线，良好的生态环境是黄河流域可持续发展的基础。城市绿地面积增长率对流域需水影响不显著，故而发展生态环境保护并不会显著增加流域供水压力。

2.4 未来 30 年黄河流域广义水资源量动态评价

2.4.1 研究数据及方法

气候模式反演和预估数据选用最新发布的 CMIP6 数据集，根据水文模型的实际需要，本次研究下载了 7 套 GCMs 的降水、风速、最高气温、最低气温、平均气温、相对湿度、长波辐射、短波辐射数据，包含历史反演期（1950 ~ 2014）和未来预见期（2015 ~ 2100）的各项气象数据（表 2-12）。

表 2-12　CMIP6 模式数据集基本信息

模式名称	机构	空间分辨率	模拟周期（年）
BCC-CSM2-MR	中国气象局北京气候中心	100km×100km	1950 ~ 2100
INM-CM4-8	俄罗斯科学院数学研究所	100km×100km	1950 ~ 2100
CNRM-CM6-1	法国国家气象研究中心	100km×100km	1850 ~ 2349
CanESM5	加拿大气候模拟分析中心	500km×500km	1850 ~ 2100
MRI-ESM2-0	日本国家气象研究所	100km×100km	1850 ~ 2550
UKESM1-0-LL	英国气象局	250km×250km	1850 ~ 2709
IPSL-CM6A-LR	皮埃尔-西蒙-拉普拉斯学院	250km×250km	1850 ~ 2100

未来预测采用最新的共享社会经济情景（shared socio-economic pathways，SSPs），新情景描述未来不同的发展模式，综合考虑了人口增长、经济发展、环境条件、政府管理、技术进步、全球化进程等因素的组合影响。本次研究中选用的未来情景包括SSP1-2.6（以下简称SSP126）、SSP3-7.0（以下简称SSP370）、SSP5-8.5（以下简称SSP585）。SSP126基于低挑战下的可持续性发展情景SSP1对RCP2.6进行升级，辐射强迫情景与RCP2.6类似，最高值约为3W/m^2，在2100年降为2.6W/m^2，全球变暖幅度将回退到工业化之前的水平（升温不超过1.5℃）；SSP585基于SSP5对RCP8.5进行升级，该情景下CO_2排放量将超过RCP8.5情景下的排放量，至21世纪末全球年均CO_2排放量超过1200亿t，平均升温可达5~6℃，该情景为全球变暖形势最为严重的情景；由于CMIP5中只考虑了RCP8.5这一种无气候变化应对政策下的高风险情景，这一结论过于绝对。因此，新增了SSP370情景用来表示无政策应对下中等程度的结果，该情景下21世纪末全球每年CO_2排放量约为600亿~800亿t，平均升温约为4.5℃。

全球尺度的GCMs气象数据集空间分辨率较粗，难以满足水文模型输入的需要，本次研究采用澳大利亚国立大学开发的气象要素插值软件ANUSPLIN将较粗分辨率［(100km×100km)~(500km×500km)］的GCMs数据和实测气象站点数据插值为25km×25km的格点数据，进一步基于考虑气候变化特征的非一致性分位数图法对各格点模拟数据进行误差校正。此外，气候模式本身存在较大的不确定性，主要体现在排放情景和气候模式本身两个方面，通常采用多模式集合平均的方式来减小气候模式本身的不确定。本书采用贝叶斯模式平均（Bayesian model averaging，BMA）法求多模式集合平均结果，基于历史期模拟和实测数据求得不同模式的权重，将权重应用于历史期和预见期，得到BMA多模式集合平均结果。

（1）空间插值

ANUSPLIN基于局部薄盘光滑样条法实现对气象数据的空间插值，拟合函数的光滑程度通过广义交叉验证（generalized cross validation，GCV）得到的预测误差决定。前人在我国的研究表明，ANUSPLIN插值精度要优于克里金和反距离权重法。ANUSPLIN在对数据序列进行插值时，不仅可以考虑自变量，还可以引入协变量进行描述，例如可以加入海拔-温度、降水-海岸线等相关关系进行描述。局部薄盘光滑样条法的理论统计模型为

$$z_i = f(x_i) + b^T y_i + \varepsilon_i \quad (i = 1, 2, \cdots, N) \tag{2-3}$$

式中，z_i为位于空间i点的因变量；x_i为d维独立变量，通常为对应点坐标和海拔信息；$f(x_i)$为要估算的关于x_i的未知光滑函数；y_i为p维独立协变量；b^T为y_i的p维系数；ε_i为期望等于0的随机误差；N为观测个数。

通过最小二乘估计确定式（2-3）中函数f和系数b：

$$\sum_{i=1}^{N} [z_i - f(x_i) - b^T y_i]^2 + \rho J_m(f) \tag{2-4}$$

式中，ρ为光滑参数且有$\rho>0$；$J_m(f)$为函数f的复杂度测度函数，定义为函数f的m阶偏

导数；光滑参数值通常由 GCV 的最小化确定。

本次研究采用 ANUSPLIN 软件对实测气象数据和不同 GCMs 格点数据进行插值，插值到相同的 25km×25km 网格格点。

（2）误差校正

基于 ANUSPLIN 插值结果，本书根据实测气象数据对历史模拟期结果进行误差校正。前人在过去二十多年间发展了大量方法来校正 GCMs 模拟结果，常用的误差校正方法主要包括：线性比例法（linear scaling）、局部强度定标（local intensity scaling）、日尺度变化（daily translation）、逐日误差校正（daily bias correction）、分位数图法（quantile mapping）。Chen 等（2013）评估了多种误差校正方法的优劣，指出分位数图法得到的结果精度最高，而其他方法存在高估降水湿润日、无法考虑气象要素频率变化等问题。对于样本序列 x，分位数图法基于实测和模拟序列的累积分布函数对模拟值进行校正：

$$\begin{cases}\tilde{x}_{m\_h}=F_o^{-1}(F_{m\_h}(x_{m\_h}))\\ \tilde{x}_{m\_p}=F_o^{-1}(F_{m\_h}(x_{m\_p}))\end{cases} \tag{2-5}$$

式中，$\tilde{x}$ 为校正后的模拟结果；m 和 o 分别表示模拟、实测结果；h 和 p 分别表示历史期和预测期结果；$F(\cdot)$ 为累积分布函数；$F^{-1}(\cdot)$ 为其反函数。当模拟期湿润日多于实测期时，采用下述规则修正：

$$\begin{cases}\tilde{x}=\mathrm{rand}(1,\mathrm{obs}_{\min}), & \dfrac{F(\mathrm{sim}_{\min})-F(\mathrm{obs}_{\min})}{F(\mathrm{sim}_{\min})}\geqslant \mathrm{rand}(0,1)\\ \tilde{x}=0, & \dfrac{F(\mathrm{sim}_{\min})-F(\mathrm{obs}_{\min})}{F(\mathrm{sim}_{\min})}<\mathrm{rand}(0,1)\end{cases} \tag{2-6}$$

式中，$\mathrm{rand}(a,b)$ 表示 a 至 b 内的随机数；$\mathrm{sim}_{\min}$ 和 $\mathrm{obs}_{\min}$ 分别为模拟和实测序列中最小的非零值。

以降水为例，分位数图法校正的历史期模拟数据在湿润日占比、极值、多年均值等统计指标上与实测结果误差较小。在校正预测期模拟数据时，分位数图法假定未来期气象因子的分布特征与历史期保持一致，这一假设无法考虑气候要素呈现出的非一致性变化特征。因此，前人在该方法基础上加以改进，以考虑气候变化情况：

$$\tilde{x}_{m\_p}=\begin{cases}I(x), & I(x)>0\\ g(x), & g(x)<0\\ 0, & x_{m\_p}=0\end{cases} \tag{2-7}$$

$$I(x)=x_{m\_p}+F_o^{-1}(F_{m\_p}(x_{m\_p}))-F_{m\_h}^{-1}(F_{m\_p}(x_{m\_p})) \tag{2-8}$$

$$g(x)=x_{m\_p}\times\frac{F_o^{-1}(F_{m\_p}(x_{m\_p}))}{F_{m\_h}^{-1}(F_{m\_p}(x_{m\_p}))} \tag{2-9}$$

Yu 等（2014）将非一致性分位数图法用于校正 GCMs 模式的月尺度模拟结果，假定气温服从四参数 Beta 分布，降水服从两参数 Gamma 分布。本书中误差校正对象为日尺度气象数据，检验结果表明无法用单一分布描述实测及多模式的逐日降水、气温序列，因此

$F(\cdot)$ 统一采用经验累积分布函数。

(3) 贝叶斯模式平均

为减少模式间的不确定性，本书采用 BMA 方法求得多模式集合平均结果。假设共有 m 个模式序列，记为 $X_i(i=1,2,\cdots,n)$，根据 BMA 方法可以计算得到各模式对应权重为 w_i $(i=1,2,\cdots,n)$，BMA 模式集合平均数据集为

$$\mathrm{BMA} = \sum_{i=1}^{n} X_i \cdot w_i \tag{2-10}$$

2.4.2 GCMs 数据集降尺度结果评估

基于历史期实测和模拟数据，本次研究先对不同 GCMs 降尺度结果进行评估，采用如下方法：从 1960～2013 年的数据中随机抽取 30 年作为实测时段，剩下 24 年作为验证时段，以实测时段的数据校正验证时段的模拟结果，重复这一步骤 20 次，以平均逐日偏差的绝对值（mean absolute deviation，MAD）和平均绝对误差（mean absolute error，MAE）作为评价标准，对比不同模式和 BMA 多模式集合平均结果在降尺度前后的精度。本次评估的气象要素包括降水、气温、风速和相对湿度。

降水、气温的评估结果见表 2-13～表 2-15，结果表明 INM-CM4-8 模式模拟的降水量与实测值间的误差最大，CanESM5、IPSL 模拟气温与实测值误差较大。采用 BMA 方法求得的多模式集合平均结果也能一定程度减少不同模式的误差，得到精度更高模拟结果。与原始模拟结果相比，采用非一致性分位数图法校正后的模拟结果精度有所提高，对模拟误差较大的模式改善效果非常显著。总的来说，校正后的模拟降水量与实测值平均逐日偏差小于 0.15mm/d，模拟气温与实测值平均逐日偏差小于 0.5℃/d，平均绝对误差也有所下降；校正后模拟降水和气温在年内的变化同样与实测值更为接近。黄河上中游降水量和气温的多模式模拟与实测值对比详见图 2-20～图 2-23。

表 2-13　降水量校正前后与实测值偏差统计结果

模式	校正前		校正后	
	MAD	MAE	MAD	MAE
BCC	0.74	2.67	0.08	2.25
INM-CM4-8	3.08	4.42	0.11	2.18
MRI-ESM2-0	1.07	2.84	0.08	2.17
CanESM5	0.82	2.65	0.11	2.06
CNRM-CM6	0.75	2.49	0.05	2.06
UKESM1-0-LL	1.34	3.13	0.08	2.23
IPSL	0.69	2.47	0.08	2.22
BMA	0.85	2.23	0.05	2.00

表 2-14　最高气温校正与实测值偏差统计结果

模式	校正前		校正后	
	MAD	MAE	MAD	MAE
BCC	3. 55	5. 99	0. 21	4. 08
INM-CM4-8	2. 54	5. 02	0. 20	3. 70
MRI-ESM2-0	4. 06	5. 96	0. 23	3. 97
CanESM5	3. 41	6. 10	0. 22	4. 26
CNRM-CM6	6. 19	7. 04	0. 18	3. 88
UKESM1-0-LL	2. 59	4. 96	0. 18	4. 12
IPSL	7. 91	8. 51	0. 19	4. 04
BMA	2. 97	4. 60	0. 18	3. 53

表 2-15　最低气温校正与实测值偏差统计结果

模式	校正前		校正后	
	MAD	MAE	MAD	MAE
BCC	2. 14	5. 34	0. 25	4. 58
INM-CM4-8	2. 59	5. 31	0. 19	4. 12
MRI-ESM2-0	1. 74	4. 63	0. 25	4. 36
CanESM5	4. 67	7. 31	0. 23	4. 91
CNRM-CM6	3. 81	5. 51	0. 23	4. 05
UKESM1-0-LL	1. 87	4. 88	0. 22	4. 35
IPSL	6. 66	7. 80	0. 24	4. 28
BMA	1. 81	4. 01	0. 24	3. 64

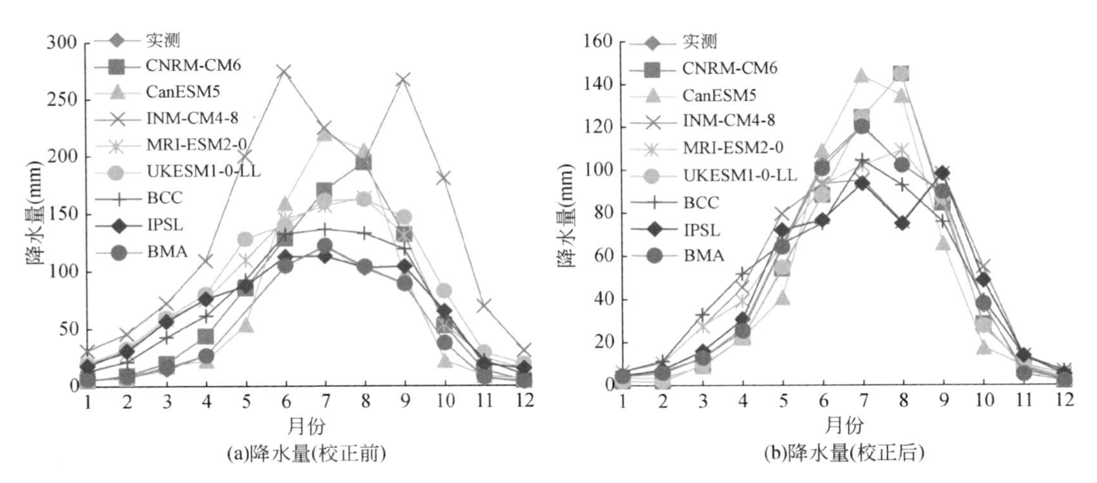

图 2-20　黄河上游降水量多模式模拟与实测对比

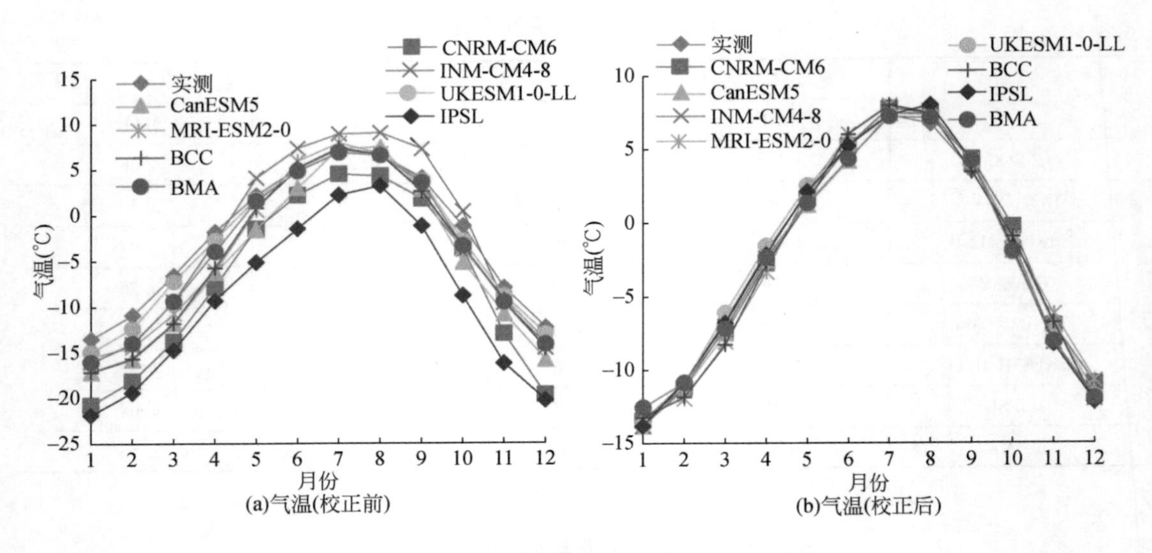

图 2-21　黄河上游气温多模式模拟与实测对比

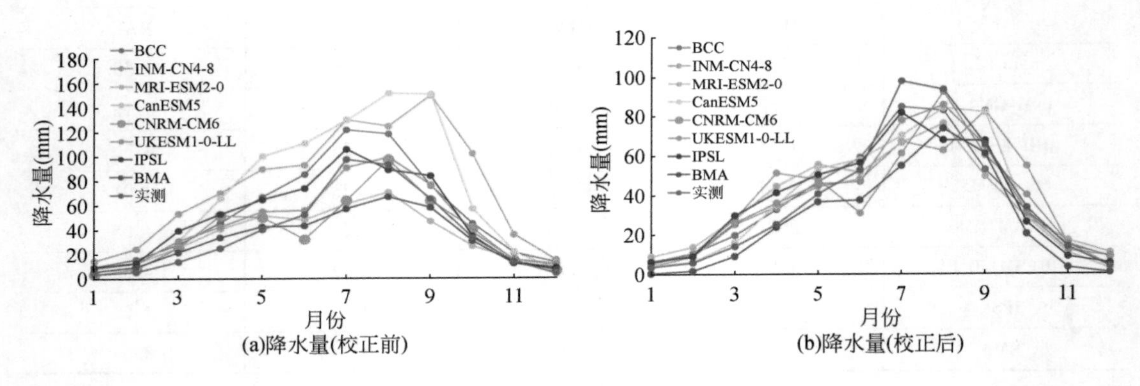

图 2-22　黄河中游降水量多模式模拟与实测对比

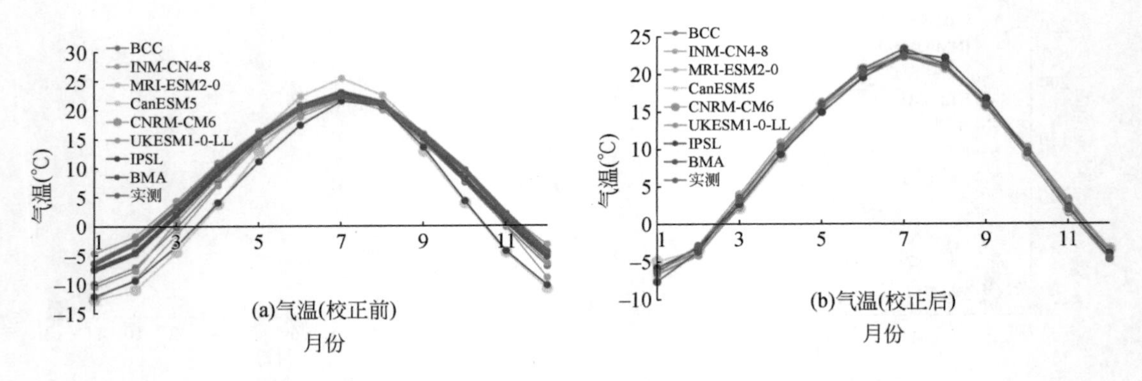

图 2-23　黄河中游气温多模式模拟与实测气温对比

综上所述，降尺度后模式结果有了明显的改进，本书进一步应用该误差校正方法，基于 1960 ~ 2013 年实测和模拟资料，校正不同模式预见期模拟结果，并在此基础上评估流域未来气候变化、分析水循环演变规律。

2.4.3 多模式不同情景下未来气候年际变化趋势

图 2-24 和图 2-25 分别展示了多模式不同情景下黄河贵德以上流域和中游年降水量及年均气温的逐年变化过程。各模式在不同情境下降水量和气温变化的统计信息详见表 2-16 和表 2-17。结果表明不同模式间存在较大的差别，即预估未来水资源时将存在较大的不确定性；模式间的差异在不同情景下也存在区别，SSP126 情景下各模式间模拟结果的差异相对较小，排放浓度的升高将扩大各模式间模拟结果的差异。

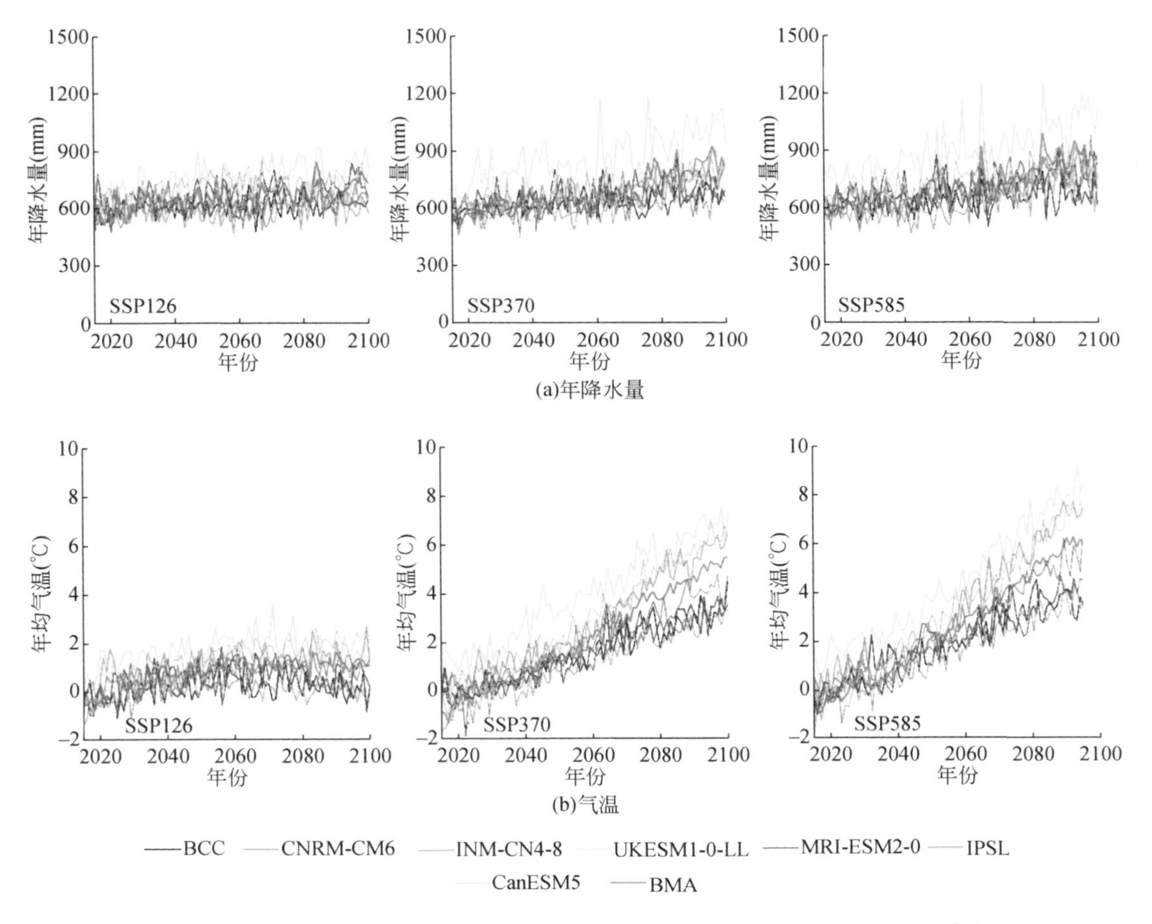

图 2-24　贵德以上流域年降水量及年均气温预见期变化趋势（2015 ~ 2100 年）

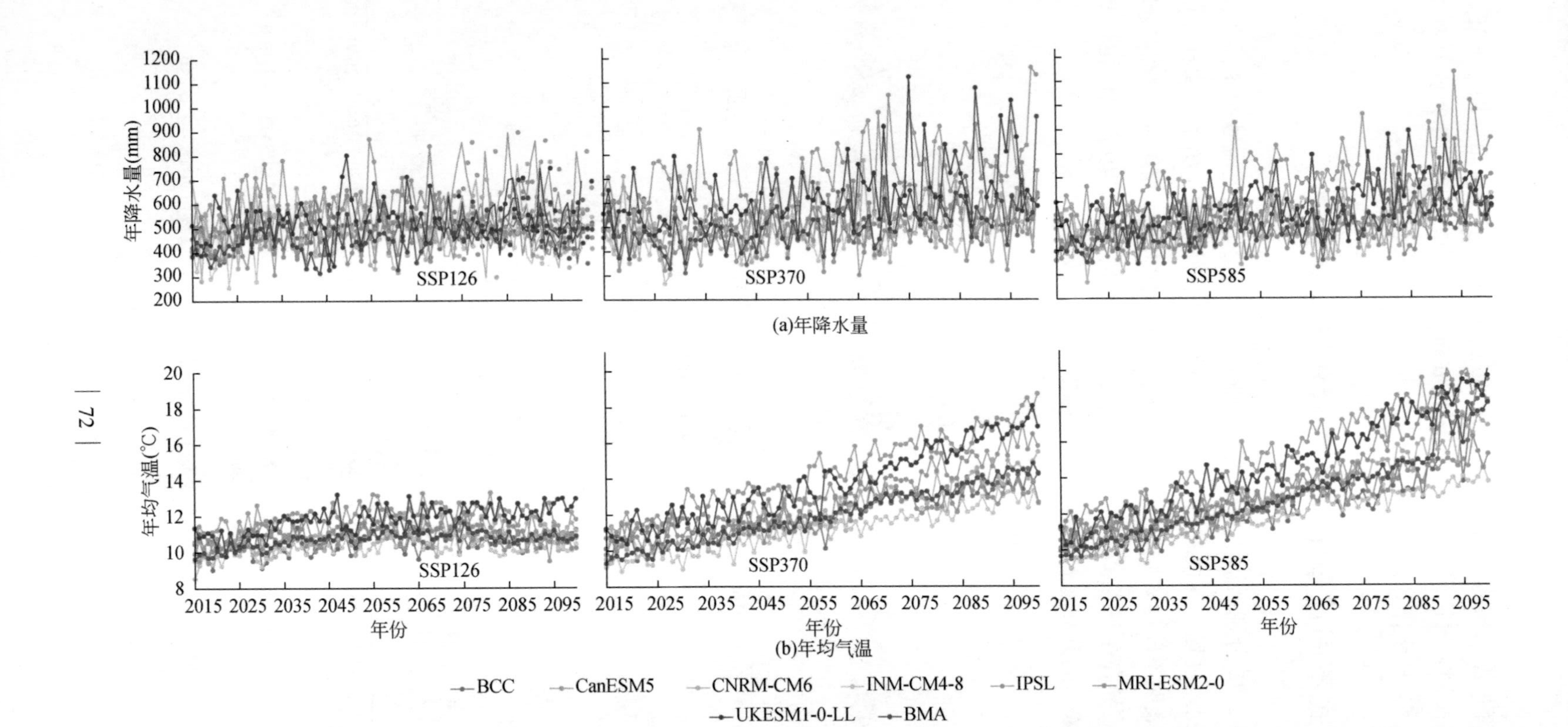

图2-25　黄河中游年降水量及年均气温预见期变化趋势(2015~2100年)

表 2-16　多模式不同情景下预见期年降水量变化统计

研究区	模式名称	倾向率（mm/10a）			多年均值（mm）		
		SSP126	SSP370	SSP585	SSP126	SSP370	SSP585
黄河上游	BCC	4.5*	11.6**	7.3*	606.3	622.8	643.0
	INM-CM4-8	2.9	4.1	16.7**	607.4	638.6	675.5
	MRI-ESM2-0	14.8**	12.3**	17.2**	674.0	664.9	705.3
	CanESM5	18.0**	35.0**	40.4**	764.9	868.2	903.6
	CNRM-CM6	5.1	18.5**	26.3**	618.9	650.5	703.4
	UKESM1-0-LL	14.3**	18.8**	23.2**	712.7	680.9	734.8
	IPSL	9.8**	34.2**	35.9**	604.9	649.5	650.0
	BMA	18.9**	37.1**	39.7**	656.0	682.6	712.3
黄河中游	BCC	0.4**	7.7**	16.6**	471.0	504.1	540.1
	INM-CM4-8	2.0	10.8**	19.9**	477.1	458.2	508.2
	MRI-ESM2-0	8.2**	6.3**	8.3**	508.9	482.1	514.5
	CanESM5	12.2**	26.9**	37.0**	622.2	699.3	716.4
	CNRM-CM6	-0.32	11.5**	15.6**	505.0	511.9	556.4
	UKESM1-0-LL	5.0*	33.3**	18.0**	538.9	624.5	621.4
	IPSL	5.7**	19.2**	24.2**	481.7	501.2	525.6
	BMA	1.5**	15.7**	17.3**	461.3	491.3	518.5

* 表示 $P<0.05$，** 表示 $P<0.01$。

表 2-17　多模式不同情景下预见期年均气温变化统计

研究区	模式名称	倾向率（℃/10a）			多年均值（℃）		
		SSP126	SSP370	SSP585	SSP126	SSP370	SSP585
黄河上游	BCC	0.04	0.47**	0.55**	0.12	1.5	1.9
	INM-CM4-8	0.05	0.50**	0.60**	0.05	1.1	1.6
	MRI-ESM2-0	0.07*	0.46**	0.58**	0.57	1.5	2.2
	CanESM5	0.10**	0.74**	0.98**	1.67	4.0	4.6
	CNRM-CM6	0.13**	0.57**	0.77**	0.80	1.8	2.6
	UKESM1-0-LL	0.30**	0.82**	1.00**	1.30	3.0	3.5
	IPSL	0.12**	0.77**	1.00**	0.96	2.8	3.5
	BMA	0.20**	0.76**	0.92**	0.77	2.2	2.7
黄河中游	BCC	0.09**	0.45**	0.71**	10.48	11.66	12.28
	INM-CM4-8	0.07**	0.42**	0.51**	10.23	10.85	11.39
	MRI-ESM2-0	0.02	0.34**	0.48**	10.88	11.68	12.44
	CanESM5	0.09**	0.72**	0.95**	11.96	13.82	14.63

续表

研究区	模式名称	倾向率（℃/10a）			多年均值（℃）		
		SSP126	SSP370	SSP585	SSP126	SSP370	SSP585
黄河中游	CNRM-CM6	0.14**	0.51**	0.73**	10.84	11.85	12.64
	UKESM1-0-LL	0.21**	0.71**	0.93**	11.85	13.28	14.16
	IPSL	0.08**	0.62**	0.85**	11.07	12.56	13.34
	BMA	0.10**	0.55**	0.82**	10.69	11.62	12.54

*表示 $P<0.05$，**表示 $P<0.01$。

从变化规律来看，研究区内未来降水量、气温均呈现出上升趋势。SSP126 情景下年降水量的变化较小，与 SSP126 情景相比，黄河上游在 SSP370 情景下的年均降水量偏高 10～60mm，中游偏高 7～86mm，在 SSP585 情景下，黄河上游将偏高 40～100mm，中游偏高 5～95mm。年平均气温方面，SSP126 情景将全球气温增幅控制在 1.5℃以内，贵德以上流域该情景下研究区内气温在 2060 年左右达到峰值然后呈现出缓慢的下降趋势，中游变化较平稳，因此在整个 21 世纪气温上升倾向率远低于历史期增加速率。排放浓度的增加会导致研究区内气温增幅明显加快，且上升趋势会一直持续到 21 世纪末。贵德以上流域 SSP370 和 SSP585 情景下研究区内年均气温较 SSP126 情景分别偏高 1～1.5℃和 2℃左右；中游偏高 0.6～1.9℃和 1.1～2.7℃（图 2-24 和图 2-25；表 2-16 和表 2-17）。

2.4.4 多模式平均流域气象要素时空变化分析

（1）年际变化特征

BMA 模式不同情景下降水量和气温的年际变化趋势如图 2-26 和图 2-27 所示，两个流域在 SSP126 情景下的气温在 2060 年之后开始逐渐下降，而高排放情景下均一直保持上升趋势直到 21 世纪末；类似的，SSP126 情景下年降水量在中远期开始下降或上升趋势减缓，而较高排放情景下降水有持续的上升趋势，增幅也非常明显。从不同时期来看，近期各情景降水和气温在量值上比较接近，但在中远期呈现出了明显的差异（表 2-18），造成这一结果的原因可能为：SSP126 在 RCP2.6 的基础上发展而来，不过 CMIP5 和 CMIP6 的开发年代不同，两者预测的起始年份分别为 2007 年和 2014 年，观测结果表明 2007～2014 年的全球实际温室气体排放量要远高于 RCP2.6 中的预测结果，因此 SSP126 情景在预测初期采用了大量的 20 世纪末负排放，SSP126 比 RCP2.6 具有更高的模拟起点，对应于更高的辐射强迫和气温，在近期的模拟结果也与高排放情景下的模拟结果比较接近。总的来说，流域未来降水量和气温的变化，尤其是高排放情景下的剧烈变化使得流域内水平衡和热量平衡关系发生改变，将会是影响流域径流的最主要因素。

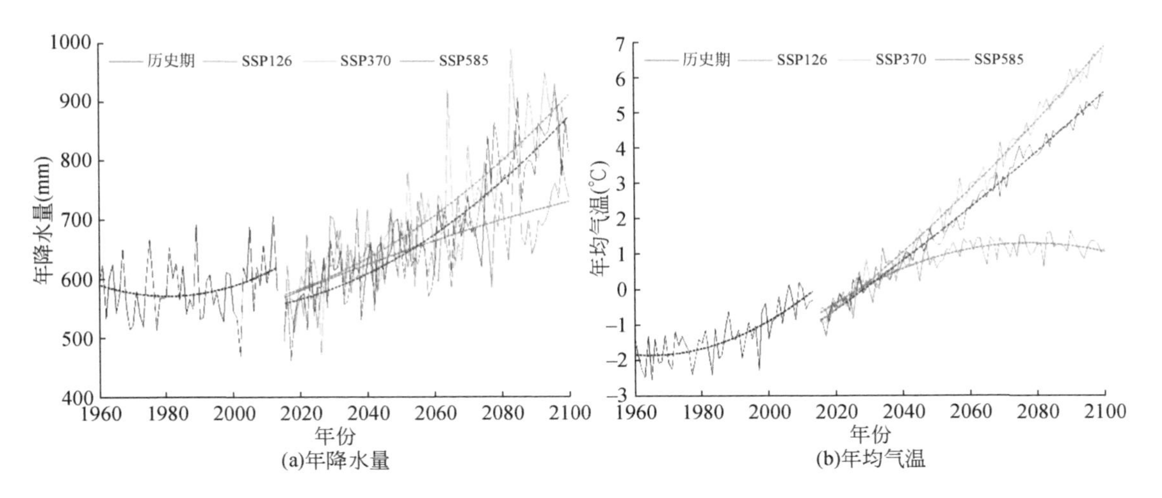

图 2-26　贵德以上 BMA 模式下降水量和气温演变趋势

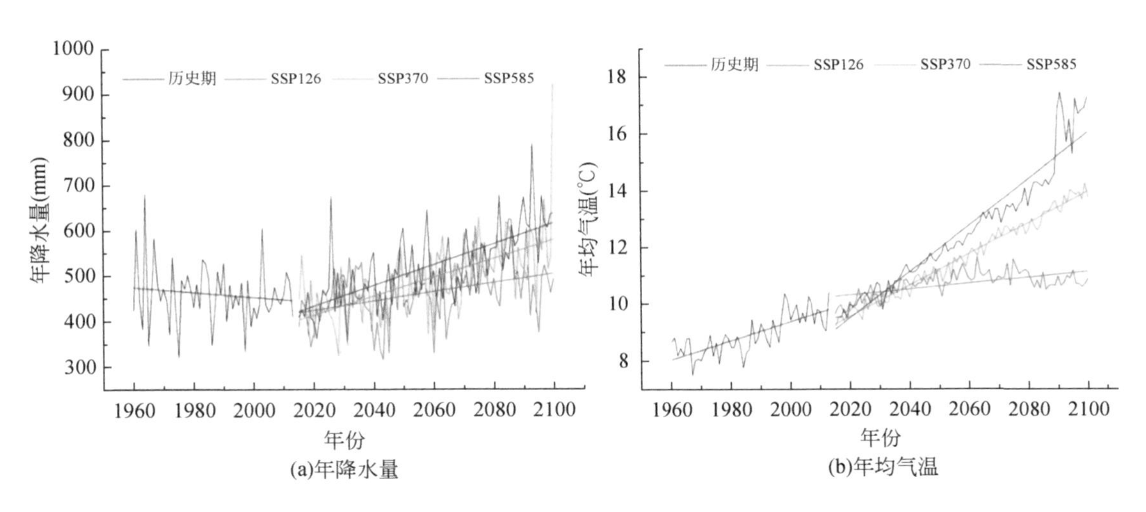

图 2-27　黄河中游 BMA 模式下年降水量和年均气温演变趋势

表 2-18　黄河流域不同时期年降水量和年均气温统计

分区	情景	近期（2020～2050 年）		中期（2051～2080 年）		远期（2081～2100 年）	
		降水量（mm）	气温（℃）	降水量（mm）	气温（℃）	降水量（mm）	气温（℃）
贵德以上	SSP126	623.4	0.34	667.8	1.14	716.5	1.21
	SSP370	612.7	0.48	686.4	2.72	823.7	4.72
	SSP585	623.4	0.61	724.6	3.35	868.6	5.87
黄河中游	SSP126	442.7	10.5	466.4	11.0	497.7	10.8
	SSP370	439.5	10.4	497.9	12.0	569.5	13.5
	SSP585	474.5	10.8	518.4	12.8	610.7	15.6

(2) 空间分布及变化特征

不同排放情景下研究区内年降水量和年均气温的空间分布如图 2-28 ~ 图 2-31 所示，降水和年均气温在空间上的分布规律与历史期观测结果类似，但贵德以上流域降水量和年均气温较历史期分别偏高 50 ~ 100mm、1 ~ 2℃；中游则偏高 2 ~ 61mm、1.8 ~ 3.6℃。贵德以上流域不同情景下区域的年降水量均呈从东北向西南增加的趋势，黄河中游年降水量和年均气温呈现由北向南逐渐增加。

同时 SSP30 与 SSP126 情景相比，变化不大，但 SSP585 情景与 SSP126 情景相比变化显著（图 2-28 ~ 图 2-31）。

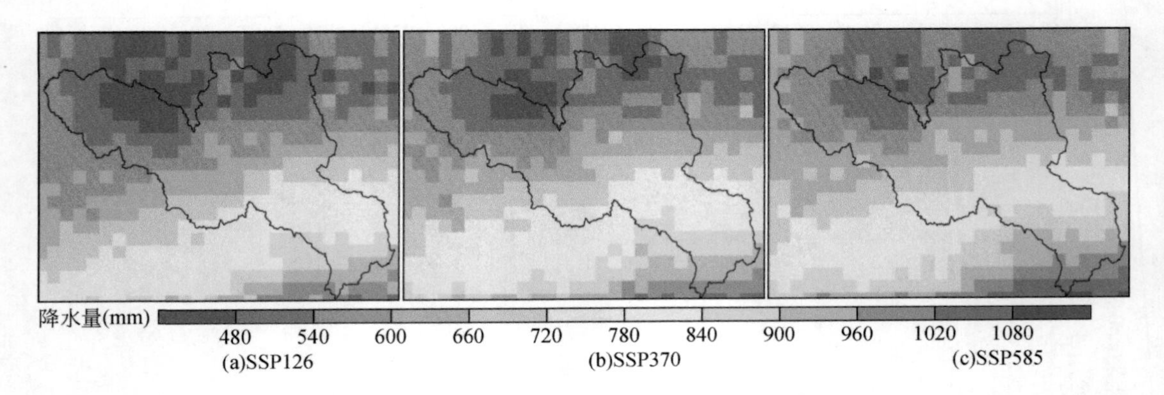

图 2-28　黄河上游预见期年降水量时空分布及变化规律

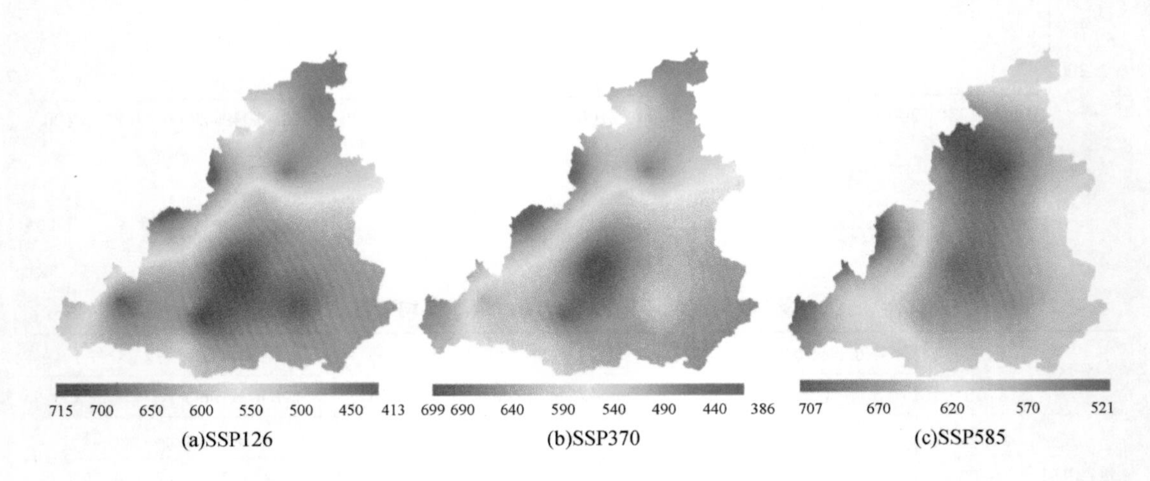

图 2-29　黄河中游预见期年降水量时空分布及变化规律

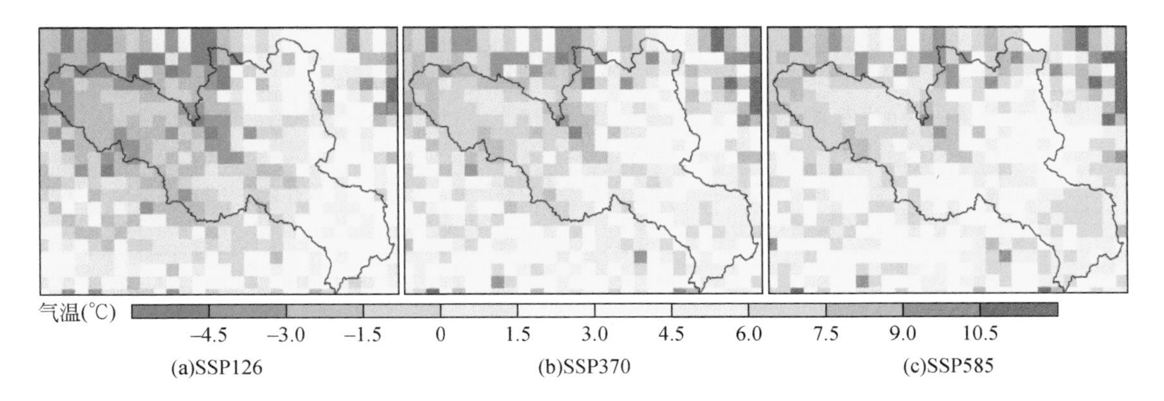

图 2-30 贵德以上预见期年均气温时空分布及变化规律

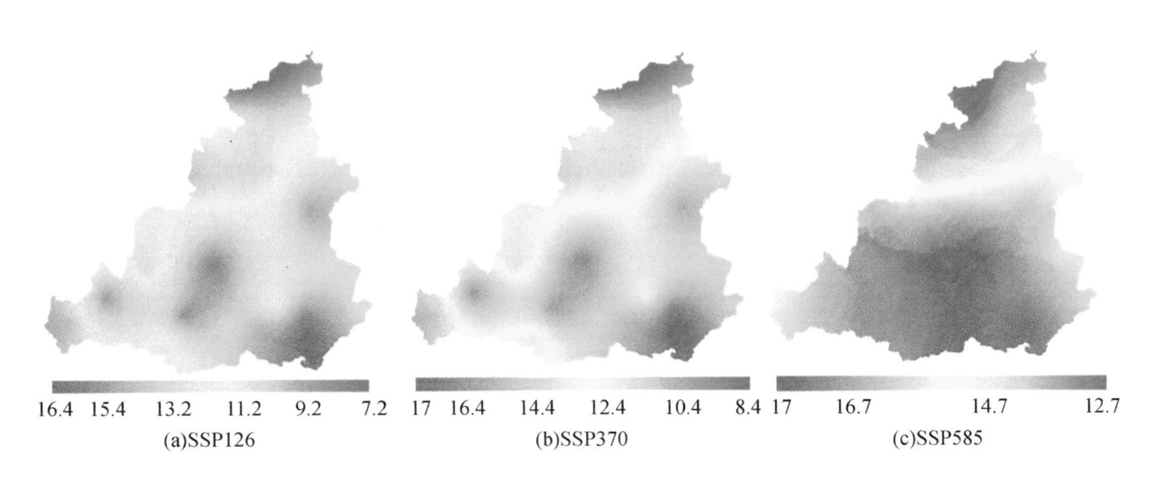

图 2-31 黄河中游预见期年均气温时空分布及变化规律

2.4.5 未来 30 年黄河径流预估

在历史期下垫面变化及其减水效应分析的基础上，对未来下垫面变化设置了几个情景。上游地区下垫面变化主要有 3 种情况：情景 1，上游下垫面维持现状，不发生改变；情景 2，上游植被持续改善，未来植被覆盖率增加 10%；情景 3，上游植被覆盖率增加 10%，同时进一步考虑升温对冻土退化的影响，气温持续升高使得 2021 ~ 2050 年冻土区活动层增厚 15 ~ 25cm（表 2-19）。中游地区同样有 3 种情景：情景 1，中游下垫面维持现状；情景 2，中游植被覆盖率增加 10%；情景 3，中游植被覆盖率、梯田和淤地坝均增加 10%（表 2-20）。在全流域上，将上、中游下垫面情景组合，设置 5 种组合情景（表 2-21）。

表 2-19 贵德以上流域下垫面情景设置

下垫面情景	设置
情景 1	下垫面维持现状
情景 2	流域植被持续改善，植被覆盖率增加 10%
情景 3	植被覆盖率增加 10%，同时进一步考虑升温对冻土退化的影响，气温持续升高使得 2021 ~ 2050 时期冻土区活动层增厚 15 ~ 25cm

表 2-20 黄河中游流域下垫面情景设置

下垫面情景	设置
情景 1	下垫面维持现状
情景 2	流域植被持续改善，植被覆盖率增加 10%
情景 3	植被覆盖率、梯田面积和淤地坝均增加 10%

表 2-21 花园口以上流域下垫面情景设置

下垫面情景	设置
情景 1	上中游下垫面均保持现状
情景 2	上中游植被覆盖度均增加 10%
情景 3	上中游植被覆盖度增加 10%，同时中游梯田和淤地坝也增加 10%
情景 4	上游植被覆盖度增加 10%，冻土活动层增厚 15 ~ 25cm；中游植被覆盖度增加 10%
情景 5	上游植被覆盖度增加 10%，冻土活动层增厚 15 ~ 25cm；中游植被覆盖度、梯田和淤地坝均增加 10%

在历史期（1971 ~ 2016 年），贵德以上多年平均天然径流量为 213 亿 m^3，花园口以上为 467 亿 m^3。在综合考虑未来气候和下垫面变化的基础上，预估未来 30 年黄河贵德以上和花园口以上径流量（表 2-22，表 2-23）。由计算结果可以看出，未来 30 年，贵德以上流域下垫面维持现状时，各排放情景下径流均增加，与历史期相比径流增幅基本不超过 10%。下垫面植被覆盖度增加 10% 时，在不同的排放情景下基本保持不变（<5%）；同时考虑植被和冻土的影响时，地表径流减少了 12% ~ 15%。

表 2-22 2021 ~ 2050 年贵德以上径流预估 （单位：亿 m^3）

下垫面情景	SSP126	SSP370	SSP585
情景 1	240. 31	228. 06	234. 34
情景 2	215. 09	201. 55	208. 11
情景 3	185. 82	184. 33	180. 25

表 2-23　2021～2050 年花园口以上径流预估　　（单位：亿 m^3）

下垫面情景	SSP126	SSP370	SSP585
情景 1	487.19	468.32	475.63
情景 2	471.28	458.82	465.67
情景 3	468.36	453.25	462.34
情景 4	461.16	451.16	459.37
情景 5	457.28	448.75	455.93

花园口以上流域，下垫面维持现状，仅考虑未来气候变化的影响时，各排放情景下的径流均较历史期有所增加，增加幅度小于 4.5%；下垫面的改变均使得径流减少。在 SSP126 排放情景下，花园口径流在 457.28 亿～487.19 亿 m^3，SSP370 排放情景下为 448.75 亿～468.32 亿 m^3；SSP585 排放情景下为 455.93 亿～475.63 亿 m^3。

2.5　本章小结

本章分析了黄河流域降水、蒸发、径流等水循环要素和水资源的历史演变特征，诊断了水文要素的一致性，揭示了黄河干流径流变化和水资源量锐减的驱动成因；同时，系统回顾了黄河流域水资源开发利用历程，分析了流域不同时期不同区域的用水量、用水结构和用水效率变化规律；基于系统动力学模型，明晰了气候变化和人类活动作用下的黄河流域水资源系统演变特征，揭示了流域水资源系统演变的规律和趋势；建立了黄河流域分布式水文模型，解析水资源形成与转化过程，基于动力降尺度方法和 GAMLSS 模型提出流域广义水资源动态评价方法，预测了未来黄河流域的广义水资源量演变趋势，主要结论如下。

1）分析了黄河流域各个水资源三级区降水、蒸发、径流等水文气象要素历史变化规律和特征。上游各三级区的年、汛期降雨序列主要呈下降趋势，非汛期降雨序列主要呈上升趋势；中游呈显著性变化的三级区均表现为下降趋势，部分三级区呈小幅度上升趋势；下游三级区的年、汛期降雨序列均呈下降趋势，非汛期降雨序列均呈上升趋势。以非汛期降雨序列发生显著性变化的三级区最多，汛期最少。通过相关性分析发现对部分站点的潜在蒸散发显著上升具有较大影响的是气温升高，风速下降对龙羊峡至兰州北部、龙门至三门峡东部以及三门峡至花园口潜在蒸散发的下降具有较为显著的影响。针对所研究的径流序列（1956～2017 年）构造统计量，判别径流序列的变化趋势，结果表明下降趋势十分显著。

2）揭示了黄河流域供用水演变规律。近 30 年来黄河流域用水结构信息熵呈现持续增长趋势，用水结构均衡度也呈现持续增长趋势，这说明黄河流域的水资源利用结构在向有利于经济社会发展的方向演变。同时选取黄河流域用水系统用水结构逐步趋于稳定的2003～2016年时段，计算黄河流域9个省（自治区）用水系统的信息熵和均衡度，结果表明四川、陕西和山西用水结构的信息熵和均衡度较高，3省用水结构的合理性在黄河流域处于较高水平。青海、甘肃和河南用水结构信息熵处于1.1与1.2之间，均衡度处于0.6和0.7之间，在黄河流域处于中等水平。宁夏、内蒙古和山东3省（自治区）用水结构的合理性在黄河流域处于较差水平。

3）明晰了变化环境下黄河流域水资源系统演变规律。系统动力学模型的敏感性分析表明GDP增长率驱动因子对总需水量下降的贡献率最大，城镇化率次之，而胁迫要素对总需水量的影响要大于驱动因子的同变幅影响，工业水重复利用率是影响总需水量变化的主要胁迫要素；GDP增长率是影响缺水程度最显著的驱动因子。当GDP增长率减少幅度为5%、10%和15%时，缺水程度分别达到9.1%、8.4%和7.6%。未来在面对流域需水压力的问题上可以发展需水量较低的第三产业，促进产业结构优化调整，提高经济发展质量，走缓速高质量的发展模式，控制流域经济增长速度；同时，不断加强水资源管理政策的实施，促进节水意识的提高，增加节水技术的投资，可以有效改善流域用水紧张形势。城市绿地面积增长率对流域需水影响不显著，故而发展生态环境保护并不会显著增加流域供水压力。

4）结合流域广义水资源动态评价方法进行变化环境下未来黄河流域径流预估。2021～2050年。在SSP126排放情景下贵德以上多年平均径流在185.82亿～240.31亿m^3，花园口以上在457.28亿～487.19亿m^3，SSP370排放情景下分别为184.33亿～228.06亿m^3、448.75亿～468.32亿m^3；SSP585排放情景下为180.25亿～234.34亿m^3、455.93亿～475.63亿m^3。

第 3 章　黄河流域精细化需水预测

水是最基本的自然资源和战略性的经济资源，是人类生存和社会发展不可缺少的物质基础。近年来，随着经济发展和居民用水需求的增长，水资源的供需矛盾不断加剧。水资源已成为影响区域经济社会高质量发展的最大刚性约束，解决水资源问题迫在眉睫。本章围绕变化环境下流域需水精细预测技术，基于水资源需求与社会经济、土地利用、气候变化和水资源禀赋的互动机制，诊断了流域水资源需求变化的驱动因子和胁迫要素，揭示变化环境下多因子驱动和多要素胁迫的流域经济社会需水机制；结合驱动-压力-状态-影响-响应（DPSIR）体系、系统动力学理论和不同行业需水机理建立了考虑物理机制的经济社会精细化需水预测模型；揭示了水文-环境-生态相互作用下黄河流域干支流和近海生态需水机理，建立了流域生态环境需水预测方法；揭示了黄河流域洪水输沙效率与水沙过程作用机制，建立了流域动态高效输沙模式，提出了不同来沙情景下的输沙水量及可节省水量；联合黄河流域社会经济需水、干支流和近海生态需水和输沙需水预测模型和方法，研发了变化环境下流域需水精细预测技术，预测了未来不同发展情势下黄河流域需水变化趋势。

3.1　多因子驱动与多要素胁迫的流域经济社会需水

3.1.1　变化环境下流域经济社会需水机制

3.1.1.1　流域水资源需求演变机制与规律

（1）水资源需求与人口增长的互动机制

水是一切生物生存与发展的物质基础，也是生态环境的重要组成部分。水是人人都需要的和每天都不可缺的生活和生产资料，因此人是驱动水资源需求变化的根本因素，而人口数量变化所带来的对水资源需求变化是驱动水资源需求变化的最基本动力。人口增长过程受自然因素（自然环境、自然灾害）、经济基础（经济发达程度、文化教育水平、医疗卫生条件）、上层建筑（婚姻生育观、宗教信仰、风俗习惯、人口政策）等的影响，但决定性的因素还是生产力的发展水平。在人口增长阶段变化的驱动下，水资源需求也会发生相应变化。

（2）水资源需求与经济发展的互动机制

经济发展是水资源需求变化的核心动力，而水资源需求的过度增长将在一定程度上制约经济社会发展。从全世界总的趋势看，第二次世界大战后 1950～2000 年的 50 年间，全球经济逐步复苏并进入快速发展时期，总用水量也呈现快速增长趋势，工农业及生活用水总量从 13 707 亿 m^3 增长到 38 113 亿 m^3，人均用水量从 $603m^3$ 增长到 $658m^3$。从 1980～2007 年我国人均 GDP 与总用水量的关系看，随着人均 GDP 的持续增长，全国总用水量总体呈现增长态势。

（3）水资源需求与土地利用变化的互动机制

从人类社会的角度来看，水资源和土地资源通过人类对它们的需求与利用而紧密地联系在一起。人类可以直接利用的水资源大都与土地相结合，如地下水、地表径流等。有史以来，农业的发展更是以水土资源的耦合为核心的，即使在现代农业发展阶段，水土资源高效耦合利用也是高效农业发展的一个重要领域。从利用方式来讲，土地利用包括居民点用地、交通用地、耕地、水利工程用地、园地、林地、牧草用地、水产用地等几个方面。土地利用的根本目的是为满足人类需求的发展，直接目的是为了经济效益和生态效益。在追求各种效益的同时，无论哪种利用方式都离不开水资源的需求，发展耕地、满足粮食生产离不开水，发展牧草、园地满足生态需求同样离不开水。土地利用方式的改变无时无刻不在影响着水需求的变化，而且也是今后促进水资源需求增长的重要因子。

（4）水资源需求与气候变化、水资源禀赋的互动机制

气候变化及其对水资源的影响是国际地学界和水资源管理者关注的共同话题。气候变化对水资源需求的影响表现在：随着温度升高导致的蒸散发的增加，农业灌溉用水的需求可能增加。然而由于二氧化碳浓度的增加，作物对水的利用效率的提高，可能减少这种影响。在一些地区可能经历生长季节的延长，这可能增加对水资源的需求。火力发电对水的需求可能增加或减少，依赖于将来水资源利用效率的趋势，以及新的电站的发展。在降水增多的地区，水资源的需求可能减少，取决于农业和市政部门的适应战略。这些需求的可能变化，要求水管理者重新评估现有水需求管理战略的有效性。

水资源禀赋指一个国家或地区水资源先天的自然条件。如果一个国家或地区的水资源禀赋较好，所面临的水资源供需矛盾就不突出，只需投入较少的人力、物力和财力就可以提供大量的水资源，以满足水资源需求，甚至可以用贸易的方式，满足其他国家或地区的水资源需求。相反，如果一个国家或地区水资源禀赋很差，水资源自身先天不足，所面临的水资源供需矛盾就非常突出，为了满足水资源需求，将要花费大量的其他

资源。因此，根据不同的水资源条件，有的需要拉动水资源需求，有的需要压缩水资源需求。

3.1.1.2 基于 DPSIR 模型的需水驱动因子和胁迫要素分析

涉及水资源需求演变的因素繁多，难以考虑全面，各因素对水资源需求变化的作用方式和程度不同，各因素间的相互作用形成不同的驱动力，各种驱动力综合作用驱动水资源需求演变。在建立精细的需水预测方法模型之前，针对不同行业类型和用水结构列出影响指标，再结合黄河流域实际情况筛选出具有决策意义的主要因子，是构建需水预测模型的首要前提。本研究将在构建水资源 DPSIR 多指标体系基础上，采用主成分分析法定量地解析流域水资源需求演变的驱动因子和胁迫要素，并阐明其机制与变化规律。

（1）DPSIR 模型及指标体系

DPSIR 模型最早是由欧洲环境署提出的用于评估环境状况和解决环境资源问题的概念模型。DPSIR 是一个分层模型，第一层是目标层，本研究的目标是对流域水资源进行需水预测从而实现水资源可持续发展；第二层是准则层，由五部分组成，分别为驱动力（D）、压力（P）、状态（S）、影响（I）、响应（R），其中，社会、经济、人口的发展作为长期驱动力作用于环境，压力伴随驱动力产生，是造成环境和资源发生变化的直接原因，状态是在驱动力和压力共同作用下自然资源的现状，影响是驱动力、压力、状态共同作用的结果，响应是应对这些变化所采取的措施，多为法律法规、政策规定等；第三层是指标层，是对准则层具体内容的细化。

DPSIR 模型关系逻辑如图 3-1 所示。

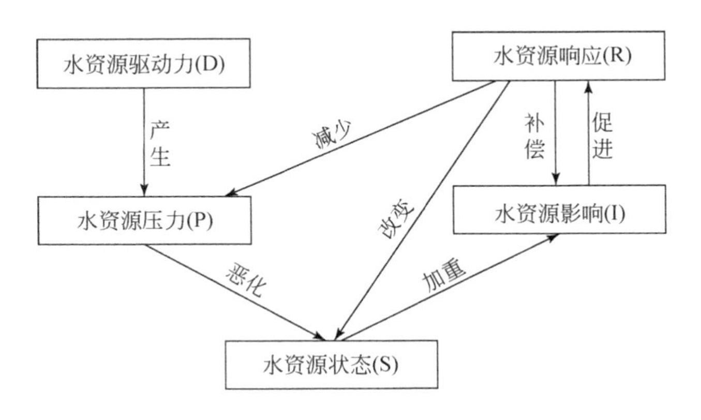

图 3-1　DPSIR 模型逻辑关系图

依据时空敏感性、指标数量适中、科学性与完备性等原则，结合水资源相关的水文气象、消耗、环境等特性选取共 30 个指标，建立 DPSIR 模型准则层的指标体系（表 3-1）。

表 3-1　黄河流域 DPSIR 模型准则层指标体系

准则	指标	单位
驱动力因子	人均工业产值（D_1）	万元
	农村消费水平（D_2）	元/人
	城镇消费水平（D_3）	元/人
	人均 GDP（D_4）	元
	人口总量（D_5）	万人
	气温（D_6）	℃
	年降水量（D_7）	亿 m³
压力因子	工业用水量（D_8）	亿 m³
	农业用水量（D_9）	亿 m³
	林木渔业用水量（D_{10}）	亿 m³
	居民用水量（D_{11}）	亿 m³
	生态环境用水量（D_{12}）	亿 m³
	城镇公共用水量（D_{13}）	亿 m³
	废污水排放量（D_{14}）	亿 m³
状态因子	人均用水量（D_{15}）	t
	农田有效灌溉面积（D_{16}）	万亩
	地表水资源量（D_{17}）	亿 m³
	水资源总量（D_{18}）	亿 m³
	水资源开发利用率（D_{19}）	%
	地下水资源量（D_{20}）	亿 m³
	总供水量（D_{21}）	亿 m³
影响因子	第一产业产值（D_{22}）	亿元
	第二产业产值（D_{23}）	亿元
	第三产业产值（D_{24}）	亿元
	绿地面积（D_{25}）	万亩
	居民用水价（D_{26}）	元/m³
	工业用水价（D_{27}）	元/m³
	城镇化水平（D_{28}）	%

（2）基于主成分分析的驱动因子和胁迫要素分析

在第一主成分中，经济类指标是主要的驱动因子，如人均工业产值、人均 GDP、农村消费水平、城镇消费水平，主成分得分分别为 0.989、0.985、0.994、0.994。人口总量也是所有驱动因子中相关关系较大的因素，换句话说，造成水资源短缺的最主要因素除了经济规模增大，还有人口数量的膨胀，其作用要远大于其他因素的作用。人口增加直接导致用水需求增加和人均水资源量的减少，从而加大社会水循环的通量，加快其循环频度，加重代谢负荷，导致水短缺和水污染。第二主成分中，年降水量的因子荷载较大，为0.733，说明水资源需求还受气候变化的影响。气候变化影响区域降水量、降水分布和流域产流量，引起需水尤其是农业需水定额等的变化，从而影响水资源需求发生变化。详见表 3-2。

表 3-2　驱动因子成分得分矩阵

指标	主成分	
	1	2
人均工业产值	0.989	0.019
人均 GDP	0.985	-0.057
农村消费水平	0.994	0.007
城镇消费水平	0.994	-0.004
人口增长率	0.989	0.034
年降水量	0.47	-0.733
人口总量	0.47	0.735

经济水平是影响用水变化的主要因素之一。国民经济的发展需要大量的水资源作为支撑，对水资源需求量的影响非常明显。经济的飞速发展，必将驱动工业用水量的迅速增长，且工业用水量占总用水量的比例也迅速提高。从人均用水量来看，一般而言，经济发展水平低时的人均用水量较大，同时单位经济产出的用水量较大；随着经济发展水平的提高，人均生活用水量一般先升高再降低，经济落后和经济非常发达时的人均生活用水量并不高，而在经济中等发达的时候，人均生活用水量要高一些。从反映经济水平的产业结构看，第一、第二产业的比例越高，总用水量就越大。第一产业是耗水密集型产业，具有需水量与节水潜力大、单位用水产出相对较低、污染强度小但面散而广等特点；相对第一产业，第二产业具有需水量相对较小、要求供水保证率高、单位用水产出相对较大、污染强度高且集中等特点；若以第三产业比例衡量经济发达程度且越高代表越发达，则仅从产业结构升级的角度而言，第三产业比例增加是驱动的用水总量从上升过渡到下降的主要驱动力之一。

从结果来看，流域水资源主要的胁迫要素是各行业的用水量。区域内的水资源量是有限的，水资源总量对地区的总用水量存在一定的正向作用。不同的水资源丰裕程度，会相应产生不同的经济结构、产业布局、水权分配制度、用水定额、用水结构、用水习惯、节水文化。从保护生态环境和水资源可持续利用方面来讲，区域在某一时期内的水资源可利用量也是有限的，在不考虑区域外调水的情况下，区域内水资源可利用量的多少及优劣，就成为水资源需求增长的制约因素。居民用水量和城镇公共用水量的主成分载荷分别为0.942和0.963，是产生用水压力的主要来源。相反，废污水的排放量主成分载荷为-0.582，说明流域的污水处理问题不会带来过大的水资源压力。详见表3-3。

表3-3 压力因子成分得分矩阵

指标	主成分
	1
工业用水量	0.799
农业用水量	0.903
林牧渔业用水量	0.767
居民用水量	0.942
生态环境用水量	0.901
城镇公共用水量	0.963
废污水排放量	-0.582

3.1.2 考虑物理机制的流域经济社会需水预测模型

3.1.2.1 需水预测模型方法

依据第2章建立的水资源系统模型和子系统结构关系，结合DPSIR模型与主成分分析识别的驱动因子和胁迫要素，构建黄河流域多因子驱动和多要素胁迫作用下的流域需水预测系统模型，图3-2中红色变量为胁迫要素，绿色变量为驱动要素。由用水需求增长和流域供水不足的矛盾可以看出，在流域水资源系统中，多要素在驱动流域需水的增加。近年来流域人口依然保持增长趋势，城镇化水平在稳步提升，流域经济持续发展，产业结构调整，都驱动着流域需水结构的变化和相关用水需求的增加。此外，从气候变化的角度看，近30年来，黄河流域的气温上升将会导致生活饮用、沐浴、洗涤用水、工业冷却用水、作物的灌溉需水量的需求增加。

在各气候因素和经济社会因子的驱动作用下，水资源系统面临需水增长压力的同时应考虑到需水的胁迫机制。供需层面的反馈机制主要体现为缺水程度对流域发展的胁迫影响，进而约束流域的需水量。从气候角度来看，流域的年降水量和径流量呈下降趋势，导致流域内地表供水量的下降，进而胁迫流域的用水需求。提高节水技术投入，增加工业用水重复利用率，有助于减少工业用水的需求量；同样提高灌溉供水的节灌效率和水利用效率，可以胁迫农业需水的增长。此外增加污水处理和再生水技术的投资可以提高整个流域

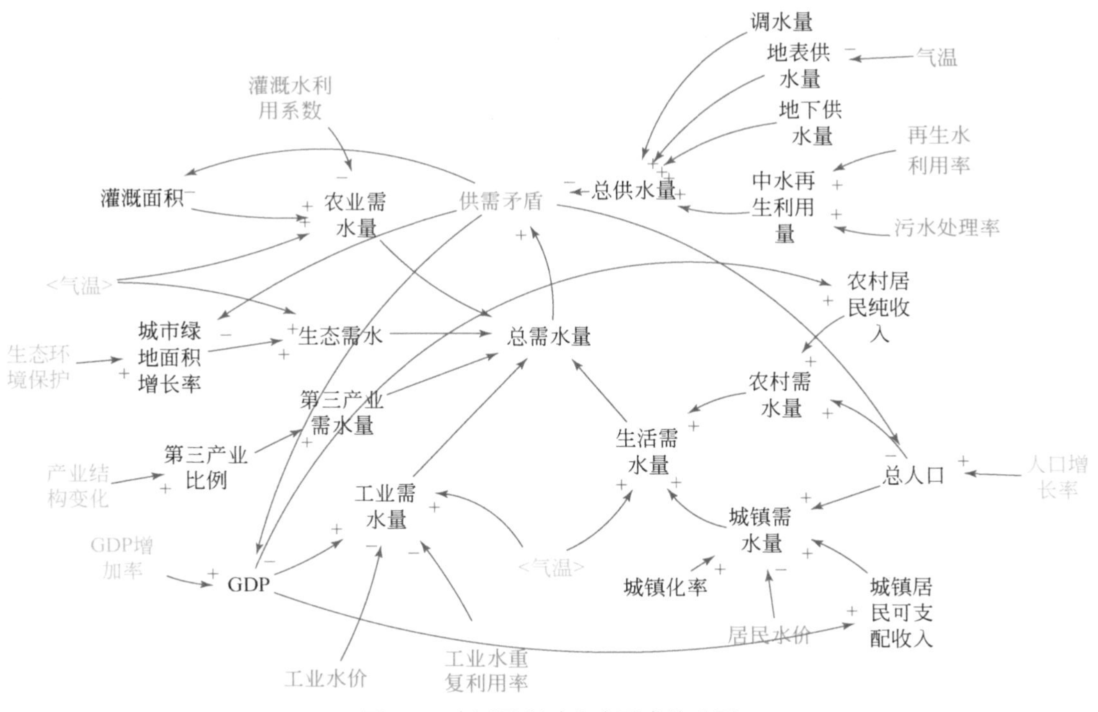

图 3-2　多因子驱动和多要素胁迫图

的水利用效率，进而相应地减少部分用水需求。工业及居民用水价格提高可保障节水政策在生活和工业方面的实施，对生活和工业需水起到较大的胁迫作用。

3.1.2.2　需水物理机制及计算方法

(1) 农业需水物理机制

气象因子对灌溉需水的影响相当显著，且灌溉需水占据了农业需水的近 85%，故而农业需水的物理机制以研究灌溉需水为主。农业灌溉需水量由灌溉农业的种植结构、面积、区域布局和灌溉定额确定。灌溉定额是作物需水量与有效降水利用量的差值，在诸多气象因子中，降水和气温是影响农业灌溉定额的两个最直接的气象因子。

农田灌溉需水量，指包括各种农作物组成和由于灌溉水由水源经各级渠道输送到田间，有渠系输水损失和田间灌水损失在内的灌溉用水量。农田灌溉需水预测的总体思路见图 3-3，农田需水量的计算公式如下：

$$\mathrm{WA}_t = \sum_{i=1}^{M}\sum_{j=1}^{N}\mathrm{WA}_{i,t,j} = \sum_{i=1}^{M}\sum_{j=1}^{N}\sum_{k=1}^{T}\left(\frac{I_{j,k}\times A_{i,k}}{A_i}\right) \tag{3-1}$$

式中，WA_t 为第 t 年农业灌溉需水量，万 m^3；$\mathrm{WA}_{i,t,j}$为 t 年第 i 个子流域第 j 月的农业灌溉需水量，万 m^3；$A_{i,k}$为第 i 个子流域第 k 种作物的有效灌溉面积（或播种面积），万亩；A_i

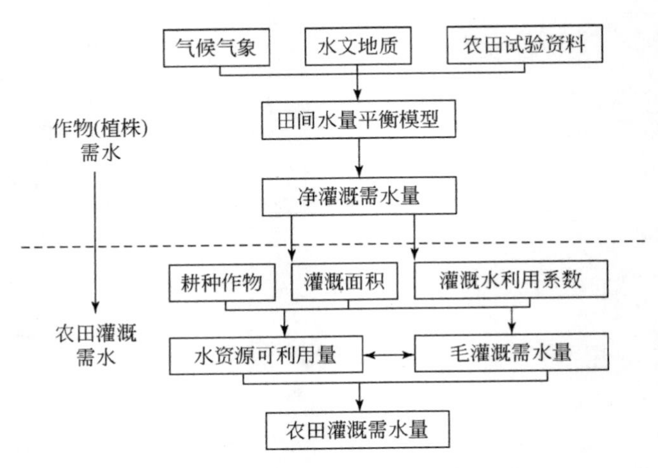

图 3-3　农业灌溉需水预测总体思路

为第 i 个子流域所有作物的有效灌溉面积（或播种面积），万亩；$I_{j,k}$为第 j 月第 k 种作物的灌溉定额，m^3/亩；T 为种植作物种类数，依据各分区实际确定为 4；N 为一年的月份个数，12；M 为子流域个数。

（2）工业需水物理机制

气温是影响工业需水量的主要气候因子。工业生产过程中，工业用水主要用于加工、冷却、净化等环节。其中，冷却用水量最大，约占整个工业用水的 60%，以增温为背景的气候变化，导致工业冷却水的效率降低，使得工业需水量增加。基于我国现有的冷却效率，初步估计气温每升高 1℃，全国工业冷却需水量增加 1% ~2%。从万元产值用水量的角度可以将万元产值用水量划分为万元产值用水量的趋势项和扰动项，其中扰动项即可看做由气温变化对万元产值工业用水产生的影响。将万元工业用水量序列划分为趋势项和扰动项：工业用水量=万元产值用水量变化的趋势项+气温变化引起的扰动项。

一般而言，常用的工业需水预测方法主要是多元回归分析方法，即对历年工业产值与用水量资料进行统计分析，建立数学模型，分析经济、产业结构、用水管理及气候因子等要素对工业需水量的驱动和胁迫作用，进而得出工业需水量的变化趋势。万元工业增加值需水量的数学模型为

$$\ln\mathrm{IWG}=b_0+b_1\ln(x_1)+b_2\ln(x_2)+b_3\ln(x_3) \tag{3-2}$$

式中，IWG 为万元工业增加值；x_1为工业水重复利用率；x_2为工业水价；x_3为气温变化量。

（3）生活需水物理机制

生活需水主要包括饮用水需水量（Q_{drink}）、洗漱需水量（Q_{wash}）、环境清洁需水量（Q_{env}）、洗衣和洗澡需水量（Q_{laundry}）、烹饪需水量（Q_{kitchen}）与冲厕用水（Q_{toilet}）。其中的饮用、洗衣和洗澡及环境清洁用水皆与气候要素相关。相关研究表明：由于气温相差大直接导致居民的洗澡洗衣用水量不同，在气候区不同的城市人均生活用水定额会有所浮

动，例如，我国气温较高的南方地区生活用水定额明显高于北方地区，也反映了生活需水量与气温具有一定的正相关关系。

不同的气候要素对生活用水的影响程度不同，其中降水和气温对居民家庭生活用水影响最大。气温升高导致蒸发增大，会增加家庭花园、环境喷洒、家庭游泳池、饮用等用水量，此外，天气炎热，人容易出汗，增加了洗衣和洗澡的用水量，进而增加了生活用水量；而降水主要影响家庭居民生活用水的室外部分，如家庭花园、游泳池、洗车等。根据统计分析资料显示，年降水量减少10%可以使得人均居民生活用水量提高3.9%，年均温度上升1℃，会导致人均居民生活用水量提升6.6%。

生活需水总量（Q_{total}）的计算方程如下：

$$Q_{total}=Q_{drink}+Q_{wash}+Q_{env}+Q_{laundry}+Q_{kitchen}+Q_{toilet} \tag{3-3}$$

3.1.2.3 模型流图构建

在定性分析水资源系统内部的胁迫反馈关系基础上，本研究需要定量分析系统内部不同变量对水资源系统的影响程度。故而本书基于系统动力原理，以Vensim-PLE为平台建立水资源系统动力学模型。模型以黄河流域为模拟的空间边界，取2006～2030年为模拟时间边界，其中2006～2017年为模型历史验证年份，2006年为现状年，时间步长为1年，具体模型流图见图3-4和图3-5。

3.1.3 黄河流域经济社会需水预测

3.1.3.1 不同经济社会发展情景

选择GDP增长率、第三产业比例、人口增长率、城镇化率等驱动因子作为用水需求变化的驱动力参数；城市绿地面积增长率、生态林草用水定额则作为生态环境政策调整参数；再生水利用率、农田灌溉定额、灌溉水利用系数、居民和工业用水水价和工业水重复利用率等胁迫要素作为水资源管理政策及节水技术反映参数。依照未来不同情景的具体意义，设定参数，拟预测6种情景的供需情况。

1）现状延续情景：该情景结合《黄河流域综合规划（2012—2030年》）及相关资料拟定。反映现状基础情景，人口与GDP均保持现状增长水平，生态用水存在被占用现象、流域节水程度较低，存在水资源保障形势严峻、流域生态环境脆弱、区域发展质量有待提高等突出问题。

2）情景2：该情景下以注重生态保护为主，节水为辅，综合考虑了经济与人口的增长速度放缓的情形。在现状基础上，生态参数提高15%，节水为一般水平，节水参数提高5%，人口增长速度与经济增长速度减少5%。

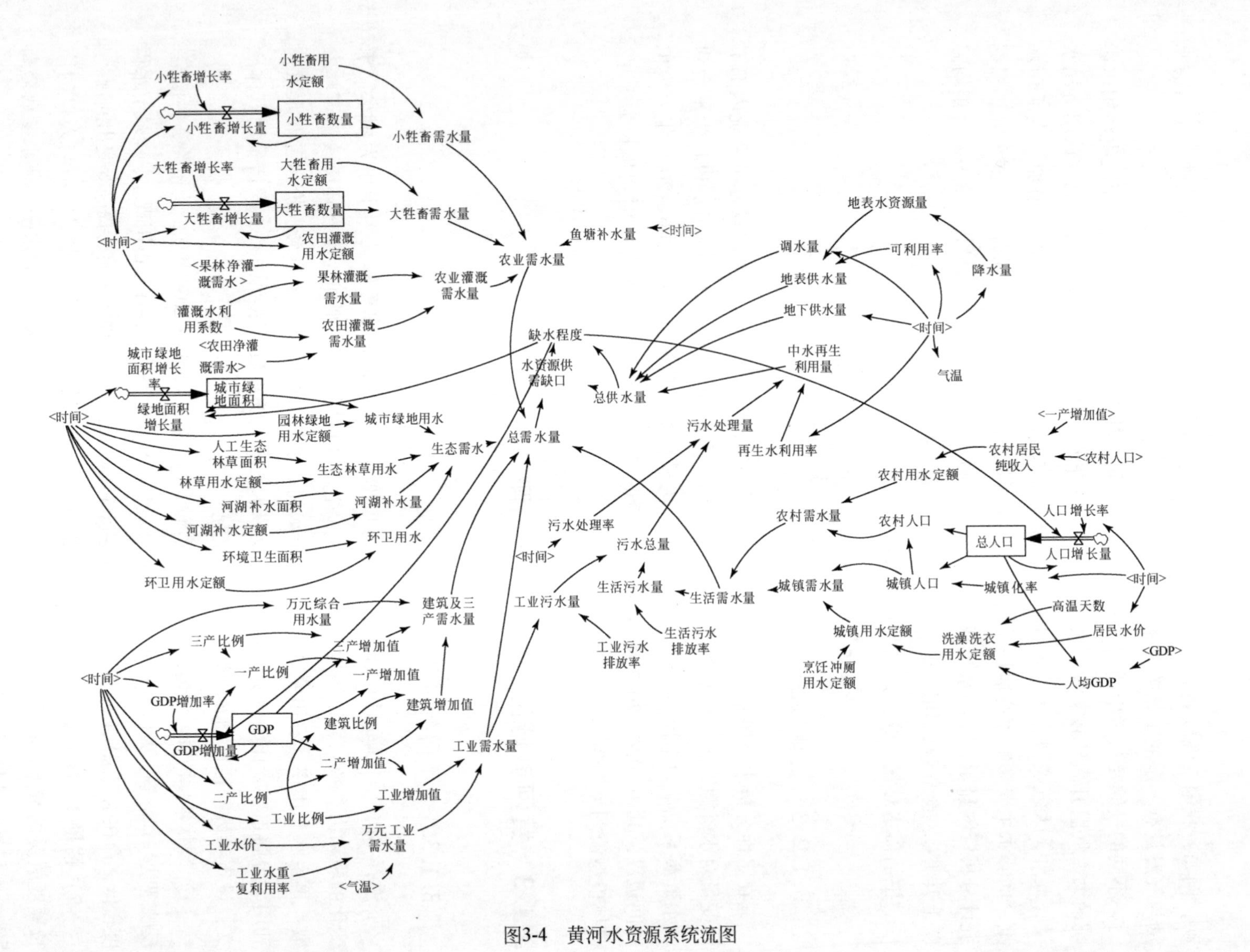

图3-4 黄河水资源系统流图

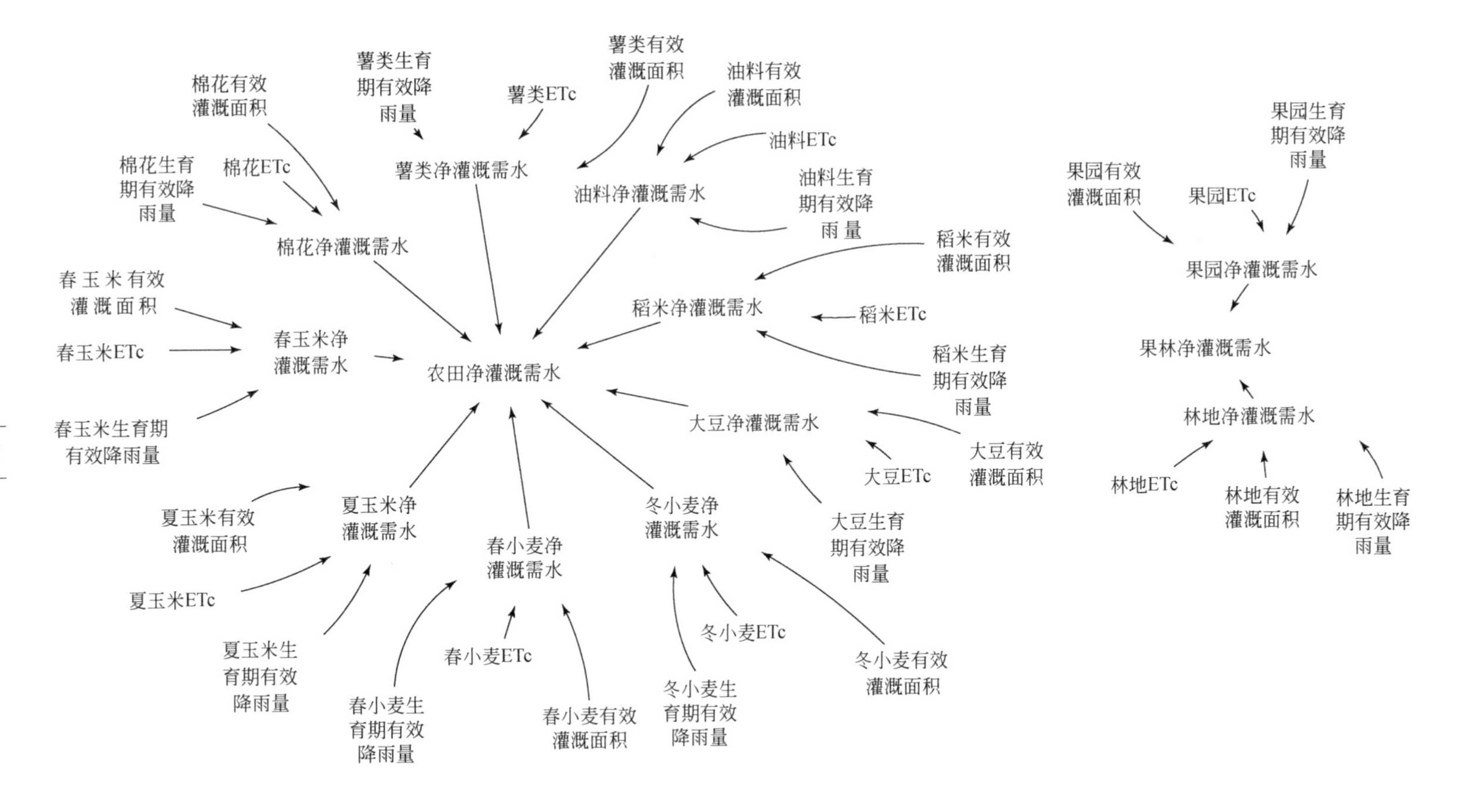

图3-5　农业灌溉需水流图

3）情景3：该情景下以注重节水为主，发展生态为辅，综合考虑了经济与人口的增长速度放缓的情形。在现状基础上，生态参数提高5%，节水为超常水平，节水参数提高15%，人口增长速度减少15%，经济增长速度减少10%。

4）情景4：该情景下综合考虑了经济社会发展及节水生态问题；在现状基础上，生态参数提高10%，节水为强化水平，节水参数提高10%，人口增长速度减少10%，经济增长速度减少5%。

5）情景5：该情景下以发展经济社会为主，同时考虑经济发展带来的用水压力及社会进步的反补作用，带动节水和生态发展；在现状基础上，生态参数提高5%，节水为一般水平，节水参数提高5%，人口增长速度增加5%，经济增长速度提高10%。

6）情景6：根据《黄河流域水资源综合规划》中对黄河流域需水情形预测而拟定的情景。

3.1.3.2 需水情景比较

1）现状延续情景：该情景下假设模型在产业发展、人口增长保持现状的水平下运行，水资源管理程度较低，节水程度不高，水利用效率较低，各决策变量指标值维持现有发展趋势不变。至2030年，第三产业比例为39%，GDP（不变价下同）达87 625亿元，流域总需水量为554.78亿m^3，流域缺水量达61.1亿m^3。

2）情景2：考虑到黄河流域生态用水常年被占用的状况，该情景下注重考虑流域生态环境的用水需求。通过增加城市绿地面积的增长速度，提高城市环境绿化水平，提高人工生态林地的用水量，回补被占用的生态用水。至2030年，生态林地用水定额为240m^3/亩，城市绿地面积增长率达8.1%，生态需水量达32.12亿m^3。该情景下为一般节水水平，流域总需水量为540.66亿m^3，2030年流域缺水量达48.11亿m^3。

3）情景3：该情景下为强化水资源管理力度，大力促进节水技术发展，达到超常的节水水平。由于农业需水量占流域总需水量的65%，故而节水政策主要作用于农业节水。通过推进农业节水技术投资，不断提高农业节水灌溉水平，提高流域内农业灌溉水利用效率，增加流域节水灌溉面积，并结合工业及生活水价机制来推进生活和工业的节水管理。但是该情景下为了达到超常的节水水平，管理决策上倾向节水，一定程度上限制了经济社会的发展水平。至2030年，GDP达82 421亿元，灌溉水利用系数达0.64，农田灌溉需水量为281.67亿m^3，流域总需水量为497.89亿m^3，2030年流域缺水量为3.39亿m^3。

4）情景4：该情景加强水资源管理力度，以尽可能满足社会经济发展、生态环境保护需求，符合可持续发展的基本思想。此情景下充分考虑到将来时段内的经济社会发展趋势放缓、生态需水增加的情形，通过适当调控工业及生活用水价格，促进经济发展带动节水技术的进步，进而提高工业水及农业水的利用效率，推动流域再生水利用的程度，达到强化节水的水资源管理水平。故而该情景下的管理决策有助于缓解流域水资源的供需矛盾，保持流域经济社会良性发展，可作为本次情景决策的推荐方案。至 2030 年，GDP 达 86 561 亿元，灌溉水利用系数达 0.61，工业水重复利用率为 87.5%，农田灌溉需水量为 297.52 亿 m^3，流域总需水量为 534.62 亿 m^3，流域缺水量达 41.60 亿 m^3。

5）情景 5：该情景首要突出经济发展的地位，因此必然伴随对生态保护的忽视，模型中表现为经济社会需水的上涨，节水管理在节水投资带动下为一般水平。需要在现状趋势发展基础上提高各产业增长率，产业规模扩大驱动生产用水量增加，伴随经济发展，生活水平与生活质量提高，生活用水将略有增长，相应提高污水排放率。至 2030 年，GDP 达 93 122 亿元，灌溉水利用系数达 0.593，灌溉需水量为 303.99 亿 m^3，流域总需水量为 550.86 亿 m^3，缺水量为 57.05 亿 m^3。

具体各情景的需水结果见图 3-6，综合上述分析，本研究推荐情景 4 作为需水预测推荐方案，后续预测成果为情景 4 的详细预测结果。

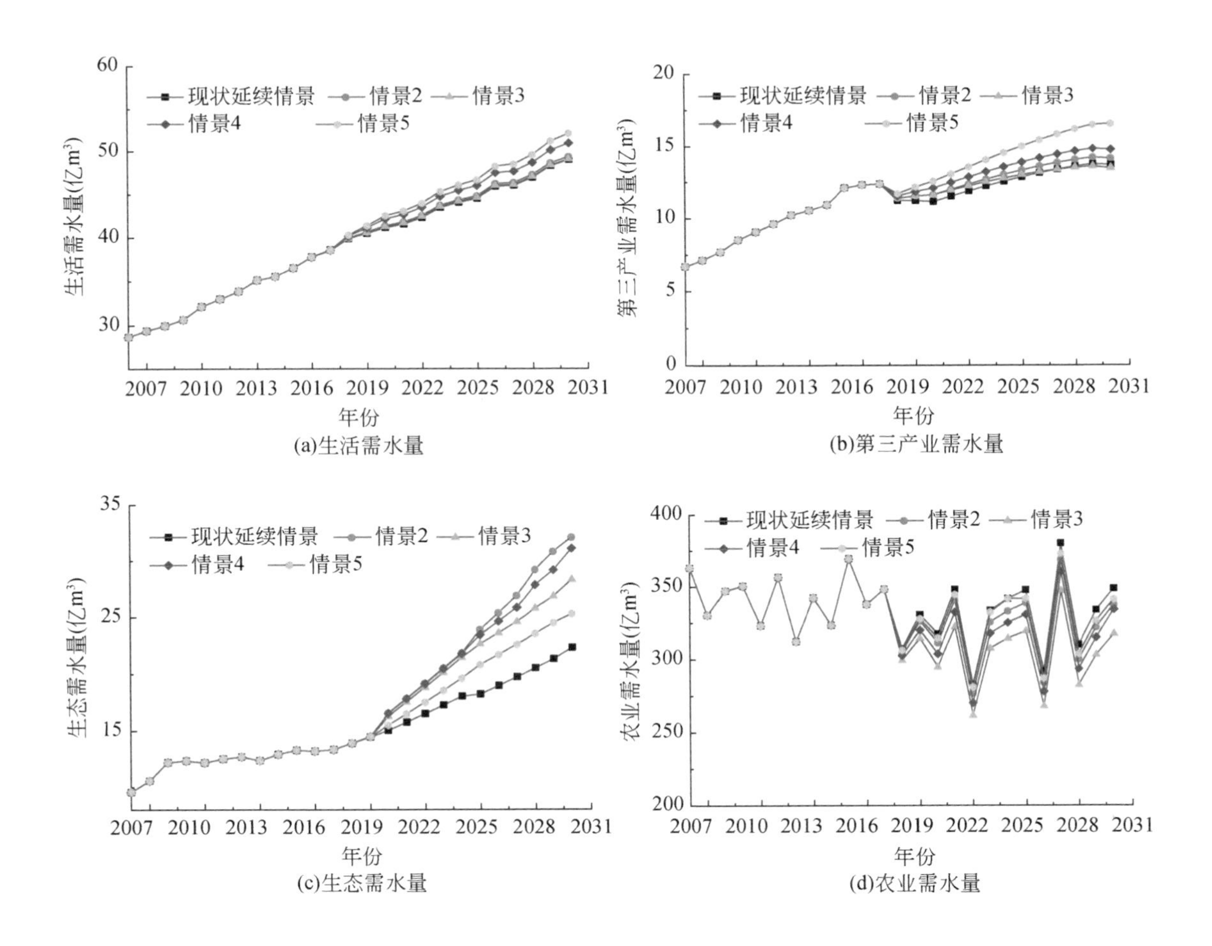

(a)生活需水量

(b)第三产业需水量

(c)生态需水量

(d)农业需水量

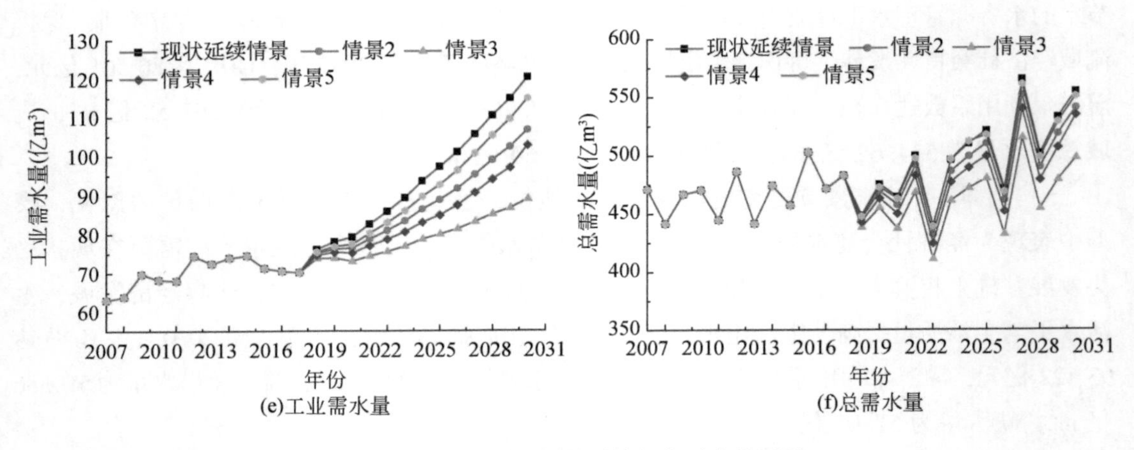

(e)工业需水量　(f)总需水量

图 3-6　黄河流域不同情景精细化需水量预测

3.1.3.3　总需水量预测与分析

(1) 河道外总需水量

黄河流域多年平均河道外总需水量由现状年的 482.97 亿 m^3，增加到 2030 年的 534.62 亿 m^3，净增 51.65 亿 m^3，增加最多的省份是陕西（12.63 亿 m^3），见表 3-4。

表 3-4　黄河流域河道外需水量预测

区域		现状年	2025 年	2030 年
二级区	龙羊峡以上	2.55	2.93	3.44
	龙羊峡至兰州	44.67	46.25	49.57
	兰州至河口镇	185.01	189.15	199.97
	河口镇至龙门	25.12	28.22	32.61
	龙门至三门峡	139.85	144.54	154.85
	三门峡至花园口	34.90	36.7	39.94
	花园口以下	45.27	45.85	48.05
	内流区	5.60	5.79	6.19
省（自治区）	青海	24.05	25.08	26.90
	四川	0.39	0.41	0.51
	甘肃	55.30	57.04	61.57
	宁夏	78.76	81.65	87.97
	内蒙古	100.21	101.64	105.22
	陕西	84.19	88.49	96.82

续表

区域		现状年	2025 年	2030 年
省（自治区）	山西	61.90	64.46	68.66
	河南	55.68	57.54	61.90
	山东	22.49	23.12	25.07
黄河流域		482.97	499.43	534.62

1）城镇、农村需水量。黄河流域城镇需水量由现状年的 121.59 亿 m^3 增加到 2030 年的 187.58 亿 m^3，增加了 65.99 亿 m^3；农村需水量由现状年的 361.38 亿 m^3 减少到 2030 年的 347.04 亿 m^3，减少了 14.34 亿 m^3，见表 3-5。

表 3-5　黄河流域河道外城镇、农村需水量预测表

流域	城镇需水量（亿 m^3）				农村需水量（亿 m^3）			
	现状年	2025 年	2030 年	增长率（%）	现状年	2025 年	2030 年	增长率（%）
黄河流域	121.59	155.52	187.58	3.39	361.38	343.91	347.04	-0.31

2）生活、生产和生态需水量。黄河流域多年平均河道外生活需水量由现状年的 38.55 亿 m^3 增加到 2030 年的 51.13 亿 m^3，净增了 12.58 亿 m^3；生产需水量由现状年的 431.09 亿 m^3 增加到 2030 年的 452.36 亿 m^3，增加了 21.27 亿 m^3；生态需水量现状年为 13.33 亿 m^3，增加到 2030 年的 31.13 亿 m^3，增加了 17.8 亿 m^3，见表 3-6。

表 3-6　黄河流域河道外生活、生产和生态需水量预测

水平年	生活需水量（亿 m^3）	生产需水量（亿 m^3）			生态需水量（亿 m^3）	总需水量（亿 m^3）
		城镇生产	农村生产	合计		
现状年	38.55	82.56	348.53	431.09	13.33	482.97
2025 年	46.05	98.87	331.08	429.95	23.43	499.43
2030 年	51.13	117.62	334.74	452.36	31.13	534.62

（2）用水效率分析

根据国家建设资源节约型和环境友好型社会的要求，考虑未来黄河流域产业结构的调整以及节水水平的提高，黄河流域需水定额低于全国平均水平。其中，工业万元增加值用水量下降显著，由现状年的 36.4m^3 下降到 2030 年的 24.8m^3，工业用水重复利用率由现状年的 71% 提高到 2030 年的 87.5%。农田灌溉水利用系数由现状年的 0.51 提高到 2030 年的 0.61；农田灌溉定额由现状年的 384m^3/亩降低到 2030 年的 342m^3/亩，下降了 42m^3/亩。详见表 3-7。

表 3-7　黄河流域需水定额

流域	水平年	城镇生活用水 [L/(人·d)]	农村生活用水 [L/(人·d)]	工业万元增加值用水量 (m^3)	农田灌溉定额 (m^3/亩)
黄河流域	现状年	112.3	62.9	36.4	384
	2025 年	118	68.5	26.7	348
	2030 年	125	73.8	24.8	342

(3) 用水结构分析

未来黄河流域用水结构发展趋势将发生较大变化，生活需水、河道外生态环境需水占总需水量的比重持续上升，2030 年分别达到 9.56% 和 5.82%，分别比现状年提高了 1.58% 和 3.06%；农村生产需水占总需水量的比例逐渐下降，2030 年下降到 62.61%，比现状年减少 9.55%，详见表 3-8。

表 3-8　黄河流域用水结构　(单位:%)

水平年	生活需水	城镇生产需水	农村生产需水	河道外生态环境需水
现状年	7.98	17.09	72.16	2.76
2025 年	9.22	19.80	66.29	4.69
2030 年	9.56	22.00	62.61	5.82

3.2　水文-环境-生态复杂作用下黄河生态需水

3.2.1　黄河流域干流生态需水

据统计，全球河道生态需水量的估算方法超过 200 种，这些方法大致可以分为水文学法、水力学法、栖息地法和整体分析法 4 大类。河流生态需水计算方法虽多，但还不成熟，将主要的 4 类方法进行对比，详见表 3-9。

表 3-9　河流生态需水量主要计算方法比较

方法类别	方法描述	适用条件	优缺点
水文学法	将保护生物群落转化为维持历史流量的某些特征	任何河道	方法简单快速，但时空变异性差
水力学法	建立水力学与流量的关系曲线，取曲线的拐点流量作为最小生态流量	稳定河道，季节性小河	相对快速，具有针对性，但不能体现季节性变化规律

续表

方法类别	方法描述	适用条件	优缺点
栖息地模拟法	将生物响应与水力、水文状况相联系；确定某物种的最佳流量及栖息地可利用范围	受人类影响较小的中小型栖息地	有生态联系和针对性，但成本高，操作复杂，耗时
整体分析法	从河流生态系统整体出发	基于流域尺度的各种河流	需要广泛的专家意见，成本高

其中，基于历史流量数据的水文学方法 Tennant 法及其改进方法的应用最广泛；水力学法中基于曼宁公式的 R2CROSS 法应用较为广泛；栖息地模拟法方法中以生物学基础为依据的流量增加法（IFIM）应用较为广泛；整体法中以河流系统整体性理论为基础的分析方法（南非的 BBM 方法和澳大利亚的整体评价法）最具代表性。这些生态需水核算方法大多建立在一定假设的基础上，研究对象大多选取特定的生物，侧重最小生态流量的计算，生态需水的计算方法虽多，但还不成熟。

基于对黄河河流生态系统、水文水资源特性、水资源开发利用程度及水环境状况的认识，可以认为黄河生态环境保护目标主要是鱼类、河道湿地及河道水体功能。黄河河道生态需水量应主要包括以下几个方面：一是保护河道内水生生物正常生存繁殖的水量；二是维持河流水体功能的水量；三是满足河道湿地基本功能的水量；四是维持水陆交错带一定规模湿地的水量。

本研究选择生态问题和水环境问题较突出的宁蒙河段（下河沿至头道拐）、小北干流河段（龙门至潼关）为重点研究河段，小浪底以下河段以及河口区湿地生态环境需水综合以往研究成果，黄河干流已有生态需水研究成果汇总见表 3-10。

3.2.2 竞争性用水条件下的黄河支流生态需水

3.2.2.1 典型支流选取

黄河流域支流众多，其中集水面积大于 1000km^2 的一级支流有 76 条，大于 1 万 km^2 的一级支流有 10 条。总体上可分为保护优先型（大通河、洮河等）、多目标协调型（湟水、渭河和伊洛河等）、确保底限型（无定河、窟野河及沁河等）三类。典型支流选取基于以下原则：①黄河一级支流；②水资源开发利用率较高，用水矛盾突出流域；③流域内水生生态状况良好，鱼类资源较为丰富；④流域内水量条件较好，有一定的水量调配空间；⑤有一定工作基础，便于开展工作。本小节选取伊洛河作为典型支流代表开展黄河典型支流需水研究。

表 3-10　已有黄河干流重要断面生态需水

主要控制断面	生态基流（m^3/s）	敏感期生态流量（m^3/s）	目标生态水量（亿 m^3）			成果来源
			汛期	非汛期	全年值	
下河沿	340	5～6 月：600；7～10 月：一定量级的洪水过程				黄河流域水资源保护规划（2010—2030 年）
下河沿	200					黄河水量调度条例实施细则（2007 年）
下河沿	220					张文鸽等，2008
下河沿	最小：420；适宜：350					郝伏勤等，2006
头道拐		4 月：75；5～6 月：180	120	77	197	黄河流域综合规划（2012—2030 年）
头道拐	75				200	黄河流域水资源保护规划（2010—2030 年）
头道拐	50					黄河水量调度条例实施细则（2007 年）
头道拐					197	赵麦换等，2011
头道拐	最小 123；适宜 244					王高旭等，2009
头道拐	484				152.64	马广慧等，2007
头道拐	最小 80～180；适宜 200					刘晓燕，2005
龙门		4～6 月：180				黄河流域综合规划（2012—2030 年）
龙门	100					黄河水量调度条例实施细则（2007 年）
龙门	最小 128；适宜 276					王高旭等，2009
花园口		4～6 月：200；7～10 月：一定量级的洪水过程				黄河流域综合规划（2012—2030 年）
花园口	200	4～6 月：600；7～10 月：一定量级的洪水过程				黄河流域水资源保护规划（2010—2030 年）
花园口	最小 180～300；适宜 320～400，灌溉期<800					刘晓燕，2005

续表

主要控制断面	生态基流（m^3/s）	敏感期生态流量（m^3/s）	目标生态水量（亿 m^3）			成果来源
			汛期	非汛期	全年值	
花园口	150	4～6 月：最小 300～360；适宜 650～750，历时 6～7（5 月上中旬）800～1000m^3/s 水量过程				黄河水量调度条例实施细则（2007 年）
	最小 240～330；适宜 450～600	7～10 月：最小 400～600；适宜 800～1200，历时 7～10（7～8 月）1500～3000m^3/s 洪水过程				黄锦辉等，2005
	最小 172；适宜 327	洪水期 3322				王高旭等，2009
	872				275.04	马广慧等，2007
	200				63	黄河干流生态流量保障实施方案
					160～220	石伟和王光谦，2002
					>250	倪晋仁等，2002
		4～6 月脉冲：1700				蒋晓辉和王洪铸，2012
利津		4 月：75；5～6 月：150；7～10 月：输沙用水	170	50	220	黄河流域综合规划（2012—2030 年）
	75	4～6 月：250；7～10 月：一定量级的洪水过程			187	黄河流域水资源保护规划（2010—2030 年）
	30					黄河水量调度条例实施细则（2007 年）
		4～6 月：最小 90～170；适宜 270～290			200-220	赵麦换等，2011
	最小 80～150；适宜 230～290	7～10 月：最小 350～550；适宜 700～1100，历时 7～10（7～8 月）1200～2000m^3/s 洪水过程				黄锦辉等，2005
	最小 166；适宜 371	洪水期 2800				王高旭等，2009
	最小 80～160；适宜 120～250				181	刘晓燕，2005
	50					黄河干流生态流量保障实施方案
		4～6 月份脉冲：800				蒋晓辉和王洪铸，2012 年

3.2.2.2 水文-生态-环境同步观测与调查

黑石关断面至入黄口河段（伊洛河口段）一直是黄河鲤最主要的产卵场之一，对黄河中下游黄河鲤鱼的繁殖、生长的意义日趋显著。2018 年 5 月、2019 年 4 月和 5 月，项目组分别开展了伊洛河口河段浮游生物、底栖生物、鱼类的系统调查，共捕获鱼类 3 目 3 科 18 种，鲤鱼为优势种。同时，对水生生物生境及鱼类栖息地、产卵场进行了同步监测。选取伊洛河入黄口上游 5.5km 长度河段，现场监测共布设了 31 个水下地形及水生生境因子监测断面，使用声学多普勒流速剖面仪（acoustic doppler current profiler，ADCP）提取河道各个断面的剖面图。同时，水质监测结果进行分析表明，洛河水质整体上从上游至下游逐渐变差，上游水质较好，基本上为Ⅱ类和Ⅲ类水，至中游水质开始明显变差，至下游入黄口断面，水质全都是Ⅴ类和劣Ⅴ类水；伊河整体水质相对较好，为Ⅱ类和Ⅲ类水，且沿程变化不大，仅在局部河段存在水质较差现象。

3.2.2.3 代表鱼类生态需水机理研究

（1）水温

黄河鲤为广温性鱼类，但其繁殖具有一定的水温要求，一般在水温 18℃以上方可产卵。此外，水温也不可太高，由于高温对胚胎发育影响明显，高温抑制胚胎发育，对鱼类产卵也不利。

（2）溶解氧

黄河鲤属需氧量较低鱼类，对溶氧变化耐受力较强，但在繁殖期对溶氧需求量增加，一般在 4.0 ~ 6.5mg/L 为最佳。

（3）流速

黄河鲤在静水和流水环境中均可生活，但黄河鲤亲鱼在产卵前，一定速率的水流刺激对亲鱼性腺发育、成熟、产卵都具有良好的促进作用。2010 ~ 2012 年现场调查和实验室调查发现，黄河鲤栖息的流速范围在 0 ~ 1.5m/s，其中 85% 的个体分布在流速为 0.1 ~ 0.7m/s 水域。而亲鱼一旦产卵，卵苗附着于水草上后，流域不宜过大，静水或微流速最适宜鱼卵的破膜、孵化和生长。

（4）水深

黄河鲤属底栖鱼类，一定水深为底栖型鱼类提供适当的活动空间和觅食空间。根据调查，黄河鲤栖息地的水深范围为 0.25 ~ 3.25m/s，其中 80% 个体分布在 0.5 ~ 1.5m 深水域。

3.2.2.4 黄河鲤栖息地适宜度指数研究

在分析黄河鲤繁殖期流速、水深、温度、溶氧等栖息地生境因子频率分布的基础上，综合应用野外实测法、专家经验法，借鉴单变量格式的思路和方法，应用数值方法，对各生境因子对应的频率值进行归一化处理，建立各范围的栖息地适宜度指数。栖息地适宜度指数为各变量范围对应的频率值与最大频率值之比，综合考虑黄河鲤栖息地模拟因子及时段，以繁殖期为重点建立黄河鲤栖息地适宜度曲线（图3-7和图3-8）。

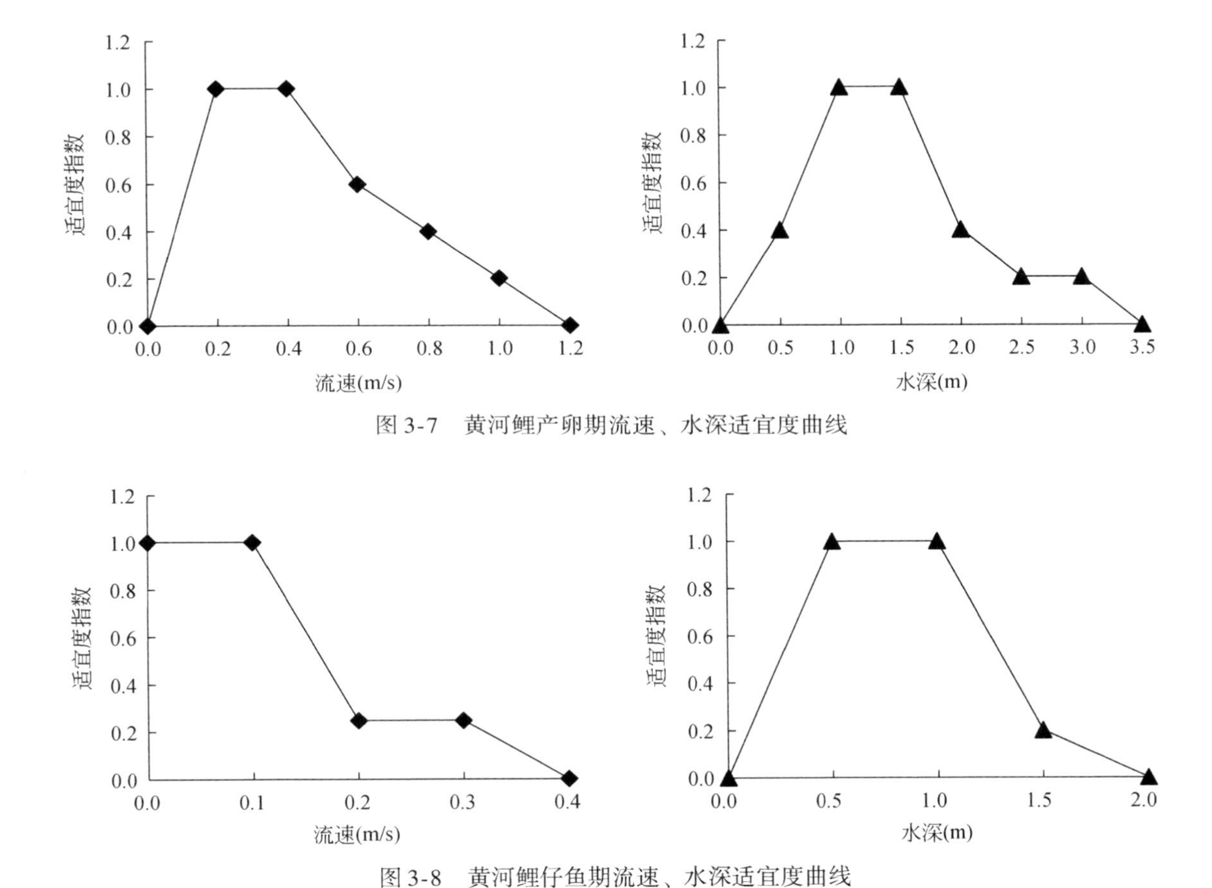

图3-7　黄河鲤产卵期流速、水深适宜度曲线

图3-8　黄河鲤仔鱼期流速、水深适宜度曲线

3.2.2.5　基于河流栖息地模拟法的生态需水及过程研究

以黄河郑州段黄河鲤国家级水产种质资源保护区的核心区——伊洛河入黄口至上游5.5km河段为模拟河段。连续三年调查监测表明，研究河段水文、溶解氧浓度可以满足黄河鲤繁殖等栖息要求，研究以流速、水深为河流栖息地模型模拟重点。

借助DELFT 3D软件，对模拟河段采用正交曲线网格进行划分，网格宽度在8～15m，采用三角插值和线性插值对区域地形进行插值，选取流速、水深进行模型校正。经过对地形的不断修正和多次调试，该河段水深相对误差集中在0～0.4m，流速相对误差集中在0～0.05m/s，模拟结果与实测值吻合度较好。

3.2.2.6 黄河鲤栖息地状况与河川径流条件响应关系研究

根据研究河段各系列流量下黄河鲤栖息地模拟结果，建立繁殖期、越冬期黄河鲤适宜栖息地面积与流量响应关系，可以得到如下结论。

（1）繁殖期：亲鱼

统计分析亲鱼适宜栖息地面积随流量变化关系（图 3-9），流速和水深因子在流量 1 ~ 100m^3/s 范围内，黄河鲤亲鱼适宜栖息地面积均随流量增加呈增加趋势。

（2）繁殖期：鱼苗

分析研究河段繁殖期不同流量下黄河鲤鱼苗适宜栖息地面积变化（图 3-10），可以看出：对于流速因子，随流量增加鱼苗适宜栖息地面积由变化不大到不断减小的趋势；对于水深因子，鱼苗适宜栖息地面积随流量增加呈持续减少趋势。

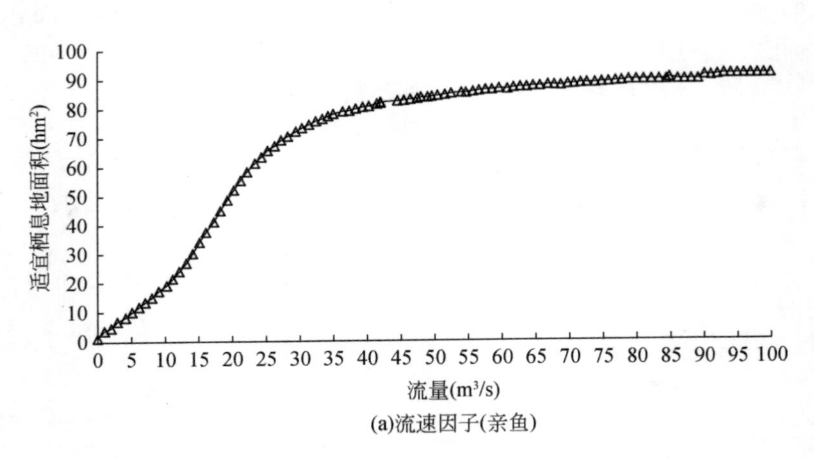

(a)流速因子(亲鱼)

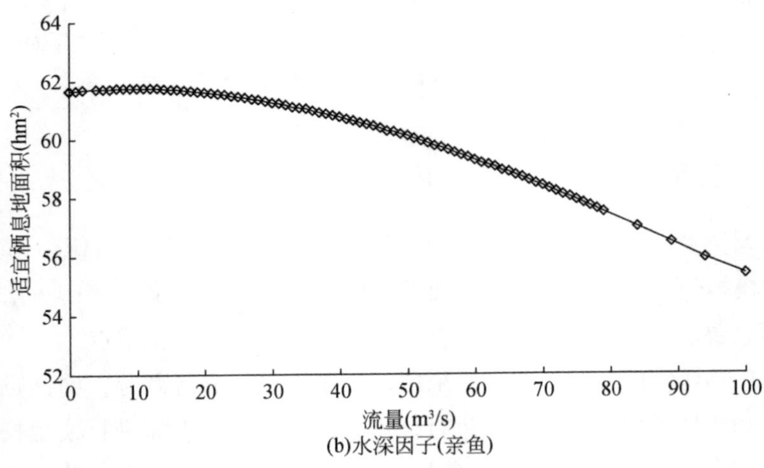

(b)水深因子(亲鱼)

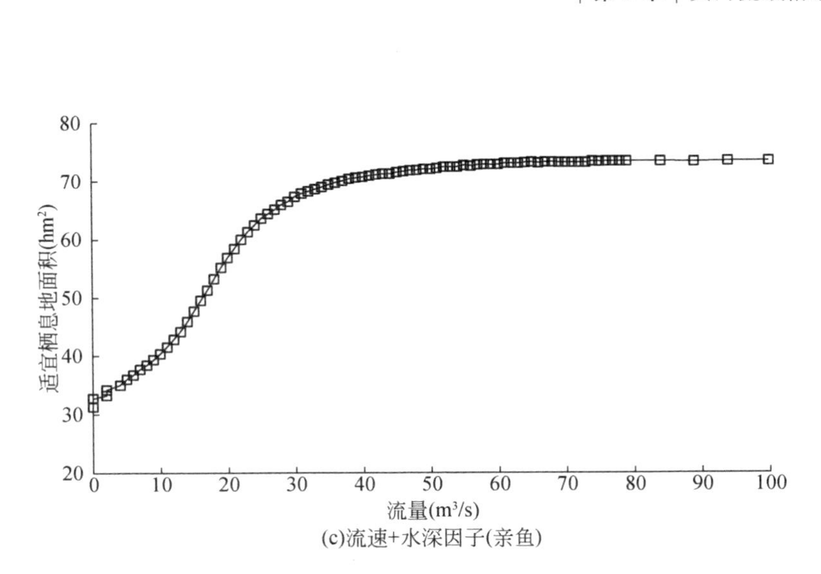

(c)流速+水深因子(亲鱼)

图 3-9 繁殖期黄河鲤适宜栖息地面积与流速和水深关系

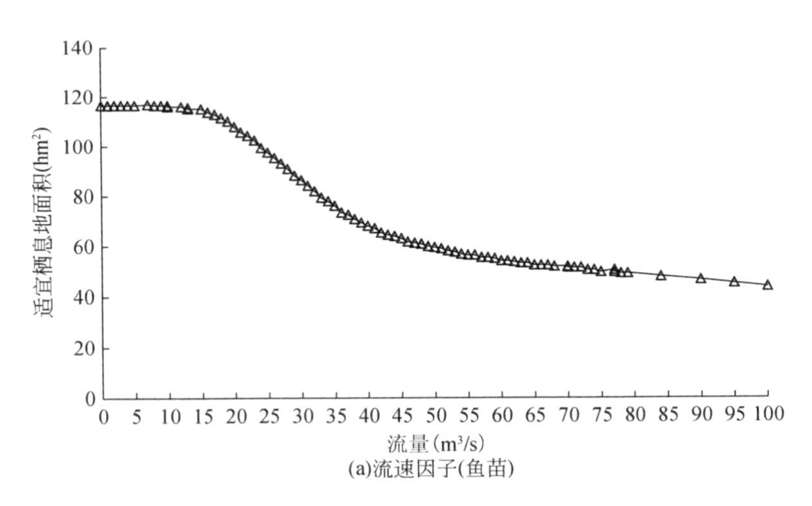

(a)流速因子(鱼苗)

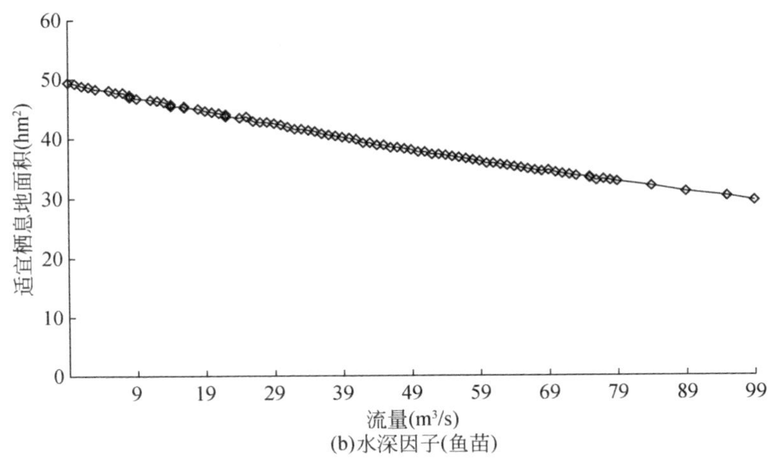

(b)水深因子(鱼苗)

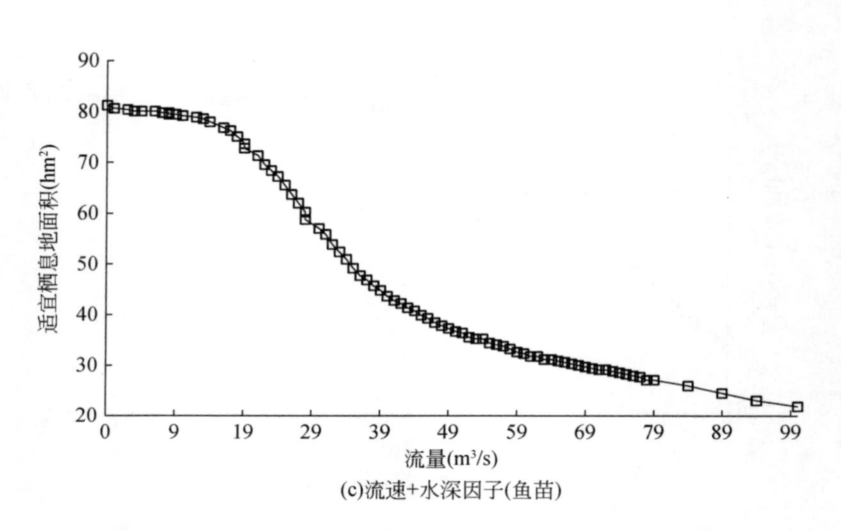

图 3-10　研究河段黄河鲤鱼苗适宜栖息地面积与流速、水深关系

3.2.2.7　基于栖息地模拟法确定的鱼类生态流量

对于竞争性用水河流，生产、生态用水矛盾突出，竞争性用水河流生态流量的确定需要以河流自然功能与社会功能基本均衡发挥为目标，统筹考虑生态、环境、社会用水矛盾，综合确定。本研究将竞争性用水河流的生态保护要求划分为最小生境和适宜生境两个生境保护等级，对应河流生态系统需水要求分别为最小生态流量和适宜生态流量。

1）最小生态流量。根据研究河段黄河鲤繁殖期适宜栖息地面积与流量关系曲线(图 3-11)，综合考虑流速、水深因子，考虑 4 ~6 月伊洛河来水实际，推荐 4 ~6 月黄河鲤

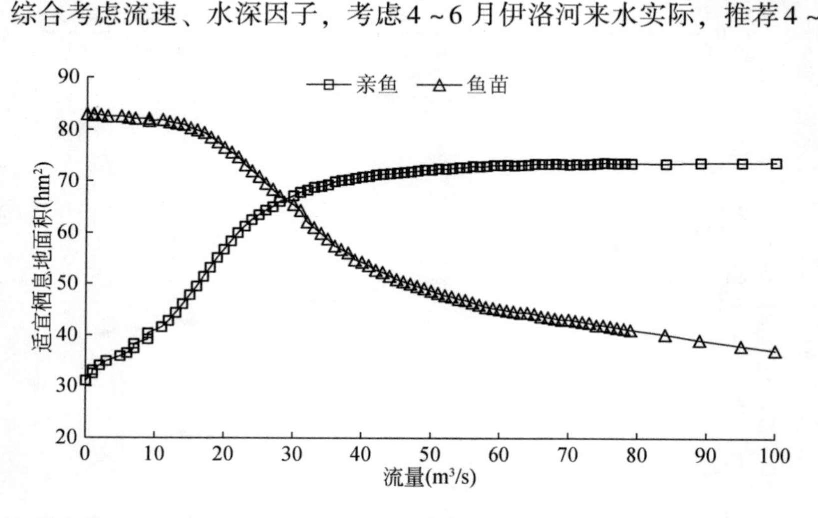

图 3-11　黄河鲤繁殖期适宜栖息地面积与流量关系

最小生态流量为 13m³/s，此流量范围可以满足亲鱼产卵需水要求，同时兼顾了鱼苗生长发育需求。

2）适宜生态流量。考虑 4 ~6 月河段来水实际及用水特点，推荐研究河段 4 ~6 月黄河鲤适宜生态流量为 30m³/s，此流量范围可以满足亲鱼产卵和鱼苗生存及生长发育需水要求。

3.2.2.8 基于多情景目标管控下自净需水规律研究

水质直接影响着黄河水生生物的繁殖及栖息，水体污染会造成鱼类生长发育滞缓、生殖能力减弱；同时污染会造成水体富营养化，引起水中藻类多样性减少，优势度提高，鱼类的可利用食料减少，影响到鱼类的多样性和数量。本研究认为，维持伊洛河口水产种质资源保护区核心区的黄河鲤正常繁育所需的水质为Ⅲ类，维持鱼类良好产卵生存状态下所需的水质为Ⅱ类。

本研究建立了基于河道边界条件水动力学与水质相耦合模型，采用现状与控制排污两种情景模式，结合伊洛河生态系统特点及功能性需水组成，不仅以河流水功能区水质目标作为协控因子，还进一步考虑伊洛河河口黄河鲤繁殖期对水质的要求进行自净水量计算，同时考虑不同河流纳污水平，将入河排污口作为分散点源，实现水质、水量及污染源同步输入情景模拟。

研究范围为伊洛河流域及小浪底以下黄河干流河段。黄河干流为小浪底至入海河口，全长 895.7km；伊洛河为伊河陆浑水库坝址断面至洛河交汇处，洛河为故县水库坝址断面至入黄口。

分别以现状与控制排污两种情景模式，推算主要控制断面满足水质目标所需的自净水量，结果详见表 3-11。通过分析可知，在现状排污条件下，伊洛河入黄断面黑石关要确保满足汛期自净水量 11.5m³/s、非汛期自净水量 14.0m³/s，能保证入黄满足Ⅳ类水质目标要求，即 COD≤30mg/L，氨氮≤1.5mg/L。

在控制排污条件下（入河情景模拟所有排污口满足一级 A 达标排放标准，该条件下，经计算 COD、氨氮入河控制量分别小于 1.87 万 t、1055t，满足限制排污总量控制要求），伊洛河入黄断面黑石关要确保满足汛期自净水量 6.6m³/s、非汛期自净水量 9.0m³/s，能保证入黄满足水质目标要求。

表 3-11　现状与排污控制条件下自净水量　　（单位：m³/s）

断面名称	现状排污条件				排污控制条件（小于限排量）			
	汛期		非汛期		汛期		非汛期	
	COD	氨氮	COD	氨氮	COD	氨氮	COD	氨氮
故县水库	3.36	3.00	4.56	3.60	0.48	0.06	1.20	0.12
陆浑水库	2.24	2.00	3.04	2.40	0.32	0.03	0.82	0.09
黑石关	11.50	10.80	14.00	11.90	6.60	5.90	9.00	6.00

在伊洛河现状入河排污口布局并满足限排总量控制要求下，满足 4 ~ 6 月基本维持鱼类正常繁育水质要求的自净水量为 13.62m^3/s，维持鱼类良好繁殖状态下水质要求的自净水量为 35.80m^3/s，分别占黑石关多年平均流量的 10.79%、28.37%。

通过分析黑石关实测流量数据，开展伊洛河自净水量满足程度与可实现性，分析表明，近 10 年来黑石关断面实际流量满足良好鱼类繁殖状态所需水量满足程度不高（特别是 4 月上旬至 5 月下旬春耕用水挤占了部分鱼类产卵期满足良好水质要求的水量），凸显了人类用水与生态用水之间的矛盾。

3.2.2.9 竞争用水条件下生态–环境需水耦合研究

通过分析伊洛河生态功能定位、水文情势变化、敏感对象分布等，结合竞争性用水河流特点，以河流社会功能和自然功能均衡发挥为目标，将河流生态系统保护要求划分为两个等级：①最小生境，即维持河道生态系统现状不恶化，为关键性物种如鱼类提供最小生存空间；②适宜生境，为维持水生态系统完整性，河道水文情势能满足鱼类正常生存繁殖的水文、水力学要求，生态系统呈健康状态。考虑到现有水资源条件及新形势下流域生态环境保护的要求，提出了伊洛河不同保护目标条件下的生态流量及其过程要求（表 3-12）。

表 3-12 伊洛河黑石关断面生态流量综合确定

生长发育阶段	时段划分	最小（m^3/s）	生态流量及过程	
			适宜（m^3/s）	流量过程
繁殖期	4 ~ 6 月	14	30	5 月上中旬产生峰值不低于 70m^3/s、历时 6 ~ 7 天的脉冲流量
生长期	7 ~ 10 月	12	—	7 ~ 8 月产生峰值不小于 120m^3/s、历时 7 ~ 10 天的脉冲流量
越冬期	11 ~ 3 月	9	—	

利用实测日均径流资料对现阶段生态流量目标满足状况进行评价，多年平均条件下生态流量满足程度均大于 85%，可以认为本次确定的伊洛河生态流量目标基本是合理可行的。同时，对于竞争性用水河流，生态流量的确定需要以河流自然功能与社会功能基本均衡发挥为目标，营造自然或类自然的栖息生境条件，以使有限的水资源达到最优的生态环境效果。考虑到天然条件下（1956 ~ 1980 年）生态流量日均满足程度为 91.7%，因此，黑石关断面生态流量的保证率定为 92%。

3.2.3 水盐交汇驱动下黄河河口–近海生态需水

黄河是最大的入渤海河流，是影响黄河口生态系统的主要因素。黄河是河口近海水域独特咸淡水交互生态界面塑造和维护的主导因素，河流冲淡水对近岸盐度时空分布具有最直接的影响，正是黄河淡水提供的低盐水环境，使得黄河口海域成为大量海洋生物的产卵场、索饵场和育幼场，黄河口渔业资源群系对入海淡水有重大需求。

黄河河口近海生态需水研究主要基于水文变化的生态限度法（ELOHA），通过开展不同水文变化程度下对应的区域生态响应研究，综合确定黄河河口近海生态需水。主要研究思路为：基于黄河河口近海水域长期生态环境多要素同步观测基础上，建立近海水域生态系统食物链及营养级结构关系；应用关键种理论，研究提出黄河河口近海水域生态保护目标；分析主要保护对象鱼类产卵生物学特征及关键影响因素，研究鱼类产卵集中期适宜盐度阈值范围；运用长期连续近海生物多样性调查基础数据和近海环境数据，系统分析黄河入海径流量与近海盐度、近海生态状况、近海水质以及近海健康程度之间的量化响应关系，构建具有生物学基础的黄河入海径流量与近海生态状况的数量关系曲线，综合确定黄河河口近海生态需水研究。

3.2.3.1 河口近海水域生态系统多要素同步监测

以黄河口近海河海交互区为重点，依据《海洋调查规范》（GB 12763-2007），按照典型性、代表性、均匀性和连续性的监测布点原则，在 2011 年、2015 年、2016 年等近海监测基础上，结合黄河入海径流扩散影响规律，以黄河现行流路入海口为主，兼顾刁口河故道入海口，以黄河河口为中心沿等深线扇形区域布设66 个生态观测点位（图 3-12），分别于 2018 年、2019 年系统开展了近海生物要素和生境要素同步监测。

主要调查对象包括水温、盐度、水深、pH、COD、DO、BOD_5、无机氮、磷酸盐、叶绿素 a、浮游生物的种类组成、浮游生物的生物量组成和分布、密度组成和分布等。样品的现场采集、保存、测定和分析等过程参照《海洋监测规范》（GB 17378-2007）、《海洋调查规范》（GB 12763-2007）、《海洋生物生态调查技术规程》技术规范与标准进行。

3.2.3.2 黄河河口-近海保护鱼类识别

项目组分别于 2018 年和 2019 年的 5 ~ 6 月进行了黄河口鱼类调查，综合历年调查结果和相关资料，从维护生态系统结构和功能稳定性的角度，将处于营养级结构顶端的鲈鱼、孔鳐、牙鲆、半滑舌鳎、蓝点马鲛、对虾、梭子蟹、黄姑鱼等物种作为近海生态系统保护的关键物种。综合生态系统关键物种筛选和物种生存压力分析，将蓝点马鲛、鳀、对虾、半滑舌鳎、三疣梭子蟹列为主要保护对象。

3.2.3.3 近海水域主要鱼类生物学特性研究

黄河河口及近海水域渔业资源群系的主要种类均具有低盐河口近岸产卵的特性。黄河

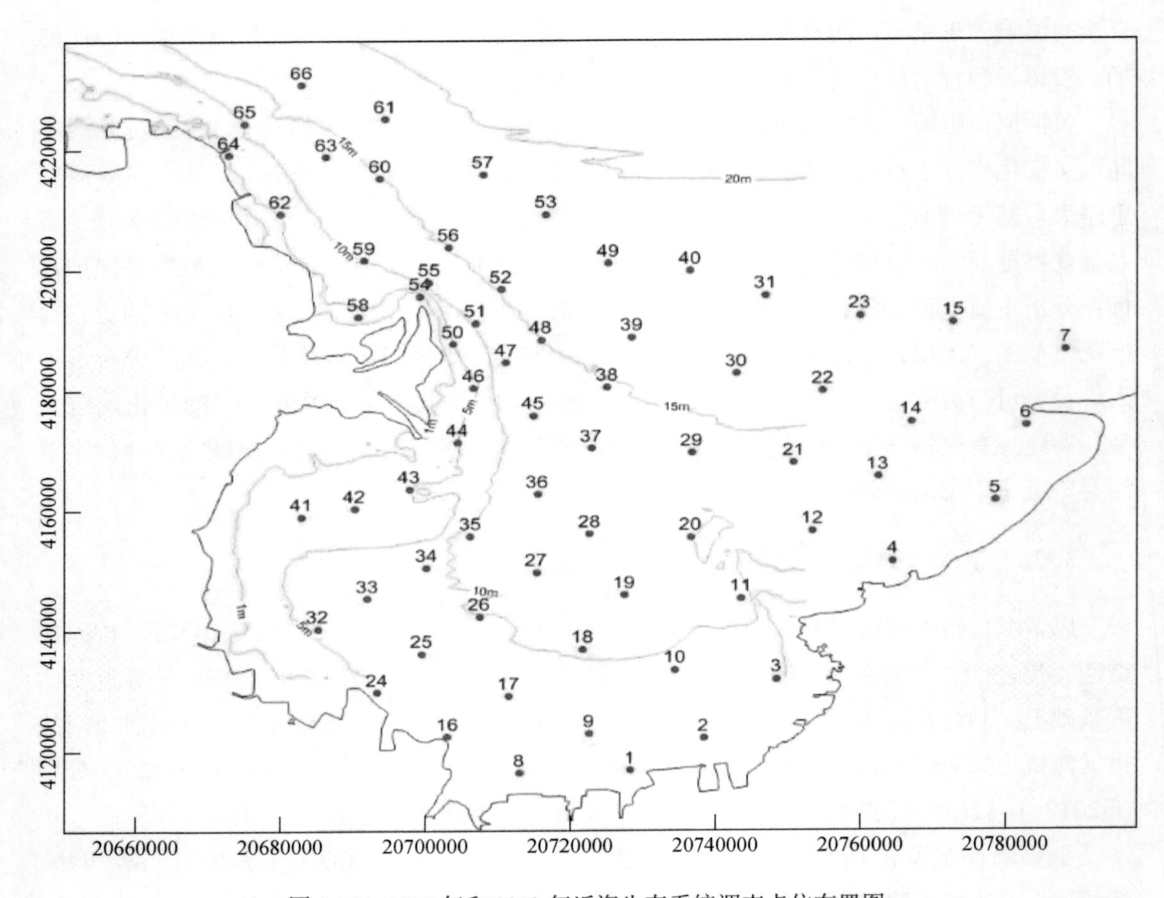

图 3-12　2018 年和 2019 年近海生态系统调查点位布置图

冲淡水影响的黄河河口近海水域构成了黄渤海区渔业资源生物最重要的产卵场和育肥场。在黄河口近海水域已观测有 39 种鱼类在该水域产卵，且大多数为洄游性鱼类。产卵期主要在升温季节，当 4 ~ 6 月水域平均水温上升到 15℃以上时，产卵种类增加，并且有超过 40 种的幼鱼在该水域育肥。黄河河口近海水域的低盐水特征使生活在该水域的广盐性鱼类用于渗透调节的能量降低，极大提高鱼类幼体的生存率。生活史早期的鱼卵、仔稚鱼是生活史最脆弱的阶段，早期成活率又直接调控渔业种群资源补充量。因此，盐度对于河口近海水域鱼类种群生存具有关键作用，是控制黄渤海区海洋资源生物分布和资源量的最重要调节因素。

本次研究识别的黄河河口近海水域保护对象——蓝点马鲛、鳀、对虾、半滑舌鳎和三疣梭子蟹，均为具有低盐河口近岸产卵特性的洄游生物种类。其中，多数近海生物种类的主要产卵期集中在 4 ~ 6 月，适应盐度范围主要集中在 27‰ ~ 31‰（表 3-13）。

表 3-13　黄河河口近海水域保护对象的生态习性

保护对象	产卵期	产卵习性	适宜盐度范围	
			盐度（‰）	备注
鳀	2～6月	产卵场主要分布在河流冲淡水的前锋和外海高盐水等多种径流交汇，产卵盛期中心产卵场位于河流冲淡水形成的低盐水舌附近	22.5～30.5	鳀卵分布区的盐度范围
			20～30.37	鳀鱼卵和仔稚鱼分布区4～5月表层盐度范围
			23～31	鳀鱼卵和仔稚鱼分布区6月表层盐度范围
			25～30	鳀鱼卵和仔稚鱼分布区7月表层盐度范围
			24～31	鳀鱼卵和仔稚鱼分布区8月表层盐度范围
			29.5～32.4	鳀鱼卵和仔稚鱼分布区9～10月表层盐度范围
			27～31	产卵初期的盐度范围
			28～31	产卵盛期的盐度范围
			28～31	产卵末期的盐度范围
蓝点马鲛	4～6月	黄河河口附近海域是主要产卵场之一	28～31	产卵期在5～6月中旬
对虾	5～6月	对虾产卵场主要分布在有河流注入的近海水域，产卵温度为13～23℃。幼虾在水深5m以内的咸淡水交汇的低盐高温区觅食	22～28	产卵场的盐度范围
半滑舌鳎		在河口海域10m左右范围的咸淡水混合区产卵，生长生活在近海水域，洄游距离较短，盐度对其生长影响十分显著	27～30	产卵场的盐度范围
			29～32	产卵场盐度范围
			30～32	产卵盛期盐度
			31～32	卵子密集区盐度
			14～37	幼鱼生存临界盐度
			22～29	适宜生长盐度
			26	最适宜生长盐度
三疣梭子蟹	3～6月	主要生活在近海水域，洄游距离较短，产卵温度范围为14～21℃	16～30	适宜产卵的盐度范围

3.2.3.4　水盐梯度变化下黄河入海径流量与近海生态关系研究

（1）黄河近海盐度与入海径流响应关系研究

黄河口盐度垂向分布主要表现为表层<中层<底层，表明黄河入海径流主要以表层异轻羽状流向外扩散。在黄河径流影响范围中，盐度范围20‰～27‰区域主要为受黄河径流控制的过渡区。黄河口近海水域在黄河口附近存在低盐中心，主要由黄河入海径流所带来的

冲淡水的直接影响所致。

本研究以盐度27‰等值线为基准，Pearson 相关关系显著性检验结果表明近海水域的低盐区域面积与黄河入海径流（包括年径流量、汛期径流量、非汛期径流量、4～6月径流量和对应月份的径流量）均具有显著的相关性。详见表3-14和图3-13～图3-16。

表3-14　黄河入海径流与近海水域低盐区面积相关性检验结果

低盐区面积	年径流量	汛期径流量	非汛期径流量	4～6月径流量	对应月份径流量
相关系数	0.85*	0.83*	0.81*	0.52*	0.86*

* Pearson 相关性检验结果显示在0.05水平上均显著相关。

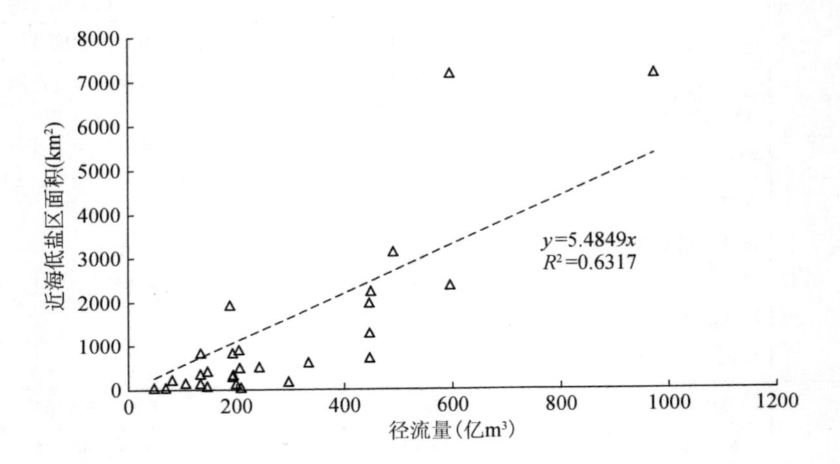

图3-13　黄河年均入海径流与近海水域低盐区面积关系

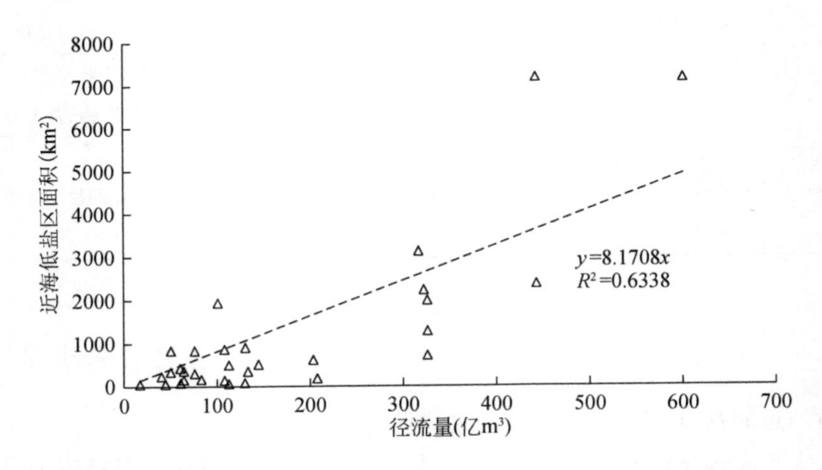

图3-14　黄河汛期入海径流与近海水域低盐区面积关系

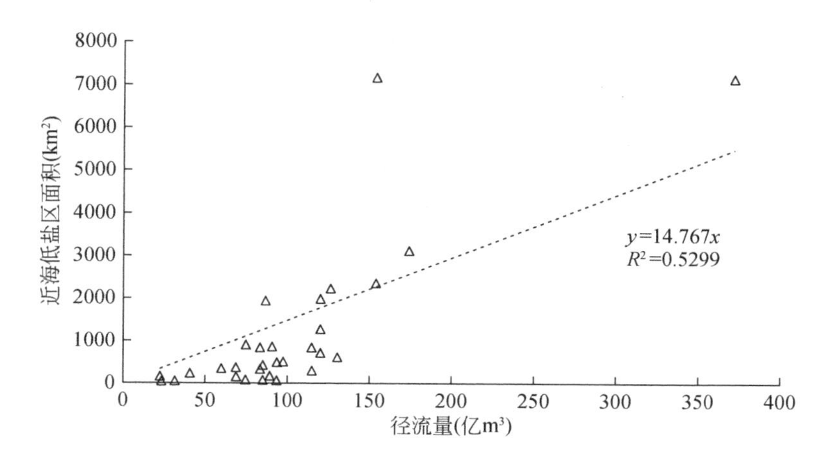

图 3-15　黄河非汛期入海径流与近海水域低盐区面积关系

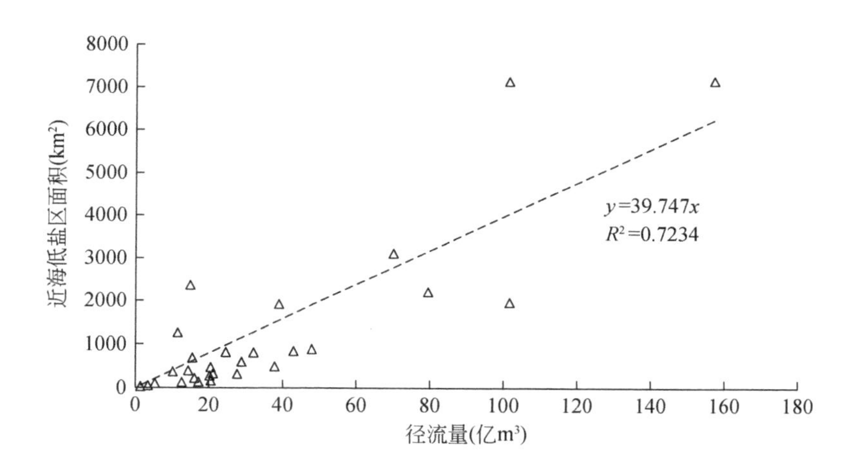

图 3-16　黄河 4 ~ 6 月入海径流与近海水域低盐区面积关系

1958 ~ 2018 年近海水域低盐区面积的变化趋势显示，1958 ~ 1976 年间低盐区面积较大，平均面积高达 4719km^2。1980 ~ 1989 年低盐区平均面积为 1380km^2。1998 ~ 2003 年低盐区面积最低，平均面积仅有 78km^2。2004 年以后，低盐区面积有所恢复，其中 2006 年至今低盐区平均面积为 381km^2。与黄河径流量变化趋势对应分析低盐区面积受黄河入海径流量影响显著，随着径流量的持续减少，低盐区面积不断下降，在 20 世纪 90 年代黄河入海径流量达到最低水平，2006 年以后随着径流量的增加，低盐区面积有所恢复。

对比分析黄河全年、汛期、非汛期和 4 ~ 6 月入海径流量对黄河近海低盐区的影响效应差异并不显著，说明黄河近海低盐区域面积大小主要受到径流量大小的影响，与具体时段的关系不显著。

（2）黄河入海径流、近海盐度与鱼卵仔稚鱼密度响应关系

鱼卵和仔稚鱼主要分布在临近黄河现行流路河口和刁口河河口区域的海域，从空间分布上看，近海水域鱼卵和仔稚鱼的分布与黄河入海径流有密切的关系，对比近海盐度的空间分布，鱼卵和仔稚鱼的分布区域也是盐度较低的区域，说明黄河入海径流所塑造的咸淡水混合区域是鱼卵、仔稚鱼生存和发育的主要场所。空间分布上，鱼卵密度和仔稚鱼密度与近海盐度表现出高度的一致性，鱼卵密度和仔稚鱼密度主要分布在一定盐度范围的水域。

通过 Pearson 相关关系显著性检验统计分析鱼卵密度、仔稚鱼密度与黄河河口近海水域深、温度、盐度和悬浮物等主要环境因子之间的相关性，结果表明在黄河河口近海水域水体五个环境因子中，温度和盐度对鱼卵密度有显著的影响。同时，盐度也对仔稚鱼密度影响显著。近海盐度对鱼类生活史早期的鱼卵、仔稚鱼的生存有重要影响，进而影响调控渔业种群资源补充量，是控制海洋资源生物分布和资源量的最重要因素。详见表 3-15 与图 3-17 和图 3-18。

表 3-15　近海水域主要环境因子与鱼卵、仔稚鱼密度相关系数

指标	水深	温度	盐度	悬浮物	低盐区面积
鱼卵密度	0.041	0.501*	0.677*	0.136	0.48*
仔稚鱼密度	0.162	0.065	0.517*	0.127	0.46*

*Pearson 相关性检验结果显示在 0.05 水平上均显著相关。

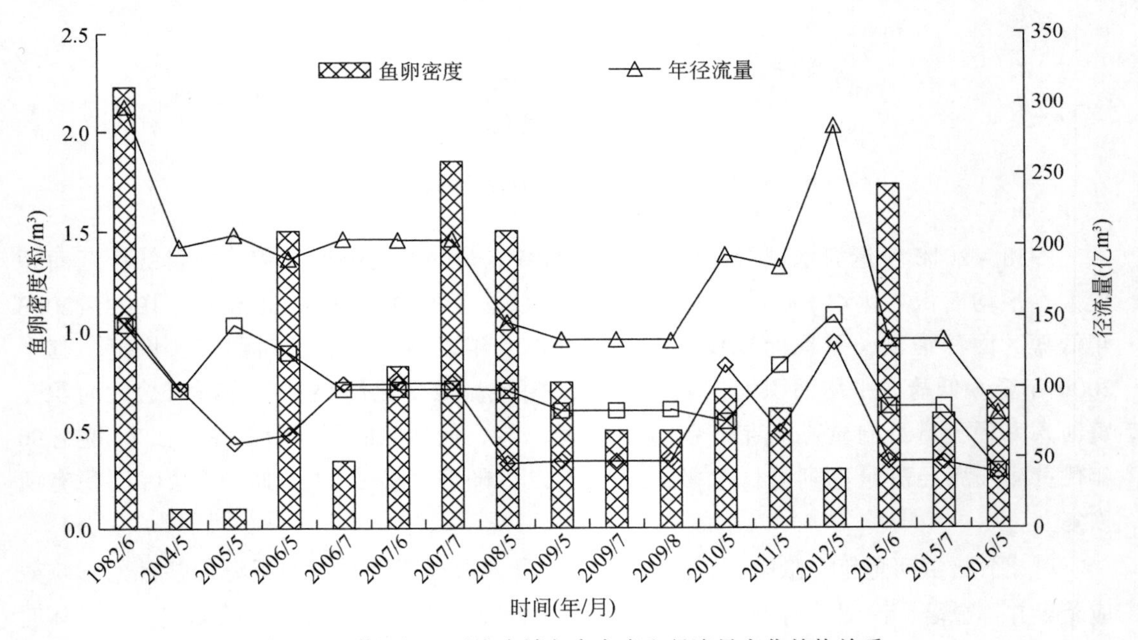

图 3-17　黄河河口近海水域鱼卵密度和径流量变化趋势关系

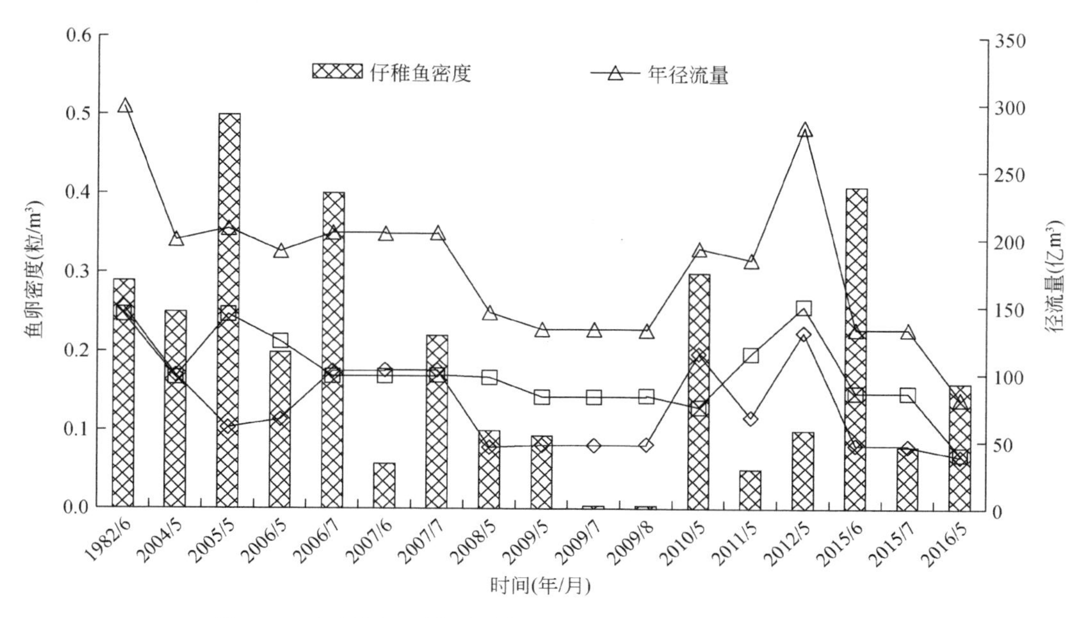

图 3-18　黄河河口近海水域仔稚鱼密度和径流量变化趋势关系

黄河河口近海水域鱼卵密度、仔稚鱼密度的时间变化趋势与黄河入海径流量表现出一致的变化趋势，说明黄河入海径流对鱼卵和仔稚鱼具有明显的影响。但是由于生物因子对生物的影响并非单一的，孤立存在的，而是相互联系和制约的，在个别年度，如 2014 年和 2015 年，鱼卵密度和仔稚鱼密度高低与径流量大小并不完全一一对应。

（3）黄河入海水量及物质通量与河口近海水质响应关系研究

黄河河口近海水域水质与黄河入海水质之间也没有表现出一致的变化关系，说明在 2001 年以后的黄河入海水量水质条件下，黄河入海径流量也不是黄河河口近海水质的主导因素。有研究表明，黄河河口近海水质可能受到严重污染的入海河流、沿岸排污和海洋动力等其他因素更为显著的影响。

2006 年以后，黄河入海径流量均维持在一定的水平，黄河河口近海水域均维持在亚健康的状态，说明黄河河口近海水域的健康状况受到了黄河入海水量的显著影响。

3.2.3.5　水盐交汇驱动下黄河河口近海生态需水研究

黄河河口近海生态需水研究是为了确定适宜的黄河入海水量水质条件，满足黄河河口近海水域生态保护及恢复目标对径流条件的需求，即维持一定范围的低盐区域，促进黄河河口及近海水域水质基本稳定在Ⅱ类水质，保持黄河河口及近海水域处于亚健康状态。根据黄河河口近海关键物种的生态习性，确定生态保护关键期为 4 ~ 6 月。因此，在全年、非汛期黄河入海生态水量的基础上，进一步提出生态保护关键期的生态水量。根据河口生态保护要求，结合黄河重大水资源配置工程，提出维持黄河河口近海生态维持相对良好状况的生态水量。同时考虑黄河水资源情势变化及近期水资源禀赋条件，提出在近海生态基本可接受水平下的河口近海生态水量，在两个层面分别提出黄河河口近海生态水量。

以维持维护关键物种适宜生境条件、满足河口近海水域功能区的水质要求和维持较为理想的健康水平为目标，在开展大量近海生态调查、探索建立黄河入海水量水质与近海生态健康状况的对应关系基础上，结合黄河入海水量长期变化趋势，初步提出河口近海水域的生态需水量结果。即当维持河口近海水域盐度27‰等值线低盐区面积为1380km²，维持河口近海水域水质为Ⅱ类水质，河口近海水域处于亚健康水平，近海生态总体维持较为良好的状态，依据入海水量与近海生态的响应关系研究基础，基于水文变化的生态限度法（ELOHA）理念和途径，对应的生态水量为193亿m³（表3-16）。对于资源性缺水的黄河流域，在实现南水北调西线等重大水资源配置和调度工程布局条件下，该指标可作为黄河河口近海水域生态水量的远期目标标准。

表3-16 黄河河口近海水域生态相对良好水平下生态水量远期目标

<table>
<tr><th>保护要求</th><th>控制要素及其指标</th><th>生态水量指标</th></tr>
<tr><td>代表物种生境要求</td><td>维持河口近海水域盐度27‰等值线低盐区面积为1380km²</td><td rowspan="3">维持河口近海水域水质为第二类水质条件下，黄河利津断面入海水量：全年193亿m³，非汛期93亿m³，汛期100亿m³</td></tr>
<tr><td>近海水质要求</td><td>维持河口近海水域水质为Ⅱ类水质</td></tr>
<tr><td>近海健康水平</td><td>维持河口近海水域处于亚健康水平</td></tr>
</table>

结合黄河水资源近期情势状况，考虑到水资源支撑条件和可实现水平，根据黄河河口近海生态保护要求，维持黄河河口近海水域低盐区面积为380km²左右时，黄河河口近海生态基本处于可接受的状态。按照ELOHA理念和途径，在可接受的条件下，当维持河口近海水域盐度27‰等值线低盐区面积为380km²，维持河口近海水域水质为Ⅱ类水质，河口近海水域处于亚健康水平，根据入海水量与近海生态的响应关系研究基础，基于ELOHA理念和途径，对应的全年生态水量确定106亿m³（表3-17）。该项指标作为显示条件下维持黄河河口近海水域基本生态状况的生态水量控制性标准。

表3-17 现实条件下黄河河口近海水域生态水量控制标准

<table>
<tr><th>保护要求</th><th>控制要素及其指标</th><th>生态水量指标</th></tr>
<tr><td>代表物种生境要求</td><td>维持河口近海水域盐度27‰等值线低盐区面积为380km²</td><td rowspan="3">维持河口近海水域水质为Ⅱ类水质条件下，黄河利津断面入海水量：全年106亿m³，非汛期60亿m³，汛期46亿m³</td></tr>
<tr><td>近海水质要求</td><td>维持河口近海水域水质为Ⅱ类水质</td></tr>
<tr><td>近海健康水平</td><td>维持河口近海水域处于亚健康水平</td></tr>
</table>

综上所述，本研究运用 ELOHA 技术方法，以维持维护关键物种适宜生境条件、满足河口近海水域功能区的水质要求和维持较为理想的健康水平为目标，结合黄河入海水量长期变化趋势，综合确定河口近海水域的生态水量远期目标标准为全年 193 亿 m^3；在现实条件下，在近海水质为Ⅱ类水质条件下，满足河口近海水域基本生态功能的黄河入海水量控制标准为全年 106 亿 m^3。

3.3 黄河动态高效输沙模式与需水量

3.3.1 高效输沙定义与内涵

3.3.1.1 高效输沙定义与表征指标

高效输沙是指河道中水流输送泥沙的效率较高，主要体现在两个方面：一是单位水量（1 亿 m^3）输送入海的泥沙多，或者输送单位泥沙（1 亿 t）所需的水量少；二是河道淤积比小，或者河道的排沙比高，绝大部分泥沙被输送入海。

根据高效输沙的定义要求，并充分借鉴以往成果，本次研究选取单位输沙水量（输送 1t 泥沙入海的利津水量）和排沙比为表征指标。以往研究中将单位输沙水量阈值定为 $25m^3/t$，排沙比指标阈值定位 80%，本书沿用之前的成果，这与文献成果也是一致的（图 3-19）。

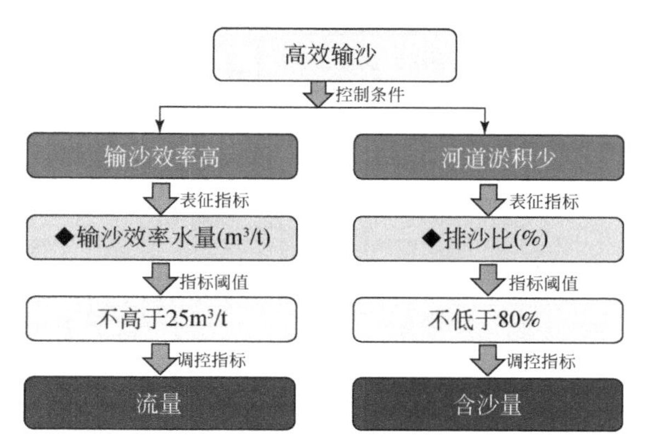

图 3-19　高效输沙内涵示意图

3.3.1.2 输沙水量定义和内涵

在黄河“八七”分水方案中，将黄河地表径流量 580 亿 m^3 分为 210 亿 m^3 输沙水量和

370 亿 m^3 人类活动用水。这是因为之前虽然进入黄河的泥沙主要集中在汛期，但非汛期水流含沙量也相对较高，因此汛期和非汛期均有输沙用水需求。受当时生产力的限制，对河流生态的关注相对较少，且黄河的泥沙问题处于突出地位，输沙用水需求一般较大，在满足输沙需求的情况下，生态和发电等需求也基本能够得到满足。

然而随着三门峡水库特别是小浪底水库的投入运用，调节河道径流泥沙过程的能力大大增强，经水库调控后进入下游的水沙过程发生根本性变化。在水库降低水位调度期间利用自然洪水或人工塑造异重流将泥沙排入下游河道，进入下游河道的泥沙几乎全部在汛期的几场洪水过程中，汛期平水期和非汛期水库下泄清水，其流量和水量主要取决于下游生态和发电等需求。

随着流域水沙发生变化，黄河水量的功能划分需要重新予以定义。按照水量的主要功能进行划分，汛期仍以输沙功能为主，生态等功能为辅；非汛期以生态功能为主，输沙等功能为辅，在发挥主要功能作用的同时，辅助功能一般也能够得到满足。

汛期按照流量和含沙量过程可划分为洪水过程和平水过程，所有泥沙全部集中在洪水过程（图 3-20）。洪水过程承担着输送泥沙的功能，洪水水量是真正用以输沙的水量，可称为狭义的输沙水量。汛期的平水期，水库蓄水运用，进入下游的水流为清水小流量过程，其流量大小受控于下游生态、发电等功能需求，客观上冲刷一部分河道泥沙，因流量小、冲刷量小且主要集中在高村以上河段，将平水期水量称为广义输沙水量。因此，汛期输沙水量是狭义输沙水量与广义输沙水量之和。非汛期水量主要功能是维持下游河道生态良好发展需求，兼顾发电等其他需求，将其称为生态水量。全年水量为汛期水量与非汛期水量之和，是狭义输沙水量、广义输沙水量、生态水量三者之和。

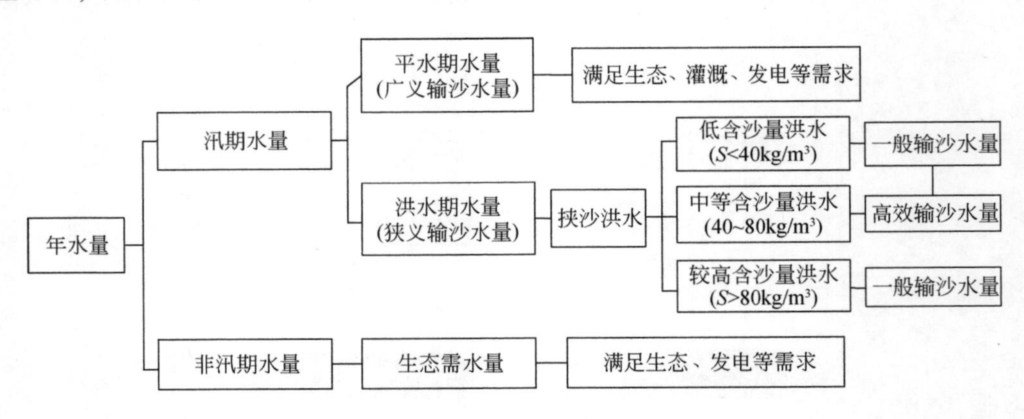

图 3-20 进入黄河下游水量的功能划分

上述满足功能需求的输沙水量和生态水量，是各自需求的低限要求，当流域来水较丰或下游河道需要清水大流量冲刷塑槽时，进入下游的水量将显著大于最低要求。

3.3.2 黄河下游高效输沙水需水量

3.3.2.1 黄河下游高效输沙水量计算方法

由于黄河下游泥沙来源分布的不均匀性和黄河洪水的陡涨陡落特点，洪水期黄河下游河道的输沙能力与一般河流有所不同。同样的来水条件可产生不同的来沙条件，来自粗泥沙来源区的洪水，下游沿程各站悬移质中的床沙质含沙量都高，而来自少沙区的洪水，沿程床沙质含沙量都低，经过几百千米的河道仍然存在差异。在同一水流强度、河床组成条件下，水流的粗颗粒床沙质挟沙力因细颗粒浓度的变化而呈多值函数。洪水的冲淤情况主要取决于洪水流量、含沙量大小及其搭配。

洪水输沙效果影响因子分析结果表明，洪水输沙效果受洪水平均流量和平均含沙量的影响最大，泥沙组成和洪峰峰型也有一定影响，但影响较小。当洪水的平均流量大于 $2000m^3/s$ 后，主要取决于含沙量的大小。根据洪水冲淤效率与流量和含沙量的关系（图 3-21），通过回归分析，建立了洪水期全下游冲淤效率与洪水平均含沙量和平均流量的关系式：

$$dS=(0.00032S-0.00002Q+0.7)S-0.004Q-11, Q\geqslant 1500m^3/s \tag{3-4}$$

式中，dS 为冲淤效率，即冲淤量与来水量的比值，kg/m^3；S 为洪水平均含沙量，kg/m^3；Q 为洪水平均流量，m^3/s。

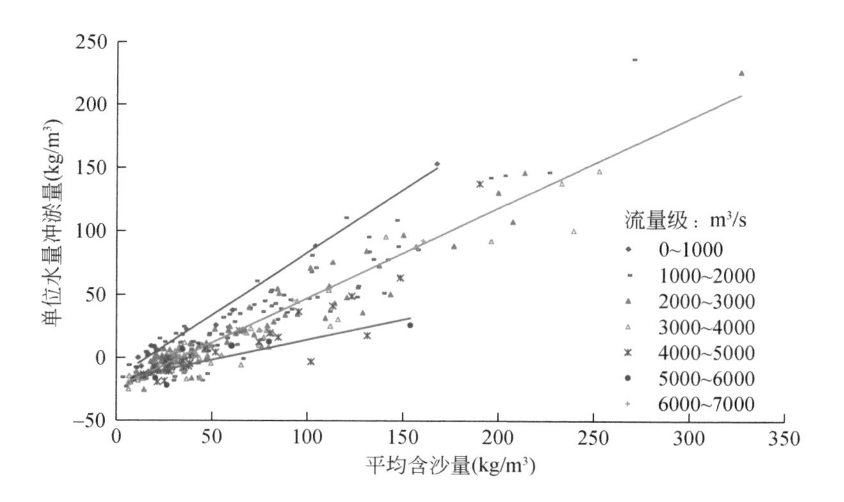

图 3-21 场次洪水冲淤效率与流量和含沙量的关系

黄河下游非汛期、汛期的水流冲刷规律不同，汛期的洪水期和平水期的冲淤规律也不同，因此可将全年划分为非汛期、汛期的洪水期和汛期的平水期 3 个时段。利用 1999 年

11 月 1 日以来的（小浪底水文站）日均水沙资料，根据进入黄河下游的流量过程，按照流量大小划分为若干水流过程，计算各时段内的下游冲淤量。为了下游大断面测量时间一致，将 5 ~ 10 月划为汛期，11 月 ~ 次年 4 月为非汛期，再分别计算出每年各时段内的水量、沙量、冲淤量等水沙特征值。

由于 20 世纪 90 年代黄河下游高含沙小洪水发生频繁，因此河道淤积较为严重，河床组成较细。小浪底水库运用后，下游河道发生持续冲刷，河床组成不断粗化，到 2006 年下游粗化基本完成。

由于河道床沙组成对清水水流的冲刷强度影响较大，因此按床沙粗化情况将小浪底水库运用以来分为两个时段，即 2000 ~ 2006 年和 2007 ~ 2013 年。分析表明，清水小流量下泄阶段，下游河道的冲刷量与进入河道的水量关系密切。非汛期和汛期的平水期，同一时段内下游河道的冲刷量随着水量的增大而增大。

利用平水期和非汛期水沙和冲淤资料，建立冲刷量与水量的关系，可分别回归建立各时段全下游冲刷量的计算公式，其中汛期平水期（床沙较细）全下游冲刷量的计算公式为

$$\mathrm{d}W_s = -4.27\times10^{-5}W^2 - 1.63\times10^{3}W \tag{3-5}$$

汛期平水期（床沙较粗）为

$$\mathrm{d}W_s = -2.7\times10^{-5}W^2 + 1.5\times10^{-5}W \tag{3-6}$$

非汛期（床沙较细）为

$$\mathrm{d}W_s = -2.7\times10^{-5}W^2 - 1.7\times10^{-3}W \tag{3-7}$$

非汛期（床沙较粗）为

$$\mathrm{d}W_s = -5.72\times10^{-6}W^2 - 10^{-3}W \tag{3-8}$$

式中，$\mathrm{d}W_s$ 为下游冲刷量，亿 t；W 为进入下游的水量，亿 m^3。

非汛期和汛期平水期的床沙组成更接近于较细和较粗之间，因此计算时采用公式计算的平均值作为计算结果。

3.3.2.2 黄河下游高效输沙水量

根据 3.2 节河口生态需水研究成果，提出花园口和利津断面的生态流量，确定非汛期利津基本和适宜生态需水量分别为 60 亿 m^3 和 93 亿 m^3。根据《黄河流域综合规划（2012-2030 年）》报告，非汛期利津以上引水量平均为 80 亿 m^3，河道损耗为来水量的 5%，由此可以推算出，满足利津最小和适宜水量需求时对应的花园口水量分别为 147 亿 m^3 和 185 亿 m^3。

本次研究预设中游四站来沙 4 亿 ~ 9 亿 t 时，考虑小浪底仍有 42 亿 m^3 拦沙库容，假定年拦沙量 2 亿 t，因此进入下游年沙量为 2 亿 ~ 7 亿 t。为实现下游河道冲淤平衡，计算利津断面的汛期输沙水量时，分为两种输沙情形：一是输沙条件较好，河道边界条件有利

于洪水期输沙（床面未发生明显粗化即床面阻力小），来沙组成接近天然情况或偏细，非汛期和平水期在未粗化条件下冲刷量大；二是输沙条件一般，河道边界条件不利于洪水期输沙（长期冲刷条件下河道展宽、床面粗化明显即床面阻力较大），来沙组成较天然情况明显偏粗，非汛期和平水期在粗化条件下冲刷量小。

黄河下游输沙时，在不漫滩条件下流量越大输沙能力越强，因而大流量输沙的效率更高。我们将大流量输沙过程称之为有后续动力输沙过程，输沙水流的平均流量为3500m³/s，相当于中游来水流量较大或未来有古贤水库调节；将较中小流量输沙过程称之为无后续动力过程，输沙水流的平均流量为2500m³/s，相当于中游来水流量较小或现状无古贤水库调节。

在中游来沙5亿t（进入下游3亿t）情景下，非汛期下游河道维持基本生态需要时，维持下游河道全年冲淤平衡条件下：进入下游泥沙采用大流量（3500m³/s）输送时，花园口断面汛期输沙需水量为111.0亿m³，其中洪水水量61.8亿m³（图3-22）；利津断面汛期输沙需水量为90.5亿m³，其中洪水水量56.2亿m³。当后续动力不足时，进入下游泥沙采用较小洪水流量（2500m³/s）输送，花园口断面汛期输沙需水量为119.6亿m³，其中洪水水量77.9亿m³；利津断面汛期输沙需水量为98.6亿m³，其中洪水水量69.6亿m³。两者相比，无后续动力条件下利津断面汛期输沙需水量较有后续动力条件下增加8.1亿m³。

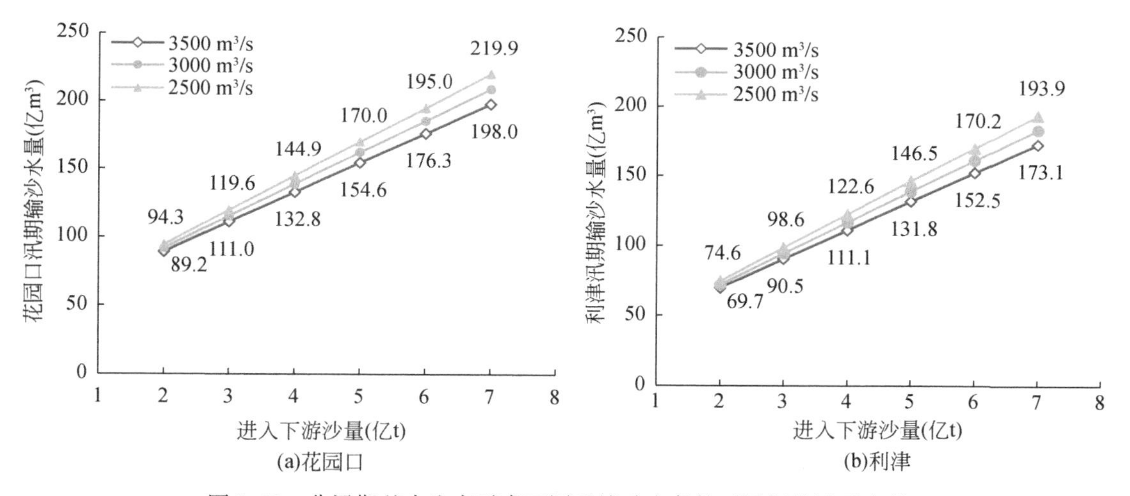

图3-22　非汛期基本生态需求不同后续动力条件下汛期输沙需水量

在中游来沙5亿t（进入下游3亿t）情景下，非汛期下游河道维持适宜生态需要时，维持下游河道全年冲淤平衡条件下：进入下游泥沙采用大流量（3500m³/s）输送时，花园口断面汛期输沙水量为107.3亿m³，其中洪水水量57.4亿m³（图3-23）；利津断面汛期输沙水量为86.9亿m³，其中洪水水量52.2亿m³。进入下游泥沙采用中小流量

(2500m³/s) 输送时，花园口断面汛期输沙水量为 115.4 亿 m³，其中洪水水量 72.5 亿 m³；利津断面汛期输沙水量为 94.6 亿 m³，其中洪水水量 64.8 亿 m³。两者相比，无后续动力条件下利津断面汛期输沙水量较有后续动力条件下增加 7.7 亿 m³。

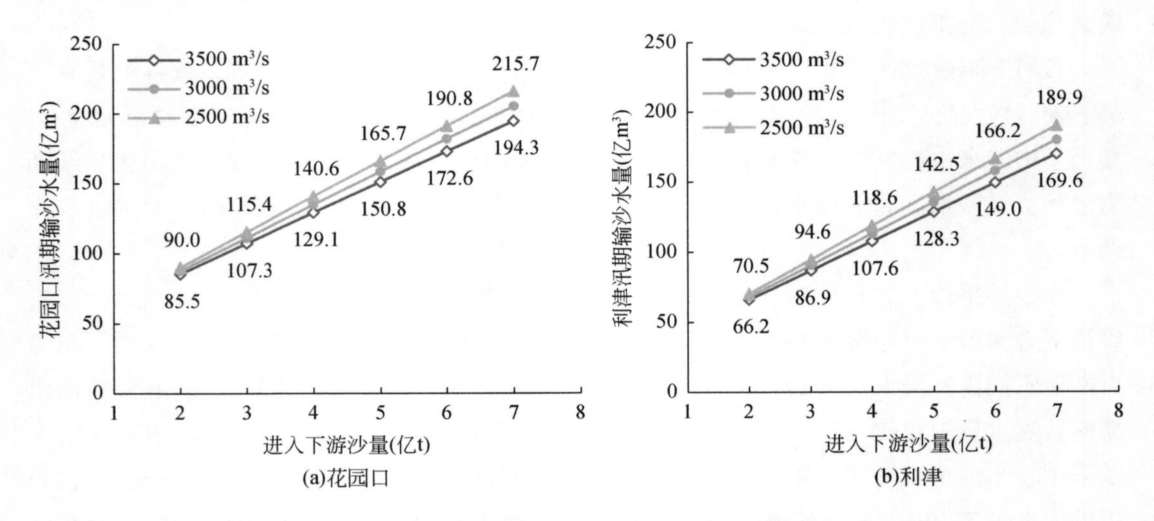

图 3-23　非汛期适宜生态需求不同后续动力条件下汛期输沙需水量

在中游来沙 9 亿 t（进入下游 7 亿 t）情景下，非汛期下游河道维持基本生态需要时，维持下游河道全年冲淤平衡条件下：进入下游泥沙采用大流量（3500m³/s）输送时，花园口断面汛期输沙水量为 198.0 亿 m³，其中洪水水量 165.2 亿 m³；利津断面汛期输沙水量为 173.1 亿 m³，其中洪水水量 150.3 亿 m³，洪水天数需要 55 天，这在实际中是有可能实现的。进入下游泥沙采用中小流量（2500m³/s）输送时，花园口断面汛期输沙需水量为 219.9 亿 m³，其中洪水水量 206.8 亿 m³；利津断面汛期输沙水量为 193.9 亿 m³，其中洪水水量 184.8 亿 m³，洪水天数需要 96 天。两者相比，无后续动力条件下利津断面汛期输沙水量较有后续动力条件下增加 20.8 亿 m³。

当河道发生一定淤积时，所需的输沙水量有所减少。计算表明，有后续动力条件下（3500m³/s），在潼关来沙 5 亿 t（进入下游 3 亿 t）情景下，非汛期下游河道维持基本生态需要，维持下游河道全年淤积比 10% 时，花园口断面汛期输沙水量为 99.9 亿 m³，其中洪水水量 48.7 亿 m³；利津断面汛期输沙水量为 79.9 亿 m³，其中洪水水量 44.3 亿 m³。若下游河道全年淤积比 20%，花园口断面汛期输沙水量为 89.1 亿 m³，其中洪水水量 35.7 亿 m³；利津断面汛期输沙水量为 69.6 亿 m³，其中洪水水量 32.5 亿 m³。两者相比，排沙比增加 10%，利津断面汛期输沙水量减少约 11 亿 m³，洪水期水量减少约 11.8 亿 m³（图 3-24）。

3.3.2.3　可节省输沙水量分析

《黄河流域综合规划》中，9 亿 t 方案下游淤积 2 亿 t、1.5 亿 t 和 1.0 亿 t，利津汛期

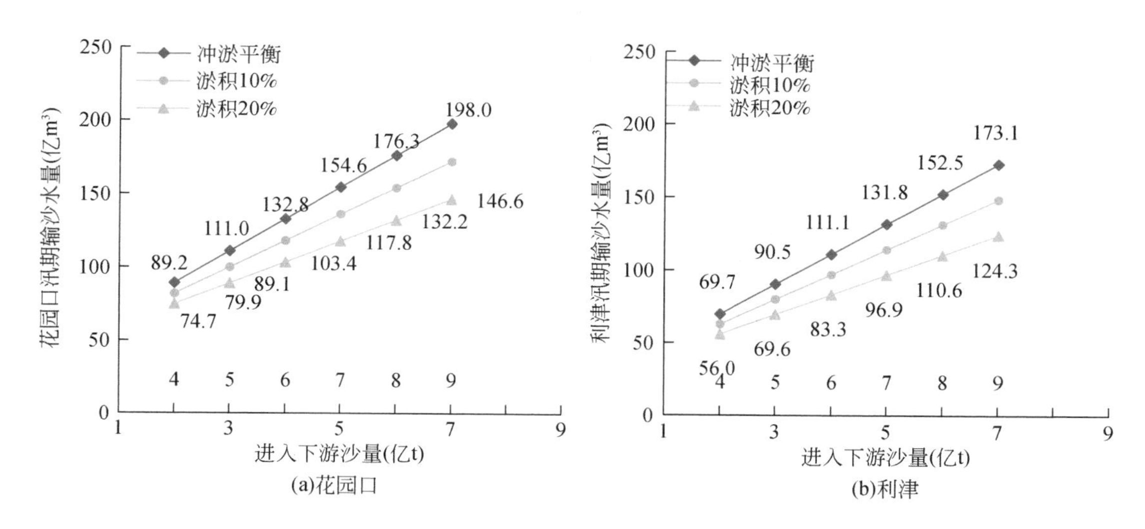

图 3-24　有后续动力（3500m³/s）不同淤积比条件下下游输沙水量

输沙水量为 143 亿 t、163 亿 t 和 184 亿 m³；本次研究采用有后续动力的洪水高效输沙计算，利津汛期所需输沙水量分别为 135.6 亿 t、152.9 亿 t 和 170.4 亿 m³（表 3-18），可节省汛期输沙水量 7.4 亿～13.6 亿 m³。

表 3-18　黄河下游河道不同淤积水平利津断面汛期输沙需水量对比

沙量（亿 t）	年淤积量（亿 t）	黄流规水量（亿 m³）			高效输沙计算水量			汛期节省水量（亿 m³）
		全年	汛期	非汛期	全年	汛期	非汛期	
9	2.0	193	143	50	185.6	135.6	50	7.4
9	1.5	213	163	50	202.9	152.9	50	10.1
9	1.0	234	184	50	220.4	170.4	50	13.6

能否节省输沙水量，取决于两个因素：一是可用来输沙的水量大小。“八七”分水方案中，天然径流量 580 亿 m³ 条件下，河道内用水 210 亿 m³，占总水量的 36.2%，汛期 150 亿 m³，非汛期 50 亿 m³，损耗 10 亿 m³。随着黄河流域产水产沙环境的变化，黄河流域天然径流量显著减小，近期约为 485 亿 m³，河道用水比例不变，则水量减小为 175 亿 m³，非汛期和损耗还按 60 亿 m³，则汛期输沙水量仅为 115 亿 m³。这种情况下，维持下游冲淤平衡可输送的泥沙量为 3.68 亿 t（2500m³/s 流量输沙）。二是需要输送的泥沙量大小。当进入下游沙量为 3 亿 t 时可节省输沙水量 17.4 亿 m³。当来沙超过该沙量时，下游河道发生淤积，没有可节省的输沙水量。详见图 3-25 和表 3-19。

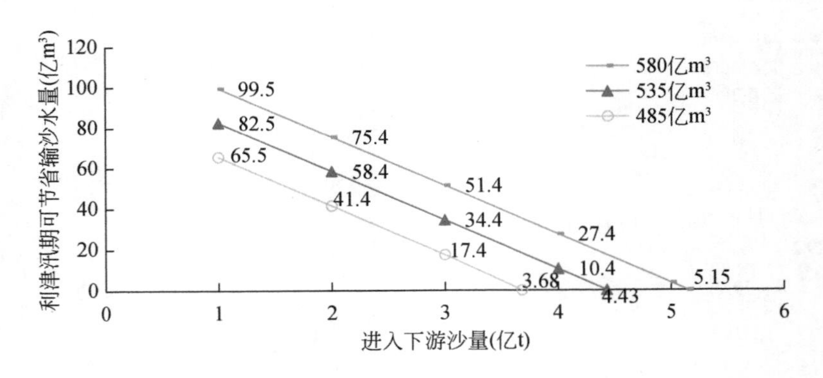

图 3-25 不同来水来沙条件下利津汛期可节省输沙水量

表 3-19 不同产水条件下可节省水量

天然径流量（亿 m³）	河道内用水（亿 m³）	利津汛期水量（亿 m³）	冲淤平衡沙量（亿 t）	可节省水量（亿 m³）		
				进入下游沙量 3 亿 t	进入下游沙量 4 亿 t	进入下游沙量 5 亿 t
580	210	150	5.15	51.4	27.4	3.5
485	175.0	115	3.68	17.4	（淤 0.19 亿 t）	（淤 0.79 亿 t）

3.3.3 全河输沙水量耦合方法

3.3.3.1 潼关来沙量与上中游来沙量的相互制约关系

潼关断面控制了流域来水量的近 90% 和来沙量的几乎全部，潼关来沙量区域来源是制约上中下游输沙水量的一个重要因素。一般用龙门、华县、河津和洑头四个断面，作为黄河来沙量的控制断面，也就是说黄河的来沙量可以分为上述四个部分，潼关站的来沙量也可以分解至上述四个断面进行控制。龙门、华县、河津和洑头四个断面沙量与潼关沙量关系详见图 3-26。

分析 1950 年以来四站输沙量与潼关沙量长系列数据，建立了各站沙量与潼关沙量的关系式。将 1950 年以来数据按照年代分成 1950 ~ 1959 年、1960 ~ 1969 年、1970 ~ 1979 年、1980 ~ 1989 年、1990 ~ 1999 年、2000 ~ 2009 年和 2010 ~ 2016 年 7 个时段，计算出各时段四站的年均沙量，绘制时段的四站沙量与潼关沙量关系，将之前建立的四个关系式放入，发现该关系与时段间沙量数据更加一致。由此，可以得出黄河不同来沙量条件下，泥沙的来源分配（表 3-20）。

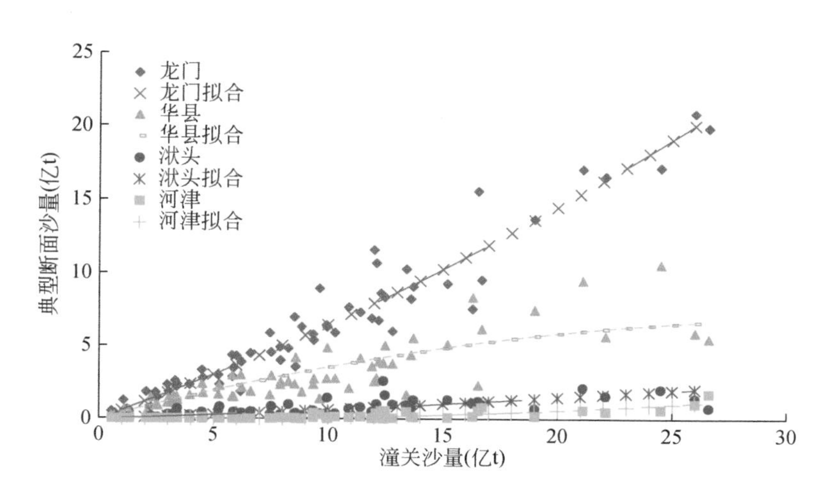

图 3-26　龙门、华县、湫头及河津站沙量与潼关沙量关系

表 3-20　潼关来沙量的组成　（单位：亿 t）

潼关	龙门	华县	湫头	河津	四站小计
1.00	0.570	0.414	0.035	0.0004	1.019
2.00	1.157	0.815	0.083	0.0020	2.057
3.00	1.762	1.203	0.138	0.0053	3.109
4.00	2.383	1.579	0.198	0.0109	4.171
5.00	3.021	1.943	0.262	0.0189	5.245
6.00	3.676	2.293	0.329	0.0298	6.328
7.00	4.347	2.631	0.399	0.0436	7.420
8.00	5.034	2.957	0.471	0.0608	8.522
9.00	5.737	3.270	0.546	0.0814	9.633
10.00	6.456	3.570	0.622	0.1057	10.754
11.00	7.190	3.858	0.701	0.1339	11.883
12.00	7.941	4.133	0.782	0.1661	13.022
13.00	8.707	4.395	0.864	0.2026	14.169
14.00	9.489	4.645	0.948	0.2435	15.326
15.00	10.286	4.883	1.033	0.2889	16.491
16.00	11.099	5.107	1.120	0.3391	17.666

3.3.3.2　典型断面来水量制约关系

潼关水文站的来水量包括龙门来水和龙门至潼关区间的支流来水。龙门上游河段输沙

水量变化主要受头道拐以上河段影响，龙门至潼关河段，其输沙水量变化主要受渭河下游河段及其他支流来水量影响。考虑将头道拐作为输沙水量耦合的对比断面，通过计算花园口、潼关、及华县输沙水量，并利用水量平衡条件换算至头道拐断面，与计算得出的上游河段输沙水量进行对比。分析上述断面 1950 ~ 2018 年各站长序列径流量数据，建立头道拐与龙门来水量相关关系（图 3-27），同时考虑中下游主要支流加水。由于黄河流域水量主要来自于上游，在进行上游河段输沙水量计算时，需依据水沙关系确定一定来沙条件下上游所能提供水量，作为上游来水量的约束条件，头道拐汛期水沙关系如图 3-28 所示。在计算一定来沙条件下输沙水量时，各断面之间的水量平衡关系将作为约束条件进行考虑。

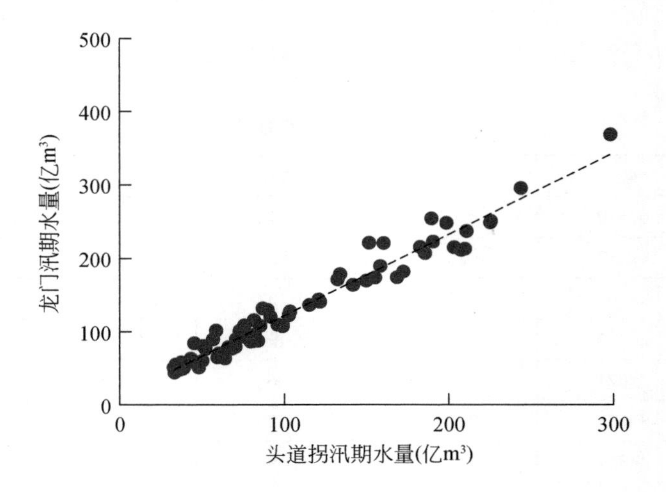

图 3-27　头道拐与龙门汛期水量关系

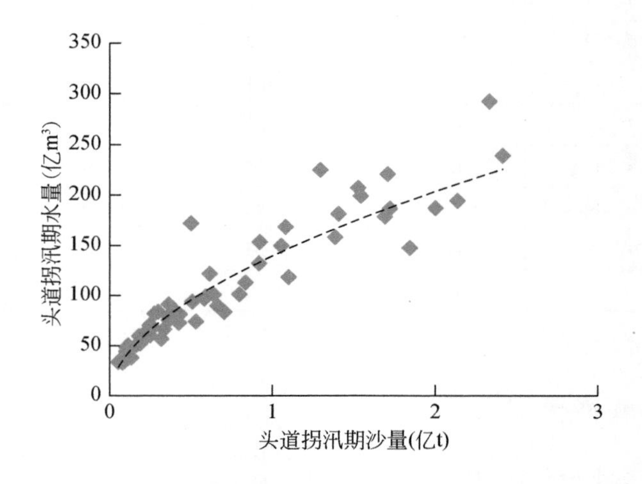

图 3-28　头道拐与汛期水沙关系

3.3.3.3 输沙水量耦合计算方法

输沙水量耦合的目的是提出上中下游协调的输沙水量方案，各河段需在满足水量平衡的基础上，考虑河段淤积比和输沙塑槽目标规模需求，依据不同的水沙情势确定输沙水量。潼关来沙量区域来源是制约上中下游输沙水量的一个重要因素，考虑到未来黄河水沙变化趋势及项目研究需求，以潼关来沙 3 亿 t、6 亿 t、9 亿 t 为典型来沙情景，每种来沙情景再分别设置平均来沙条件、头道拐至龙门区间来沙为主及渭河下游来沙为主三种子情景进行输沙水量耦合计算。以各河段淤积量之和最小，实现下游河道维持中水河槽为最优目标，以宁蒙河道、小北干流、渭河下游和黄河下游河道输沙水量协调关系和各河段允许淤积比为约束条件，构建黄河输沙水量计算方法。考虑到黄河上中游河道和中下游河道冲淤规律有所差异，将上游头道拐站作为对比断面，并将满足上游河道冲淤调整需求的头道拐输沙水量和满足下游河道高效输沙需求的头道拐输沙水量之差最小也作为约束条件，以期用最节省输沙水量的方式实现各河段适宜输沙塑槽的目标规模。构建黄河输沙目标函数如下：

目标函数：

$$\mathrm{Min}F(W_i) = \sum \alpha^i \Delta W_s^i = \sum \alpha^i f(W_s^i, \Delta W_s^i, Q_i, S_i) \tag{3-8}$$

约束条件：

$$0 \leqslant \Delta W_{si}^n / W_{si}^n \leqslant \eta_i \tag{3-9}$$

$$Q_{\min} < Q_i^n \leqslant Q_{\max} \tag{3-10}$$

$$W_i = W_{i+1} - \sum W_{\mathrm{div}} \tag{3-11}$$

$$|W_i^u - W_i^l| < \Delta W_i \tag{3-12}$$

式中，F 为综合目标函数；W_i 为控制站 i 输沙水量，其中 W_{i+1} 为相对于 W_i 下游的控制站输沙水量；α^i 为权重系数；ΔW_s^i 为河段淤积量；$f(W_s^i,\ \Delta W_s^i,\ Q_i,\ S_i)$ 为河段输沙水量计算函数；Q 为平均流量；$Q_{\max}$、$Q_{\min}$ 为河段满足输沙需求的适宜流量范围上下限制；S_i 为平均含沙量；η_i 为河段允许淤积比；W_{div} 为支流来水量；ΔW_i 为典型断面满足河段输沙需求的上下游允许输沙水量差值，此处以头道拐断面为对比断面，ΔW_i 为满足上游冲淤调整需求和满足下游高效输沙需求的头道拐断面输沙水量差值。

需要说明的是，由于小浪底水库运用以来下游河道水量和沙量受到自然条件和人工干预的双重作用，计算中采用的水量平衡条件是基于近 20 年各断面实测径流量变化规律给出的，这也与未来水沙变化趋势及调控需求相符。具体计算流程如图 3-29 所示。

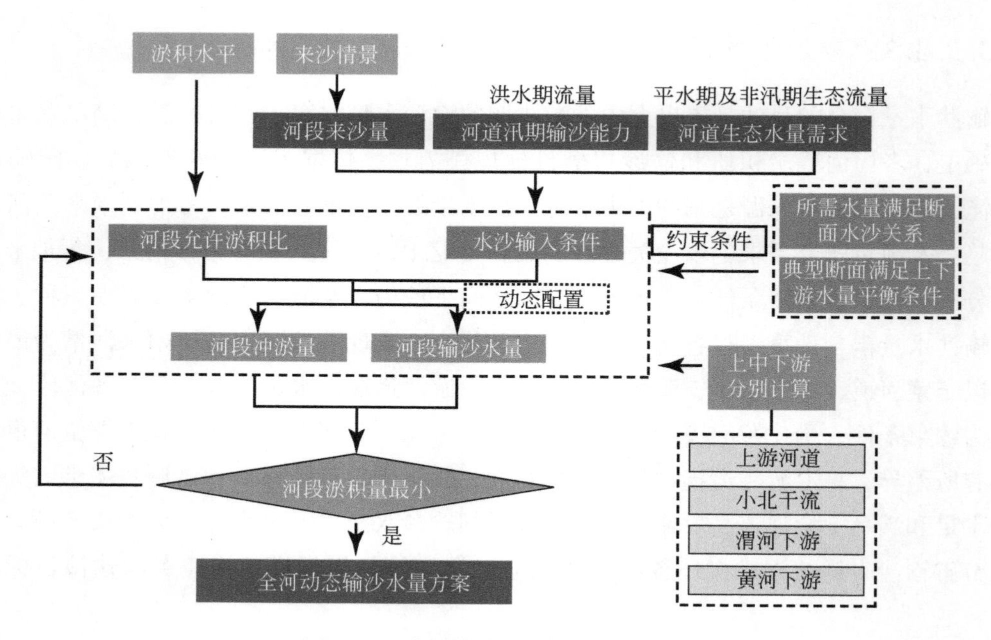

图 3-29　黄河输沙水量耦合计算流程

3.3.4 黄河典型断面高效动态耦合输沙水量

3.3.4.1 不同来沙情景下主要控制站沙量

设置潼关来沙 3 亿 t、6 亿 t 和 9 亿 t 为典型来沙情景，考虑小浪底水库拦沙运用，进入下游沙量分别为 3 亿 t、4 亿 t、7 亿 t。采用 3.3.1 节建立的潼关来沙量与上中游来沙量的相互制约关系，得到各主要控制站沙量，如表 3-21 所示。根据下河沿站沙量与潼关沙量关系，可得出潼关来沙 3 亿 t、6 亿 t、8 亿 t 和 9 亿 t 时下河沿站沙量分别为 0.49 亿 t、0.78 亿 t 和 1.07 亿 t。同时，考虑上游河段支流加沙和风沙的影响，上游河道输沙水量计算时，入口断面沙量为下河沿沙量与支流加沙和风沙沙量之和。

表 3-21　不同来沙情景下主要控制站沙量　（单位：亿 t）

潼关来沙量	进入下游	潼关	华县	湫头	河津	头道拐
3.00	3.00	3.00	1.11	0.12	0.003	0.54
6.00	4.00	6.00	1.97	0.28	0.006	0.74
8.00	6.00	8.00	2.65	0.37	0.008	0.88
9.00	7.00	9.00	2.99	0.44	0.010	0.94

3.3.4.2 不同来沙情景下输沙水量推荐方案及河道冲淤状况分析

采用3.3.3.3节建立的上游宁蒙河道、渭河下游及黄河下游河道输沙水量计算方法，依据各断面来沙量，得到各河段冲淤平衡条件下各控制断面输沙水量（表3-22）。依据水量平衡制约条件，计算满足下游高效输沙需求的头道拐断面汛期和全年输沙水量，得出满足上游河道冲淤平衡需求和下游高效输沙需求的头道拐汛期输沙水量分别为64.8亿m^3和79.8亿m^3。潼关来沙3亿t时，下游河段应可维持冲淤平衡。依此求解目标函数，得到的各控制断面输沙水量如图3-30所示。当各断面输沙水量满足该需求时，潼关来沙3亿t情景下，上游河道冲刷0.018亿t，下游河道可实现冲淤平衡。

表3-22 潼关来沙3亿t各河段冲淤平衡条件下各控制断面输沙水量 （单位：亿m^3）

潼关沙量	时段	断面					
		利津	花园口	潼关	华县	头道拐	下河沿
3亿t	汛期	98.7	119.6	120.5	17.4	64.8	107.4
	全年	158.7	267.0	249.1	34.5	173.2	257.3

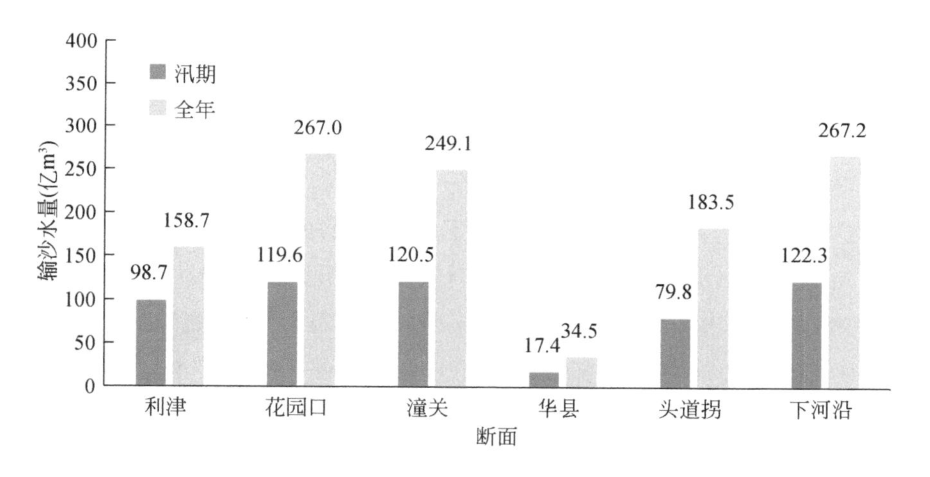

图3-30 潼关来沙3亿t各断面高效输沙水量

潼关来沙6亿t（进入下游4亿t）情景下，各河段冲淤平衡条件下各控制断面输沙水量如表3-23所示。依据水量平衡制约条件，计算满足下游高效输沙需求的头道拐断面汛期和全年输沙水量，得出满足上游河道冲淤平衡需求和下游高效输沙需求的头道拐汛期输沙水量分别为104.0亿m^3和92.8亿m^3。可以看出，在潼关来沙6亿t时，维持上游河道冲淤平衡的头道拐断面输沙水量大于相应来沙条件下头道拐平均汛期和年来水量。根据水沙关系约束条件，对各断面输沙水量进行耦合计算，得到的各控制断面输沙水量如图3-31所示。当各断面输沙水量满足该需求时，在潼关来沙 6 亿 t 情景下，上游河道淤积 0.11 亿 t，淤积比 11%，中下游河道可实现冲淤平衡。

表 3-23　潼关来沙 6 亿 t 各河段冲淤平衡条件下各控制断面输沙水量　（单位：亿 m^3）

潼关沙量	时段	断面					
		利津	花园口	潼关	华县	头道拐	下河沿
6 亿 t	汛期	122.6	144.9	141.2	25.8	104.0	146.2
	全年	182.6	292.2	270.1	46.0	240.2	322.1

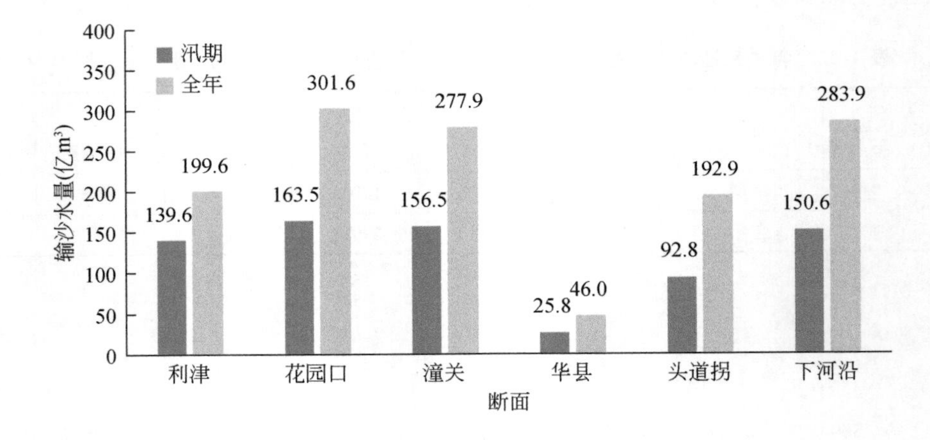

图 3-31　潼关来沙 6 亿 t 各断面高效输沙水量

潼关来沙 8 亿 t（进入下游 6 亿 t）情景下，各河段冲淤平衡条件下各控制断面输沙水量如表 3-24 所示。依据水量平衡制约条件，计算满足下游高效输沙需求的头道拐断面汛期和全年输沙水量，得出满足上游河道冲淤平衡需求和下游高效输沙需求的头道拐汛期输沙水量分别为 126.3 亿 m^3 和 118.8 亿 m^3，上述两种条件下的输沙水量均大于相应来沙条件下头道拐平均汛期和年来水量。根据水沙关系约束条件，对各断面输沙水量进行耦合计算，得到的各控制断面输沙水量如图 3-32 所示。当各断面输沙水量满足该需求时，在潼关来沙 8 亿 t 情景下，上游河道淤积 0.25 亿 t，淤积比 20%，下游河道淤积 0.28 亿 t，淤积比 5%。

表 3-24　潼关来沙 8 亿 t 各河段冲淤平衡条件下各控制断面输沙水量　（单位：亿 m^3）

潼关沙量	时段	断面					
		利津	花园口	潼关	华县	头道拐	下河沿
8 亿 t	汛期	170.2	195.0	182.4	33.2	126.3	168.3
	全年	230.2	342.3	311.8	56.2	278.4	358.9

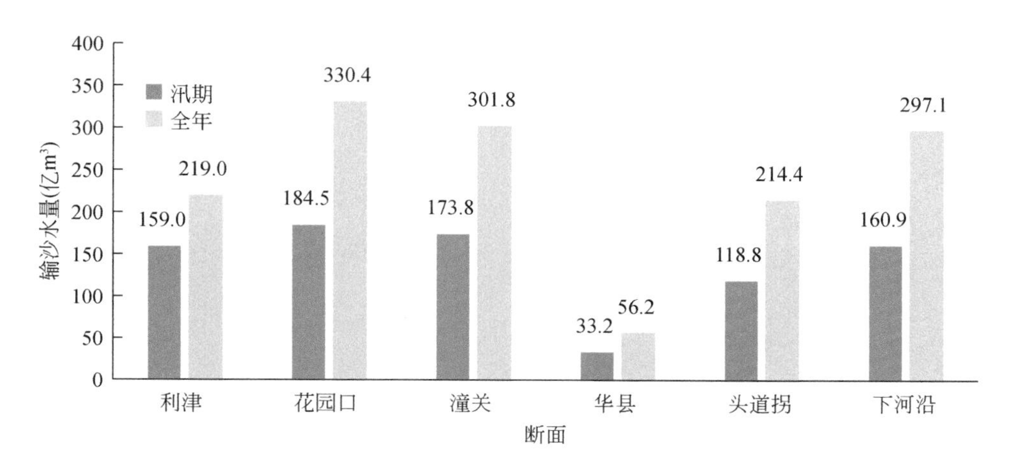

图 3-32　潼关来沙 8 亿 t 各断面高效输沙水量

潼关来沙 9 亿 t（进入下游 7 亿 t）情景下，各河段冲淤平衡条件下各控制断面输沙水量如表 3-25 所示。依据水量平衡制约条件，计算满足下游高效输沙需求的头道拐断面汛期和全年输沙水量，得出满足上游河道冲淤平衡需求和下游高效输沙需求的头道拐汛期输沙水量分别为 136.4 亿 m^3 和 123.7 亿 m^3。可以看出，潼关来沙 9 亿 t 时，维持上游河道冲淤平衡的头道拐断面输沙水量大于相应来沙条件下头道拐平均汛期和年来水量。根据水沙关系约束条件，对各断面输沙水量进行耦合计算，得到的各控制断面输沙水量如图 3-33 所示。当各断面输沙水量满足该需求时，潼关来沙 9 亿 t 情景下，上游河道淤积 0.27 亿 t，淤积比 20%，下游河道淤积 0.58 亿 t，淤积比 8%。

表 3-25　潼关来沙 9 亿 t 各河段冲淤平衡条件下各控制断面输沙水量　（单位：亿 m^3）

潼关沙量	时段	断面					
		利津	花园口	潼关	华县	头道拐	下河沿
9 亿 t	汛期	193.9	219.9	202.8	36.9	136.4	178.3
	全年	253.9	367.2	332.5	61.3	295.6	375.5

综上所述，根据未来水沙情势和上游、渭河及下游河道构建的输沙水量计算方法，对全河输沙水量进行耦合计算。结果表明，潼关来沙 3 亿 t（进入下游 3 亿 t）情景下，当各断面输沙水量满足下述条件时，即花园口、利津、华县和头道拐汛期输沙水量分别为 119.6 亿 m^3、98.7 亿 m^3、17.4 亿 m^3 和 79.8 亿 m^3，可维持全河段冲淤平衡。潼关来沙 6 亿 t（进入下游 4 亿 t）情景下，当各断面输沙水量满足下述条件时，即花园口、利津、华县和头道拐汛期输沙水量分别为 163.5 亿 m^3、139.6 亿 m^3、25.8 亿 m^3 和 92.8 亿 m^3，可实现河段在允许淤积比条件下的高效输沙。其中，上游淤积量 0.12 亿 t，淤积比为 11%，下游河道冲淤平衡。潼关来沙 8 亿 t（进入下游 6 亿 t）情景下，当各断面输沙水量满足下述

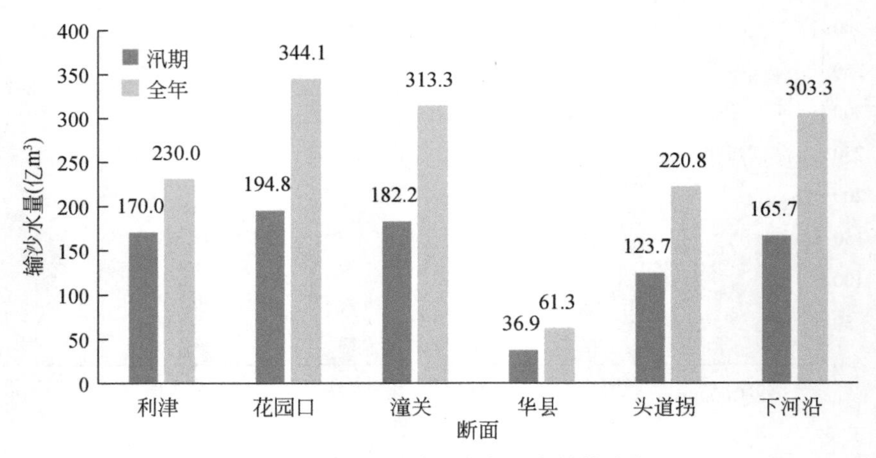

图 3-33　潼关来沙 9 亿 t 各断面高效输沙水量

条件时，即花园口、利津、华县和头道拐汛期输沙水量分别为 184.5 亿 m^3、159.0 亿 m^3、33.2 亿 m^3 和 118.8 亿 m^3，可实现河段在允许淤积比条件下的高效输沙。其中，上游淤积量 0.25 亿 t，淤积比为 20%，下游淤积量为 0.28 亿 t，淤积比 5%。潼关来沙 9 亿 t（进入下游 7 亿 t）情景下，当各断面输沙水量满足下述条件时，即花园口、利津、华县和头道拐汛期输沙水量分别为 194.8 亿 m^3、170.0 亿 m^3、36.9 亿 m^3 和 123.7 亿 m^3，可实现河段在允许淤积比条件下的高效输沙。其中，上游淤积量 0.27 亿 t，淤积比为 20%，下游淤积量为 0.58 亿 t，淤积比 8%。

表 3-26　兼顾上中下游全河输沙水量推荐方案

潼关沙量	时段	水量（亿 m^3）						河道冲淤情况
		利津	花园口	潼关	华县	头道拐	下河沿	
3 亿 t	汛期	98.7	119.6	120.5	17.4	79.8	122.3	上游冲刷 2%，下游冲淤平衡
	全年	158.7	267.0	249.1	34.5	183.5	267.2	
6 亿 t	汛期	139.6	163.5	156.5	25.8	92.8	150.6	上游淤积 11%，下游冲淤平衡
	全年	199.6	301.6	277.9	46.0	192.9	283.9	
8 亿 t	汛期	159.0	184.5	173.8	33.2	118.8	160.9	上游淤积 20%，下游淤积 5%
	全年	219.0	330.4	301.8	56.2	214.4	297.1	
9 亿 t	汛期	170.0	194.8	182.2	36.9	123.7	165.7	上游淤积 20%，下游淤积 8%
	全年	230.0	344.1	313.3	61.3	220.8	303.3	

补充计算：

1）潼关来沙 8 亿 t 条件下，利津汛期水量 140 亿～150 亿 m^3，各河段输沙水量及冲淤情况（考虑渭河下游冲淤平衡和淤积 20% 两种情况），详见表 3-27。

表3-27　潼关来沙8亿t考虑渭河下游冲淤平衡和淤积20%两种情况全河输沙水量

潼关沙量	时段	水量（亿 m^3）						河道冲淤情况
		利津	花园口	潼关	华县	头道拐	下河沿	
8亿t	汛期	146.2	169.7	161.7	33.2	106.4	148.6	上游淤积0.3亿t，23%；下游淤积0.6亿t，10%
	全年	206.2	317.1	290.8	56.2	203.4	286.5	
	汛期	146.2	169.7	161.7	21.6	118.8	160.9	上游淤积0.25亿t，20%；渭河下游淤积0.53亿t，20%；下游淤积0.6亿t，10%
	全年	206.2	317.1	290.8	40.2	214.4	297.1	

2）潼关来沙9亿t条件下，利津汛期水量140亿～150亿 m^3，各河段输沙水量及冲淤情况，详见表3-28。

表3-28　潼关来沙9亿t考虑渭河下游冲淤平衡和淤积20%两种情况全河输沙水量

潼关沙量	时段	水量（亿 m^3）						河道冲淤情况
		利津	花园口	潼关	华县	头道拐	下河沿	
9亿t	汛期	146.1	169.5	161.5	36.9	102.4	144.6	上游淤积0.39亿t，29%；下游淤积1.2亿t，17%
	全年	206.1	316.9	290.6	61.3	198.1	281.4	
	汛期	146.1	169.5	161.5	23.9	116.0	158.1	上游淤积0.33亿t，24%；渭河下游淤积0.60亿t，20%；下游淤积1.2亿t，17%
	全年	206.1	316.9	290.6	43.4	216.0	298.7	

3.4　黄河流域需水量集成

3.4.1　河道外分层需水预测

3.4.1.1　分层需水基本原则

根据马斯洛需求层次理论，将流域需水分为刚性需水、刚弹性需水和弹性需水三个层次（图3-34），需水分层的内涵和各行业分水原则见表3-29。

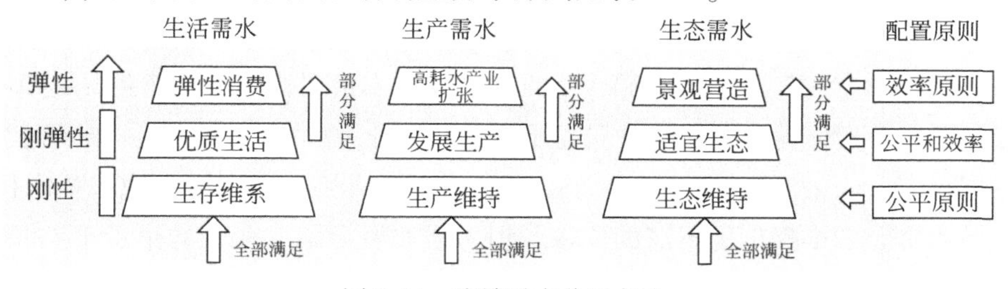

图3-34　流域需水分层方法

表 3-29　流域需水分层的基本原则

部门分层	内涵	生活、建筑业与第三产业需水	工业需水	农业需水	河道外生态环境需水
刚性需水	维系生活、生产和河湖健康的基本水量	基本生活需求	一般工业	口粮安全，人均粮食 180kg 对应的生存需水	绿化与环境卫生、重点湖泊湿地
刚弹性需水	生产和生态得到改善	优质生活需求	高耗水工业	营养均衡、膳食结构改善，人均粮食 180～400kg 对应的需水	向流域外湖泊湿地补水
弹性需水	跨省（自治区）外销粮食需水和河道冲淤平衡	奢侈生活需求	—	粮食外销对应的需水	—

1）刚性需水。属于第一层次需求，是较低级的需求，对应于马斯洛需求层次理论中的生理和安全需求，指满足人类生活、生物生存、企业开工生产、河湖基本健康所需要的基本水量，一旦缺失将会造成难以挽回的损失。在此层次，水资源成为限制因素，不满足需水则面临生存威胁。在不受资源和工程条件的制约下，此层次的需水量应全部满足。

2）刚弹性需水。属于第二层次的需求，是超越水资源限制的需求，对应于马斯洛需求层次理论中的社交和尊重需求，即提高生活品质、满足粮食消费需求、发展工业和塑造适宜生态环境所需的水量，缺水造成的损失是可恢复的。在此层次，用水效率较高，水资源作为可持续发展的制约因素，满足需水则快速发展，缺水则制约其发展。在条件优越和大力节水的前提下，此层次需水应尽量满足。

3）弹性需水。即维持生活中的弹性消费、高耗水产业和人工营造高耗水景观所需的水量。在此层次，工程条件发挥到极致，全社会实现了全面节水，用水效率极高，水资源需求趋于稳定，并得到了全面满足。

3.4.1.2　河道外经济社会总需水量

2030 年河道外总需水量为 534.62 亿 m^3，其中刚性、刚弹性和弹性需水分别为 319.01 亿 m^3、200.01 亿 m^3、15.60 亿 m^3，占比分别为 59.7%、37.4%、2.9%，详见表 3-30 和图 3-35。2030 年人均水资源需水量为 408m^3，小于 2018 年全国人均综合用水量 432m^3。根据黄河流域 1998～2018 年的用水变化趋势，农业用水量稳中有降，居民生活、工业和生态环境用水量呈逐渐增加趋势。本次预测的 2030 年需水成果符合黄河流域历史用水的规律，符合“节水优先”的治水思路，而且考虑了未来黄河流域经济社会发展和生态环境用水的增加需求。黄河流域生态保护和高质量发展上升为国家重大战略，给黄河流域带来了新的发展机遇，未来流域用水总量仍有一定的刚性增长。让黄河成为造福人民的幸福河，对流域水资源安全提出了更高的要求。但考虑水资源最大刚性约束及节约集约利用，流域水资源需求上升速率会逐渐放缓。

表 3-30　黄河流域河道外需水分层结果　　(单位：亿 m³)

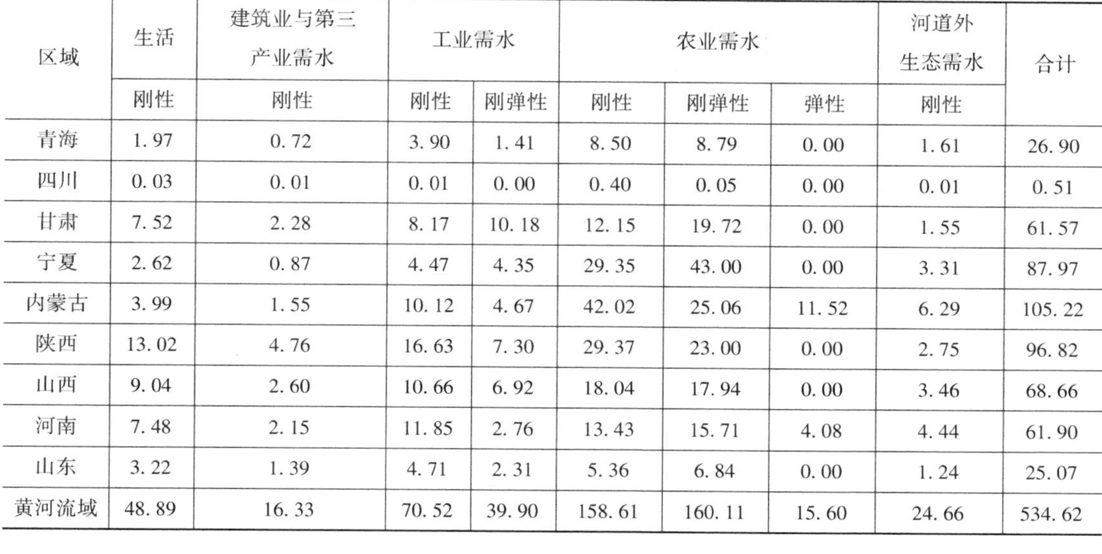

区域	生活	建筑业与第三产业需水	工业需水		农业需水			河道外生态需水	合计
	刚性	刚性	刚性	刚弹性	刚性	刚弹性	弹性	刚性	
青海	1.97	0.72	3.90	1.41	8.50	8.79	0.00	1.61	26.90
四川	0.03	0.01	0.01	0.00	0.40	0.05	0.00	0.01	0.51
甘肃	7.52	2.28	8.17	10.18	12.15	19.72	0.00	1.55	61.57
宁夏	2.62	0.87	4.47	4.35	29.35	43.00	0.00	3.31	87.97
内蒙古	3.99	1.55	10.12	4.67	42.02	25.06	11.52	6.29	105.22
陕西	13.02	4.76	16.63	7.30	29.37	23.00	0.00	2.75	96.82
山西	9.04	2.60	10.66	6.92	18.04	17.94	0.00	3.46	68.66
河南	7.48	2.15	11.85	2.76	13.43	15.71	4.08	4.44	61.90
山东	3.22	1.39	4.71	2.31	5.36	6.84	0.00	1.24	25.07
黄河流域	48.89	16.33	70.52	39.90	158.61	160.11	15.60	24.66	534.62

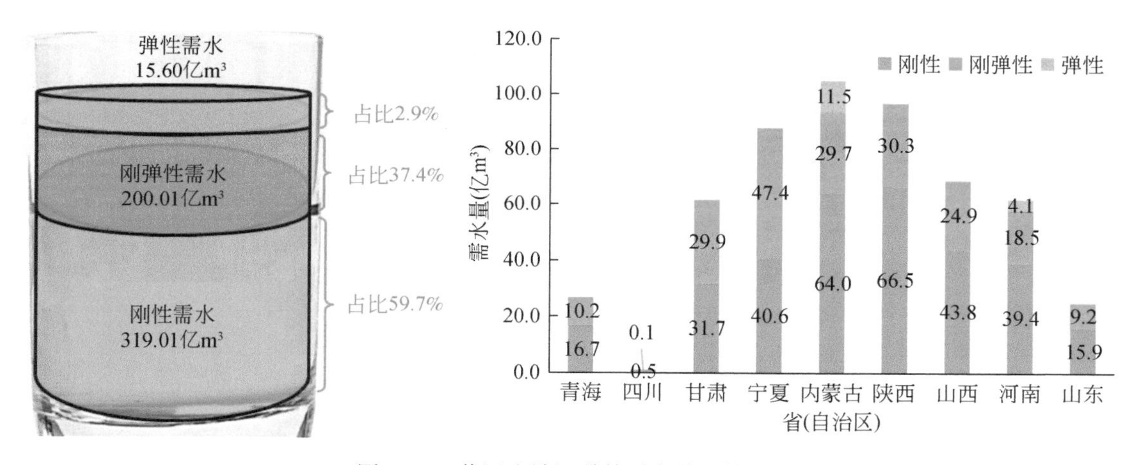

图 3-35　黄河流域河道外需水分层结果

3.4.2　上中游河道内需水量

3.4.2.1　黄河上中游生态基流及生态水量

黄河上中游干流及主要支流各断面的生态基流和基本生态水量，可以维持河流基本形态、河流廊道连通、有一定的自净能力和一定的栖息地环境等基本生态功能。16 个干支流重要控制断面生态水量（流量）详见表 3-31 和表 3-32。

表 3-31　黄河流域主要断面生态基流占多年平均流量的比例

序号	河流	主要控制断面	生态基流（m^3/s）	占多年平均流量的比例（%）
1	黄河上中游	兰州	350	34
2		下河沿	340	34
3		头道拐	150	15
4		潼关	200	14
5		花园口	200	13
6	湟水	民和	10	15
7	洮河	红旗	30	20
8	窟野河	温家川	1.0	8
9	无定河	白家川	3.65	12
10	汾河	河津	6.46	12
11	渭河	华县	20	8
12	泾河	张家山	1.50	3
13	北洛河	洑头	1.3	5
14	伊洛河	黑石关	9	10
15	沁河	山路平	0.2	3
16	大汶河	戴村坝	1	3

表 3-32　黄河流域主要断面生态水量占多年平均径流量的比例

序号	河流	主要控制断面	基本生态水量（亿 m^3）			占多年平均径流量的比例（%）		
			汛期	非汛期	全年	汛期	非汛期	全年
1	黄河上中游	兰州		74			54	
2		下河沿		72			54	
3		头道拐		77			61	
4		潼关		50			26	
5		花园口		50			24	
6	湟水	民和	2.7	2.6	5.3	25	25	25
7	洮河	红旗	7.8	6.3	14.1	30	31	30
8	窟野河	温家川		0.2			12	
9	无定河	白家川		0.77			14	
10	汾河	河津	0.7	1.4	2.1	8	17	12
11	渭河	华县		11.0			32	
12	泾河	张家山		1.12			15	
13	北洛河	洑头		0.41			10	

续表

序号	河流	主要控制断面	基本生态水量（亿 m^3）			占多年平均径流量的比例（%）		
			汛期	非汛期	全年	汛期	非汛期	全年
14	伊洛河	黑石关	2.34	1.89	4.23	15	16	16
15	沁河	山路平			0.06			3
16	大汶河	戴村坝			1.24			10

3.4.2.2 结果合理性分析

1）黄河干流兰州、下河沿断面生态基流占多年平均流量的30%以上，干流其他断面的生态基流占多年平均流量的比例为3%～15%，黄河主要支流各断面的生态基流占多年平均流量的比例为3%～20%。

黄河上游兰州、下河沿非汛期基本生态水量占非汛期多年平均径流量的比例在54%～61%，黄河干流其他断面的非汛期基本生态水量占非汛期多年平均径流量的比例在24%～26%；黄河重要支流各断面的全年基本生态水量占多年平均径流量的比例在10%～32%。

2）针对黄河水资源供需矛盾尖锐的问题，统筹生活、生态、生产用水，按照人水和谐要求，考虑需求与可能，基本处理好生活、生态、生产用水的平衡关系，维系河湖基本形态、基本生态廊道、基本生物栖息地、基本自净能力等功能。

3.4.3 下游河道内需水量

3.4.3.1 下游断面生态需水

《黄河流域综合规划（2012–2030年）》中的利津断面非汛期生态需水主要考虑河道不断流、河口三角洲湿地、生物需水量等，需水取值范围为45.6亿～55.4亿 m^3，考虑黄河水资源现状利用情况和未来供需形势，采用50亿 m^3 左右。

本次研究了脉冲小洪水，用于刺激鱼类产卵；相机塑造脉冲洪水，制造一定的漫滩过程用于河流廊道功能维持、鱼类至岸边觅食、湿地发育等。根据塑造流量的大小，提出基本生态流量和适宜生态流量两套流量塑造过程，花园口断面及利津断面的生态流量过程见图3-36和图3-37。综合各月生态流量过程，花园口断面非汛期基本生态需水、适宜生态需水量分别为67.9亿 m^3、134.9亿 m^3；利津断面非汛期基本生态需水、适宜生态需水量分别为39.7亿 m^3、74.8亿 m^3，详见表3-33。由于花园口至利津区间非汛期多年平均引水量达80亿 m^3，因此只要满足利津断面非汛期生态用水需求，即可满足花园口断面非汛期河段生态需水。

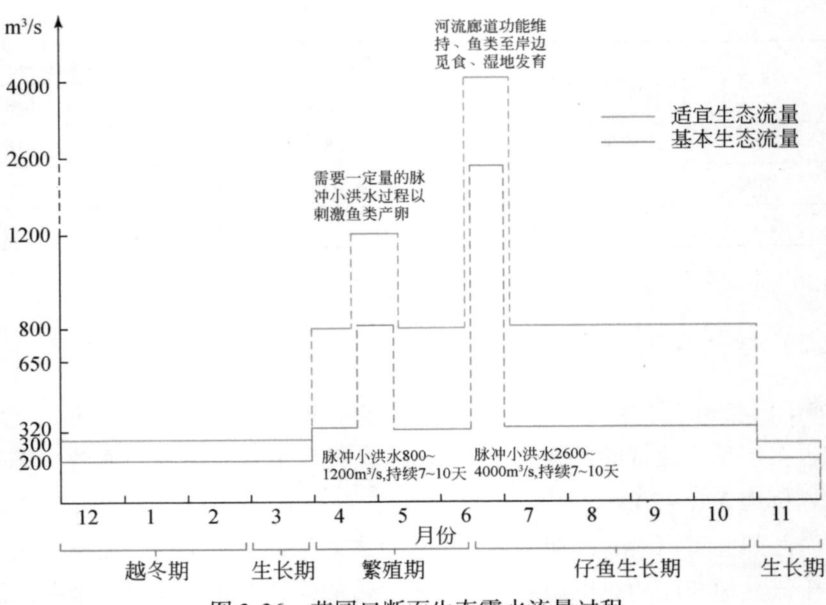

图 3-36　花园口断面生态需水流量过程

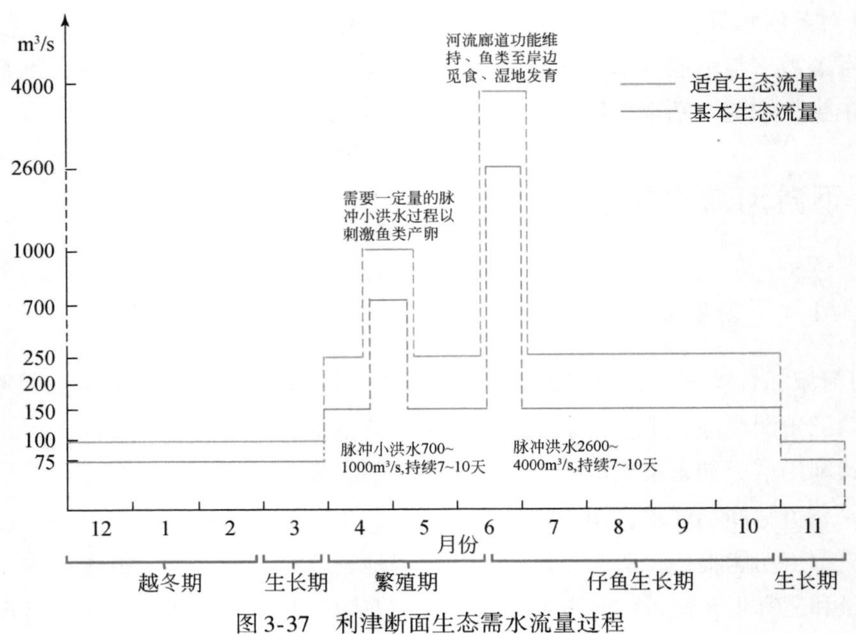

图 3-37　利津断面生态需水流量过程

表 3-33　黄河下游利津断面干流非汛期生态需水量　　　（单位：亿 m³）

方法	基本生态需水	适宜生态需水
《黄河流域综合规划（2012-2030 年）》	50	50
本次研究	39. 7	74. 8

3.4.3.2 河口淡水湿地生态水量

结合黄河来水实际和自然保护区恢复规划，综合确定湿地恢复的生态需水量在2.7亿~4.2亿m^3，适宜生态需水量为3.5亿m^3，生态补水月份确定为3~10月，其中7~10月以自流引水为主。根据2008~2019年黄河三角洲生态引水实践和效果，依据水位和流量之间的关系，当利津断面日均流量为2500m^3/s时湿地恢复区满足自流引水条件，当利津断面日均流量为3500m^3/s，可实现自流引水设计引水指标，且历时在11~20天。根据上述关系，综合确定黄河三角洲湿地生态补水对利津断面流量过程需求为2500~3500m^3/s，且持续时间不少于15天，总水量32.4亿~45.4亿m^3。

3.4.3.3 河口近海水域生态需水量

本次研究分析了近海区域低盐面积和近海水域水质与近海水域健康水平的关系，并分析提出所需的入海水量条件。维持水域盐度27‰等值线低盐区面积为380km^2、河口近海水域水质为Ⅱ类水质，则河口近海水域处于亚健康水平，利津断面全年入海水量应达到106亿m^3，其中非汛期60亿m^3、汛期46亿m^3。维持河口近海水域盐度27‰等值线低盐区面积为1380km^2、河口近海水域水质为Ⅱ类水质，则河口近海水域处于健康水平，利津断面全年入海水量应达到193亿m^3，非汛期93亿m^3、汛期100亿m^3（表3-34）。

表3-34 河口近海水域生态需水量 （单位：亿m^3）

方法	基本生态需水			适宜生态需水		
	非汛期	汛期	全年	非汛期	汛期	全年
《黄河流域综合规划（2012-2030年）》		未研究			未研究	
本研究	60	46	106	93	100	193

3.4.3.4 下游输沙用水量

（1）输沙用水量计算结果

《黄河流域综合规划（2012-2030年）》中花园口至利津河段输沙水量计算分析主要考虑非汛期和汛期两个时段。其中，非汛期按照年均进入下游的沙量0.3亿t、冲刷0.6亿t考虑；汛期根据1950~2002年下游河道53年输沙率修正资料，并考虑到汛期花园口至利津区间引水引沙后，构建黄河下游汛期泥沙淤积与来水来沙间的关系式及汛期利津站输沙水量与下游来水来沙量关系式，从而计算得到全下游不同淤积程度的利津断面汛期的输沙水量。

本次研究基于当前对未来黄河来沙量4亿~9亿t（指中游四站年均，下同）的基本共识，考虑小浪底水库拦沙运用，从更符合黄河下游冲淤规律的角度出发，构建了基于非汛期、汛期平水期河道冲刷，汛期洪水期高效输沙（排沙比大于80%）的全下游输沙水量计算模型。

根据高效输沙理论及全下游输沙水量计算模型，当中游四站来沙分别为4亿t、5亿t、6亿t、7亿t、8亿t时，考虑小浪底拦沙运用及下游河道适当淤积，利津断面的汛期输沙水量分别为69.73亿m^3、90.46亿m^3、97.15亿m^3、114.32亿m^3、120.98亿m^3，详见表3-35。

表3-35 中游四站不同来沙情景下汛期输沙水量

指标	中游四站不同来沙情景				
	4亿t	5亿t	6亿t	7亿t	8亿t
输沙需水量（亿m^3）	69.73	90.46	97.15	114.32	120.98
下游河道淤积比（%）	冲淤平衡（0）	冲淤平衡（0）	10	10	15

根据《黄河流域综合规划（2012−2030年）》成果，当进入下游沙量为9亿t，下游河道年淤积量为2.0亿t、1.5亿t、1亿t时，利津断面汛期输沙需水量分别为143亿m^3、163亿m^3、184亿m^3。按照本次研究提出的输沙水量计算方法，采用输沙流量3500m^3/s，下游河道年淤积量为2.0亿t、1.5亿t、1亿t时，利津断面汛期输沙需水量分别为139.02亿m^3、156.80亿m^3、174.69亿m^3；分别较《黄河流域综合规划（2012−2030年）》成果减少汛期输沙水量3.98亿m^3、6.20亿m^3、9.31亿m^3。目前缺少古贤等重大水沙调控工程输沙动力不足，基于保守考虑采用输沙流量3000m^3/s，当下游河道年淤积量为2.0亿t、1.5亿t、1亿t时，利津断面汛期输沙需水量分别为148.28亿m^3、167.45亿m^3、186.73亿m^3；分别较《黄河流域综合规划（2012−2030年）》成果增加汛期输沙水量5.28亿m^3、4.45亿m^3、2.73亿m^3。成果对比详见表3-36。本次研究基于古贤水库与小浪底联合运用，推荐采用3500m^3/s流量进行高效输沙。

表3-36 输沙水量对比

成果来源	下游年来沙量（亿t）	下游年淤积量（亿t）	输沙水量（亿m^3）		
			全年	汛期	非汛期
黄河流域综合规划（2012−2030年）	9.0	2.0	193.00	143.00	50.00
		1.5	213.00	163.00	50.00
		1.0	234.00	184.00	50.00
本次研究（高效输沙流量3500m^3/s）	9.0	2.0	189.02	139.02	50.00
		1.5	206.80	156.80	50.00
		1.0	224.69	174.69	50.00
本次研究（高效输沙流量3000m^3/s）	9.0	2.0	198.28	148.28	50.00
		1.5	217.45	167.45	50.00
		1.0	236.73	186.73	50.00

（2）下游河道冲淤效果验证

本次研究采用高效输沙方式提出了实现下游河道适当淤积的输沙水量，为进一步验证高效输沙水的冲淤效果，采用经验公式、数学模型和实测资料分析等方式以来沙6亿t及以下情景为代表进行对比分析。

1）经验公式结果分析。利用黄河下游河道1960～2015年小黑武（指小浪底、黑石关、武陟三站）的实测年水沙量和利津的实测年沙量，回归得到利津断面输沙量与进入下游水量、沙量的关系式。该关系式的相关系数 $R^2=0.976$，标准误差 $\sigma=1.12$，相关程度较高。根据实测资料分析得到下游河道年均引水含沙量约为进入黄河下游年均含沙量的0.5倍，据此考虑黄河下游引水量可估算不同来水来沙条件下的引沙量。在此基础上，根据沙量平衡原理，给出不同来水来沙条件下的河道冲淤量。按照建议方案河道内外分配水量，进入下游水量263.2亿 m^3，沙量4亿t，利津断面可输送沙量2.67亿t，考虑区间引水引沙，则下游河道淤积0.64亿t，淤积比为16.0%。

2）数学模型结果分析。利用水库、河道泥沙冲淤计算数学模型开展小浪底水库和下游河道冲淤长系列模拟（日过程），考虑沿河取用水并经小北干流河道和三门峡库区冲淤影响。小浪底水库按照现状运用方式考虑，汛期采取防洪、拦沙和调水调沙的运用方式，即“多年调节泥沙，相机降低水位冲刷，拦沙和调水调沙运用”的防洪减淤运用方式；非汛期按照防断流、灌溉、供水、发电要求进行调节。按照建议方案河道内外分配水量，经过长系列模拟分析，小浪底现状水库运用方式下，中游四站来沙6亿t情景计算小浪底水库拦沙库容淤满时间约为20年，年均淤积量为2.17亿 m^3。小浪底水库调节进入黄河下游的水量、沙量分别为294.62亿 m^3、4.66亿t，其中流量大于3500 m^3/s 的天数年均为25.35天，相应水量为88.2亿 m^3，相应沙量为3.76亿t，相应含沙量为42.63 kg/m^3，该水沙条件下输送至利津断面的年均沙量为3.37亿t，下游河道年均淤积量为0.77亿t，淤积比为16.5%。

3）实测资料分析。基于实测资料分析，当前小浪底水库调节受来水来沙条件、水库蓄水条件和运用方式等诸多因素影响，要搭配协调出高效的水沙过程实现下游河道冲淤平衡有较大的难度。2018年黄河来水量较大，小浪底年均出库水量为431.3亿 m^3，出库沙量为4.64亿t，其中汛期出库水量为221.6亿 m^3，流量大于3000 m^3/s 的天数为20天（花园口大于3000 m^3/s 的天数为28天，平均流量3550 m^3/s），出库沙量全部集中在汛期，汛期平均含沙量为20.9 kg/m^3，日均最大含沙量为289.3 kg/m^3。该水沙条件下输送至利津断面的年均沙量为2.97亿t，其中汛期为2.62亿t，按沙量平衡计算下游河道年淤积量为1.49亿t，淤积比为32.1%。

综上，按照现状小浪底运用方式及下游河道输沙规律，三种分析方法的下游河道淤积比分别为16.0%、16.5%、32.1%，平均淤积比为21.5%。因此，来沙6亿t及以下情景提出的利津断面下泄水量 157.15 亿 m^3，在现状工程条件和调水调沙方式下，仅通过现有水库调节，下游河道淤积比为20%左右。考虑未来一段时间进入黄河下游沙量偏少，通过完善水沙调控体系，在严格管控河道外用水条件下，实现高效输沙并维持下游河道淤积比在10%以内具有可行性。

3.4.3.5　下游生态环境综合需水量

综合黄河下游干流生态需水（$Q_{干流非汛期生态}$）、河口近海水域生态需水（$Q_{河口近海非汛期生态}$）、淡水湿地生态补水及汛期输沙水量（$Q_{淡水湿地生态补水}$），得到下游利津断面生态环境综合需水量，即

$$Q_{利津生态环境}=\max(Q_{干流非汛期生态},Q_{河口近海非汛期生态},Q_{淡水湿地生态补水})+\max(Q_{干流汛期生态},Q_{利津汛期输沙},Q_{河口近海汛期生态},Q_{淡水湿地生态补水})$$

中游来沙 4 亿 t、5 亿 t、6 亿 t、7 亿 t、8 亿 t 情景下，利津断面基本生态环境综合需水量分别为 129.73 亿 m^3、150.46 亿 m^3、157.15 亿 m^3、174.32 亿 m^3、180.98 亿 m^3，下游河道淤积比为 0、0、10.0%、10.0%、15.0%；考虑西线调入水量 80 亿 m^3 后，中游来沙 6 亿 t、8 亿 t 情景下，利津断面适宜生态环境综合需水量分别为 193.00 亿 m^3、210.53 亿 m^3，下游河道淤积比为 10.0%、15.0%。详见图 3-38、表 3-37 和表 3-38。

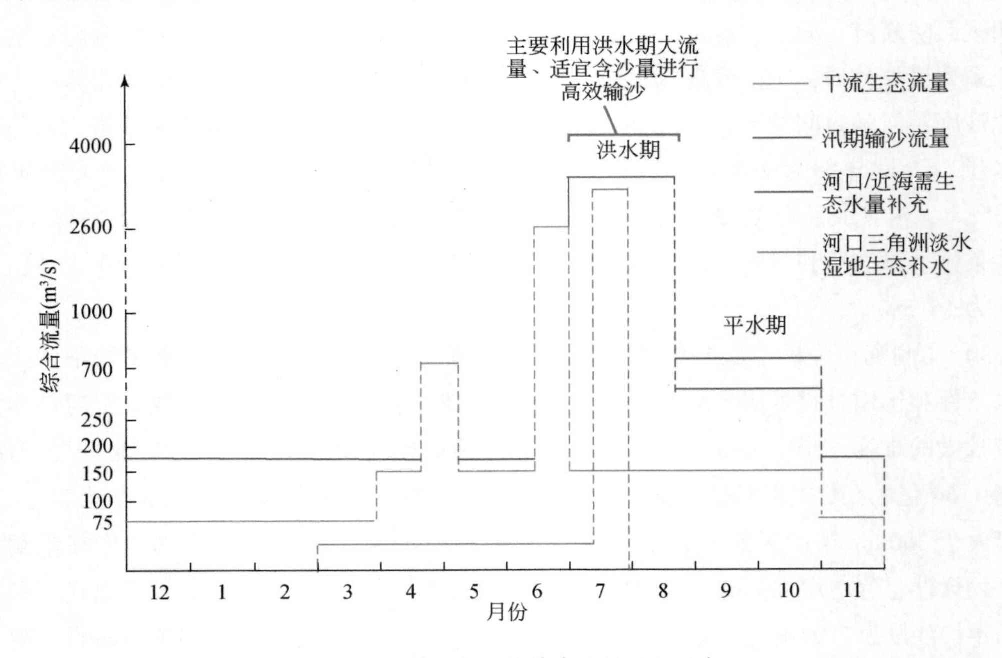

图 3-38　下游生态环境综合流量过程示意

表 3-37　中游不同来沙量情景下利津断面基本生态环境综合需水量

中游来沙情景	基本生态环境需水（亿 m³）						下游河道全年淤积比（%）
	非汛期		汛期			综合	
	河道内生态	河口近海生态	河道内生态	输沙用水	河口近海生态		
4 亿 t	39.72	60.00	15.94	69.73	46.00	129.73	0
5 亿 t	39.72	60.00	15.94	90.46	46.00	150.46	0
6 亿 t	39.72	60.00	15.94	97.15	46.00	157.15	10.0
7 亿 t	39.72	60.00	15.94	114.32	46.00	174.32	10.0
8 亿 t	39.72	60.00	15.94	120.98	46.00	180.98	15.0

表 3-38　中游不同来沙量情景下利津断面适宜生态环境综合需水量

中游来沙情景	适宜生态环境需水（亿 m³）						下游河道全年淤积比（%）
	非汛期		汛期			综合	
	河道内生态	河口近海生态	河道内生态	输沙用水	河口近海生态		
6 亿 t	74.82	93.00	26.57	93.63	100.00	193.00	10.0
8 亿 t	74.82	93.00	26.57	117.53	100.00	210.53	15.0

注：考虑西线调水 80 亿 m³。

3.5　本章小结

本章分析了诊断流域需水的驱动因子，揭示变化环境下流域经济社会需水机制；识别了流域需水的响应与胁迫要素，建立多因子驱动和多要素胁迫的经济社会需水预测模型，预测未来流域经济社会需水变化趋势；针对干流生态需水，构建了耦合水文参照系统特征值的生态需水评估方法，针对河道外生态需水，基于改进的 FAO 生态需水定额核算方法，计算了生态需水及其变化特征；针对河口和近海生态需水，突出生态需水机理机制研究，揭示了黄河典型支流及河口近海生态需水规律；针对黄河输沙需水，构建了黄河动态高效输沙模式并提出了不同情景下的输沙水量。主要结论如下：

1）对于流域经济社会需水，在加强流域水资源管理力度，增加节水技术投资的前提下，保障流域经济、社会协调发展，注重发展经济的同时兼顾流域生态环境保护，满足黄河流域下一阶段的经济社会可持续发展的要求，在该情景下，至 2030 年，流域农田灌溉需水量下降至 297.5 亿 m³，工业需水量达 102.8 亿 m³，生态需水量保持增长，达 31.1 亿 m³，总需水量为 534.62 亿 m³。

2）对于河道内生态环境需水，下游花园口断面非汛期基本生态需水、适宜生态需水量分别为 67.9 亿 m³、134.9 亿 m³；利津断面非汛期基本生态需水、适宜生态需水量分别为39.7亿m^3、74.8亿m^3。黄河三角洲湿地生态补水对利津断面流量过程需求为2500～3500m^3/s，且持续时间不少于15天，总水量32.4亿～45.4亿m^3。维持河口近海水域盐度27‰等值线低盐区面积为1380km^2，河口近海水域水质为Ⅱ类水质，则河口近海水域处于健康水平，利津断面全年入海水量应达到193亿m^3，其中非汛期93亿m^3，汛期100亿m^3。

3）对于高效输沙需水，根据高效输沙理论及全下游输沙水量计算模型，当中游四站来沙为4亿t、5亿t、6亿t、7亿t、8亿t时，考虑小浪底拦沙运用及下游河道适当淤积，利津断面的汛期输沙水量分别为69.73亿m^3、90.46亿m^3、97.15亿m^3、114.32亿m^3、120.98亿m^3。

第4章 黄河“八七”分水方案适应性综合评价

黄河“八七”分水方案是我国大江大河的第一个分水方案，奠定了黄河流域统一调度的基础，也是我国水资源管理工作的一次重要实践。自分水方案颁布以来，黄河流域的经济社会和自然环境都发生了明显的变化，环境变化持续改变流域水资源供需格局并影响水资源系统的稳定性，水量分配方案评价面临要素不断变化、目标多元化等挑战。本章围绕黄河“八七”分水方案，基于可持续性定向理论对水资源系统进行分析研究。面向水资源高效利用和流域可持续发展，创建流域水量分配方案适应性的评价理论与准则，提出了一套水资源分配方案的适应性综合评价方法。

4.1 黄河“八七”分水方案颁布背景与历程

4.1.1 制定方案

水资源和社会经济需水时空分布不匹配是流域分水的根本原因。在梳理相关技术报告和文献基础上，总结出黄河“八七”分水方案的历史背景主要有以下方面。

1）黄河流域干旱缺水，水资源供需矛盾日趋尖锐。黄河流域干旱缺水，1919～1975年多年平均河川径流量为580亿m^3，人均径流量797m^3，不足全国人均径流量2670m^3的30%，是我国水资源极其短缺的地区之一。20世纪70年代黄河流域经济社会快速发展，沿黄各省（自治区）引黄水量由中华人民共和国成立初期的60亿～80亿m^3急剧增加至80年代初的250亿～280亿m^3，30多年增加了200亿m^3左右，约占黄河总径流量的25%，水资源供需矛盾日趋尖锐。

2）为服务于国家经济发展和国家“七五”计划制定，沿黄各省（自治区）都提出比较大的用水需求，规划建设一批供水工程，而黄河到底有多少水可用、各省（自治区）需要引多少水等问题不明确，为对黄河水资源利用做出合理安排，需研究科学的黄河分水方案。

3）黄河河道外大量引水、缺乏调节工程、来水不均加之管理体制的不完善致使黄河下游出现断流。1972～1986 年，黄河下游利津水文断面累计断流 24 次，累计断流天数 145 天，平均断流长度260km，见图4-1。断流一方面造成下游河南省和山东省生活、工业和农业用水困难，阻碍经济社会稳定发展；另一方面造成河道淤积、水环境污染、威胁防洪安全且严重破坏下游生态环境。

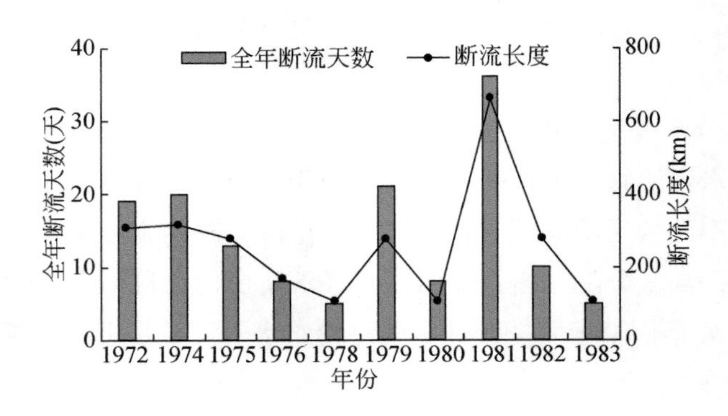

图 4-1　1972～1986 年黄河断流情况

4）黄河重大工程建设需要研究水量平衡问题。在研究小浪底工程时，需要对小浪底水库设计水平年（1995 年）入库径流进行预估，为弄清这个问题，需进一步研究全流域的水量平衡。

为解决以上问题，合理利用黄河水资源，在原国家计划委员会（简称国家计委）和原水利电力部（简称水电部）的安排组织下，黄河水利委员会（简称黄委）在沿黄各省（自治区）、河北省和天津市①的配合下，开展了大量的黄河水资源利用规划和可供水量分配方案研究工作。

4.1.2　颁布历程

4.1.2.1　方案编制过程

黄委从 1982 年就开始编制黄河水资源开发利用规划，先后完成了《黄河流域 2000 年水平河川水资源量的预测》《1990 年黄河水资源开发利用预测》《黄河水资源开发利用预测》报告，这三项报告是黄河“八七”分水方案制定的技术支撑。

① 黄河供水区域除沿黄 9 省（自治区）外，还涉及流域外的河北省和天津市。

1. 河川径流量确定

为估算黄河可供水量，首先需确定河川天然径流量。黄委以1919年建站以来实测径流系列资料为基础，采取分项还原法，将逐年灌溉耗水及大型水库调蓄影响量等进行还原，得到黄河各站天然径流量系列，并进行合理性检查。

黄河河川径流量通常以花园口水文站的径流量作为代表。根据《黄河水资源开发利用预测》（1984年）成果，花园口站多年平均（1919～1975年系列）天然年径流量约为560亿m^3。考虑花园口以下多年平均天然径流量20亿m^3，黄河流域多年平均天然径流量约为580亿m^3。

2. 各省（自治区、直辖市）用水需求预测

（1）各省（自治区、直辖市）对黄河供水量的需求

1982年11月，国家计委计土〔1982〕1021号文要求流域各省（自治区）编制利用黄河水资源的规划，根据沿黄各省（自治区）、河北和天津提出的规划成果，2000年水平需要黄河供水量696.2亿m^3，比黄河天然年径流量还多近120亿m^3，显然是无法满足的。各省（自治区、直辖市）要求灌溉面积发展到1.25亿亩，平均每年新增灌溉面积320万亩，为以往30年来平均发展速度的2.2倍，为此每年约需国家投资10亿元，大约相当于以往30年平均灌溉投资的4倍，显然是很难实现的。

表4-1　2000年水平各省（自治区、直辖市）要求黄河供水量　（单位：亿m^3）

项目	青海	四川	甘肃	宁夏	内蒙古	陕西	山西	河南	山东	河北和天津	合计
工业、生活	3.4	0.0	18.5	2.9	6.0	22.7	24.8	30.9	16.0	6.0	131.2
农业	32.3	0.0	55.0	57.6	142.9	92.3	36.0	80.9	68.0	0.0	565.0
合计	35.7	0.0	73.5	60.5	148.9	115.0	60.8	111.8	84.0	6.0	696.2

注：数据来自于《黄河水资源开发利用预测》报告。

（2）黄委预测各省（自治区、直辖市）需耗水量

各省（自治区、直辖市）提出的需黄河供水量大大超过了黄河天然径流量，显然无法满足。为了使预测结果接近实际情况，1984年，黄委开展了《黄河水资源开发利用预测》研究，结合流域水土资源情况，按干、支流及不同河段进行需水量预测，2000年水平各省（自治区、直辖市）需耗黄河水量370.1亿m^3，其中工业、生活需耗黄河水量78.4亿m^3，农业需耗黄河水量291.7亿m^3。见表4-2。

该方案以1980年实际用水量为基础，考虑了有关省（自治区、直辖市）的灌溉发展规模、工业和城市生活用水增长以及大中小水利工程兴建的可能性，黄河流域总引用水量比1980年增加40%。其中山西省因能源基地发展的需要，增加用水量50%以上；宁夏、

内蒙古增加用水量10%左右，其他各省（自治区、直辖市）一般增加用水量为30%～40%。同时，考虑到黄河水资源利用引退水的特点，分配水量是按照耗水量控制的，即考虑了沿黄各省（自治区）河道外有一部分水量是要直接退回到黄河河道的。

表4-2　2000年水平黄委会预测各省（自治区、直辖市）需耗黄河水量

（单位：亿 m^3）

项目	青海	四川	甘肃	宁夏	内蒙古	陕西	山西	河南	山东	河北和天津	合计
工业、生活	2.0	0.4	4.6	1.1	6.3	4.4	14.6	8.5	16.5	20.0	78.4
农业	12.1	0.0	25.8	38.9	52.3	33.6	28.5	46.9	53.6	0.0	291.7
合计	14.1	0.4	30.4	40.0	58.6	38.0	43.1	55.4	70.1	20.0	370.1

注：数据来自于《黄河水资源开发利用预测》报告，农业供水保证率为75%，工业、生活供水保证率为95%。

3. 可供水量计算

（1）计算的主要原则

黄河水资源开发利用要上、下游兼顾，统筹考虑，在服务于国家战略决策的同时，使各河段、各地区、各行业在节约用水的前提下，用水得到适当的满足。黄河可供水量计算遵循的主要原则如下。

1）优先满足人民生活用水和国家重点建设的工业合理用水。人民生活用水是首要、必须保障的；对于国家重点建设的工业，在合理规划、节约用水、充分利用当地水前提下，保障其用水量。

2）要考虑黄河下游冲沙入海水量。黄河下游河道是举世闻名的地上河，下游河道淤积造成河床与洪水位逐年抬高，造成洪水威胁，必须考虑一定的输沙入海水量。

3）提高农业用水效率，适当扩大灌溉面积。首先考虑改善现有灌区，提高灌溉用水效率，适当扩大灌溉面积；其次根据工程条件和可利用水量的情况，适当发展缺粮地区和经济效益较高地区的灌溉面积。

4）相机保障航运与渔业用水。黄河航运与渔业用水水量，采取相机发展的原则，不再单独分配。

5）统筹考虑上、中、下游用水。既考虑黄河上游的用水需要，也要考虑对中游缺水河段的补偿，控制河口镇站流量不小于250m^3/s，以保证能源基地用水，并保持下游河道一定水量以利排沙。

6）沿黄各省（自治区）规划工农业发展增长用水主要由黄河补给。除了在宁蒙引黄灌区各省（自治区）适当增加地下水利用量外，其他地区取用地下水规模基本上保持现状，工农业用水增长部分均考虑由黄河河川径流补充。

（2）黄河河川径流可供水量

不同水平年各种供水保证率的可供水量计算采用系列年法。1984年，黄委在需水预测的基础上，采用了1919年7月～1975年6月56年系列《黄河天然年径流》成果，考虑了龙羊峡、刘家峡、三门峡、小浪底、汾河水库、陆浑水库、故县水库等干、支流蓄水工程调蓄能力及运用条件，结合各地区需耗水指标（表4-3），按照干、支流，分河段进行了历年逐月调节平衡计算。按照先支流后干流、自上而下的逐段进行平衡，求得干、支流各河段的供需关系及干流主要断面2000年水平历年逐月来水过程。经过水量平衡分析，2000年水平黄河干流沿岸工农业需水均得到满足，下游1500万亩灌区供水保证率达到75%，工业城镇生活用水得到全部满足，利津站多年平均入海水量210亿m^3。即黄河天然径流量为580亿m^3，其中370亿m^3分配给流域内9省（自治区）及相邻缺水的河北和天津，满足工农业用水需求，河道内输沙等生态用水210亿m^3。据此提出了南水北调生效前黄河可供水量分配方案（表4-4）。

表4-3　2000年水平多年平均黄河水量供需平衡表　（单位：亿m^3）

河段	天然年径流量	工农业耗水量	2000年断面来水量
兰州以上	323.2	28.7	290.6
河口镇以上	313.2	127.1	182.0
龙门以上	385.1	152.3	229.3
花园口以上	560.0	248.6	313.0
利津以上	580.0	370.0	210.0

表4-4　南水北调工程生效前黄河可供水量分配方案　（单位：亿m^3）

项目	青海	四川	甘肃	宁夏	内蒙古	陕西	山西	河南	山东	河北和天津	合计
干流	7.49	0.00	15.84	38.45	55.58	10.46	28.03	35.67	65.03	20.00	276.55
支流	6.61	0.40	14.56	1.55	3.02	27.54	15.07	19.73	4.97	0.00	93.45
合计	14.1	0.4	30.4	40.0	58.6	38.0	43.1	55.4	70.0	20.0	370.0

4. 河道内需水量

（1）来沙量预测

根据1950～1980年实测资料分析，龙门、华县、河津、洑头四站多年平均输沙量为16.11亿t，占流域总沙量16.46亿t的98%。根据1960年以来上、中游地区水土保持以及干支流水库、淤地坝工程的拦沙、减沙效果，估算2000年水平流域来沙量为13亿~14亿t。根据2000年水平各站预测的来水量及可能出现的年平均含沙量，估算黄河龙门、华县、河津、洑头四站多年平均来沙量为15亿t。经过龙门到潼关冲积河段的调整、三门峡水库的淤积并考虑小浪底水库淤积后，多年平均进入下游河道的沙量为13.73亿t。综合以上两种估算结果，预估2000年水平黄河下游来沙量可能为13亿~14亿t。

（2）输沙需水量及满足程度

下游输沙需水量是来水、来沙及河道淤积水平共同决定的。需多少水量输送泥沙的问题，从理想状态来看，水量越多越好，最好能将13亿~14亿t泥沙全部送入海，保持河道常年不淤。但对于水资源供需矛盾尖锐的黄河来说，是不现实的，在上中下游工农业用水增加情况下，能保持现状淤积水平（4亿t）已属最好情况。因此，考虑在来沙13亿~14亿t并维持下游河道现状淤积水平的最少入海水量。进入黄河下游河道的年平均沙量经过三门峡水库调节，集中在汛期下排，结合三门峡水库建库前后汛期不同水、沙条件实测淤积量情况，估算汛期不同淤积水平输沙需水量。非汛期下游河道按年平均冲刷0.97亿t（1974~1982实测的资料统计）估算。经估算，保持下游河道淤积在3.8亿t，利津站年均冲沙入海水量为240亿m^3，其中汛期为150亿m^3；最小年均冲沙入海水量为200亿m^3，其中汛期不小于120亿m^3。根据2000年水平年干、支流各河段水量平衡分析结果，利津断面来水量为210亿m^3，基本满足河道内输沙需水要求。

4.1.2.2 行政协调过程

黄河“八七”分水方案研究和出台从1982~1987年历经5年时间，组织了两次高层次的行政协调会，主要行政协调过程见图4-2。

1982年11月，国家计委计土〔1982〕1021号文要求沿黄各省（自治区）编制利用黄河水资源的规划；1983年3月，国家计委计土〔1983〕285号文要求水电部组织编制黄河综合开发利用规划；同年4月，水电部以水电水建字〔1983〕56号文要求黄委编制黄河水资源开发利用规划；同年6月，水电部主持召开黄河水资源评价与综合利用审议会对各省（自治区、直辖市）和黄委提交结果进行协调；1984年，黄委提出《黄河河川径流量的预测和分配的初步意见》经由水电部报送到国家计委；同年8月，在全国计划会议上对该意见进行协调；1987年8月，国家计委和水电部联合向国务院提出《关于黄河可供水量分配方案的报告》；1987年9月，国务院以国办发〔1987〕61号文件批转了《黄河可供水量分配方案》，要求沿黄各省（自治区、直辖市）贯彻执行。

从黄河“八七”分水方案的制定历程可以看出，因方案制定涉及多方利益，协调难度极大，组织了两次重要的高层次协调会：1983年6月水电部主持召开的黄河水资源评价与综合利用审议会（以下简称审议会）和1984年8月的全国计划会议。

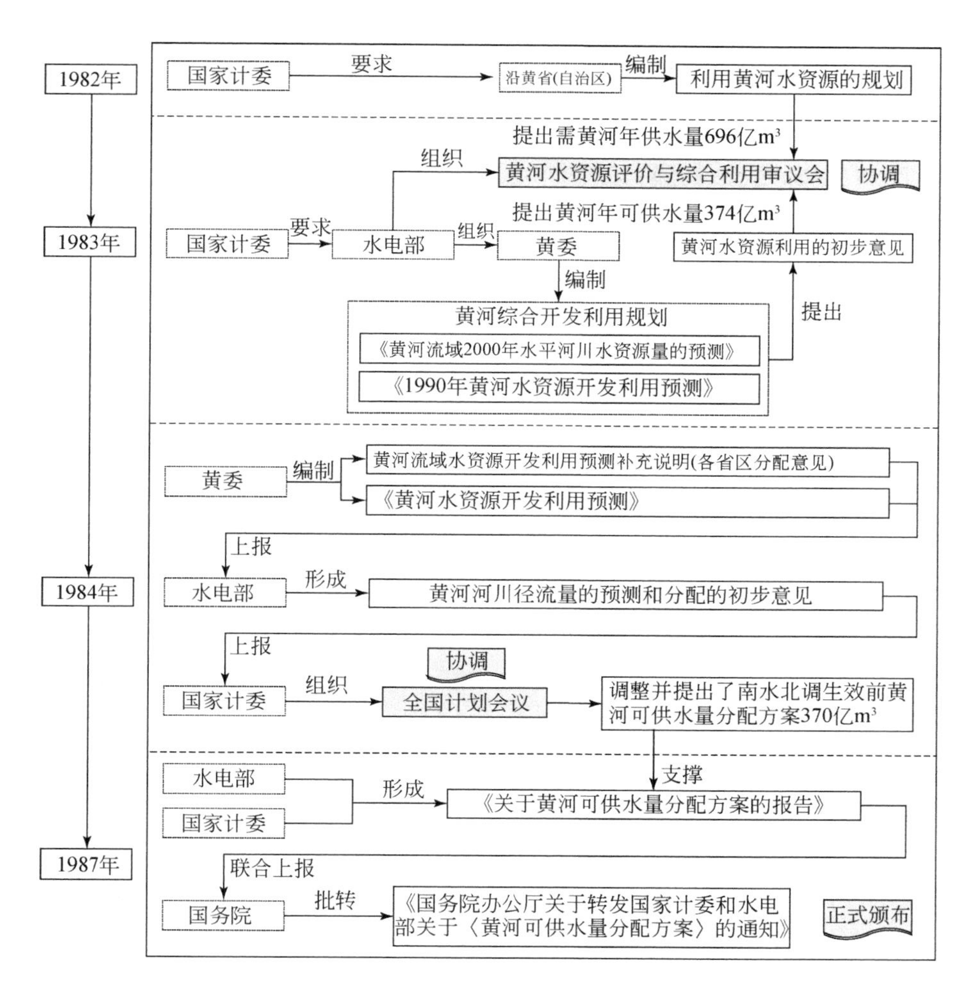

图 4-2　黄河“八七”分水方案颁布协调过程

审议会上各省（自治区、直辖市）提出的 696.2 亿 m^3 的需水总量超过黄委成果近一倍，更是超过黄河天然年径流量约 120 亿 m^3，审议会期间连续出了十二期简报，其中第一期报送中共中央、全国人大常委会、国务院。会议将相关省（自治区、直辖市）分为上中下游三个小组进行讨论，小组由相关省（自治区、直辖市）与部委、黄委及大专科研院校的相关代表组成；经过激烈辩论，直至最后各方也没有在会议上达成共识。最后在综合协调的基础上，钱正英部长对会议做了总结，要求各省（自治区、直辖市）严格论证、实事求是地提出发展规划、进行需水预测，要求黄委在原有工作基础上，吸收会议意见，提出 2000 年水平黄河各河段水量预测报告。

1984 年 8 月，在全国计划会议上，国家计委会同与黄河水量分配关系密切的省（自治区、直辖市）计划委员会和部门就水利电力部研究成果报送的《黄河河川径流量的预测和分配的初步意见》进行了座谈讨论，在调查研究的基础上通过与沿黄各省（自治区）相协调，调整并提出了南水北调生效前黄河可供水量370亿m^3分配方案；然而仍有五个省（自治区、直辖市）发文国务院表示不同意见。直至1987年9月，国务院原则同意并以国办发〔1987〕61号文件批转了国家计委和水电部《黄河可供水量分配方案》，要求沿黄各省（自治区）、河北省和天津市贯彻执行，黄河“八七”分水方案至此落地。

4.1.3 发展完善

自1987年国务院批复《黄河可供水量分配方案》以来，不断有相应的举措对方案补充完善，确保分水方案的落实。

经国务院批准，1998年12月14日，国家计委、水利部联合颁布实施了《黄河可供水量年度分配及干流水量调度方案》和《黄河水量调度管理办法》，为黄河水量统一调度提供了依据。1999年3月1日，黄委正式实施黄河干流水量统一调度，并成立水资源管理与调度局。

2006年8月1日，国务院颁布并施行《黄河水量调度条例》，将黄委授权统一调度的时期由非汛期（11月至6月）扩展至全年。

2007年11月20日，水利部颁布实施《黄河水量调度条例实施细则（试行）》，规定了黄河支流控制断面最小流量指标及保证率要求。

2008年，黄河防总颁布实施《黄河流域抗旱预案（试行）》，对黄河流域特定旱情条件下的调度有了原则性指示；黄委发布了《关于加强黄河取水许可总量控制细化工作的通知》（黄水调〔2008〕8号），完成了将沿黄各省（自治区）分水指标细分到地级行政区的工作，明确了各省（自治区）取水许可总量中干、支流分配指标。

2012年10月，黄委开展了《黄河流域用水总量控制指标制定》工作，在黄河“八七”分水方案基础上，确定了2015年、2020年、2030年黄河流域各省级行政区取用水总量控制指标，为实行最严格的水资源管理制度提供依据。

2013年3月2日，国务院批复《黄河流域综合规划（2012—2030年）》，依据黄河水资源量的变化和跨流域调水工程的实施情况，在黄河“八七”分水方案基础上，分南水北调东、中线生效前、南水北调东、中线生效至西线一期工程生效前、南水北调西线一期工程生效后三个阶段拟定了黄河流域水资源配置方案。

黄河“八七”分水方案的发展完善历程见图4-3。

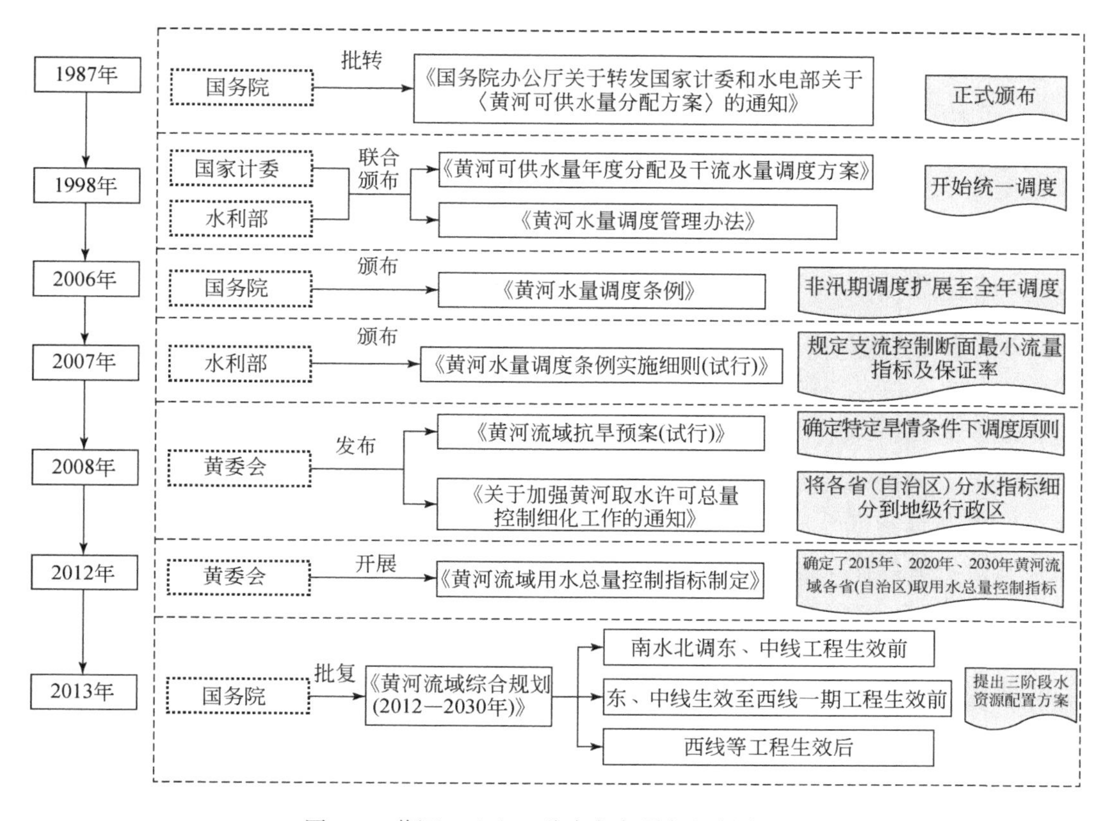

图4-3　黄河“八七”分水方案颁布和发展历程

4.2　黄河“八七”分水方案执行情况与实施效果

1987年国务院颁布的《黄河可供水量分配方案》（黄河“八七”分水方案），首次从宏观上明确了各省（自治区、直辖市）可以使用的最大引黄耗水指标，是流域水资源管理和调度的基本依据。从水资源管理、水量调度、指导规划编制等方面阐述黄河“八七”分水方案执行情况。

4.2.1　流域水资源管理

黄河“八七”分水方案明确了各省（自治区、直辖市）可以使用的河川径流消耗量指标，是流域水资源管理和调度的基本依据。为及时、准确反映各省（自治区、直辖市）引黄分水指标使用情况，从1988年开始，黄委正式发布年度《黄河水资源公报》，后改为

《黄河水资源公报》，定期向各级领导、有关部门和社会团体发布黄河流域水资源情势，以提高公众的节水、惜水意识，为管好、用好、保护好黄河水资源发挥作用。

1）实施了取水许可管理。为加强对分水方案的落实，实现对沿黄各省（自治区）用水的有效控制和监督管理，黄委于1990年成立了统管全河水政水资源管理工作的机构——水政水资源局，并以实施取水许可制度为契机，加强了流域水资源统一管理工作。1994年5月，水利部发布《关于授予黄河水利委员会取水许可管理权限的通知》（水利部水政资〔1994〕197号），黄委全面启动取水许可制度。同年，黄委制定了《黄河取水许可实施细则》（黄水政〔1994〕16号），规范了黄河取水许可的申请、审批程序，明确了监督管理的主要内容，并于1996年上半年前完成了管理权限范围内的已建取水工程进行了登记和发证。此后黄河取水许可工作的重点逐渐转向取水许可的监督管理和总量控制方面，2002年，黄委制定了《黄河取水许可总量控制管理办法》，明确了黄委对黄河干流及其重要跨省（自治区）支流的取水许可实行全额管理或限额管理，并按照黄河“八七”分水方案对沿黄各省（自治区）的黄河取水实行总量控制。

2）细化了分水指标。由于国务院批准黄河“八七”分水方案指标仅明确到省级行政区，对于省（自治区、直辖市）内部的分水指标没有明确，地（市）级行政区域总量控制意识淡薄，影响到总量控制管理的有效实施和黄河水资源的依法精细管理、精细调度。按照“总量控制、可持续利用”等要求，2008年黄委发布了《关于加强黄河取水许可总量控制细化工作的通知》（黄水调〔2008〕8号），将沿黄各省（自治区）分水指标细分到地级行政区和干支流。

4.2.2 水量调度

1997年黄河来水遭遇特枯年份，下游断流问题愈来愈严重，国家提出要根据黄河实际来水量重新修订和完善黄河水资源分配方案和年度分配调度方案。为落实黄河“八七”分水方案和缓解下游断流形势，黄委1997年11月20日向水利部报送了《关于黄河枯水年份可供水量分配方案及调度实施意见的报告》（黄水政〔1997〕23号），提出枯水年份黄河可供水量应适当削减的建议，据此确定1997年流域分配水量为308亿m^3，除四川省和河北省、天津市外，其他沿黄8省（自治区）合计分配水量为291亿m^3。

依据黄河“八七”分水方案，编制年度可供耗水量分配计划。具体年度水量调度计划的制定可分三步：首先根据当年汛期来水、各省（自治区、直辖市）用水和非汛期长期径流预报分析，确定本年度花园口站天然径流量；然后依据黄河“八七”分水方案和相关规划，考虑长期径流预报、骨干水库蓄水情况、各省（自治区、直辖市）用水计划建议，确定本年度黄河可供耗水总量；最后根据黄河“八七”分水方案中各省（自治区、直辖市）

及各月份分配比例，结合该年度黄河可供耗水总量，确定各省（自治区、直辖市）和各月份黄河可供耗水量分配计划。

黄河“八七”分水方案仅给出各分水省（自治区、直辖市）正常年份年度分水总指标，不利于年内引黄用水的过程控制。1998年12月14日，经国务院批准，国家计委、水利部联合颁布实施了《黄河可供水量年度分配及干流水量调度方案》和《黄河水量调度管理办法》，授权黄委开展黄河水量的统一调度管理工作。文中对黄河“八七”分水方案提出的370亿 m^3 分水指标，通过分析正常来水年份下的设计用水和引黄耗水过程，拟定了正常来水年份各省（自治区、直辖市）年内各月可供水量分配过程表，作为黄河水量年度分配的控制指标。同时，指出根据年度黄河来水量，依据黄河“八七”分水方案各省（自治区、直辖市）所占比例，采用“同比例丰增枯减”原则确定各省（自治区、直辖市）年度分配控制指标，各月份指标原则上同比例压缩，解决了不同来水年份及年内水量分配问题。

1999年3月1日开始黄委正式实施黄河干流水量统一调度，并新成立了负责全河水量调度的机构——水资源管理与调度局（其前身为1990年成立的水政水资源局），并开始编制黄河年度水量调度计划。2006年8月，国务院令第472号公布《黄河水量调度条例》，提出黄河年度水量调度计划应纳入本级国民经济和社会发展年度计划，进一步明确依据黄河“八七”分水方案，制定年度黄河水量分配与调度计划、月旬水量调度方案，进行实时水量调度及监督管理等。将黄委授权统一调度的时期由非汛期（11月至次年6月）扩展至全年，且黄委从2006~2007年度开始对重要支流也施行了水量调度管理。2007年水利部颁布实施《黄河水量调度条例实施细则（试行）》又规定了黄河支流控制断面最小流量指标及保证率要求，强化了水量调度计划的可执行性。

4.2.3 指导规划编制

黄河“八七”分水方案颁布实施后，黄河水资源供需矛盾依然突出。1989~2013年，黄委陆续开展了《1989年水资源开发利用规划》等流域性规划，根据最新的径流量系列，在黄河“八七”分水方案的基础上，提出了不同时期流域水资源优化配置方案。

1）《1989年水资源开发利用规划》。《1989年水资源开发利用规划》中，采用56年系列，全河多年平均径流量为580亿 m^3，计算可利用水量为340亿~380亿 m^3，而各省（自治区、直辖市）提出的压缩后的引黄需水量为589亿 m^3，仍然超过黄河可供水量，供需矛盾十分突出；最后规划确定各省（自治区、直辖市）分配水量仍采用国务院批准的《黄河可供水量分配方案》，并编制了不同河段和各省（自治区、直辖市）的水资源利用规划方案，并定量分析了不同部门的用水量，将国务院批准的各省（自治区、直辖市）水量指标进一步分配到了不同部门。

2）《黄河的重大问题及其对策研究》。1999 年黄委开展了《黄河的重大问题及其对策研究》，首次采用总供给与总需求进行水量平衡，将生态用水作为一个重要的用水部门，对不同类型的生态用水进行了初步分析，提出生态需水包括汛期输沙需水、非汛期生态基流、水土保持用水和下游河道蒸发渗漏水量四方面，计算生态低限需水量为 210 亿 m^3，对黄河“八七”分水方案中分配河道内生态需水的进一步分析与论证。

3）《黄河流域水中长期供求规划》。2012 年黄委组织开展了《黄河流域水中长期供求规划》编制工作，规划提出流域内各省（自治区），应按照黄河“八七”分水方案和“用水总量控制指标”，对流域和区域供用水量实行用水总量和耗水总量双控。各级行政区要按照黄河流域水量分配方案或取用水总量控制指标，制定年度用水计划，将总量指标和耗水指标分解落实到干支流、各行政区、各水源、各用户，依法对本行政区域内的年度用水实行总量管理。

4）《黄河流域综合规划（2012—2030 年）》。2013 年国务院批复《黄河流域综合规划（2012 ~ 2030 年）》，依据黄河水资源量的变化和跨流域调水工程的实施情况，在黄河“八七”分水方案基础上，分南水北调东线、中线生效前、南水北调东线、中线生效后至西线一期工程生效前、南水北调西线一期工程生效后 3 个阶段拟定黄河流域水资源配置方案。根据 1956 ~ 2000 年 45 年的径流系列，黄河多年平均地表径流量为 534.79 亿 m^3。考虑到黄河水资源量的减少，统筹兼顾河道内外用水需求，在黄河“八七”分水方案的基础上配置河道内外水量，基准年配置河道外的水量为 341.16 亿 m^3（耗水量），入海水量为 193.63 亿 m^3，2020 年、2030 年配置河道外水量分别为 332.79 亿 m^3、401.05 亿 m^3。从 2017 年 7 月开始，年度分水方案编制采用《黄河流域综合规划（2012—2030 年）》南水北调东线、中线生效至西线一期工程生效前配置河道外水量 332.79 亿 m^3 为基础。

以黄委开始实施黄河水量统一调度为分界点，按照统一调度前（1987 ~ 1998 年）和统一调度后（1999 ~ 2019 年）两个时段，从河道外、河道内两个方面分析黄河“八七”分水方案的实施效果。

4.2.4 统一调度前实施效果评价（1987 ~ 1998 年）

4.2.4.1 河道外

1987 ~ 1998 年，由于尚未开展全河统一调度，在一般年份并未开展水量分配相关工作，仅在遭遇特枯年份（1997 年）编制了调度方案，对各省（自治区、直辖市）的分配水量都参照黄河“八七”分水方案的 370 亿 m^3 指标，扣除四川的 0.4 亿 m^3 和河北、天津的20亿m³分配水量，其他沿黄8省（自治区）的分配水量为349.6亿m³。由于1997年黄河来水属于特枯年份，而分水方案为多年平均水平年，因此根据《1997～1998年黄河可供水量年度分配及干流水量调度方案（预案）》枯水年份同比例相应分配水量为308亿m³，除四川和河北、天津之外的沿黄8省（自治区）的分配水量为291.0亿m³。这一阶段黄河流域用水量（含流域外用水）迅速增长，总用水量从1985年的416亿m³增至1998年的504亿m³，13年内涨幅高达88亿m³。但从总耗水量来看，黄河流域各年实际耗水量均未超过应分配水量，1988～1998年黄河分配水量与实际耗水量见表4-5。

表4-5 1988～1998年各省（自治区）实际耗水量与分配水量对比表

（单位：亿m³）

项目	合计	青海	甘肃	宁夏	内蒙古	陕西	山西	河南	山东
1987年分配水量	349.6	14.1	30.4	40.0	58.6	38.0	43.1	55.4	70.0
1997年分配预案	291	11.7	25.3	33.3	48.8	35.9	31.6	46.1	58.3
1988年实际耗水量	270.4	8.4	20.3	36.3	51.6	25.2	18.9	35.4	74.3
1989年实际耗水量	333.8	9.8	23.3	34.1	60.6	19.6	14.4	37.2	134.8
1990年实际耗水量	278.3	10.0	23.6	35.4	64.6	18.5	12.3	33.0	80.9
1991年实际耗水量	301.4	15.9	23.9	34.6	71.6	19.7	12.5	40.0	83.2
1992年实际耗水量	297.5	15.8	24.5	33.7	66.2	21.0	13.2	33.8	89.3
1993年实际耗水量	279.8	9.9	21.1	31.7	67.9	17.3	10.3	35.5	86.1
1994年实际耗水量	255.2	10.6	17.6	31.6	63.5	22.8	9.2	28.8	71.1
1995年实际耗水量	258.5	10.7	18.4	30.4	63.5	22.0	9.0	31.2	73.3
1997年实际耗水量	270.4	8.4	20.3	36.3	51.6	25.2	18.9	35.4	74.3
1998年实际耗水量	279.4	14.6	30.0	37.2	62.0	19.9	10.8	28.7	76.2
平均耗水量	282.5	11.4	22.3	34.1	62.3	21.1	13.0	33.9	84.4

注：1996年数据缺失，本表数据不包含四川、河北和天津。

可以看出：

1）由于尚未开展全河统一调度，虽然有黄河“八七”分水方案的颁布，但在一般年份黄委并未开展水量分配的相关工作，在水资源公报中统计各省（自治区）用水和“八七”分配水量对比；仅在遭遇1997历史特枯年份时开展了《1997～1998年黄河可供水量年度分配及干流水量调度方案（预案）》。

2）受当时发展水平所限，各省（自治区）合计的年度实际耗水量在1988～1998年期间都未超过1987年黄河分配水量，1988～1998年各省（自治区）平均耗水量见图4-4，但个别省（自治区）存在超用水，主要集中在上游内蒙古和下游山东。

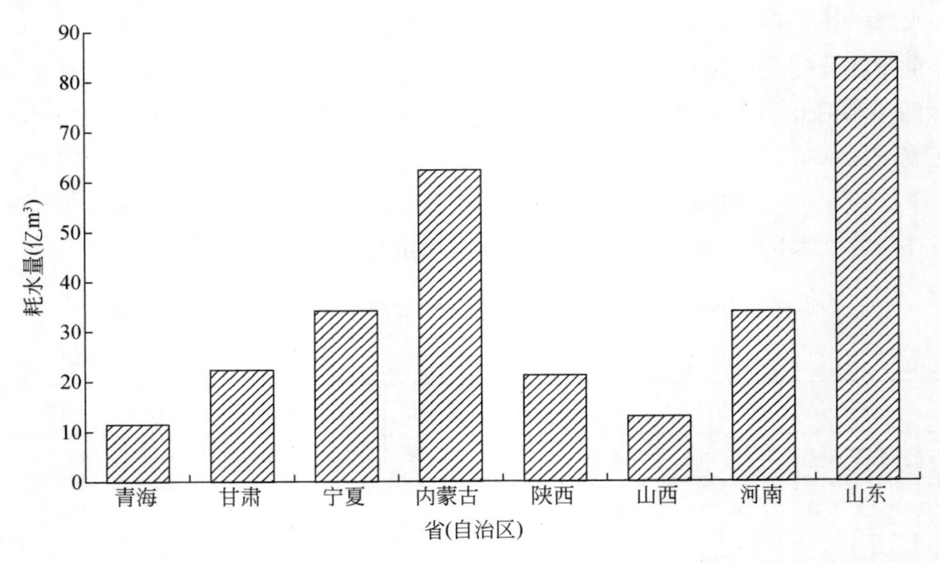

图 4-4 1988 ~ 1998 年各省（自治区）平均地表水耗水量

3）内蒙古和山东年度耗水量与分配水量的差值见图 4-5，内蒙古十年内超指标用水 9 次；最大耗水量 71.6 亿 m^3，超指标 13 亿 m^3；多年平均超指标 6 亿 m^3。山东十年内耗水量全部超过分配指标，最大耗水量 134.8 亿 m^3，超指标高达 64.8 亿 m^3，多年平均超指标 15.5 亿 m^3。

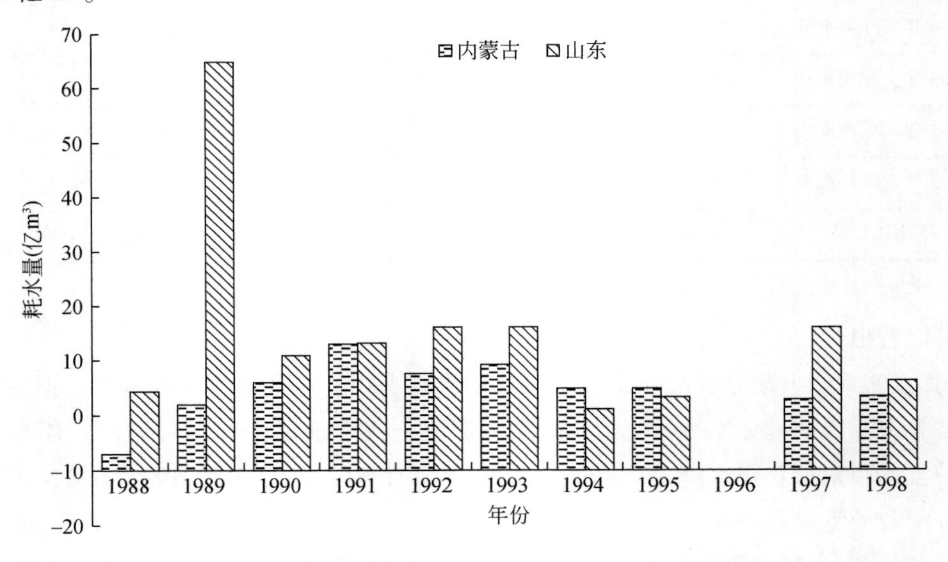

图 4-5 内蒙古、山东年度耗水量与分配水量差值（1996 年数据缺失）

4.2.4.2 河道内

尽管 1987 国务院批准了黄河可供水量分配方案，但 1998 年以前流域机构的管理职能有限，黄河流域尚未实施水资源统一调度和管理，水质污染和河道断流等问题不能有效控制和解决，水资源供需矛盾日趋严重。

1988 ~ 1998 年黄河下游断流频发，累计断流 59 次，累计断流天数达 778 天，平均断流长度 393km，与 1972 ~ 1986 年相比，呈现年内首次断流时间提前、断流次数增加、主汛期断流时间延长、断流时间延长、平均断流长度增加等特点，见表 4-6。

表 4-6　1988 ~ 1998 年与 1972 ~ 1986 年黄河断流情况对比

时段（年）	断流最早日期（月、日）	断流次数合计（次）	7 ~ 9 月断流天数合计（天）	全年断流天数合计（天）			平均断流长度（km）
				全日	间歇性	总计	
1972 ~ 1986	4 月 23 日	24	21	110	35	145	260
1988 ~ 1998	1 月 1 日	59	176	778	110	888	393

这一时期，黄河耗水总量虽未超指标，但下游断流更为严重，出现这种情况的原因主要有：①天然径流量衰减，由 1972 ~ 1986 年的 556.7 亿 m^3 衰减至 1988 ~ 1998 年的 472.1 亿 m^3；②内蒙古、山东两省（自治区）超指标用水严重，多为灌区引水，集中在 4 ~ 6 月，年内用水过程影响入海水量。

4.2.5 统一调度后实施效果评价（1999 ~ 2019 年）

4.2.5.1 河道外

为了推进黄河“八七”分水方案有效实施，经国家计委、水利部授权，黄委于 1999 年正式实施黄河干流水量统一调度。通过协调各省（自治区、直辖市）取用水量，全流域用水总量较为稳定，年际变化较小，多年平均用水量约 500 亿 m^3。从逐年计划分配耗水量与实际耗水量对比来看（表 4-7），1999 ~ 2013 年间黄河“八七”分水方案得到了较好地实施，除部分特枯年份外，实际耗水量均低于计划分配耗水量；上游的甘肃、宁夏、内蒙古及下游的山东等部分省（自治区）存在超指标耗水现象，但超耗水量逐渐减小且趋于稳定；2014 ~ 2019 年这些省（自治区）再度出现了超指标耗水现象，且超耗水量不断增加（图 4-6）。

4.2.5.2 河道内

通过明确并严格执行主要控制断面预警流量和入黄断面最小流量指标，结束了 20 世纪70~90年代频繁断流的局面，实现了1999年8月11日以来在来水持续偏枯的情况下连续20年不断流、连续12年未预警，干流省际断面流量基本达标，但部分年份与《黄河流域综合规划（2012—2030年）》拟定的非汛期50亿m^3、全年187亿m^3年均入海配置水量和功能性不断流目标间还存在差距。

表4-7　1999~2019年黄河“八七”分水方案执行情况及利津入海水量

（单位：亿m^3）

年份	计划分配耗水量	实际耗水量	超用水量*	利津断面入海水量（全年）	利津断面入海水量（非汛期）
1999	310	299	-11	62	17
2000	293	272	-21	42	31
2001	258	265	8	41	33
2002	237	286	49	35	12
2003	271	244	-27	190	69
2004	308	249	-59	196	90
2005	328	268	-60	204	93
2006	343	305	-38	187	115
2007	324	289	-35	200	78
2008	340	296	-44	142	87
2009	335	307	-29	128	70
2010	320	309	-11	188	61
2011	348	334	-14	179	88
2012	366	323	-43	277	128
2013	347	332	-15	232	106
2014	321	339	18	109	71
2015	314	340	27	127	84
2016	322	296	-16	81	37
2017	312	329	17	90	61
2018	354	328	-26	334	131
2019	370	371	1	312	128
平均	320	304	-16	160	76

*正值代表实际耗水量高于计划分配耗水量，负值代表实际耗水量低于计划分配耗水量。

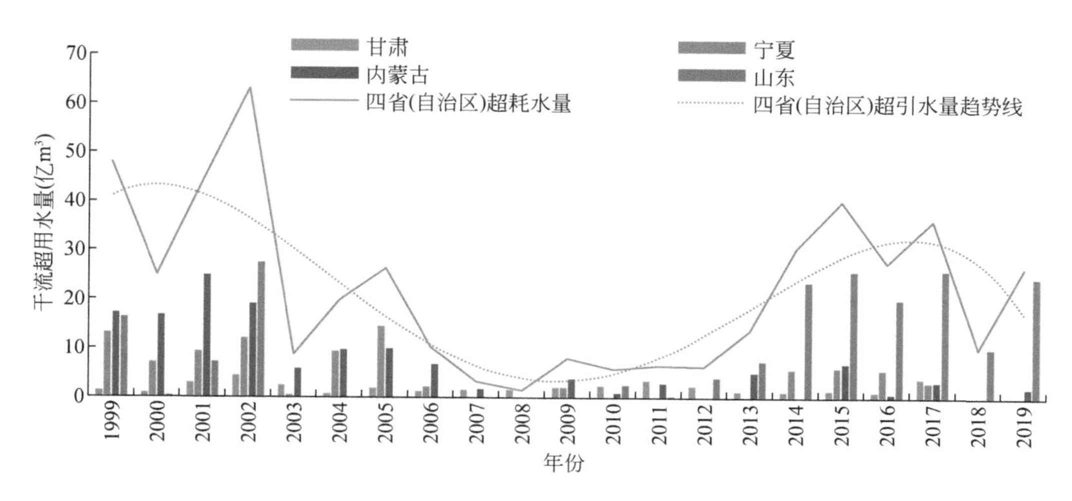

图 4-6　经常性超耗水省（自治区）各年超耗黄河干流水量（不超按 0 赋值）

4.2.6　实施效果总结

1）保障了供水安全，经济社会效益显著。黄委结合来水、水库蓄水和沿黄省（自治区）用水的实际情况，精细调度黄河水量，促进了水资源的统一配置，保障了各地区、各部门的供水安全，建立了公平、公正的用水秩序，支撑了流域及相关供水区经济社会的持续发展。据统计，1987～2019 年，黄河流域经济社会供水量 416 亿 m^3 增加至 2019 年的 556 亿 m^3（含流域外供水 130 亿 m^3），增加了 34%；黄河流域 GDP 由 628 亿元增加至 72 238亿元，增长了约 115 倍，年均增长率达 24%；总人口由 8771 万人增加至 12 127 万人，增长了 38%；城镇化率由 21% 增加至 55%。黄河流域 1987～2019 年经济社会发展及用水情况见表 4-8。

表 4-8　黄河流域 1987～2019 年经济社会发展及用水情况

指标	1987 年	1990 年	1995 年	2000 年	2005 年	2010 年	2015 年	2019 年
GDP（亿元）	628	1 338	3 671	6 216	14 501	36 422	52 528	72 238
人口（万人）	8 771	9 574	10 186	10 920	11 268	11 706	12 029	12 127
城镇化率（%）	21	23	26	28	38	45	51	55
粮食产量（万 t）	2 586	3 264	3 209	3 311	3 572	3 441	3 510	4608
供水量（亿 m^3）	416	485	504	474	465	512	535	556
万元 GDP 用水量（m^3）	5 303	2 849	1 102	773	272	112	79	55

续表

指标	1987 年	1990 年	1995 年	2000 年	2005 年	2010 年	2015 年	2019 年
万元工业增加值用水量（m^3）	1 259	961	356	243	88	35	26	22
亩均灌溉用水量（m^3）	519	514	470	449	405	390	334	330

注：供水量含流域外供水量。

2）优化了用水结构，促进了节水型社会发展。黄河“八七”分水方案实施限制了过去用水多、浪费多的地区超计划用水，促使其在推广节水措施和调整产业结构上下功夫，提高用水效率，水资源由农业部门向工业、生活部门转移，实现了用水结构优化和水资源的有序增值，推进了节水型社会建设。据统计，1987～2019 年，黄河及相关供水区农业用水比例由 84% 减小至 73%，工业用水比例由 10% 增加至 12%，生活及生态用水比例由 6% 增加至 15%。黄河流域万元 GDP 用水量由 5303m^3 减小到 55m^3，综合用水效率提高了约 95 倍；万元工业增加值用水量由 1259m^3 减小至 22m^3，工业用水效率提高了约 57 倍；亩均灌溉用水量由 519m^3 减小至 336m^3，用水效率提高 36%。

3）遏制了河道断流，改善了生态环境。水量统一调度前的 1987～1998 年黄河几乎连年断流，累计断流 61 次、905 天，平均每年断流 82 天、断流长度 377km；自 1999 年实施水量统一调度以来，通过明确主要控制断面预警流量和入黄断面最小流量指标等切实有效的管理措施和办法，遏制了黄河断流恶化趋势发展，结束了 20 世纪 90 年代黄河频繁断流的局面，实现了 1999 年 8 月 11 日以来黄河在来水持续偏枯的情况下连续 20 年不断流，在一定程度上保证了下游生态环境用水，使 90 年代受断流破坏的 200 多平方千米的河道湿地得到修复，改善了河道及河口地区浮游植物及鱼类生境。

4）建立健全了水量调度管理体制、机制和制度，提高了水资源管理水平。黄河“八七”分水方案实施以来，逐步建立了适合黄河特点的水量统一调度管理体制和机制，理顺了各方关系，明确了事权划分，并将其以行政法规的形式固定了下来；探索建立了一整套水量调度管理的制度体系，包括水量调度责任制、协调协商制度、用水总量和断面流量双控制度、应急调度制度等，并上升为国家法律制度；通过推进“数字黄河”工程建设、完善并运用水量调度管理系统，提高了水量调度精度和快速反应能力，提高了流域水资源管理与调度科技水平。

4.3 水量分配适应性评价方法与模型

4.3.1 可持续性与适应性评价

可持续发展指既满足当代人的需求，又不损害后代自身发展的能力。这一概念最早由国际自然保护联盟在《世界自然保护方略》（IUCN，1980）中提出。对于水资源系统的可持续性，美国著名学者 Loucks 和 Gladwell（1999）将其定义为“对当前社会发展的目标作出充分贡献，同时维持其生态、环境及水文的完整性。”可持续发展的概念指出人类与自然系统的相互作用，但又十分宽泛。为了更好地评价一个系统的可持续性，Loucks 和 Gladwell（1999）提出了一种可持续性指数方法，该方法的基本指标是可靠性、弹性和脆弱性，分别表示一定条件下系统达到满意水平的概率，系统受破坏后恢复正常的能力，评价期内系统受破坏的深度，具体计算公式如下：

$$\mathrm{Rel}^i = \frac{\text{No. of times } D_t^i = 0}{n} \tag{4-1}$$

$$\mathrm{Res}^i = \frac{\text{No. of times } D_t^i = 0 \text{ follows } D_t^i > 0}{\text{No. of times } D_t^i > 0 \text{ occured}} \tag{4-2}$$

式中，Rel 为可靠性；Res 为弹性；D 为缺水量（需水量大于供水量时，D 为两者之差；当需水量等于供水量时，$D=0$）；t 为第 t 个时段；i 为第 i 个用水主体；n 为总时段数。

用平均缺水量表示的脆弱性按下式计算：

$$\mathrm{Vul}^i = \frac{\left(\sum_{t=0}^{t=n} D_t^i\right) / \text{No. of times } D_t^i > 0 \text{ occured}}{W^i} \tag{4-3}$$

式中，Vul 为脆弱性；W 为需水量；D、t、i、n 定义同前。

将这三个指标进行几何平均处理可以得到系统的可持续性指标（Sandoval-Solis et al., 2011）为

$$\mathrm{SI}^i = \left[\prod_{m=1}^{m=M} C_m^i\right]^{1/M} \tag{4-4}$$

式中，SI 为可持续性指数；C 为指标；m 为第 m 个指标；M 为指标总数。

目前，对水资源系统的综合治理主要是通过促进人类社会-自然资源耦合系统的协调和整合，提升水资源利用的可持续性。流域水量调度方案是水资源综合治理过程中的一个非常重要的行政手段，通过统筹安排协调规划以保证水量供应满足社会需求，同时保护生态，减少对环境的损害。而自然和社会环境都在发生着长期而不可逆的变化，给这一目标的实现带来了挑战。我们引入适应性的概念，来评价水量分配方案在变化环境中对预期目标的完成情况。水量分配方案具有适应性是指随着社会和自然条件的变化，其具有自我适应和调节能力，使得系统能够长期稳定地保持其可持续性。同样，我们可以用指标法来评价分水方案的适应性。

4.3.2 可持续定向理论

可持续定向理论来源于德国学者 Bossel（1999）针对可持续发展问题的研究，其采用

一个基于系统理论的框架将可持续发展系统的目标进行分解表达。Bossel 认为可持续的社会系统应当具备一定的结构和功能去适应其所处的环境，也就是说社会系统可持续发展的基本导向取决于其所处环境的基本特征（图 4-7）。

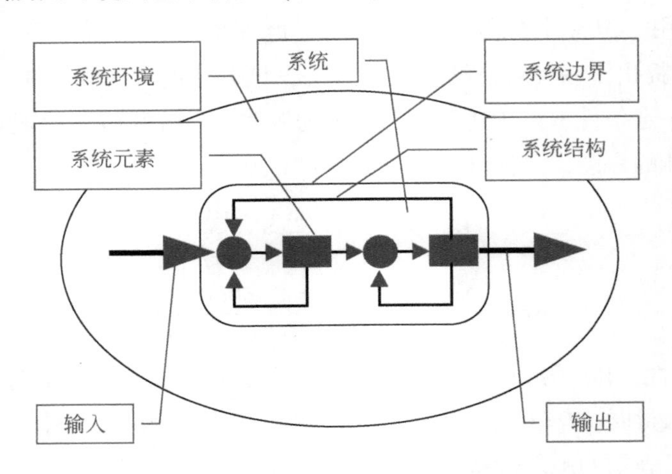

图 4-7　系统通过输入和输出与其所处系统环境进行交互

基于可持续定向理论，系统所处环境具备六大基本性质（表 4-9），即标准环境状态（normal environmental state）、资源稀缺性（resource scarcity）、环境多样性（environmental variety）、环境易变性（environmental variability）、环境变化性（environmental change）和其他系统存在性（other actor systems）。这六个基本性质相互独立，任何一个都不能由其他叠加而成。这六个特性是所有系统环境均具有的普遍性质，但是不同的系统环境可以用不同的指标去量化这些性质。

表 4-9　系统所处环境的性质

性质	释义
标准环境状态	实际环境状态会围绕该状态在一定范围内波动
资源稀缺性	系统所需的资源（包括能源、物质和信息等）不是随时随地都能得到的
环境多样性	不同的环境过程或者模式在间断或者不间断地发生着
环境易变性	环境围绕其标准状态随机波动，这种波动有可能会使环境突然远离标准状态
环境变化性	在随时间变化的过程中，环境标准状态可能逐渐或者突然地发生变化，转变成为一个新的标准状态
其他系统存在性	环境中还存在其他系统，这些系统的行为对被研究的系统具有重要性

系统要维持生存和保持可持续发展，需要有六种功能来应对系统环境六个特征的影响，即存在性（existence）、功能性（effectiveness）、灵活性（freedom）、稳定性

(security)、应变性(adaptability)和共生性(coexistence)。六种功能缺一不可，不能彼此替代，并且系统整体的可持续发展水平将受制于表现最差的功能，详见图4-8和表4-10。因此，想要提升系统整体的可持续发展水平需要经历两个阶段：①六种功能均要达最低要求；②通过提升一个或者多个功能，以提升系统整体水平。

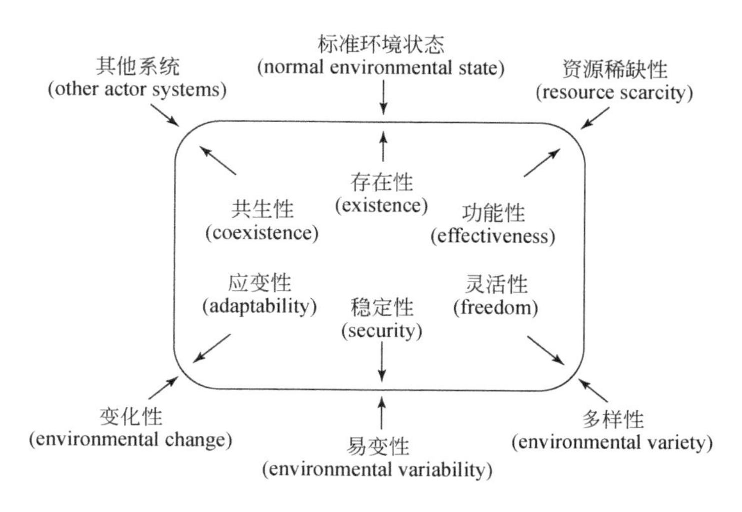

图4-8 环境性质及对应的系统功能

表4-10 系统基本功能

功能	释义
存在性	系统与正常环境相协调并能在标准状态下生存发展，系统结构完整
功能性	通过有效的努力使对资源的开发利用和保护达到平衡，使得稀缺资源供给稳定
灵活性	系统有能力在一定范围内灵活应对环境多样性带来的挑战
稳定性	系统能够自我保护免受环境不确定性造成的损害，维持比较稳定的状态
应变性	面对环境中长期而不可逆的变化，系统能够通过学习和自我组织产生适当的响应，尽可能适应这种变化将损失降到最低
共生性	系统能够对自身的表现做出调整以不损害环境中其他系统或要素的利益

这六大功能也就是系统为了实现可持续发展具体应该达成的目标，对应每一个目标，我们可以找到一个具体的指标将它进行量化评价。系统的可持续发展水平取决于六个发展目标或基本功能的满足程度，因而系统的可持续性评估转换可为系统发展目标或者基本功能的满足程度评价。Bossel(1999)给出了制定评价体系的一般流程：①识别具有代表性的指标。这些指标可以基于直接影响系统发展的要素或行为，也可以是表征系统所处状态的状态变量或者变化速率变量。Bossel(1999)强调应当在保留关键信息的基础上，应尽可能地压缩指标的数量，使得子系统每个方向的满意程度可以用一个指标表征。当然，在

单一指标难以表示一个方向的满意程度时，也可以构建指标体系进行评估。②评估发展方向的满意程度。需要指出，表征六个发展方向满意程度的指标不可简单地合并为一个指标，因为只有所有的发展方向都满足了，才能认为一个系统是可持续发展的。依据不同方向采用指标类型的不同（如效益型、成本型、固定型、偏离型、区间型和偏离区间型指标等），应采用不同的满意度函数去衡量满意程度，将满意程度规范在统一的分布区间中。同时，可以采用雷达图（图 4-9）去表示六个发展方向或功能满意程度的分布，从而重点关注其中较为薄弱的发展方向，为系统改进其要素或行动提供参考和关注。

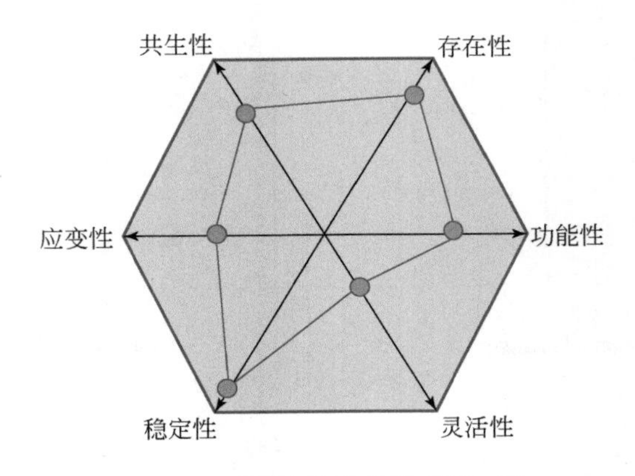

图 4-9　系统功能满意程度雷达图

4.3.3　水资源配置系统的可持续性评价

可持续定向理论可以适用于所有自组织系统，因此将其应用于水资源配置系统可持续性评价中。

水资源配置系统包含系统本身及其所处的环境。德国学者 Bossel（1999）给出了一种划分系统结构的方法，分为三个部分，即人类系统、支撑系统、自然系统。每个子系统都代表了一种维持系统整体完整和保持发展所必需的能力，人类系统和自然系统通过支撑系统相互影响。对于水资源系统，类似地可以划分为人类发展子系统、支撑子系统和自然水循环子系统（图 4-10）。人类发展子系统中主要包括生活和生产两个用水主体；支撑子系统主要包括水利基础设施、水资源管理机构和水资源开发利用模式；自然水循环子系统主要指流域天然生态部分（包括河道内生态和河道外生态）。

根据 Bossel 可持续定向理论，水资源系统所处环境的六个特性及其相应的六种功能解读如表 4-11 所示。

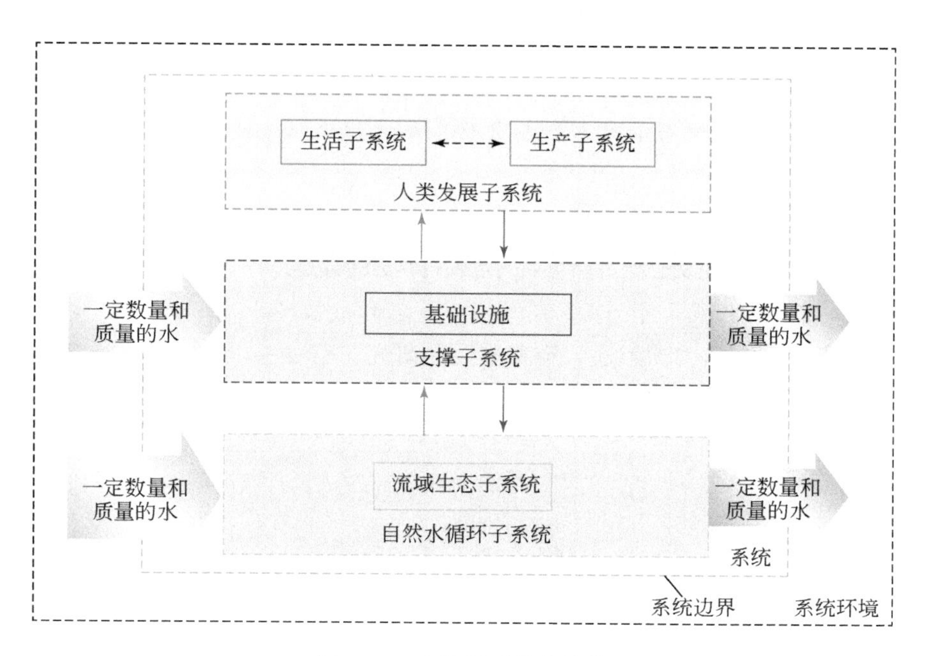

图 4-10　水资源系统的结构

表 4-11　水资源系统所处环境条件及其功能

环境特征	系统功能	功能解读
标准水文条件	存在性	水利基础设施工程具备一定调节性能，水资源配置政策和管理体制完善，能够支持人类发展子系统和流域生态子系统的正常运行，系统结构完整
资源稀缺性	功能性	在支撑子系统的有效作用下，使得社会发展和流域生态子系统可以综合利用水资源并产生效益，尽可能减少水资源稀缺性带来的不利影响
环境多样性	灵活性	水资源配置系统开发利用模式和管理策略足够灵活，系统有不同的工作模式应对水文环境的多样性
环境变异性	稳定性	系统能够自我保护免受环境易变性造成的损害，维持比较稳定的状态
环境变化性	应变性	面对环境中长期而不可逆的变化，系统能够通过学习和自我组织产生适当的响应，尽可能适应这种变化将损失降到最低
其他系统存在性	共生性	系统能够对自身的表现做出调整以不损害环境中其他系统或要素的利益

将这六种功能作为六个定向指标，通过考察定向指标的满意度程度可以评估当前系统的可持续发展性。各个基本功能评价指标的选择应当依据各区域的实际情况，采用的满意度函数应该具有现实意义和便于量化。对于变化环境中水量分配方案的适应性量化评价，

我们可以对有水量分配方案执行的水资源系统可持续性进行动态监测，将有分水方案执行期间的年份不同定义为不同的评价期，计算不同评价期内系统可持续性指标，观察其变化趋势。如果在系统随着环境变化可持续性指标没有明显下降，则认为水量分配方案具有良好的适应性。

4.3.4 水资源管理系统结构与指标体系构建

根据对水资源系统结构的阐述，定义本问题研究对象——以黄河“八七”分水方案为主要支撑系统的黄河流域水资源系统结构如图 4-11 所示。

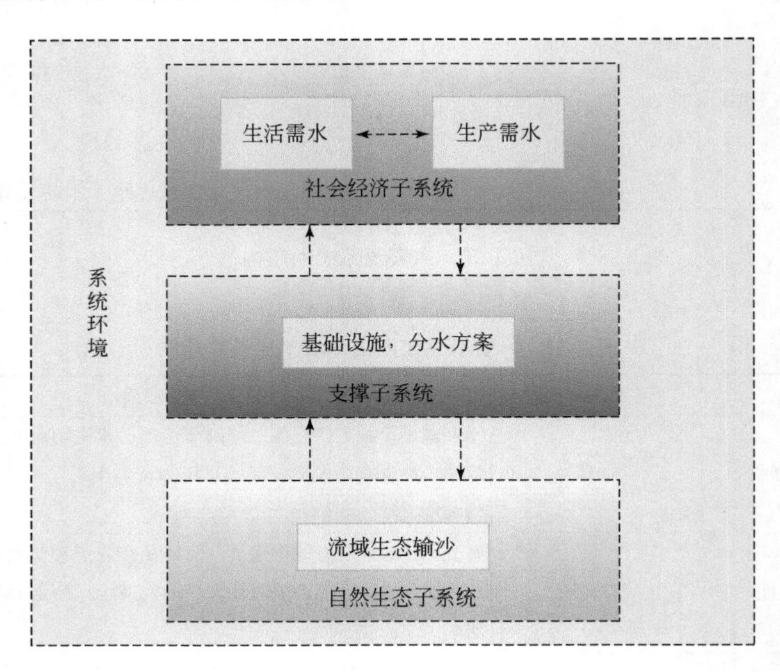

图 4-11　黄河流域水资源系统结构示意图

根据本研究问题的性质，黄河“八七”分水方案在水量调度时对生态环境主要关注的是满足输沙需水的要求。因此，为了简化问题，我们将自然生态子系统只考虑一个用水主体：流域生态输沙。

根据黄河流域资源配置系统的特点，定义六个定向功能评价指标，以评估黄河“八七”分水方案的适应性。将三个子系统的实际使用水量作为对水资源的需求量，评价时间为 1999～2016 年，具体指标如表 4-12 所示。

表 4-12　以黄河“八七”分水方案为核心的黄河水资源配置系统适应性评价指标

系统功能	计算指标	计算公式
存在性	系统完整性	—
功能性	最大缺水度	$\mathrm{Eff}(i)=1-\max\left(\dfrac{D(t,\ i)}{W(t,\ i)}\right)$
灵活性	保证率	$\mathrm{Fre}=\dfrac{\text{No. of times } D(t,\ i)=0}{m}$
稳定性	恢复力	$\mathrm{Sec}=\dfrac{\text{No. of times } D(t,\ i)=0 \text{ follows } D(t,\ i)>0}{\text{No. of times } D(t,\ i)>0 \text{ occured}}$
应变性	协调力	$\mathrm{Ada}=\dfrac{\mathrm{Fre}\ (t,\ \mathrm{soc})}{\mathrm{Fre}(t,\ \mathrm{env})}$
共生性	标准化河口湿地面积	$\mathrm{Eco}(t)=\dfrac{W(t)}{W_o}$

（1）存在性——系统完整性

只有在水利基础设施工程完备、水资源配置政策和管理体制完善及支撑子系统完整的情况下，社会经济子系统和流域生态子系统才能正常运行。因此将系统存在性指标定义为支撑子系统的完整性。完整的水利支撑系统由两部分组成：水利基础设施和水资源管理模式。

对于水利基础设施和水资源管理模式定义一个满分为 1 的完整性评价体系（表 4-13）。

表 4-13　水利支撑系统完整性评分体系

完整性评价	不具备	具备但未发挥作用	具备且发挥作用
	0	50%	100%

系统总体的完整性由两部分的平均值得到。

（2）功能性——最大缺水度

黄河“八七”分水方案的一个重要功能是实现流域内水资源的综合治理，限制无序取用水行为，缓解上下游用水矛盾，保障黄河不断流。功能性实现效果足够好，即能充分应对水资源的稀缺性，减少缺水带来的负面影响。用脆弱度分别衡量社会经济子系统和流域生态子系统缺水的程度。

$$\mathrm{Eff}(i)=1-\max\left(\frac{D(t,i)}{W(t,i)}\right) \tag{4-5}$$

式中，$\mathrm{Eff}(i)$ 为第 i 分水区的功能性；$D(t,\ i)$ 为第 t 评价期内 i 分水区缺水量（需水量大于供水量时，D 为两者之差；当需水量等于供水量时，$D=0$；$W(t,\ i)$ 为第 t 评价期内 i 分水区需水量。

（3）灵活性——供水保证率

黄河水资源配置系统问题的一大特点是用水主体的多样性和复杂性。沿黄 9 个省（自治区）的发展均有赖于缓和提供的地表水资源，需要供水工作模式的多样化。根据前文给出的可靠性的概念，表示评价期内供水满足需求的概率。在评价期内，系统大概率供水都可以满足需求，从结果的角度反映了系统具有灵活性，能够应对环境多样性带来的影响，计算公式为

$$\mathrm{Fre}(t,i)=\frac{\text{No. of times } D(t,i)=0}{M} \tag{4-6}$$

式中，$\mathrm{Fre}(t, i)$ 为第 t 个评价期内第 i 个分水区灵活性；M 为评价期时间跨度。

（4）稳定性——恢复力

环境发生不可预测的突变时，系统受到干扰，部分功能失效。用弹性可以表示失效后恢复正常的能力，即系统在易变环境下保持自我稳定。计算方法如下：

$$\mathrm{Sec}(t,i)=\frac{\text{No. of times } D(t,i)=0 \text{ follows } D(t,i)>0}{\text{No. of times } D(t,i)>0 \text{ occured}} \tag{4-7}$$

式中，$\mathrm{Sec}(t, i)$ 为第 t 个评价期内第 i 个分水区稳定性。

（5）应变性——协调力

随着自然和社会条件逐渐发生不可逆的变化，分水方案应该具有适应环境、平衡经济社会供水和生态输供水水的协调能力。而保证率是衡量子系统需水满足度的指标。用不同评价期内分水方案分别对人类社会和生态供水保证率比值表示适应性，比值越接近，表明分水方案能够很好平衡两个子系统的供水。计算公式如下：

$$\mathrm{Ada}(t)=\frac{\mathrm{Fre}(t,\mathrm{soc})}{\mathrm{Fre}(t,\mathrm{env})} \tag{4-8}$$

式中，$\mathrm{Ada}(t)$ 为评价期 t 内适应性；$\mathrm{Fre}(t, \mathrm{soc})$ 为评价期 t 内对社会经济供水保证率；$\mathrm{Fre}(t, \mathrm{env})$ 为评价期 t 内对流域生态供水保证率。

（6）共生性——标准化河口湿地面积表征

人类水资源配置系统和生态系统等共存于一个环境中，均依赖于有限的水资源。因此湿地的面积及类型是生态环境评估的重要指标之一。若湿地面积缩小，将使湿地原有结构发生变化，使生物栖息环境发生变化，失去天然的栖息地、产卵场和越冬场，减少生物多样性。由于黄河断流主要发生在黄河下游，故采用标准化河口湿地面积反映水资源配置系统对生态系统的影响，计算方法如下：

$$\mathrm{Eco}(t)=\frac{W(t)}{W_o} \tag{4-9}$$

式中，$W(t)$ 为评价期 t 内河口湿地面积；W_o为适宜的河口湿地面积。

综上所述，评估黄河“八七”分水方案的适应性的指标总结如表 4-14 所示，其中功能性、灵活性和稳定性三个指标既可以用于子系统（社会经济子系统、生态环境子系统）

的评价也可以用于全流域水资源系统的评价，而存在性、应变性和共生性三个指标只能用于全流域水资源系统的评价。

表 4-14　支撑系统完整性评分体系

定向指标	计算指标	应用范围
子系统功能性	子系统最大缺水度	子系统/全流域
子系统灵活性	子系统供水保证率	子系统/全流域
子系统稳定性	子系统恢复力	全流域
存在性	系统完整性	
应变性	协调力	
共生性	标准化黄河河口湿地面积	

4.4　适应性综合评价

4.4.1　黄河“八七”分水方案适应性评价结果分析

根据以上方法，首先对经济社会及自然生态子系统的水资源可持续性进行计算，分为 4 个评价期，分别为实施统一调度前（1988 ~ 1998 年）、统一调度初期（1999 ~ 2003 年）、统一调度中期（2004 ~ 2011 年）和近期（2012 ~ 2019 年），分别对经济社会及自然生态子系统和全流域水资源系统的适应性进行了评价。

（1）经济社会及自然生态子系统适应性评价

从经济社会子系统和自然生态子系统的角度分析，分水方案对黄河流域两个子系统的适应性评价结果如表 4-15 和图 4-12 所示。

表 4-15　子系统适应性分析　（单位：%）

分水区	评价期	功能性	灵活性	稳定性
经济社会子系统	1988 ~ 1998 年	95.04	70.78	79.17
	1999 ~ 2003 年	78.40	35.00	42.50
	2004 ~ 2011 年	89.45	53.13	53.57
	2012 ~ 2019 年	87.34	57.81	56.67
自然生态	1988 ~ 1998 年	16.14	50.00	20.00
	1999 ~ 2003 年	43.59	40.00	33.00
	2004 ~ 2011 年	44.24	75.00	100.00
	2012 ~ 2019 年	59.61	87.50	100.00

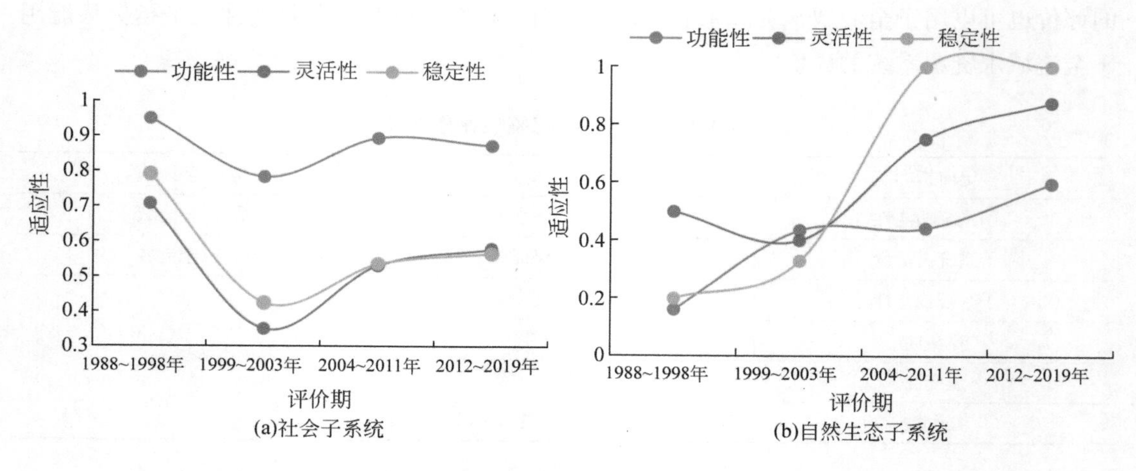

图 4-12　经济社会子系统和自然生态子系统的功能性、灵活性和稳定性

结果表明，分水方案对社会经济用水调节能力的适应度不断改变。1999 年统一调度后，1999～2003 年指标呈下降趋势，经济社会需水量较为稳定，而来水较枯导致可分配水量减小；2004～2011 年，三个指标持续上升，主要原因是来水量相对稳定，经济社会发展需水量虽然不断增加，但分水方案能够较稳定地保证经济社会用水。2012～2019 年，指标总体保持稳定，但功能性指标呈下降趋势，主要原因是这一时期内来水丰枯波动较大，同时经济社会需水量快速增加，导致水资源供需之间在时间上无法很好匹配。

同时，分水方案对自然生态用水调节能力的适应度持续增强。1999 年统一调度后，1999～2016 年，指标总体整体呈稳定上升趋势，分水方案对自然生态用水的保障程度很好，一直维持在较高水平。2004～2011 年，指标呈快速上升趋势，因河道来沙量显著减少导致生态环境实际需水量减少，而分水方案预留水量没有减少。2012～2019 年，生态环境需水各项指标呈增加趋势，分水方案实际对生态用水的支撑度仍维持在较高水平且不断提升。

（2）流域系统分水方案对黄河流域整体水资源系统的适应性分析

从流域系统的角度分析，分水方案对黄河流域整体水资源系统的适应性评价结果如表 4-16和图 4-13 所示。

表 4-16　全系统适应性分析　（单位：%）

评价期	存在性	功能性	灵活性	稳定性	应变性	共生性
1988～1998 年	75.00	39.16	59.49	39.79	70.64	90.62
1999～2003 年	100.00	58.46	37.42	37.45	87.50	96.03

续表

评价期	存在性	功能性	灵活性	稳定性	应变性	共生性
2004~2011年	100.00	62.91	63.12	73.19	70.83	89.70
2012~2019年	100.00	72.15	71.12	75.28	66.07	87.12

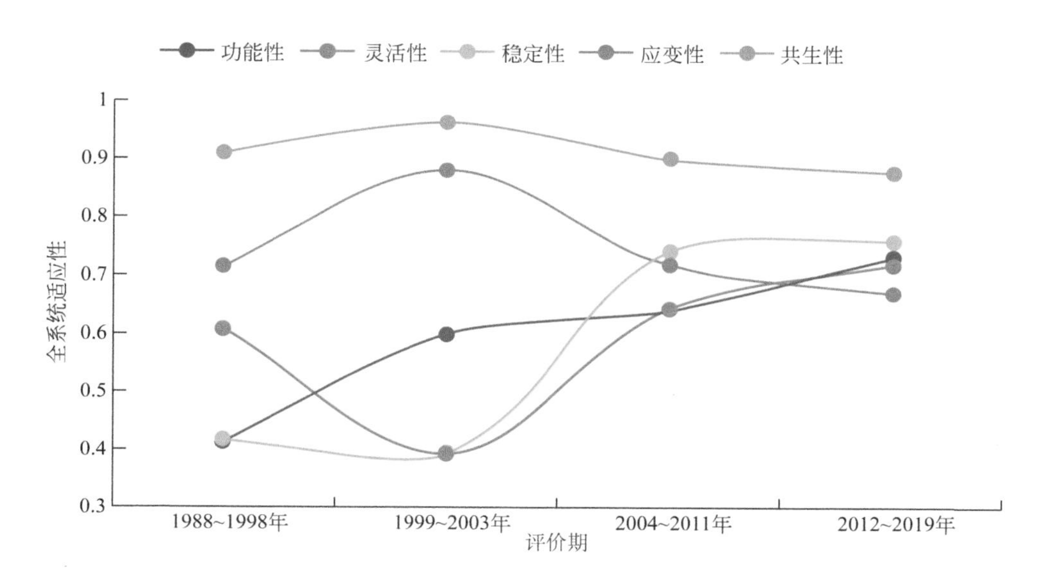

图4-13 全系统应变性变化

结果表明，1999年统一调度后，全系统应变性指标呈先上升后下降趋势。应变性指标表示在经济社会需水增加、生态环境需水减小、来水量丰枯变化的变化环境下，分水方案平衡经济社会用水和生态输沙用水协调能力的适应性。2004~2011年，分水方案对社会经济和生态用水的支撑能力都有提高，但系统应变性指标开始下降。应变性指标反映的是协调能力，即分水方案对两个子系统的调度开始不太同步。2012~2019年，社会经济供水保障各项指标总体维持稳定，但应变性指标呈下降趋势，生态用水保障仍维持较高水平且不断提升。由于未来经济社会用水需求会持续增长，为了避免可能出现的供需矛盾，日后增加对经济社会的供水，优化产业结构，对实际用水量进行更为严格的限制。

4.4.2 可持续性与适应性评价黄河水量分配方案优化方向

沿黄省（自治区）是与黄河“八七”分水方案的直接利益相关者，其意见对于黄河“八七”分水方案如何调整具有至关重要的意义。随着近年来黄河来水减少和用水增加，目前多数省（自治区）年度耗水量已接近或达到分水指标，无法满足经济社会发展的刚性用水需求，水资源供需矛盾突出，所以沿黄多数省（自治区）都从各自区域发展的角度提出了增加用水指标的迫切要求。宁夏、内蒙古更明确提出各省（自治区）间分水指标调整的思路：增加上游分水指标，中下游省份多用南水北调水。目前南水北调东、中线和小浪底等工程已建成并开始运行发挥效益，河南、山东、河北、天津等受水区已可利用长江水，黄河流域水资源重新调配的条件已经具备。

综合当前黄河流域水资源情势、用水结构、工程布局等发生较大变化的新形势，在充分考虑沿黄省（自治区）、专家学者、社会组织等对黄河“八七”分水方案调整意见的基础上，结合习近平总书记关于黄河流域生态保护和高质量发展的系列讲话精神，基于“生态优先、大稳定、小调整”的原则，本次研究基于分水方案适应性评价提出黄河“八七”分水方案调整思路具体包含以下方面：

1）部分年份河道内生态水量偏低，在无新增水源情况下，河道内水量分配比例不宜减少。据统计，黄河 2001～2016 年平均入海水量为 162 亿 m^3，最小为 42 亿 m^3；河道外各省（自治区、直辖市）年均引黄耗水量为 299 亿 m^3，已占黄河天然径流量 65%；若进一步增加国民经济耗水，河道内生态水量更加难以保障，所以在无新增水源情况下，黄河“八七”分水方案中预留河道内生态水量的比例不宜减少。

2）中下游省份多用南水北调水，增加生态用水和上中游分水指标。按照下游地区更多使用南水北调供水，腾出适当水量用于增加生态流量和保障上中游省（自治区）生活等基本用水需求，统筹考虑南水北调工程与黄河水资源配置关系，提出西线生效前黄河“八七”分水方案调整策略。根据国务院批准的《南水北调工程总体规划》，东线一期工程多年平均抽江水量为 89 亿 m^3，中线一期工程调水规模为 95 亿 m^3，供水目标为重点城市生活及工业用水，兼顾生态、农业等用水，目前东、中线工程实际引水量并没有达到设计能力，建议在梳理河南、山东、河北、天津现状黄河取水许可的基础上，将目前的剩余指标采用南水北调中、东线供水替代，将腾出的水指标用于增加生态流量和保障上中游省（自治区）生活等基本用水需求，并根据经济社会发展用水需求，逐步加大南水北调用水。

3）加快上、中游大型水库及南水北调西线工程建设，提高经济社会用水的保障程度和流域系统的应变性。黄河流域多年平均河川天然径流量仅占全国 2%，人均年径流量仅为全国的 23%，却支撑了全国 7% 的国内生产总值、15% 的耕地和 9% 的人口，同时担负着向流域外部分地区供水任务。黄河水资源具有年际变化大，连续枯水段长的特点，在枯水期和枯水段，缺水更加严重，给黄河流域的生产生活用水和黄河水生态系统和社会经济可持续发展造成严重影响。目前黄河干流调蓄能力较强的大型水库有龙羊峡、刘家峡、万家寨、三门峡、小浪底等五座，总库容为 536 亿 m^3，调节库容约为 300 亿 m^3。但是，已建的三门峡水库由于受库区淤积和潼关高程的限制，只能进行有限的调节，一般年份在 2～3月结合防凌最大蓄水量仅为 14 亿 m^3，远不能满足下游引黄灌溉用水要求。小浪底水库长期有效库容为51亿m^3，可起到一定程度的调节。但仅靠三门峡和小浪底水库，中游干流河段的水库调节能力仍显不足，尤其是河口镇至龙门区间的晋陕峡谷缺乏可调节径流的控制性水利枢纽工程。黄河流域是资源性缺水地区，依赖自身水资源量难以解决流域的供需矛盾，支撑黄河流域及相关地区经济社会的可持续发展，从长计议，必须依靠南水北调西线、引汉济渭等调水工程，加强黄河中游控制性水库和南水北调西线工程的前期工作，尽快实施跨流域调水工程，进一步提高黄河流域水资源的保障程度。

4.5 本章小结

本章运用可持续定向理论，面向变化环境适应、水资源高效利用和流域可持续发展，创建流域水量分配方案适应性的评价理论与准则，并从可靠性、弹性和脆弱性等方面，构建流域分水方案适应性评价的分层指标体系，提出了流域分水方案适应性综合评价方法；最后总结了黄河“八七”分水方案的背景和历程，分析了黄河“八七”分水方案执行情况及实施效果，对黄河“八七”分水方案进行了适应性评价。

1）系统总结了黄河“八七”分水方案执行情况，从黄河流域水量分配方案的环境变化适应效果、流域水资源利用效率、流域调度管理效率、经济社会效益、生态环境效应等方面定量分析黄河“八七”分水方案实施效果。结果表明，黄河“八七”分水方案实施效果显著：保障了供水安全，经济社会效益显著；优化了用水结构，促进了节水型社会发展；遏制了河道断流，改善了生态环境；建立健全了水量调度管理体制、机制和制度，提高了水资源管理水平。分水方案对经济社会和生态环境用水的综合满足度在1999～2002年呈下降趋势，主要受来水量偏枯影响；2003～2012年处于较高水平且比较稳定，这一时期分水方案的实施效果较好；2013～2015年呈明显下降趋势，这是经济社会需水增加、生态环境需水减小、来水量偏枯等因素综合作用的结果；2015年以后，随着来水量的增加，满足度有所提高。

2）系统要维持生存和保持可持续发展，需要有六种功能来应对系统环境六个特征的影响，即存在性、功能性、灵活性、稳定性、应变性和共生性。六种功能缺一不可，不能彼此替代，并且系统整体的可持续发展水平将受制于表现最差的功能。水资源配置系统包含系统本身及其所处的环境，可分为三个部分：人类系统、支撑系统、自然系统三个部分，结合黄河流域特点，本研究提出了系统完整性（存在性）、最大缺水度（功能性）、保证率（灵活性）、恢复力（稳定性）、协调力（应变性）、标准化河口湿地面积（共生性）六个定量指标作为黄河“八七”分水方案适应性评价的指标体系，并给出了定量计算的方法和公式。

3）黄河“八七”分水方案适应性评价结果表明，分水方案对社会经济用水调节能力的适应度不断改变。1999 年统一调度后，1999 ~ 2003 年指标呈下降趋势，经济社会需水量较为稳定，而来水较枯导致可分配水量减小；2004 ~ 2011 年，三个指标持续上升，主要原因是来水量相对稳定，经济社会发展需水量虽然不断增加，但分水方案能够较稳定地保证经济社会用水。2011 ~ 2019 年，指标总体保持稳定，但功能性指标呈下降趋势，主要原因是这一时期内来水丰枯波动较大，同时经济社会需水量快速增加，导致水资源供需之间在时间上无法很好匹配。

4）黄河“八七”分水方案适应性评价结果表明，分水方案对自然生态用水调节能力的适应度持续增强。1999 年统一调度后，1999 ~ 2016 年，指标总体整体呈稳定上升趋势，分水方案对自然生态用水的保障程度很好，一直维持在较高水平。2004 ~ 2011 年，指标呈快速上升趋势，因河道来沙量显著减少导致生态环境实际需水量减少，而分水方案预留水量没有减少。2012 ~ 2019 年，生态环境需水各项指标呈增加趋势，分水方案实际对生态用水的支撑度仍维持在较高水平且不断提升。

5）黄河“八七”分水方案适应性评价结果表明，1999 年统一调度后全系统应变性指标呈先上升后下降趋势。应变性指标表示在经济社会需水增加、生态环境需水减小、来水量丰枯变化的变化环境下，分水方案平衡经济社会用水和生态输沙用水协调能力的适应性。2004 ~ 2011 年，分水方案对社会经济和生态用水的支撑能力都有提高，但系统应变性指标开始下降。应变性指标反映的是协调能力，即分水方案对两个子系统的调度开始不太同步。2012 ~ 2019 年，社会经济供水保障各项指标总体维持稳定，但功能性指标呈下降趋势，生态用水保障仍维持较高水平且不断提升，该时段系统应变性持续下降。

6）综合当前黄河流域水资源情势、用水结构、工程布局等发生较大变化的新形势，基于“生态优先、大稳定、小调整”的原则，本次研究基于分水方案适应性评价提出黄河“八七”分水方案调整方向建议：①部分年份河道内生态水量偏低，在无新增水源情况下，河道内水量分配比例不宜减少；②中下游省份多用南水北调水，增加生态用水和上中游分水指标；③加快上中游大型水库及南水北调西线工程建设，提高经济社会用水的保障程度和流域系统的应变性。

第5章　流域水资源动态均衡配置理论方法与策略

黄河流域水资源供需矛盾尖锐，区域与行业间用水竞争激烈，经济、社会、生态环境等多类用水协调十分困难，需要在用水效率和公平之间做出权衡，水资源调控难度极大。近年来在变化环境的影响下，黄河流域水资源量持续减少、用水需求不断增长导致供需失衡进一步加剧，亟须创新水资源调控理论与方法以适应变化环境带来的新问题与新挑战。针对黄河流域严峻的缺水问题，本章从社会-经济-生态环境复合系统的角度出发，研究水资源利用效率核算方法，分析区域、部门之间用水的竞争性关系及用水公平的表征方式，提出统筹效率与公平的缺水流域水资源均衡调控理论与方法，建立流域水资源动态配置模型，提出适应未来环境变化的黄河流域水资源动态优化配置方案，为南水北调西线生效前黄河“八七”分水方案优化调整提供重要决策参考。

5.1　流域水资源动态均衡配置研究思路与框架

黄河“八七”分水方案运用至今，特别是全河水量统一调度后，对保障流域社会经济可持续发展及维持河流健康生命起到了非常重要的作用：①抑制河道外用水总量过快增长，维持沿黄各省（自治区）用水秩序；②保障了黄河干流连续21年不断流；③支撑了经济社会和粮食安全；④改善了流域生态环境。目前河道外刚性用水增长，水资源不适配性开始显现，干支流生态基流保障也存在困难。通过分析分水方案基本条件可以发现，水沙条件改变与工程调控能力大幅提升，这为调整河道内/外输沙及生态用水量配置关系提供了潜力；经济发展/用水特征改变表明各省（自治区）间的配置关系需要进一步改善；国家战略需求变化提出了分水方案“生态优先，大稳定，小调整”的基本原则。通过以上分析，本章提出“根据新的水沙条件，研究河道内外用水动态配置关系，提高分水方案对水沙动态变化的适应性”及“统筹公平与效率因素进行均衡配置，提高分水方案对各省（自治区）发展的适应性”的整体研究思路（图5-1）。

针对以往水资源配置的技术难点，基于黄河流域的新变化与新问题，本章研究提出流域水资源动态均衡配置技术体系，包括流域水资源均衡调控原理、流域水资源均衡调控与动态配置技术、流域水资源动态均衡配置及模型和多场景下分水方案调整策略四部分。其

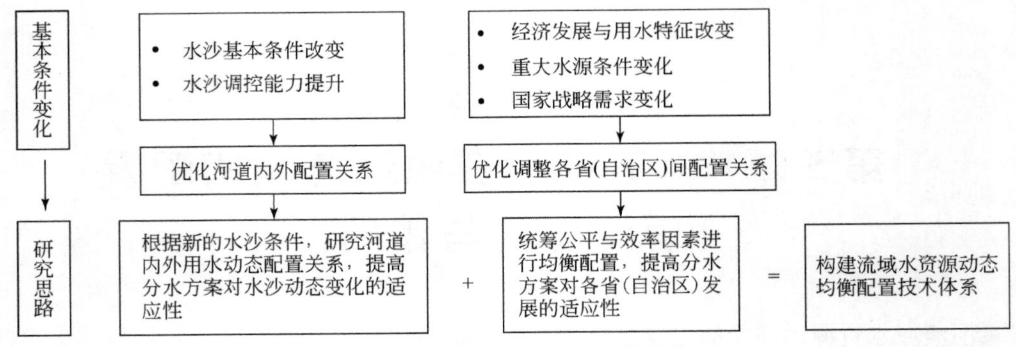

图 5-1　分水方案优化的研究思路

中，流域水资源均衡调控原理由水资源社会福利函数为引导，统筹公平与效率，对流域水资源进行分级分类均衡调控；流域水资源均衡调控与动态配置技术由流域分层需水分析方法、用水公平协调性分析方法、水资源综合价值评估方法、基于水沙生态多因子的流域水资源动态配置机制和流域水资源动态均衡配置方法五部分组成；基于流域水资源均衡调控原理构建流域水资源动态均衡配置技术，各类方法与技术形成计算模块共同构成流域水资源动态均衡配置模型；最后，形成多场景下分水方案调整策略，根据是否保障各省（自治区）既定分水指标不减少分为增量动态均衡及整体动态均衡配置两种优化策略。流域水资源动态均衡配置技术体系，见图 5-2。

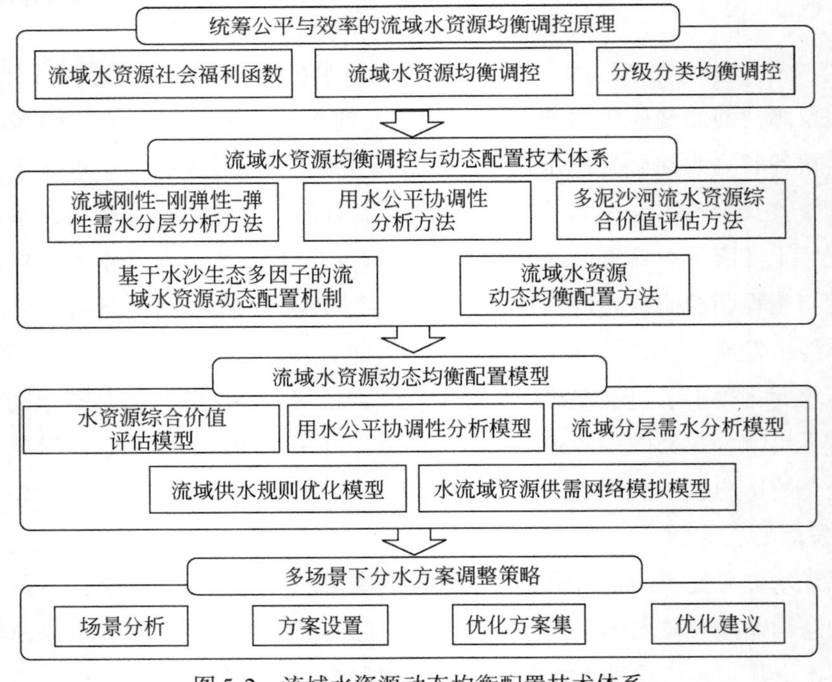

图 5-2　流域水资源动态均衡配置技术体系

5.2 基于水沙生态多因子的流域水资源动态配置机制

当前黄河流域水资源配置仅关注径流年度变化，对于多沙河流还应关注泥沙变化。为提高水资源配置对水沙动态变化及生态保护的适应性，需要建立多沙河流水资源动态配置机制，用于优化河道内外配置关系、确定经济社会水资源配置总量。本次研究提出的基于水沙生态多因子的流域水资源动态配置机制由高效动态输沙技术、生态流量过程耦合方法构成（图 5-3），在优先满足河流和近海生态需水的基础上，采用多沙河流高效输沙方法，根据来水来沙情况动态调整河道内分配水量，改变以往河道内外静态的分水比例，动态协调河道内外的水量配置关系。其中，高效动态输沙技术包含非汛期及汛期平水期河道冲刷计算方法、汛期洪水期高效输沙模式；生态流量过程耦合方法，综合考虑断面生态需水过程、三角洲淡水湿地生态补水量、河口近海生态需水量。

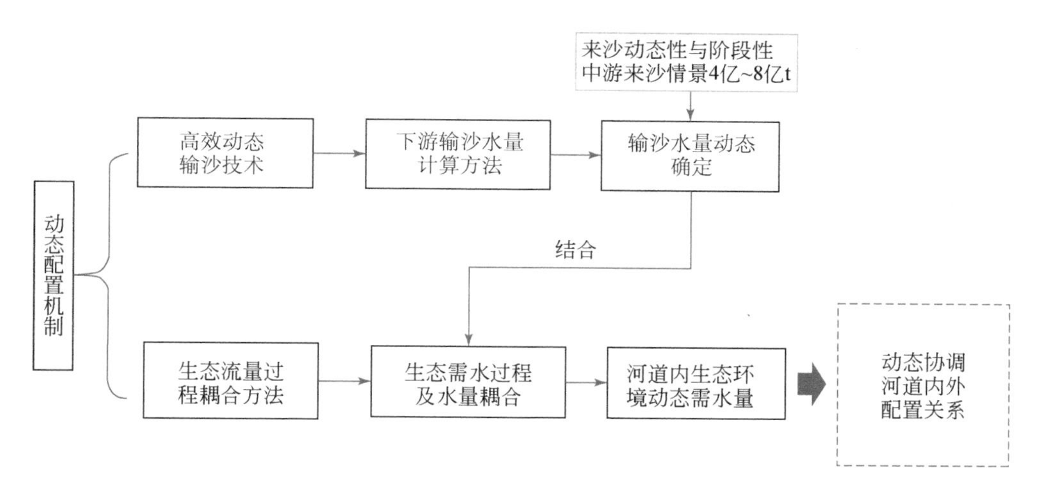

图 5-3 流域水资源动态配置机制研究思路

5.2.1 不同来沙情景下高效动态输沙用水分析

输沙需水是黄河下游生态环境综合需水量的重要组成部分，保障下游河道冲淤平衡的输沙水量，是维持中水河槽稳定、防洪引水安全的关键指标。黄河下游非汛期、汛期的水流冲刷规律不同，汛期的洪水期和平水期的冲淤规律也不同，因此将全年划分为非汛期、汛期洪水期和汛期平水期三个时段。

5.2.1.1 非汛期及汛期平水期河道冲刷计算

黄河下游来沙规律为：非汛期、汛期平水期来水含沙量较低，清水对下游河道进行冲刷；汛期洪水期场次洪水含沙量很高，不能有效排出的泥沙淤积在河道中。由于20世纪90年代黄河下游高含沙小洪水发生频繁，因此河道淤积较为严重，河床组成较细。小浪底水库运用后，下游河道发生持续冲刷，河床组成不断粗化，到2006年下游粗化基本完成。由于河道床沙组成对清水水流的冲刷强度影响较大，因此按床沙粗化情况将小浪底水库运用以来分为两个时段，即2000～2006年和2007～2013年。分析表明，清水小流量下泄阶段，下游河道的冲刷量与进入河道的水量关系密切。非汛期和汛期的平水期，同一时段内下游河道的冲刷量随着水量的增大而增大。

5.2.1.2 汛期洪水期高效输沙模式

根据3.3节的研究成果，实现高效输沙，主要取决于流量、含沙量、来沙组成及河道边界条件四个因子。流量对输沙效率的影响相对简单。流量越大水流挟沙能力越大，输沙效率越高，因此流量以接近下游平滩流量大小为好。含沙量是决定输沙效果（淤积比）最敏感因子。含沙量过高和过低均不利于高效输沙，以略高于输沙水流的挟沙力大小为宜。除了流量和含沙量因子外，来沙组成和河道边界条件也制约高效输沙的实现。当来沙较之偏细时，容易实现高效输沙，当来沙偏粗时，降低输沙效率。河道边界条件，主要包括主槽形态和河床粗化程度。在前期河道淤积条件下，主槽相对窄深，且床面未发生粗化，床面阻力小，河道输沙能力较强，易实现高效输沙；在前期河道冲刷条件下，主槽相对宽浅，且床面发生明显粗化，床面阻力大，河道输沙能力较弱，不利于高效输沙。

研究表明，在现状下游过流能力条件下，可实现高效输沙的流量级为2500～4000m^3/s。考虑洪水的涨落过程和下游最小过流能力，高效输沙的优选流量级为3500～4000m^3/s。通过对历史洪水的输沙效率研究以及理论推导表明，可实现高效输沙的含沙量量级为40～70kg/m^3，高效输沙的优选含沙量级为45～60kg/m^3。

5.2.1.3 输沙水量计算

将黄河下游河段一年内的泥沙冲淤变化分为三个时段，即非汛期、汛期平水期及汛期洪水期。黄河下游汛期历时123天，其中汛期洪水期历时T_{FF}，理想的进入下游的流量Q_{FF}为3500m^3/s；汛期平水期历时T_{FM}，进入下游平水期流量Q_{FM}采用2000～2017年小浪底水库运用后平水期平均值400m^3/s，扣除两岸引水后，利津断面汛期平水期流量为239m^3/s。

为了实现黄河下游冲淤平衡，应满足：

$$S_Y = C_N + C_{FF} + C_{FM} \tag{5-1}$$

式中，S_Y为全年进入下游的沙量，t；C_N、C_{FF}和C_{FM}分别为非汛期、汛期洪水期和汛期平水期下游的输沙量，t。其中，非汛期输沙水量W_{SN}按照非汛期生态需水量计算，即

$$W_{SN}=D_{EN}+G_N \tag{5-2}$$

式中，G_N为下游非汛期引水量，m^3。实测资料回归分析结果显示，非汛期输沙量为

$$C_N=-1.64\times10^3 W_{SN}^2-1.35\times10^{-3} W_{SN} \tag{5-3}$$

实测资料回归分析结果显示，汛期平水期输沙量为

$$C_{FM}=-3.50\times10^3 W_{SFM}^2-8.00\times10^2 W_{SFM} \tag{5-4}$$

式中，W_{SFM}为汛期平水期输沙水量，$W_{SFM}=Q_{FM}T_{FM}$，m^3。

将输出单位沙量所需要的水量定义为输沙效率水量，则汛期洪水期输沙效率水量计算公式为

$$E_{FF}=\frac{W_{SFF}}{C_{FF}}=\frac{1000.00Q_{FF}T_{FF}}{Q_{FF}T_{FF}R_{FF}P_S-Q_{DFF}T_{FF}R_D}=\frac{1000.00}{R_Y(P_S-\alpha\beta)} \tag{5-5}$$

$$R_{FF}=\frac{1000.00S_Y}{W_{SFF}} \tag{5-6}$$

式中，E_{FF}为汛期洪水期输沙效率水量，m^3/t；W_{SFF}为汛期洪水期输沙水量，m^3；Q_{FF}为汛期洪水期进入下游的流量，m^3/s；T_{FF}为汛期洪水期历时，s；R_{FF}为汛期洪水期进入下游水量的平均含沙量，kg/m^3，进入黄河下游的沙量集中于洪水期，因此R_{FF}近似等于全年来沙量与汛期洪水期水量的比值；P_S为排沙比，无量纲；Q_{DFF}为汛期洪水期下游两岸平均引水流量，m^3/s，$Q_{DFF}=\alpha Q_{FF}$，α为无量纲的引水流量系数；R_D为汛期洪水期下游两岸引水的平均含沙量，kg/m^3，$R_D=\beta R_Y$，β为无量纲的引水含沙量系数。实测资料统计结果显示，69.00%的洪水中$\alpha\beta<0.10$，本书中$\alpha\beta$取实测资料的平均值0.07。

利用实测洪水资料，通过回归分析可以得到排沙比P_S的计算公式：

$$P_S=\frac{35.00Q_{FF}^{0.38}(\alpha\beta)^{0.60}}{R_Y^{0.53}\,2.00^{\frac{R_Y}{Q_{FF}}}}-2.00 \tag{5-7}$$

联立式（5-1）~式（5-7），可得到汛期洪水期历时T_{FF}、汛期洪水期水量W_{SFF}和汛期洪水期输沙量C_{FF}、汛期平水期历时T_{FM}、汛期平水期水量W_{SFM}和汛期平水期输沙量C_{FM}。

在维持下游河道冲淤平衡的前提下，利津断面汛期输沙需水量D_{SF}为

$$D_{SF}=W_{SFF}+W_{SFM}-G_F \tag{5-8}$$

式中，G_F是汛期黄河下游两岸引水量。

本次研究采用汛期洪水期的高效输沙计算方法，综合考虑了非汛期、汛期平水期不同生态环境用水量对下游河道的冲刷作用及汛期洪水期高效输沙后河道的适当淤积（排沙比大于80%），从更符合下游河道冲淤规律的角度实现黄河下游河道高效输沙。在小浪底水库拦沙结束前，下游河道输沙条件一般，河道边界条件不利于洪水期输沙（长期冲刷条件

下河道展宽、床面粗化明显即床面阻力较大)，来沙组成较天然情况明显偏粗，非汛期和平水期在粗化条件下冲刷量小。基于新形势下黄河下游防洪保安全和水沙调控体系工程完善条件下的输沙潜力考虑，在来沙量较小时，维持下游冲淤平衡是必要的、也是可行的；当来沙量较大时，维持下游河道冲淤平衡难度大，输沙水量很难满足需求，此时应允许适当淤积，本次研究将淤积比控制在20%以内。

5.2.2 生态流量过程耦合方法

5.2.2.1 利津断面生态流量确定

利津断面是黄河干流把口断面，其下游的黄河河口段受泥沙淤积和弱潮河口影响，河道频繁改道，形成了独特的河、海、陆三相交汇堆积型河口及近海生态系统，是生物多样性保护高度敏感区域，在我国生物多样性保护中占有重要地位。其中黄河利津段是黄河鲤及鲂鲏、梭鱼等黄河特有土著鱼类和过河口保护鱼类的重要“三场一通道”；下游的黄河三角洲形成了我国暖温带最广阔、最完整的原生湿地生态系统，分布有国际珍稀濒危等涉禽、游禽类候鸟迁徙地，是我国主要江河三角洲中最具重大保护价值的生态区域。黄河自上游携带大量营养盐和淡水入海，为河口近海海洋生物提供了丰富饵料的低盐生存环境，孕育了较高初级生产力，是黄渤海渔业生物的主要产卵、孵幼和索饵场。

利津断面作为黄河最后一个常设水文断面，既是黄河过河口鱼类通道，也是三角洲湿地生态控制断面，又是黄河近海水域入海水量控制断面。根据黄河特有土著鱼类及过河口鱼类洄游、产卵和岸滩觅食、育幼等敏感生境和河道湿地水源补给的水流条件要求，三角洲淡水湿地和珍稀保护鸟类栖息生境结构与功能维护的水量条件，以及近海洄游鱼类产卵期栖息生境要求，提出利津断面生态流量（生态基流、敏感期生态流量、脉冲生态流量过程、廊道生态功能维持流量、入海生态水量）控制要求，为生态流量管控和河流廊道功能保护提供依据。同时，根据黄河水资源天然禀赋和开发利用现状，根据黄河河口生态保护和修复效果，以维持现阶段生态状况和恢复至20世纪80年代为目标，分别提出最小和适宜生态流量（水量)。在黄河河口段、三角洲及近海水域生态保护目标识别基础上，开展生态保护目标需水机理分析，分别应用栖息地法和水文变化的生态限度法（ecological limits of hydrologic alteration，ELOHA)，建立河川径流与目标生物栖息地之间的关系，建立黄河入海径流与近海生态状况的响应关系，综合提出利津断面生态流量及过程。

利津断面生态流量以土著鱼类栖息生境需水和维持河流廊道功能需水为主，其中土著鱼类栖息生境需水以河流栖息地模拟法为主，集成生态观测、控制实验、模型模拟、空间分析等多技术手段，建立了黄河代表物种适宜度标准曲线，构建了黄河重点河段河流栖息地模型，揭示了水生生物状况与河川径流条件响应关系，提出了利津断面生态基流、敏感期生态流量和脉冲生态流量。同时，以黄河下游调水调沙实践为基础，提出廊道功能维持生态水量（表5-1）。

表5-1 利津断面河流生态需水指标及其过程 （单位：m^3/s）

生态流量指标项目	最小生态流量	适宜生态流量
生态基流	75	100
敏感期生态流量	150	230～250
脉冲生态流量（择机）	700～1000（7～15天）	
廊道维持流量（相机）	2600～4000（7～10天）	

5.2.2.2 三角洲淡水湿地生态补水量

2008～2019年，黄河三角洲划定了126km²淡水湿地恢复区，共实施10次生态补水，累计生态补水4.1亿m³，平均年补水量0.4亿m³。通过连续补水，淡水湿地恢复已恢复至20世纪90年代初水平，栖息地质量提高，生物多样性增加。根据黄河三角洲淡水湿地生态补水实践实施情况及生态效应，充分考虑黄河水资源支撑条件，结合近年来淡水湿地补水范围变化、补水方式改变、恢复目标和格局变化，综合确定现阶段黄河三角洲淡水湿地生态补水量需要6800万～7600万m^3/a。受黄河三角洲油田开发、生产堤和保护区道路等建设影响，阻断了河口淡水湿地水量补给来源，黄河干流两侧天然湿地大部被道路隔离，湿地保护与修复主要以黄河汛期大流量过程中向湿地恢复区引流补水恢复为主。

5.2.2.3 河口近海生态需水量

科学合理确定黄河近海水域的生态需水，对于维系黄河近海水域生态系健康和海洋渔业资源具有重大的科学价值。确定黄河口近海水域生态系统对黄河径流的需求，涉及两个关键科学问题：一是河口–近海水域代表物种生态习性及其栖息生境特征；二是水盐梯度变化下黄河入海水量与近海生态的响应关系。

采用ELOHA法研究近海水域生态水量。将近海洄游鱼类栖息地面积作为生态指标，建立入海水量和栖息地面积之间的水文–生态关系：

$$H=f(W_o) \tag{5-9}$$

式中，H是近海洄游鱼类栖息地面积，km²；W_o是入海水量，亿m³。

在黄河流域现状工程条件下，考虑维持河口近海水域盐度27‰等值线低盐区面积为380km²、河口近海水域水质为Ⅱ水质、河口近海水域处于亚健康水平。西线生效后，考虑维持河口近海水域盐度27‰等值线低盐区面积为1380km²、河口近海水域水质为Ⅱ类水质、河口近海水域处于健康水平。

5.2.2.4 生态流量过程耦合

河道内生态环境需水量综合分析是将断面生态需水过程、动态输沙需水过程、三角洲淡水湿地生态补水量、河口近海生态需水量进行流量过程及水量的科学耦合，合理确定出生态优先的河道内保障水量。即 $Q_{利津生态环境}=\max(Q_{干流非汛期生态}, Q_{河口近海非汛期生态}, Q_{淡水湿地生态补水})+\max(Q_{干流汛期生态}, Q_{利津汛期输沙}, Q_{河口近海汛期生态}, Q_{淡水湿地生态补水})$，水量及流量过程耦合示意见图 5-4。

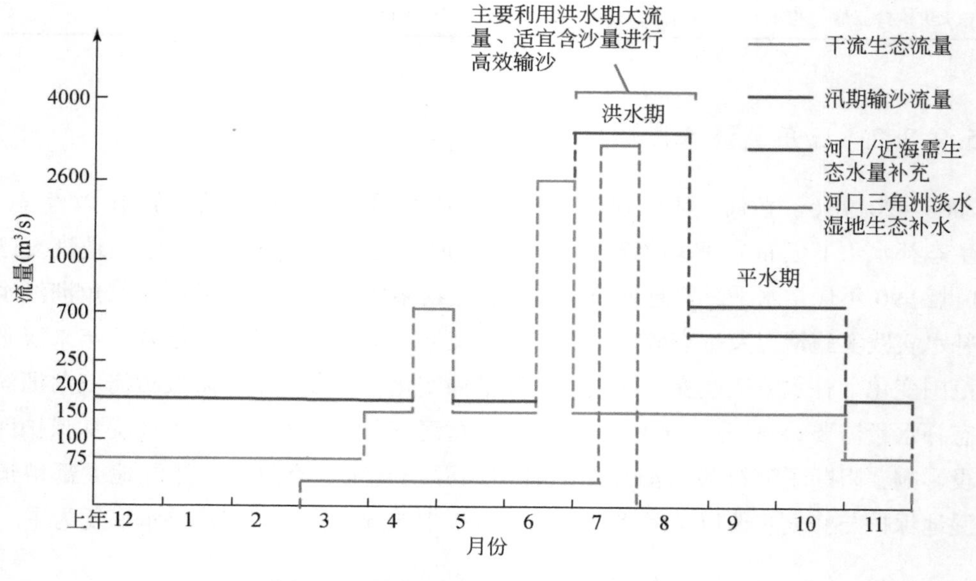

图 5-4 下游生态环境综合流量过程示意

5.2.3 流域水资源动态配置流程

黄河流域水少沙多，下游“地上悬河”“二级悬河”威胁两岸安全，因此以往的水资源规划中配置了大量水资源用于河道内输沙。在气候变化和人类活动的共同影响下，近年来入黄沙量大幅减少，实际配置水量超过输沙需求，部分河段持续冲刷；高效输沙研究持续开展，黄河流域水沙调控能力不断增强，有望通过水工程调度提高输沙效率、减少输沙水量。与此同时，在天然来水持续减少、社会经济需水刚性增长的影响下，水资源供需矛盾持续加。为缓解黄河流域水资源供需矛盾，本次研究提出黄河流域水资源动态配置方法：以黄河“八七”分水方案为基准，根据变化的来水、来沙和河道外需水动态调整分水指标。黄河流域水资源动态配置的关键在于在黄河来沙减少的背景下，在汛期通过中游水库调度塑造高效的输沙洪水过程，在实现下游河道冲淤平衡的同时节省输沙水量，将节省出的输沙水量作为河道内生态用水和河道外社会经济用水。黄河流域水资源动态配置的原则为“保存量、分增量”，即保障丰增枯减后的黄河“八七”分水方案河道外分水指标，并将河道内节省出的水量作为河道外分水指标的增量分配给沿黄各省（自治区）。黄河流域水资源动态配置流程如图 5-5 所示。

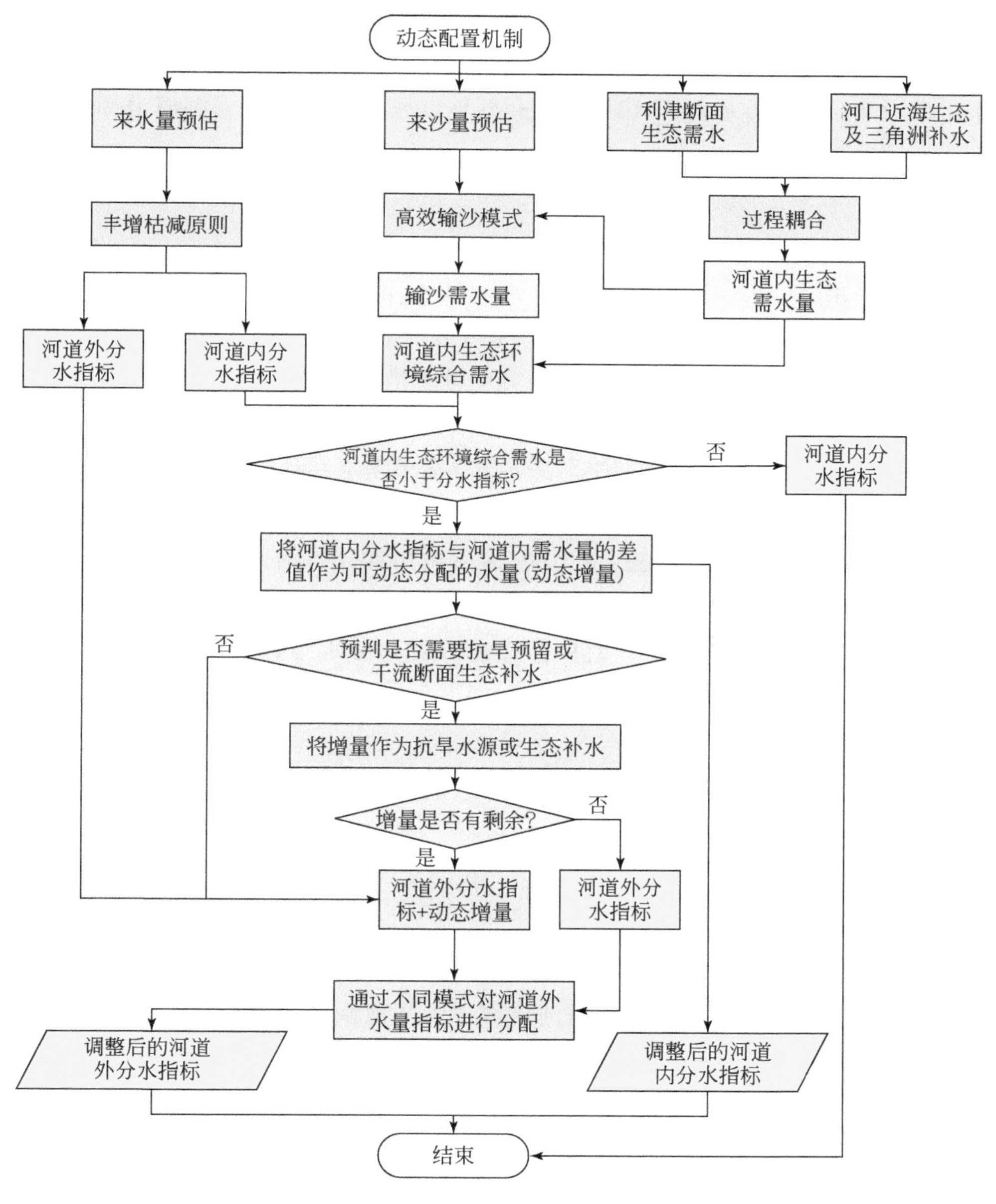

图 5-5　黄河流域水资源动态均衡配置机制

步骤一：预报未来一年的来水量，基于黄河“八七”分水方案，依据“同比例丰增枯减”的原则确定河道内和河道外各省（自治区）分水指标，包括河道内分水指标 A_{PI} 和河道外各省（自治区）分水指标 A_{POi}，$i=1\sim9$，代表沿黄 9 省（自治区），暂不考虑调整跨流域供水的河北省与天津市的分水指标。

步骤二：分别将汛期、非汛期、全年 3 个时段河道内生态需水和近海海域生态需水的最大值作为利津断面汛期生态需水量 D_{EF}、非汛期生态需水量 D_{EN} 和年生态需水量 D_{EY}。

步骤三：预报未来一年进入黄河下游的沙量 S_Y，根据利津断面非汛期生态需水量 D_{EN} 计算下游河段非汛期输沙量 C_N，然后采用高效输沙理论计算维持下游河道冲淤平衡的利津断面汛期输沙需水量 D_{SF}。

步骤四：计算河道内可节约的分水指标 ΔA，单位均为 m^3。

$$\Delta A=A_{PI}-\max(D_{SF},D_{EF})-D_{EN} \tag{5-10}$$

步骤五：如果 $\Delta A>0$，则将河道内分水指标从 A_{PI} 调整为 A_{CI}，$A_{CI}=\max(D_{SF},D_{EF})+D_{EN}$；$A_{CI}$ 包括河道内汛期输沙分水指标 A_{CS} 和河道内非汛期生态分水指标 A_{CE}，$A_{CS}=\max(D_{SF},D_{EF})$，$A_{CE}=D_{EN}$；否则按照步骤一得到的分水指标进行配水。

步骤六：如果 $\Delta A>0$，动态调整河道外分水指标，将 ΔA 作为增量分配给沿黄 9 省（自治区）。首先预报未来一年流域内旱情分布与抗旱需水，预留水量作为抗旱应急水源；如果增量仍有结余，按照均衡调控方法分配给沿黄 9 省（自治区）。如果预报未来一年没有旱情，直接将增量按照均衡调控方法分配给沿黄 9 省（自治区）。沿黄 9 省（自治区）分配到的增量为 ΔA_i，$i=1\sim9$。

步骤七：经过动态调整后，沿黄 9 省（自治区）分水指标调整为 A_{COi}，$A_{COi}=A_{POi}+\Delta A_i$，$i=1\sim9$。

5.3 统筹公平与效率的流域水资源均衡调控原理

随着生态保护和高质量发展的不断深化，我国水资源的安全保障需求不断提升。但受到全球气候的变化和人类活动的影响，我国水资源本底条件整体朝着不利方向发展，导致我国面临的水资源形势愈加严峻，新老问题交织，加剧了水资源配置的复杂性，需要创新水资源配置理念和模式。本章研究以黄河流域作为环境剧烈变化和缺水流域的典型代表，以流域水资源系统动态演化特征为基础，采用社会福利函数统筹资源配置过程中公平与效率两个重要方面，构建了流域水资源均衡调控原理。

5.3.1 基于福利函数的流域水资源均衡调控

5.3.1.1 水资源配置社会福利函数构建

水资源的稀缺性决定了水资源在使用过程中必然存在各用水户之间的竞争关系，因此水资源配置过程中最突出的矛盾即水资源配置中效率与公平间的竞争关系，均衡即在水资源有限的状况下，公平高效地满足各方面对水资源利用的需求。研究采用福利经济学中社会福利的概念及理论，提出水资源社会福利函数来实现水资源配置中的效率与公平间的均衡。社会福利最大化是指合理地分配稀缺的资源来最大限度地满足人们每日递增的需求，故考虑效率与公平的水资源均衡调控可在水资源有限的前提下，采用水资源社会福利函数作为引导，寻找社会福利最大化状况下的配置方案，使各方需求都得到最大化的满足。

水资源均衡调控的目标是提高用水效率、维护用水公平，因此水资源均衡调控是一个多目标决策问题：

$$\max\{F_{\mathrm{V}}(x), F_{\mathrm{E}}(x)\}$$

$$X=\{x \in R^{n}; g_{k}(x) \leqslant 0, k=1, \cdots, m\} \tag{5-11}$$

式中，F_{V}是流域用水效率表征函数；F_{E}是流域用水公平表征函数；x 是待优化的配水量；g_k（x）是水资源分配过程中需要遵守的第 k 个约束条件。

在水资源稀缺的情况下用水效率和公平协调存在冲突，均衡调控就是要对效率和公平进行权衡，而多目标优化的结果是得到 F_{V}和 F_{E}的非劣解集（Pareto 前沿），并不能给出最佳调控方案。实现公平与效率的均衡是新时期水资源配置追求的目标。研究在阿马蒂亚 · 森社会福利函数基础上，加入均衡参数 α，构建效率与公平均衡调控的水资源配置社会福利函数，通过调节 α 来实现水资源配置的均衡，建立如下所示的水资源均衡调控函数：

$$F=F_{\mathrm{V}}^{\alpha} F_{\mathrm{E}}^{1-\alpha} \tag{5-12}$$

式中，F 为水资源调控效果的表征函数；α 为均衡参数，取值范围为 0 ~ 1。α 越大调控效果越偏重效率，α 越小调控效果越偏重公平。

水资源均衡调控问题由式（5-12）转化为

$$\max\{F(x)\}$$

$$X=\{x \in R^{n}; g_{k}(x) \leqslant 0, k=1, \cdots, m\} \tag{5-13}$$

基于以上水资源均衡调控函数，考虑效率与公平的水资源均衡配置变为在水资源一定的情况下，寻求某一配置结果可以使得社会福利函数值达到最大。不同均衡参数 α 的取值，水资源配置的结果不同，获得的效率与公平结果不同，随着 α 的增加，公平与效率在一定范围内显现反向关系，决策者可以调整均衡参数，选择以降低公平来换取更多的经济效益，或通过减少经济利益而增加公平。当供水量只满足刚性需水阶段，社会只关注各用水户间的用水公平，即均衡参数 $\alpha=0$；当供水量可满足奢侈需水时，社会不再关注公平，而是如何增加用水效率，使社会用水效率最高，即均衡参数 $\alpha=1$。

5.3.1.2 基于福利函数的流域水资源均衡调控

(1) 流域水资源均衡调控定义

流域水资源均衡调控是通过统筹兼顾流域内区域及行业间用水效率及用水公平性，实现流域水资源的可持续利用与生态环境系统良性维持。

用水公平性是指用水活动参与者平等享有满足自身发展所需水资源的权利，用水公平性问题是水量分配中最基本的问题，是水资源可持续利用的核心问题。用水效率是指用水活动中的某种产出量与其投入的水资源量之比，反映了用水水平的高低，在经济活动中一般产出量常用经济价值衡量。效率与公平是水资源调控中具有冲突的两个主要目标。效率优先的配水原则下，水资源被优先分配给单方水价值高的用户：经济价值高的工业用水与生活用水得到优先供给，而缺水多发生于经济价值低的农业灌溉用水；在缺乏适宜的生态价值评估方法时，河道内外生态用水也难以得到保障。公平优先的配水原则下，追求各用水户的缺水率相近或相同：缺水流域水资源的总供水量低于总需水量，遵循公平优先原则时，所有用水户发生程度相近的缺水，这种情况下由于不同用水户承受缺水的能力差异较大，因而缺水的影响存在较大的差别，如农业缺水对经济社会的影响相对较小，生活缺水却可能造成巨大的经济社会损失。

流域水资源均衡调控的内涵是按照自然规律和经济社会发展规律，统筹公平与效率两方面，实现水资源可再生性维持、经济可持续发展、社会公平合理和生态环境良性维持。

流域水资源均衡调控的内容包括空间上实现省际、河段之间的用水协调，行业间实现生活、生产、生态之间的用水有序，以及时间上实现年际与年内分配的用水合理。

流域水资源均衡调控的方向包括资源维、社会维、生态维三个方面。资源维的调控方向是水循环稳定健康或可再生性维持。经济维的调控方向是使水资源由低效率行业向高效率行业流转。社会维的调控方向是用水的公平性，保障弱势群体和公益性行业的基本用水，主要包括：生存和发展的平衡，即保证粮食安全和经济发展之间的平衡关系；区域间、国民经济行业间、城乡间的用水公平。生态环境维的调控方向是系统的持续性，确保重点生态环境系统的稳定和修复；在适宜、最小的生态环境需水量之间，寻求水循环的生态环境服务功能和经济社会服务功能达到共赢的平衡点。

流域水资源均衡调控的手段是通过综合运用工程、资源、经济、管理等措施，统筹公平与效率等方面，通过水资源的科学合理调控，达到流域资源、经济、社会、生态环境的协同发展。

（2）基于福利函数的流域水资源均衡调控过程

基于以上社会福利函数，考虑效率与公平的水资源配置均衡调控变为在流域水资源总量一定的情况下，追求流域社会福利提高，调控目标如式（5-14），即谋求包含社会公平与效率的社会整体福利最大化。

调控过程是通过均衡参数 α 来实现的，不同均衡参数 α 的取值，将得到不同程度的效率与公平配置结果。对于两个不同 α 下的最优配置方案 $X_1(\alpha_1)$ 和 $X_2(\alpha_2)$，当 X_1 的效率表现高于时 X_2 时，总会出现 X_1 的公平表现低于 X_2 的情况，为更好地比较不同 α 下的最优配置结果，提出 X_α 效率损失与公平损失的概念。

$$\max F(F_V, F_E) = F_V^{\alpha} F_E^{1-\alpha} = \left(\frac{\sum_{i=1}^{n} A_i}{E} \right)^{\alpha} (1 - G)^{1-\alpha} \tag{5-14}$$

X_α 的效率损失 $L_\alpha^{F_V}$ 是指与效率最优方案 X_V^* 相比，X_α 在效率表现上的损失：

$$L_\alpha^{F_V} = \frac{F_V(X_\alpha) - F_V(X_V^*)}{F_V(X_V^*)} \tag{5-15}$$

X_α 的公平损失 $L_\alpha^{F_E}$ 是指与公平最优方案 X_E^* 相比，X_α 在公平表现上的损失：

$$L_\alpha^{F_E} = \frac{F_E(X_\alpha) - F_E(X_E^*)}{F_E(X_E^*)} \tag{5-16}$$

在刻画不同配置方案的效率与公平损失基础上，通过比较效率与公平损失的变化，决策者可选择牺牲公平以换取尽可能多的效率，反之亦然。随着 α 的增加，公平损失与效率损失呈现悖反关系，公平与效率损失比为

$$\gamma = \frac{L_\alpha^{F_E}}{L_\alpha^{F_V}} \tag{5-17}$$

以公平参数为横坐标，公平与效率损失比值为纵坐标，刻画损失比值曲线，如图 5-6 所示。决策者可根据对公平和效率相对损失的预期，以及损失变化情况选择公平参数，达到水资源配置中对效率和公平的调控。

（3）流域水资源分级分类均衡调控

基于需水分类分层的特征及社会福利函数，提出水资源分级分类均衡调控方法，解决缺水流域经济社会用水的合理配置问题，见图 5-7。

基于流域水资源均衡调控，构建经济社会用水的分层均衡调控方法。对于第一层的刚性需水，采用公平配置，即出现供水不能满足需水要求时，按照公平优先的原则进行水量配置，对于式（5-18）中均衡参数 α 取值为 0。对于第二层的刚弹性需水，采用统筹兼顾效率与公平的方法，对于式（5-19）中均衡参数 α 取值为（0，1）。对于第三层的弹性需水，考虑效率因素配置，即出现供水不能满足需水要求时，按照效率优先原则，水资源优先配置给效率高的区域，对于式（5-20）中均衡参数 α 取值为 1。通过均衡参数 α，实现

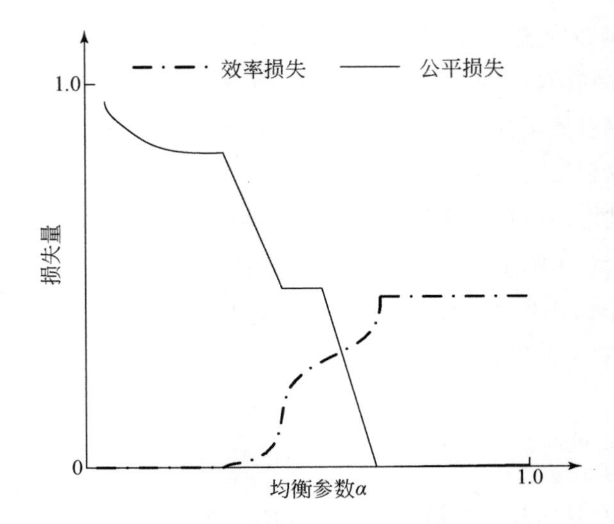

图 5-6　不同均衡参数下效率与公平损失量

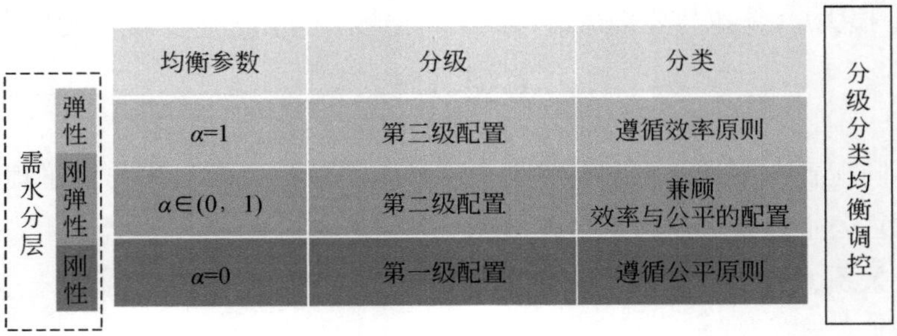

需水分层	均衡参数	分级	分类
弹性	α=1	第三级配置	遵循效率原则
刚弹性	$\alpha\in(0,1)$	第二级配置	兼顾效率与公平的配置
刚性	α=0	第一级配置	遵循公平原则

分级分类均衡调控

图 5-7　流域水资源分级分类均衡调控

对流域水资源分层分类均衡调控。

刚性需水的公平配置目标函数：

$$\max\{F\}=\max\{F_{\mathrm{V}}^{\alpha}F_{\mathrm{E}}^{1-\alpha}\}(\alpha=0) \tag{5-18}$$

刚弹性需水的均衡配置目标函数：

$$\max\{F\}=\max\{F_{\mathrm{V}}^{\alpha}F_{\mathrm{E}}^{1-\alpha}\}(\alpha=(0,1)) \tag{5-19}$$

弹性需水的均衡配置目标函数：

$$\max\{F\}=\max\{F_{\mathrm{V}}^{\alpha}F_{\mathrm{E}}^{1-\alpha}\}(\alpha=1) \tag{5-20}$$

5.3.2　流域经济社会刚性–刚弹性–弹性三层需水分析方法

流域分层需水分析方法是统筹公平与效率的流域水资源均衡调控原理的组成部分，本章根据分层需水的基本原则，提出了生活、农业、工业、建筑业、第三产业及河道外生态的分层需水方法。

5.3.2.1 水资源需求预测及分层需水基本原则

水资源需求层次的划分为水资源分层优化配置提供了基础。刚性需水在配水中位于第一优先级，配置时主要考虑公平原则；刚弹性需水在配水中位于第二优先级，配置时需均衡效益与公平协调；弹性需水在水资源调控中最后考虑，按照效率优先的原则配水。在水资源调控中刚性需水一般能够得到满足，缺水流域难以支撑弹性需水部门的发展，因此缺水流域水资源调控中最重要的就是统筹效率与公平对刚弹性需水进行均衡调控。见图 5-8。

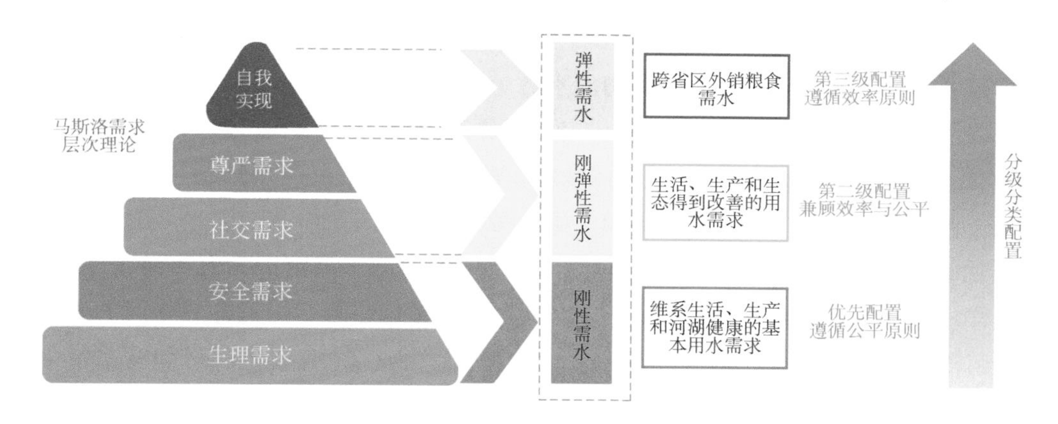

图 5-8　基于需水分层的分级分类均衡配置原则

5.3.2.2 河道外分层需水

(1) 生活分层需水

按照基本生活、优质生活和奢侈生活三个层次将生活需水分为刚性、刚弹性和弹性。根据城镇生活及农村生活的不同特点初步构建了饮用、烹饪、洗浴、洗衣、冲厕、洗漱、环境清洁等多类型的生活需水方程。综合生活需水方程计算分析及现状用水定额修正，细化得出生活过程中不同层次需水量。生活需水量采用人均日用水量方法进行预测。计算公式如下：

$$\mathrm{LW}_{\mathrm{n}i}^{t}=P_{\mathrm{O}_i}^{t}\times\mathrm{LQ}_i^t\times 365/1000 \tag{5-21}$$

$$\mathrm{LW}_{\mathrm{g}i}^{t}=\frac{\mathrm{LW}_{\mathrm{n}i}^{t}}{\eta_i^t}=P_{\mathrm{O}_i}^{t}\times\mathrm{LQ}_i^t\times\frac{365}{1000}/\eta_i^t \tag{5-22}$$

式中，i 为用户分类序号，$i=1$ 为城镇，$i=2$ 为农村；t 为规划水平年序号；$\mathrm{LW}_{\mathrm{n}i}^{t}$ 为第 i 用户第 t 水平年生活净需水量（万 m^3）；$P_{\mathrm{O}_i}^{t}$ 为第 i 用户第 t 水平年的用水人口（万人）；LQ_i^t

为第 i 用户第 t 年的生活用水净定额［L/(人·日)］；LW_{gi}^{t}为第 i 用户第 t 水平年生活毛需水量（万 m^3）；η_i^t为第 i 用户第 t 水平年生活供水系统水利用系数，由供水规划与节约用水规划成果确定。

（2）农业分层需水

农业需水量包括农田灌溉需求和林牧渔畜需水。本次研究农田灌溉需水利用人均粮食需求和最小保有灌溉面积进行推求；林牧渔畜需水按照指标量乘以定额的常规方法计算。对于一定区域，粮食需求总量取决于人口数量、人均粮食消费水平及粮食自给程度，而粮食生产总量取决于耕地面积、灌溉面积、复种指数、粮经比①、单位面积产量等因素。从粮食供需平衡角度出发，在确保一定的区域粮食生产总量前提下，根据区域灌溉面积及其单位面积产量（由于黄河流域干旱缺水，农业灌溉采用调亏灌溉节水技术，作物产量运用各地区灌溉试验站典型作物的水分生产函数进行计算），确定最小保有灌溉面积，再结合灌溉需水对干旱等级的响应关系，分析不同干旱年份最小保有灌溉需水量。本次农田灌溉需水分层的关键在于人均粮食需求量的划分。人类平均每天需要消耗大约2000cal② 热量来维持正常生存，大约相当于一天 1 斤粮食（180kg/a），这是为了维持其人口生存所必需的基本口粮，将生产这部分粮食需要的灌溉水量定义为农田灌溉刚性需水。为了保持营养均衡，根据我国目前以素食为主的膳食结构估算，保持营养均衡需要人均直接和间接粮食消费量达到 400kg，因此将生产人均粮食 180～400kg 对应的灌溉水量定义为农田灌溉刚弹性需水。将超过人均 400kg 的外销粮食所对应的灌溉水量定义为农田灌溉弹性需水。

利用人均粮食需求和最小保有灌溉面积推求农田灌溉需水。对于一定区域，粮食需求总量取决于人口数量、人均粮食消费水平及粮食自给程度，而粮食生产总量取决于耕地面积、灌溉面积、复种指数、粮经比、单位面积产量等因素。从粮食供需平衡角度出发，在确保一定的区域粮食生产总量前提下，根据区域灌溉面积及其单位面积产量，确定最小保有灌溉面积，再结合灌溉需水对干旱等级的响应关系，分析不同干旱年份最小保有灌溉需水量。

具体计算方法如下：

1）自需粮食产量。按照人口数量、人均粮食需求量以及粮食自给率确定本区域需自产粮食量，即

$$Q=P\times q\times \lambda \tag{5-23}$$

式中，Q 为本区域粮食产量需求；P 为区域人口数量；q 为人均粮食需求量；λ 为区域粮

① 粮经比指农作物种植中粮食作物种植面积与经济作物种植面积的比例。

② 1cal≈4.19J。

食自给率。

2）粮食作物最小播种面积。根据灌溉地单位面积粮食产量，结合本区域粮食产量需求，计算粮食作物最小播种面积，即

$$S_0 = Q/C \tag{5-24}$$

式中，S_0为粮食作物最小播种面积；C 为灌溉地单位面积粮食产量。

3）最小保有灌溉面积。结合区域粮经比、复种指数等指标求得最小保有灌溉面积，即

$$S = S_0/\theta/\varphi \tag{5-25}$$

式中，S 为区域最小保有灌溉面积；θ 为粮食作物种植比例；φ 为灌溉地复种指数。

最小保有灌溉面积不应大于区域有效灌溉面积，否则在给定粮食自给率条件下区域粮食安全难以保证。

4）最小保有灌溉需水量。根据灌溉需水对干旱等级的响应关系，求得不同干旱条件下的灌溉毛需水定额，进而可计算最小保有灌溉需水量，即

$$W_b = S \times d \tag{5-26}$$

式中，W_b为区域最小保有灌溉需水量；d 为灌溉毛需水定额，不同干旱条件下毛灌溉定额不同。

（3）工业、建筑业及第三产业分层需水

工业用水量是冷却用水、锅炉用水、输送废渣用水及少量的化学反应用水，需水量相对很小，而且耗水率很低，可以重复利用。水资源利用技术的进步可以抑制高耗水工业需水量的增加，因此将一般工业和建筑业用水需求定为刚性需求，高耗水工业用水需求定为刚弹性需求。由于工业部门种类繁多，区域工业需水量计算通常按一般工业、高用水工业和火（核）电工业三类用户分别进行。一般工业和高耗水工业需水通常采用万元产值用水量法进行计算；火（核）电工业分循环式、直流式两种冷却用水方式，采用单位装机容量（万 kW）取水量法进行需水计算。

采用趋势法预测，工业需水计算公式为

$$\mathrm{IQ}_i^{t_2} = \mathrm{IQ}_i^{t_1} \times (1 - r_i^{t_2})^{t_2 - t_1} \tag{5-27}$$

式中，i 为工业部门分类序号；$\mathrm{IQ}_i^{t_2}$和$\mathrm{IQ}_i^{t_1}$分别为第 t_2和第 t_1水平年第 i 工业部门的取水定额（万元增加值取水量，也可为单位产品（如装机容量）取水量）；$r_i^{t_2}$为第 t_2和第 t_1水平年第 i 工业部门取水定额年均递减率（%），其值可根据变化趋势分析后拟定。

建筑业需水计算通常以单位面积用水量法为主，以建筑业万元增加值用水量法进行复核；第三产业及建筑业需水可采用万元产值用水量法进行计算。根据世界城镇化进程公理性曲线“诺瑟姆曲线”判定，目前黄河流域处于城镇化发展中期阶段，该阶段由于工业基础已显著增强，大批农业人口向城镇转移，保障合理的第三产业及建筑业用水增量是必要

的；目前黄河流域第三产业及建筑业用水定额远低于全国平均水平，因此本次第三产业及建筑业需水全部按刚性考虑。

（4）河道外生态分层需水

河道外生态刚性需水主要是指流域内城镇绿化、环境卫生、河湖补水与生态防护林灌溉。城镇生态环境需水量指为保持城镇良好的生态环境所需要的水量，主要包括城镇河湖需水量、城镇绿地建设需水量和城镇环境卫生需水量。湖泊生态环境补水量指为维持湖泊一定的水面面积需要人工补充的水量。湖泊生态环境补水量可根据湖泊水面蒸发量、渗漏量、入湖径流量等按水量平衡法估算。本次流域内河道外生态需水按刚性考虑。除了维护缺水地区的生态环境健康，河流还要为其他流域生态进行补水，例如为促进乌梁素海的生态改善，从 2013 年起黄河每年向乌梁素海生态补水 2 亿～3 亿 m^3，因此将流域外生态补水定为刚弹性需求。

1）城镇生态环境需水量。城镇生态环境需水量指为保持城镇良好的生态环境所需要的水量，主要包括城镇河湖需水量、城镇绿地建设需水量和城镇环境卫生需水量。采用定额法，即按下式计算：

$$W_G = S_G \times q_G \tag{5-28}$$

式中，W_G为城镇生态需水量，m^3；S_G为绿地面积，hm^2；q_G为绿地灌溉定额，m^3/hm^2。

2）湖泊生态环境补水量。湖泊生态环境补水量指为维持湖泊一定的水面面积需要人工补充的水量。湖泊生态环境补水量可根据湖泊水面蒸发量、渗漏量、入湖径流量等按水量平衡法估算，计算公式如下：

$$W_L = 10 \times S \times (E-P) + F - R_L \tag{5-29}$$

式中，W_L 为湖泊生态环境补水量，m^3；S 为需要保持的湖泊水面面积，hm^2；P 为降水量，mm；E 为水面蒸发量，mm；F 为渗漏量，m^3，参考达西公式计算，一般情况下可忽略不计；R_L 为入湖径流量，m^3。

5.3.3 用水公平协调性分析方法

用水公平协调性分析方法是流域水资源均衡调控原理中公平性表征的一项重要研究内容。以往涉及区域水资源公平分配主要参照区域水资源需求量、区域年均产水量、支流绝对主权、平均分配等一系列依据，但均无法合理、公正、客观地统筹协调各用水方的利益。本次研究提出基于模糊隶属度的用水满意度函数，基于用水基尼系数构建区域用水公平协调性分析方法。

5.3.3.1 基于模糊隶属度的用水满意度函数

(1) 层次需求与满意度

在公共资源的配置上，社会福利被广泛认定为个体获得资源后的满意感与不满意感，但通过不断的研究发现，这种关系并不是直接的、完全线性的，而是以不同阶段的欲望和厌恶感为媒介的。也就是说，个体在获得一件东西后的满意度，直接取决于他想要获得这件物品的欲望强度。科研工作者们力求定义一个指标去度量某物品向不同个体提供的可以用来相互比较分析的满意感，其条件要求为个体对于该物品在感觉上的欲望强度的比例与该物品向个体所提供的满意感之间的比例相同。针对于整个需求过程而言，这样的条件是难以满足的。因为处于不同的需求状态下，获得相同的资源量所带来的满足感是完全不同的，而且主体自身的各类特性也会影响其对于资源的依赖性。例如，一个人在非常饥饿的情况下，获得食物的欲望以及得到食物后的满足感就远大于酒足饭饱的时候；相应地，一个强壮的人和一个相对羸弱的人在获得相同实物的情况下，他们通过食物获得的体力恢复和身体可以维持的时间是有很大差异的。综上所述，不同主体的满意度主要去觉得其自身所处的状态和其对资源的依赖程度。不同的依赖程度和自身状态决定了主体对于资源的渴望程度，从而决定了主体在获得资源后所能带来的满意程度。

在水资源配置过程中，一方面，由于不同区域天然的水资源禀赋条件的不同，决定了该区域对水资源需求的欲望大小。例如，缺水地区的水资源需求相较水资源丰富地区少，而且由于长期干旱，水资源短缺对于其造成的影响也相对较小。另一方面，不同用水部门对于水资源的依赖和需求也具有明显的差异，生活用水相较农业用水在数量上有很大差别，同样生活用水部门对于水资源的依赖性要远远高于农业用水。由于上述原因，在计算用水满意度时，引进上文中的马斯洛层次需求理论，针对不同用水区域和用水部门的特点，将其满意度函数按照需求层次进行分层计算，力求通过满意度函数来表征不同用水区域和用水部门对于水资源配置方案的满意程度，从而为后续的公平协调性计算打下基础。

(2) 用水满意度函数构建

当满足各用水部门不同水资源需求层次时，该部门处于不同的满意状态，水资源配置主要是为了协调流域内部各用水部门、上下游、左右岸、地区间的用水矛盾与竞争问题。如何协调某一区域各用水部门的利益，注重各用水部门间的合理分配，使得配水方案让各用水部门满意；如何解决不同地区同一用水部门的用水冲突，强调不同地区的同一用水部门共同发展，使得配水方案能让处于不同发展状态的部门共同发展，这两个问题是保证区域经济发展和社会稳定的关键性问题，为此，本研究引入满意度概念，其实质为各个用水户根据其需水量判定配水方案的满意程度。

引入模糊隶属函数对不同水资源分区各用水部门的需水量与配水量之间的满意关系进行衡量。在研究区域 U 中的任一元素 x，均存在与之对应的隶属度，因此称 A 为 U 上的模糊集，$A(x)$ 称为 x 对 A 的隶属度。当 x 在 U 中变化时，$A(x)$ 也随之改变形成一个函数，因此称 $A(x)$ 为隶属函数。当隶属度 $A(x)$ 越接近于 1，表示变量 x 属于 A 的程度越高；反之，隶属度 $A(x)$ 越接近于 0，表示变量 x 属于 A 的程度越低。采用区间（0，1）的隶属函数 $A(x)$ 来描述变量 x 属于 A 的程度高低状况。根据其图形分布特点，隶属度函数可分为正态型、Γ 型、戒上型和戒下型四种。根据配水量与各用水部门层次需求的需水量满足程度，构建基于需水分层的戒上型（单调减函数）满意度函数，具体函数构造见式（5-30），并绘制满意度函数图形如图 5-9 所示。

$$S(P)=\begin{cases}1-(1-S_2)\dfrac{P}{P_2} & P\leqslant P_2\\ S_1+(S_2-S_1)\dfrac{P-P_2}{P_1-P_2} & P_2<P\leqslant P_1\\ S_1\dfrac{1-P}{1-P_1} & P_1<P\leqslant 1\end{cases}\tag{5-30}$$

式中，P 为缺水率；$S(P)$ 为用水满意度；P_1 为供水量等于刚性需水量时的缺水率；P_2 为供水量等于刚性需水量与刚弹性需水之和时的缺水率。不同用水部门的 P_1 和 P_2 不同，S_1 和 S_2 分别对应 P_1、P_2 缺水率下的满意度，本次采用经验法确定 $S_1=0.5$，$S_2=0.75$。$P=1$ 表示不供水状态下，满意度为 0。

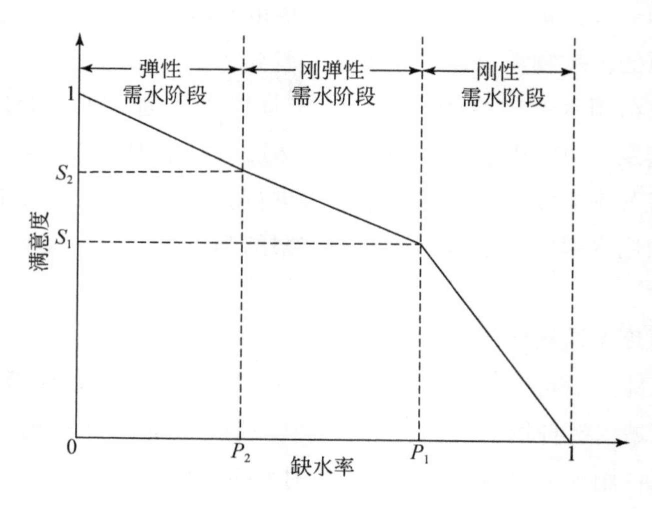

图 5-9　满意度函数曲线

将流域每一个分区内不同用水部门满意度的均值定义为主体满意度，代表一个区域主体对于供水情况的整体满意程度，反映了区域用水公平性，计算公式如下：

$$A_k = \frac{1}{n}\sum_{i=1}^{n} S(P_{i,k}) \tag{5-31}$$

式中，A_k是第 k 个分区的主体满意度；n 为流域内用水行业数量；$P_{i,k}$是第 k 个分区第 i 种行业的缺水率。

将流域不同分区内同一行业的满意度的均值定义为部门满意度，代表一类用水部门对于供水情况的整体满意程度，反映了部门用水协调性，计算公式如下：

$$D_i = \frac{1}{K}\sum_{k=1}^{K} S(P_{i,k}) \tag{5-32}$$

式中，D_i是第 i 种行业的部门满意度；K 为流域内分区数量。

5.3.3.2 用水公平协调性计算方法

根据区域综合满意度、部门综合满意度以及各个用水户的满意度，可衡量其满意度之间的差异，当其满意度差异越小时，说明各区域、部门或各个用水户之间的满足程度越接近，此时可实现整个流域的配水公平。用于衡量对象之间差异程度的计算方法有很多，例如，基尼系数、功效系数法、泰尔指数法等计算等方法等。

研究选用基尼系数来衡量各用水户满意度之间的差异，可直观地、客观地反映出各用水户满意度之间的差距。根据用水户的实际配水量与需水关系得到的用水户实际满意度分配曲线和用水户绝对公平分配曲线，将两条曲线与坐标轴围成的面积划分为 A、B 两部分，如图 5-10 所示。当 A 为零时实际满意度分配曲线与绝对公平分配曲线相重合，此时 $G=0$，表示用水户间的满意度差异为零；当 B 为零时 $G=1$，用水户间的满意度绝对不平等。洛伦兹曲线越接近 45°线时，基尼系数越小，用水户间的满意度则趋于相等；反之，洛伦兹曲线的弧度越大，基尼系数越大，用水户间的满意度间的差距越来越大，趋于不平等。

基于用水基尼系数构建区域用水公平性指标（F_{EA}）和部门用水协调性指标（F_{ED}）：

$$F_{\mathrm{EA}} = 1 - G_A \tag{5-33}$$

$$F_{\mathrm{ED}} = 1 - G_D \tag{5-34}$$

式中，G_A为区域主体满意度 A_k的基尼系数；G_D为部门主体满意度 D_i的基尼系数。用水公平性指标 F_{EA}反映了不同分区的主体满意度 A_k的差异，F_{EA}越大代表各个分区的主体满意度越接近，即水资源在不同地区间的分配越公平；部门用水协调性指标 F_{ED}反映了不同行业的部门满意度 D_i的差异，F_{ED}越大代表各个部门间的用水满意度越接近，即水资源在不同用水部门间的分配越协调。

将从 A_k小到大重新排列生成新的序列 A'_k，然后计算 A'_k的累积频率 $\rho_{A,m}$：

$$\rho_{A,m} = \sum_{k=1}^{m} A'_k \Big/ \sum_{k=1}^{K} A'_k \tag{5-35}$$

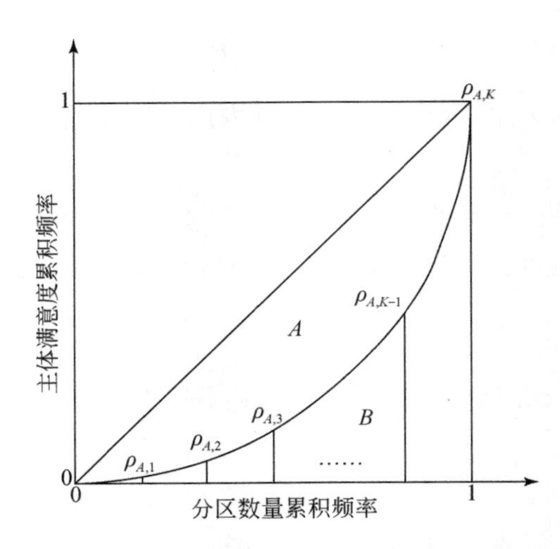

图 5-10　基于用水主体满意度的基尼系数

式中，$1 \leqslant m \leqslant K$；令 $\rho_{A,0}=0$。基尼系数一般通过洛伦兹曲线计算得到，图 5-10 中对角线代表最公平的分配曲线，面积 B 为实际的主体满意度累积频率曲线与横轴间的面积，面积 A 为对角线以下面积与面积 B 的差值。基尼系数（G_A）为面积 A 与对角线以下面积的比值计算公式为

$$G_A = \frac{A}{A+B} = 1 - 2B = 1 - \frac{1}{K}\sum_{m=1}^{K}(\rho_{A,m-1} + \rho_{A,m}) = 1 - \frac{1}{K}\left(2\sum_{m=1}^{K-1}\rho_{A,m} + 1\right) \quad (5\text{-}36)$$

同理，可以得到部门满意度 D_i 的用水基尼系数 G_D。

$$G_D = \frac{A}{A+B} = 1 - 2B = 1 - \frac{1}{K}\sum_{m=1}^{K}(\rho_{D,m-1} + \rho_{D,m}) = 1 - \frac{1}{K}\left(2\sum_{m=1}^{K-1}\rho_{D,m} + 1\right) \quad (5\text{-}37)$$

流域水资源调控需要兼顾区域间的公平性和行业间的协调性，因此本书构建了流域用水公平协调性表征指标 F_{E}，用来综合反映水资源在不同地区间及不同用水部门间分配的公平协调性：

$$F_{\mathrm{E}} = \sqrt{F_{\mathrm{EA}}F_{\mathrm{ED}}} \quad (5\text{-}38)$$

5.3.4　水资源综合价值评估方法

水资源综合价值评估方法是流域水资源均衡调控原理中用水效率表征的一项重要研究内容。在水资源价值的核算方法研究方面，目前应用较广的方法有影子价格法、成本分析法、可计算一般均衡模型法、模糊数学模型核算法，但是都不能全面系统地衡量各行业的用水效率。本次研究提出基于能值理论的水资源综合价值评估方法，在水体能量流动框架下统一度量黄河流域水资源的经济、社会、生态环境及输沙价值。

5.3.4.1 水资源生态经济学理论与能值分析方法

流域水资源综合价值即是水资源在维持、保护生态经济复合系统的存在及运行过程中所体现出的功能和效用，它伴随着水在生态经济系统中的循环和流动过程，通过产品、维护社会公平、调节水沙、提供生境、维系生态平衡和净化污水废物等生态经济功能表现出来。任何资源、产品或劳务形成所需的直接和间接能量都来源于太阳，研究基于能值分析方法，通过分析水体的能量流动定量评估水资源的综合价值。水体能量流动过程见图5-11。

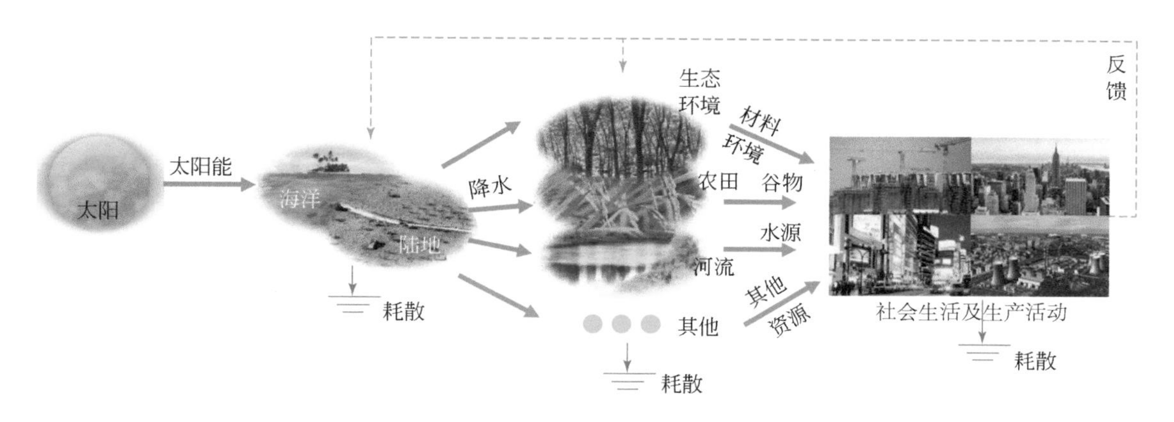

图5-11 水体能量流动示意图

结合黄河流域水资源生态经济系统的投入和产出，将黄河流域水资源综合价值概括为经济价值、社会价值、生态环境价值和输沙价值。经济价值包括工业生产价值、农业生产价值、建筑业生产价值、服务业价值；社会价值包括社会保障价值、社会稳定价值；生态环境价值包括生物种质遗传资源价值、净化环境价值（水体自净价值、除尘价值以及稀释净化价值）、调节气候价值（水体调节气候、湿地调节气候）、养分循环积累价值（输送营养物质价值、泥沙氮素价值）、淤积造陆价值、景观价值（观赏价值、绿化价值）、水污染损失价值（水污染损失负价值、污水处理消耗能值）。此外，基于泥沙动力学原理，创新提出了具有物理机制的输沙价值计算方法。黄河流域水资源综合价值分类如图5-12所示。

（1）基于能量流的黄河流域水资源综合价值流分析

黄河流域水资源生态经济系统的能量流动和储存遵循热力学定律。本研究在搜集黄河流域生态环境和经济社会相关资料的基础上，分析黄河流域水资源生态经济系统的能量流。在水资源生态经济系统中，物质、货币、信息、劳务、基因等各类要素均直接或间接地蕴含着能量，因此，本研究所用的“能量流”不仅仅是纯能流，它还包含了上述要素中

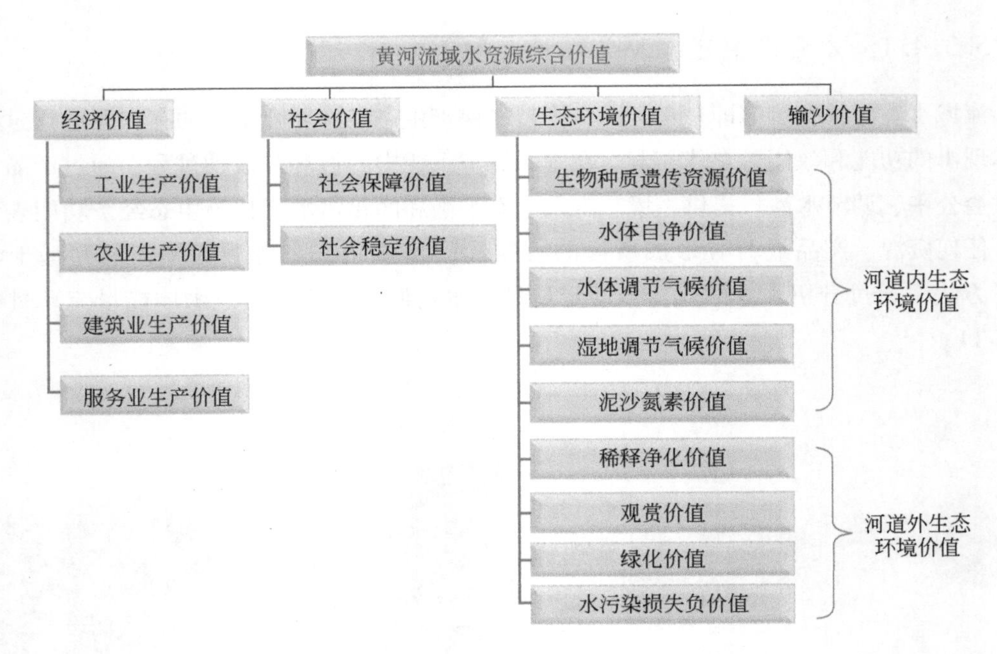

图 5-12　黄河流域水资源综合价值分类图

蕴含的能量。

黄河流域水资源生态经济系统的特点在于：①可更新能量输入应考虑到流域外调水、冰雪融水等；②不可更新能量主要是黄河流域丰富的能源资源，包括煤炭、石油、天然气、有色金属等。从可更新能量及不可更新能量两个角度明确整个黄河流域水资源生态经济系统的主要能源、物质投入情况，具体分为以下四类：①可更新环境资源蕴含的能量 EI_R，如太阳能、风能、地球旋转能、雨水势能、雨水和冰雪融水化学能等；②不可更新环境资源蕴含的能量 EI_N，如表层土损失化学能、煤炭化学能、原油化学能等；③可更新有机能量 EI_O，如流域外调水化学能、劳务热能、种子化学能、科技信息有机能等；④不可更新辅助能量 EI_A，如电能、农药化学能、机械动能等。其中，可更新环境资源与不可更新环境资源属于自然资源投入，可更新有机能和不可更新辅助能属于经济社会的反馈投入。此外，不属于黄河流域自产的进口及外来资源也应包含在流域水资源生态经济系统投入当中。

黄河流域水资源生态经济系统由经济子系统、社会子系统和水资源生态环境子系统构成。黄河流域水资源生态经济系统的能量产出为经济子系统、社会子系统和水资源生态环境子系统能量产出的总和。在黄河流域经济子系统中，能量产出蕴含在流域经济产出中，并随黄河流域经济结构的变化而变化。在黄河流域社会子系统中，能量投入主要用于人的基本生存、社会的基本发展和地区的基本稳定上。在黄河流域水资源生态环境子系统中，能量投入保障了流域生物的多样性，维持着黄河的净化、输沙等生态功能。

（2）基于能量流的水资源价值流图构建

为了更加直观地表达系统内外的能量流动和资源在系统或子系统中实现的价值，可构建基于能量流的价值流图。该图的构建思路在资源价值流研究上可广泛使用，具有清晰、简洁的优势。根据生态环境和经济社会各方面资料，按如下方法和步骤构建基于能量流的价值流图。

1）确定水资源生态经济系统的能量投入，以▭表示能量的贮存场所，“贮存库”为流入与流出能量的过渡。

2）分析能量流动，以⇄表示能量流动的路线，↑表示系统能量的耗散。同时，以⬭表示子系统的边框，若子系统之间有能量流动，也应反映出来。

3）分析水资源实现的价值，以⬯标出。

4）基于能量流动分析价值转移过程，并以---→标出。

5）将系统的能量流动过程与价值流投入阶段、价值流物化阶段、价值流实现阶段相对应，并用⬚对应出来。

根据上述步骤，构建基于能量流的黄河流域水资源综合价值流图，如图 5-13 所示。

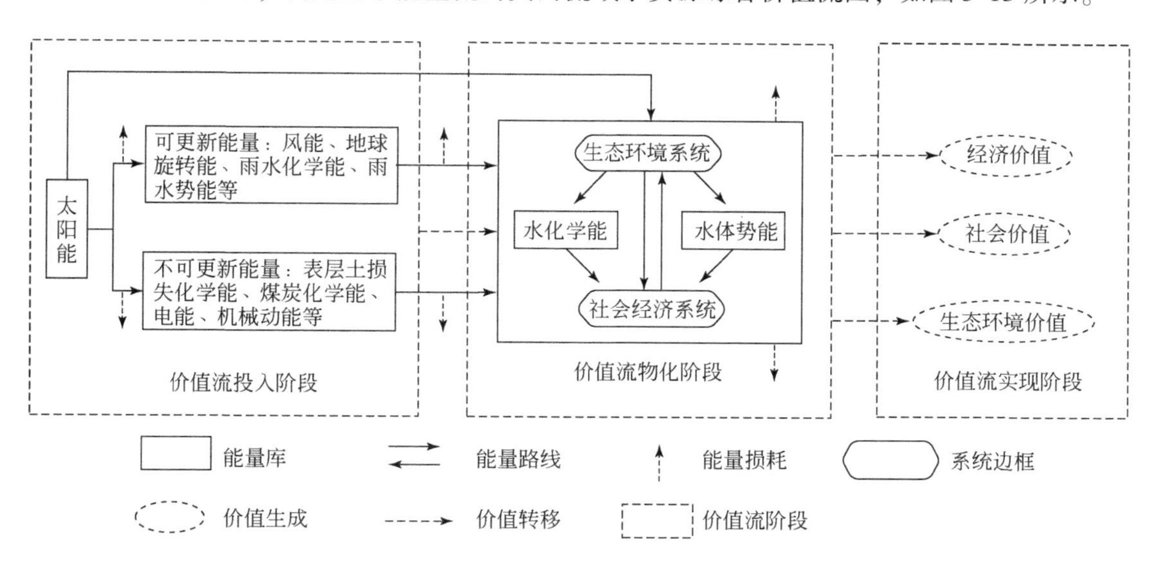

图 5-13　基于能量流的黄河流域水资源综合价值流

能值理论可深化对黄河流域水资源生态经济系统能量流动、价值转移的认识，此外，能值分析方法可将水资源生态经济系统中物质、货币、信息、劳务、基因等各类要素中直接或间接蕴含着的能量统一为能值，从实际上解决了黄河流域水资源生态经济系统投入、产出量纲难以统一和水资源贡献率难以定量计算的问题。因此，将能值理论及其分析方法引入黄河流域水资源生态经济系统的研究中是合理的。

5.3.4.2　黄河流域水资源综合价值统一度量方法

（1）黄河流域水资源经济价值能值量化方法

根据我国产业结构划分以及黄河流域各用水主体，将水资源经济价值分为工业生产、农业生产、建筑业生产、服务业价值四类，反映水作为一种生产要素在各项经济活动中的贡献份额，可通过水资源参与各项经济活动的贡献率乘以与之对应的产出能值计算得到。以工业生产为例，计算公式如下：

$$\xi_I = \mathrm{EM_{IW}}/\mathrm{EM_{IU}}, \mathrm{EM_I} = \mathrm{EM_{IP}} \times \xi_I \tag{5-39}$$

式中，$\mathrm{EM_I}$为水资源工业生产价值，sej；$\mathrm{EM_{IW}}$为水资源在工业生产子系统的投入能值，sej；$\mathrm{EM_{IU}}$为工业生产系统的总投入，sej；ξ_I为工业用水的能值贡献率，%；$\mathrm{EM_{IP}}$为水资源生态经济系统的工业总产出，sej。

（2）黄河流域水资源社会价值能值量化方法

对于此前水资源价值研究很少涉及的水资源社会价值，根据社会系统论分析其内涵及构成，进而提出其能值量化方法。具体总结如下：

1）社会保障价值。

社会保障价值中的基本生活保障价值计算参考目前国际上最广泛使用的最低生活保障标准计算方法量化。根据阿马蒂亚·森的思想，可以将基本生活保障线划分为食物线和非食物线两部分：食物线根据人的最低热量需求确定，重在“饱肚子”；非食物线考虑满足基本生理需求之外的最低衣着、住房、燃料、教育、医疗和交通等必需品支出。

$$E_{\mathrm{FP}} = P \times \sum_{i=1}^{n} (F_i \times \tau_i) \tag{5-40}$$

$$E_{\mathrm{NFP}} = E_{\mathrm{FP}} \times \frac{(1-E)}{E} \tag{5-41}$$

$$\xi_{\mathrm{L}} = \frac{\mathrm{EM_{LW}}}{\mathrm{EM_{SU}}} \tag{5-42}$$

$$\mathrm{EM_{SI}} = (E_{\mathrm{FP}} + E_{\mathrm{NFP}}) \times \xi_{\mathrm{L}} \tag{5-43}$$

式中，$\mathrm{EM_{SI}}$为基本生活保障价值，sej；E_{FP}为食物线价值，sej；E_{NFP}为非食物线价值，sej；F_i为2200大卡对应的各类食物的质量，g；τ_i为相应食物的太阳能值转换率，sej/g；P为研究区域的总人数，个；E表示低收入群体的恩格尔系数；$\mathrm{EM_{LW}}$为水资源在社会子系统投入能值，sej；$\mathrm{EM_{SU}}$为社会子系统总投入能值，sej；ξ_{L}为生活用水的能值贡献率，%。

就业、养老保障针对从事与黄河流域水资源相关行业的人员。就业保障价值采用行业总从业人数与人类劳务的太阳能值转换率量化，人类劳务的太阳能值转换率τ_{l1}为3.49×10^{13}sej/(人·年)（18～59岁的成年劳动力）。

$$\mathrm{EM_{S2}} = (P_1 + P_2) \times \tau_{l1} \times \xi_L \tag{5-44}$$

式中，$\mathrm{EM_{S2}}$为就业保障价值，sej；P_1为水利行业技术人员总人数，个；P_2为农林牧渔业人员，个；其他符号意义同上。

养老保障价值的测算参考国内外学者关于养老保障的研究结论，老年人选择不同形式的养老保障，平均每年会减少劳动时间 121.55h，人类劳务的太阳能值转换率 τ_{l2}采用 2.59×10^{13} sej/(人·年)（60～75 岁的老年劳动力）。

$$\mathrm{EM_{S3}} = (P_1 + P_2) \times \frac{\tau_{l2}}{T_l} \times \Delta T \times \xi_L \tag{5-45}$$

式中，$\mathrm{EM_{S3}}$为养老保障价值，sej；ΔT 表示养老保障的劳动供给时间差值，h；T_l为劳动总时间，h；其他符号意义同上。

社会保障价值的计算如下：

$$\mathrm{EM_S} = \mathrm{EM_{S1}} + \mathrm{EM_{S2}} + \mathrm{EM_{S3}} \tag{5-46}$$

式中，$\mathrm{EM_S}$为社会保障价值，sej；其他符号意义同上。

2）社会稳定价值。

水资源的社会稳定价值即水资源维护国家安全、社会稳定的价值，是指国家从水安全战略的角度考虑，通过水资源规划利用确保一定数量和质量的水资源。根据成本理论，可使用国家对黄河流域水资源、水利工程基础设施的保护及建设的支出量化。也就是说国家的水安全战略价格应大于或等于因实施这一战略所必要的耗费。由于国家对经济/生态用水的保护支出已计算其经济/生态价值，为避免重复计算，社会稳定价值的计算只考虑其中生活用水所占的比例。

$$\mathrm{EM_{H1}} = (R_1 + R_2 + R_3 + R_4) \times \mathrm{EDR} \times \lambda \tag{5-47}$$

式中，$\mathrm{EM_{H1}}$为社会稳定正价值，sej；R_1为水资源节约管理与保护费，万元；R_2为农林水支出，万元；R_3为水利工程保护支出，万元；R_4为水库扶持基金支出，万元；EDR 为计算年份区域能值货币比率，sej/元；λ 为生活用水占总用水量的比例，%。

水患严重影响着社会稳定，人类为治理水患需投入大量的物质、货币、劳动力等。因此，水患的社会稳定负价值以减灾投入的物质、货币、科技等与其相应的太阳能值转换率量化。

$$\mathrm{EM_{H2}} = \sum_{m=1}^{n} (M_m \times \tau_m) \tag{5-48}$$

式中，$\mathrm{EM_{H2}}$为水患负价值，sej；M_m为各类减灾物资投入量，t；τ_m为各防洪减灾物资相应的太阳能值转换率 sej/t。

社会稳定价值的计算如下：

$$\mathrm{EM_H} = \mathrm{EM_{H1}} - \mathrm{EM_{H2}} \tag{5-49}$$

式中，EM_H为社会稳定价值，sej；其他符号意义同上。

（3）黄河流域水资源生态环境价值能值量化方法

黄河流域水资源生态环境子系统的能量流动过程是水资源的化学能、势能与太阳能、风能、地球旋转能等蕴藏在可更新环境资源中的能量，以及来自经济社会的劳动力、科技等共同作用于河流、湿地、湖泊、沼泽、森林、草地和泥沙这七种生态环境的过程。该过程体现出输送物质、改善水质、水生生物维持、蒸发散热、景观观赏、河湖补水、城镇补水等功能，物化了水资源生态环境价值流，最终实现水资源生态环境价值。将黄河流域水资源实现的生态环境价值划分为以下几类并给出量化方法。

1）生物种质资源保护价值。

黄河流域生物种质资源保护价值的计算参考吕翠美（2009）对区域水资源生态环境价值的研究。全球物种能值转换率γ_g采用1.26×10^{25}sej/种，地球表面积采用$5.21\times10^{14}\text{m}^2$。

$$EM_G = N\times R_b\times\gamma_g\times\xi_E \tag{5-50}$$

$$\xi_E = EM_{EW}/EM_{EU} \tag{5-51}$$

式中，EM_G为生物种质遗传资源价值，sej；N为计算区域内生物物种总数，种；R_b为生物活动面积占全球面积的比例，%；ξ_E为水资源生态环境贡献率，%；EM_{EW}为生态环境子系统中水资源投入能值，sej；EM_{EU}为生态环境子系统中可更新环境资源总能值投入，sej。

2）水体自净价值。

水体自净能力通过水体自净系数来表示，水中污染物自然地发生降解而减少的量就是水体自净价值。

$$EM_P = f\times\xi_E\times\sum_{p=1}^{n} m_p\times\gamma_p \tag{5-52}$$

式中，EM_P为水体自净价值，sej；f为水体自净系数；m_p为污染物的排放量，g；γ_p为各污染物的太阳能值转换率，sej/g；其他符号意义同上。

3）调节气候价值。

黄河流域调节气候价值的计算参考吕翠美（2009）对区域水资源生态环境价值的研究。蒸汽的太阳能值转换率γ_z采用12.20sej/J。

$$EM_R = (2507.4-2.39T_t)\times G\times\gamma_z \tag{5-53}$$

式中，EM_R为调节气候价值，sej；T_t为研究区域平均气温，℃；G为蒸发水量，g。

4）养分循环积累价值。

水体与底泥之间循环释放氮素、积累养分，因此，养分循环积累价值可使用底泥氮素的释放量乘以氮素的能值转换率计算。氮素太阳能值转换率γ_n采用3.8×10^9sej/g。

$$EM_N = G_N\times\gamma_n\times\xi_E \tag{5-54}$$

式中，EM_N为养分循环积累价值，sej；G_N为河底泥沙氮素的释放量，g。

5）观赏价值。

由于数据的可得性，观赏价值参考流域旅游收入中水景观观赏收入所占份额计算。

$$EM_L = L \times \eta \times \xi_E \times EDR \tag{5-55}$$

式中，EM_L为观赏价值，sej；L为黄河流域旅游收入，亿元；η为水景观观赏收入占旅游收入的比例,%。

6）稀释净化价值。

稀释净化价值使用黄河流域河湖补水量乘以该部分水体的能值转换率来估算。

$$EM_D = W_d \times \gamma_d \tag{5-56}$$

式中，EM_D为稀释净化价值，sej；W_d为黄河流域河湖补水量，m^3；γ_d为补水水体的太阳能值转换率，sej/m^3。

7）城镇净化价值。

城镇净化价值是指用于城市道路喷洒、绿化等的城镇环境补水体现的价值。在计算时，认为这部分水量用于蒸散发，计算原理与调节气候价值类似。

$$EM_Q = (2507.4 - 2.39T_t) \times W_1 \times \gamma_z \tag{5-57}$$

式中，EM_Q为城镇净化价值，sej；W_1为城镇环境补水量，m^3。

8）污水负价值。

水污染导致水体丧失了相应的服务功能，最终造成水体太阳能值转换率的改变。因此，根据未经处理排放的污水的量以及排放前后水体的太阳能值转换率即可计算水污染损失价值。对于已处理的污水，污水处理的消耗能值采用处理污水所需的劳务、材料、化学用品等的能值量计算。

$$EM_F = \sum_{f=1}^{n} I_f \times \gamma_f \tag{5-58}$$

$$EM_W = (\gamma_{wa} - \gamma_{wb}) \times W_w \tag{5-59}$$

式中，EM_F为污水处理消耗价值，sej；I_f为处理污水的消耗，g；γ_f为各类消耗对应的太阳能值转换率，sej/g；EM_W为水污染损失价值，sej；W_w为未经处理的污水排放量，m^3；γ_{wa}为污染前水体太阳能值转换率，sej/m^3；γ_{wb}为污染后水体太阳能值转换率，sej/m^3。EM_W由未处理污水的瞬时成本和终期成本费用两部分组成。

（4）黄河流域水资源输沙价值能值量化方法

输沙价值是黄河流域水资源生态环境价值的重要组成部分。引入能值分析方法，结合河流输沙的能量转换过程，从河流做功的角度入手，将输沙价值的量化转化为河流对悬移质和推移质泥沙做功的货币化度量。

河道中泥沙的输运主要依靠水流的不断流动和波浪对含沙水体的紊动作用。在含沙水体由高到低流动的过程中，河流势能除一部分能量耗散外，其他部分逐渐转化为波浪能和水流动能。一部分波浪能和水流动能转化为河床剪切应力做功，另一部分波浪能可同时转化为水流动能和对悬移质做功。水流动能除了部分转化为河床剪切应力做功外，其他部分均转化为对悬移质做功。河床剪切应力在对推移质做功的同时会扬起细粒度的泥沙，进而间接对悬移质做功。河流输沙能量转换及示意，见图 5-14。

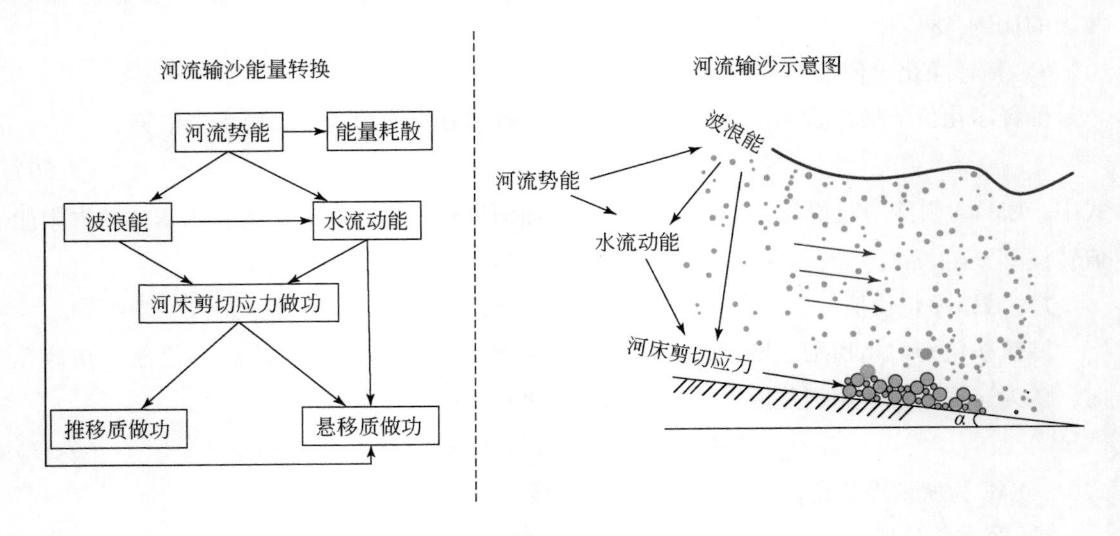

图 5-14　河流输沙能量转换及示意图

河流作用于悬移质和推移质泥沙的源动力来自于河流势能。设 γ_r 为河流势能的太阳能值转换率，根据能值分析方法，输沙价值可表示为河流对悬移质和推移质所做的总功与 γ_r 的乘积，如式（5-60）所示。下式与 EDR^{-1} 的乘积能够实现输沙价值的货币化度量。

$$\text{输沙价值}=\text{河流输沙所做的总功}\times\gamma_r \tag{5-60}$$

以此为基础，结合水流和波浪对推移质、悬移质的做功情况，河流势能的太阳能值转换率 γ_r，以及各区域的能值货币比率 EDR，河道区间的输沙货币价值可量化为

$$W_t = W_s + W_b$$

$$= \frac{\left(\frac{1}{2}\int_0^T \rho_t Q_{s2} B_t \cdot v_t^2 \mathrm{d}t - \frac{1}{2}\int_0^T \rho_s Q_{s1} B_s \cdot v_s^2 \mathrm{d}t + \sum_{n=0}^{i} T\bar{v}_{n-1} \cdot \left(\int_{l_{n-1}}^{l_n} \tau_t B_l \mathrm{d}l\right)\right) \cdot \gamma_r}{\text{EDR}} \tag{5-61}$$

式中：$V_{s,i}$ 为 i 河段的输沙价值；ρ_s、ρ_t 为 i 河段上、下断面的悬移质泥沙沿垂直方向的平均密度；Q_{s1}、Q_{s2} 为上、下断面的输沙率；B_s、B_t 为上、下断面河道宽度；v_s、v_t 为上、下断面平均流速；T 为输沙价值量化的时间周期；τ_t 为河床受水流和波浪共同作用下的剪切应力；n 为 i 河段内水流推动河床泥沙运动的区间（$n\in[0, i]$）；$\bar{v}_n$ 为 n 区间的平均流

速；$[l_{n-1}, l_n]$ 分别为第 n 区间的起始位置；l 为沿水流方向的实时位置变量；B_l 为 l 处的河道宽度；γ_r 为河流势能的太阳能值转换率；EDR 为区域能值货币比率。

5.3.4.3 黄河流域各省（自治区）水资源价值结果分析

根据黄河流域水资源综合价值统一度量方法，分析计算黄河流域各省（自治区）水资源的工业价值、农业价值、建筑业与服务业价值、社会机制等分项水资源价值，计算结果详见表5-2。

表5-2 黄河流域各省（自治区）单位水资源价值一览表

单位水资源价值（元/m^3）	青海	四川	甘肃	宁夏	内蒙古	陕西	山西	河南	山东
工业生产价值	18.84	18.34	22.09	20.61	23.47	24.42	20.78	23.46	25.10
农业生产价值	1.52	0.99	1.96	1.03	2.36	4.29	3.27	6.26	4.89
建筑业与服务业价值	9.39	9.00	10.97	10.31	11.87	12.89	12.08	11.36	13.78
社会价值	32.45	31.21	32.87	32.20	31.45	32.42	31.52	31.12	30.76
河道内生态环境价值（不含输沙价值）	18.91	17.45	20.68	20.75	21.47	24.36	21.73	23.88	23.45
输沙价值	3.71	2.42	4.07	6.25	6.56	5.24	4.27	6.82	7.28
河道外生态环境正价值	11.10	10.87	13.80	14.20	15.44	16.61	14.00	11.50	11.16
污水处理消耗价值	1.05	0.84	1.13	1.10	1.45	1.81	1.27	1.89	2.09
水污染损失价值	0.45	0.36	0.48	0.46	0.61	0.61	0.43	0.63	0.62

1）从黄河流域水资源经济价值计算结果来看，单位水资源工业生产价值高于建筑业与服务业价值，农业生产价值最低，这是由于工业产品中普遍包含了更多的能值。此外，单位水资源工业、农业、建筑业与服务业之间的价值差异表明，经济子系统内各用水部门间水量分配的调整，将会影响黄河流域水资源经济价值的大小。

2）黄河流域各省（自治区）单位水资源社会价值高于经济价值、河道内生态环境价值（包含输沙价值）以及河道外生态环境价值。结果表明：水资源作为自然资源，具有很强的保障社会公平的属性，这与黄河流域水资源配置中优先保障社会生活用水是一致的。

3）黄河流域各省（自治区）单位河道内生态环境价值（包含输沙价值）大于工业生产价值，这从水资源价值量的角度验证了生态文明建设的必要性。应保证河道内生态环境水量，维持河流健康，避免因工业生产用水挤占河道内生态环境用水导致的生态环境恶化。

4）从黄河流域单位水资源输沙价值的计算结果来看，宁夏、内蒙古以及下游河南、山东的输沙价值较高，这是由于河道上游水体泥沙含量较小而中下游省份承担了主要的输沙功能。结果表明：以价值最大为目标，应优先保证宁蒙河段及下游河段的输沙水量，这与历年来调配黄河流域输沙水量的实施方案保持一致。

5.4 黄河流域水资源动态均衡配置方法及模型系统

以流域水资源动态配置机制及流域水资源均衡调控原理为基础，综合用水公平协调性分析和水资源综合价值评估，结合整体动态均衡与增量动态均衡的配置方法，构建基于供水规则优化嵌套水资源供需网络模拟的流域水资源动态均衡配置模型系统，为黄河流域水资源合理分配提供有效的技术支撑。

5.4.1 基于多主体理论的流域网络关系构建

水资源配置的基础工作之一是绘制水资源配置系统网络图，即对复杂的水资源、经济、生态环境系统进行简化和抽象，以节点、水传输系统构成的网状图形反映三大系统间内在的逻辑关系。本次研究以多主体理论为基础对不同类型节点的行为及功能进行概括及简化，通过节点间水传输系统（线）的连接形成流域节点网络关系。

5.4.1.1 Agent 的类型

Agent 的基本功能就是与外界环境交互，得到信息，对信息按照某种技术进行处理，然后作用于环境。Agent 的结构研究 Agent 的组成模块及其相互关系、Agent 感知环境并作用于环境的机制。目前来看，Agent 的结构主要分为慎思型、反应型和混合型三大类。从当前的研究和应用现状来看，认知型 Agent 占据了主导地位；反应型 Agent 的研究和应用目前尚处于初级阶段；混合型 Agent 由于集中了上述两种 Agent 的优点而成为当前研究的热点。

5.4.1.2 基本主体水量平衡表达

一个基本主体（地市套四级区单元）8 个部门的地表供水、地下取水及再生水利用的水量平衡关系见图 5-15。上游地表水经过基本主体开发利用后通过河道间的水力联系进入下游主体，而地下水则通过当地取耗水量与补给水量进行动态平衡。

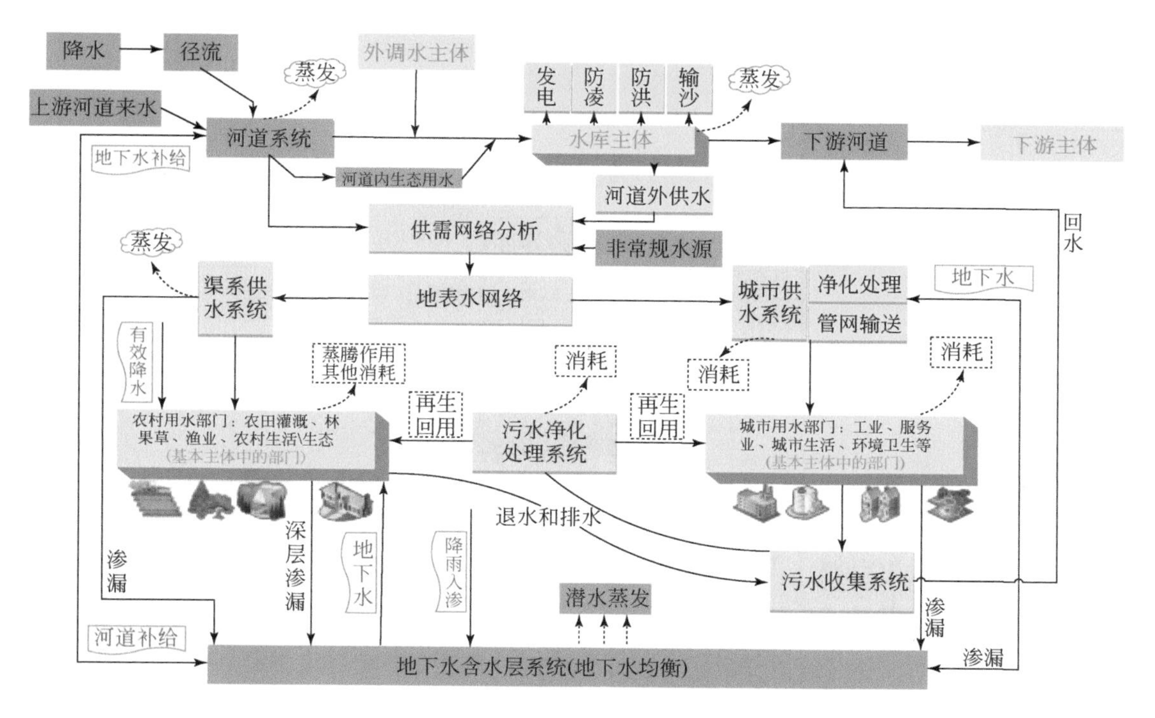

图 5-15　基本主体（8 部门）水资源平衡关系示意

5.4.1.3　黄河流域主体间网络关系结构创建

考虑到流域物理单元合理划分及 Agent 所具有的特点，从河道内和河道外两个方向出发，构建黄河流域水资源均衡调控的多主体网络结构。对于河道内，主要包含 17 个干支流重要断面，将其视为生态主体，以满足河道内防凌、冲沙和基流需要；37 个水库主体（其中 18 个具有发电功能）提供各自运行调度规则给上级主体，确定水库状态信息；199 个入流节点作为水源主体。对于河道外，主要分为常规主体和引/调水工程主体。常规主体分为 9 个省级主体及 8 个二级区主体（上级）、182 个地市嵌套四级区基本主体（下级）；在 182 个基本主体下设 8 个用水部门，分别为城市生活、农村生活、保农灌溉、其他农业、一般工业、高耗水工业、城市生态和农村生态，与 Agent 相比，用水部门只具有向上级反映情况的功能，不具备做决策的功能，属于被动型；引/调水工程主体主要包含 20 个供水工程，其中 6 个位于流域内，14 个位于流域外。省级主体/二级区主体负责对下属地市嵌套四级区主体的配水进行决策，同样市级主体负责对下属 8 个用水部门的配水情况进行决策。上述各类主体所属的 Agent 类型和功能见表 5-3。所有主体间的河段连线、引水线路、退水线路及调水线路均根据实际情况进行适当概化，可以正确反映出研究区的天然水力联系和供用耗排关系，进而形成黄河流域网络关系，见图 5-16。

表 5-3　主体分类及属性

多 Agent 框架		Agent 类型	功能
黄河流域 Agent		慎思型	根据收集到信息，针对本 Agent 内的省级 Agent 进行配水决策，并接受其反馈进行调整
河道内	生态 Agent	反应型	根据河道内来水情况，对生态用水的保证情况进行反馈
	水源 Agent	反应型	根据当年自然来水情况提供区域内的来水信息
	水利工程 Agent	反应型	根据来水、需水信息对水资源进行时空上的再分配
河道外	引/调水工程 Agent	慎思型	流域外引水工程 Agent 可作为基层 Agent 看待
	省级 Agent	慎思型	根据收集到信息，针对本 Agent 内的各基层 Agent 进行配水决策，并接受其反馈进行调整或反映给上级 Agent
	市级 Agent	慎思型	根据收集到信息，针对本 Agent 内各用水单元进行配水决策，并然后接受其反馈并进行调整或反映给上级 Agent

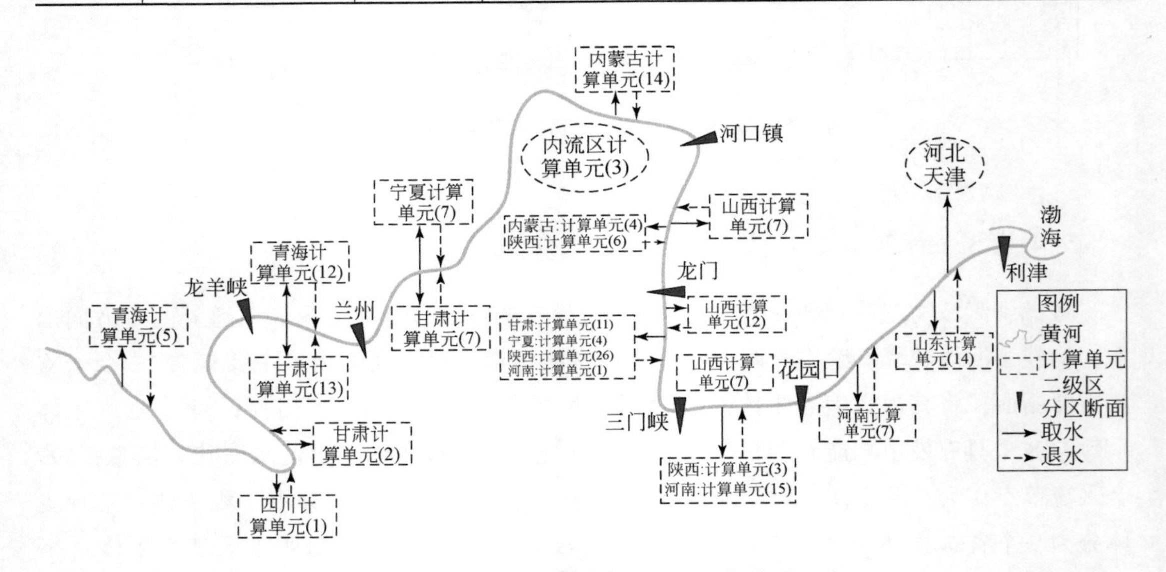

图 5-16　黄河流域水资源配置网络关系

5.4.1.4　流域水资源动态均衡配置优化方法

基于流域水资源动态均衡配置技术体系，结合流域水源条件和工程条件变化的不同处理方式，提出流域水资源整体动态均衡配置方法与流域水资源增量动态均衡配置方法。根据流域水量调控实践中的分水方案丰增枯减调整方式，提出流域分水同比例调整方法，作为本次方法研究和方案比较的基础。本研究设计了三种分水方案优化方法：流域分水同比例调整方法、流域水资源整体动态均衡配置方法、流域水资源增量动态均衡配置方法。令黄河“八七”分水方案下河道内分水指标为 A_{PI0}，河道外各省（自治区）分水指标为 $A_{\mathrm{PO0}i}$，i 代表分水方案涉及的省（自治区），则该方案按天然径流量丰增枯减后现行的河道内分水指标 A_{PI} 及河道外各省（自治区）分水指标 $A_{\mathrm{PO}i}$，可以由以下公式计算得到。

$$A_{\mathrm{PI}}=\frac{W_{\mathrm{Y}}}{W_{\mathrm{Y0}}}A_{\mathrm{PI0}} \tag{5-62}$$

$$A_{\mathrm{PO}i}=\frac{W_{\mathrm{Y}}}{W_{\mathrm{Y0}}}A_{\mathrm{PO0}i} \tag{5-63}$$

式中，W_{Y} 是现状采用的天然年均径流量，本次采用 1956 ~ 2016 年的年均值 490 亿 m^3；W_{Y0} 是制定黄河“八七”分水方案时采用的年均径流量，其值为 580 亿 m^3。

（1）流域分水同比例调整方法

同比例调整是保持省（自治区）间配置关系与黄河“八七”分水方案一致的调整方法，该方法不属于本次研究提出的动态均衡配置方法。将河道外特定省（自治区）n（$n=1, \cdots, 10$）调减指标 $W_{\mathrm{O}n}$ 或通过高效输沙可节省的汛期河道内输沙水量 W_{I}，按照比例 β_i 将这部分指标分配给其他河道外未调减省（自治区）。

$$\beta_i = A_{\mathrm{PO}i} / \sum_{i=1, i\neq n}^{10} A_{\mathrm{PO}i} \quad (i = 1, \cdots, 10, i \neq n) \tag{5-64}$$

河道外未调减省（自治区）i 配置水量 $A_{\mathrm{O}i}$ 为

$$A_{\mathrm{O}i}=\beta_i(W_{\mathrm{O}n}+W_{\mathrm{I}})+A_{\mathrm{PO}i} \quad (i=1, \cdots, 10, i\neq n) \tag{5-65}$$

河道外调减指标省（自治区）n 配置水量 $A_{\mathrm{O}n}$ 为

$$A_{\mathrm{O}n}=A_{\mathrm{PO}n}-W_{\mathrm{O}n} \tag{5-66}$$

（2）流域水资源整体动态均衡配置方法

流域水资源整体动态均衡配置在满足河道内需水及各省（自治区）刚性需水后，将剩余的指标按照统筹公平与效率进行均衡分配。采用该方法进行水量配置，河道外配置水量 A_{TO} 为

$$A_{\mathrm{TO}} = \sum_{i=1, i\neq n}^{10} (A_{\mathrm{PO}i} + \Delta A_i) + (A_{\mathrm{PO}n} + \Delta A_n) \tag{5-67}$$

$$\Delta A_i+\Delta A_n = W_{\mathrm{O}n}+W_{\mathrm{I}} \tag{5-68}$$

式中，ΔA_i 为河道外未调减省（自治区）i 通过整体动态均衡配置方法配置水量与原有分配指标的差值，该数值可能大于 0 也可能小于 0，即优化配置后的省（自治区）配置水量可能大于现行分水指标，也可能小于现行分水指标；ΔA_n 为河道外各省（自治区）n 的调减水量指标。

(3) 流域水资源增量动态均衡配置方法

流域水资源增量动态均衡与流域水资源整体动态均衡基本配置思想一致，都是在统筹公平与效率的基础上进行均衡分配。不同之处在于增量动态均衡配置加入了各省（自治区）配置水量不能小于既定分配指标的约束，即式（5-68）中 ΔA_i 不能为负，即在对河道外未调减省（自治区）i 进行均衡配置时，不能小于其现行分水指标 $A_{PO\,i}$。这种配置方法简称为“保存量、分增量”，保障了调整后的省（自治区）分水指标不低于现行分水指标。

5.4.2 流域水资源动态均衡配置模型系统总体构架

5.4.2.1 模型系统总体结构

流域水资源动态均衡配置模型系统由流域水资源综合价值评估模型、流域分层需水分析模型、用水公平协调性分析模型、供水规则优化模型、水资源供需网络模拟模型组成，模型系统总体结构见图5-17。

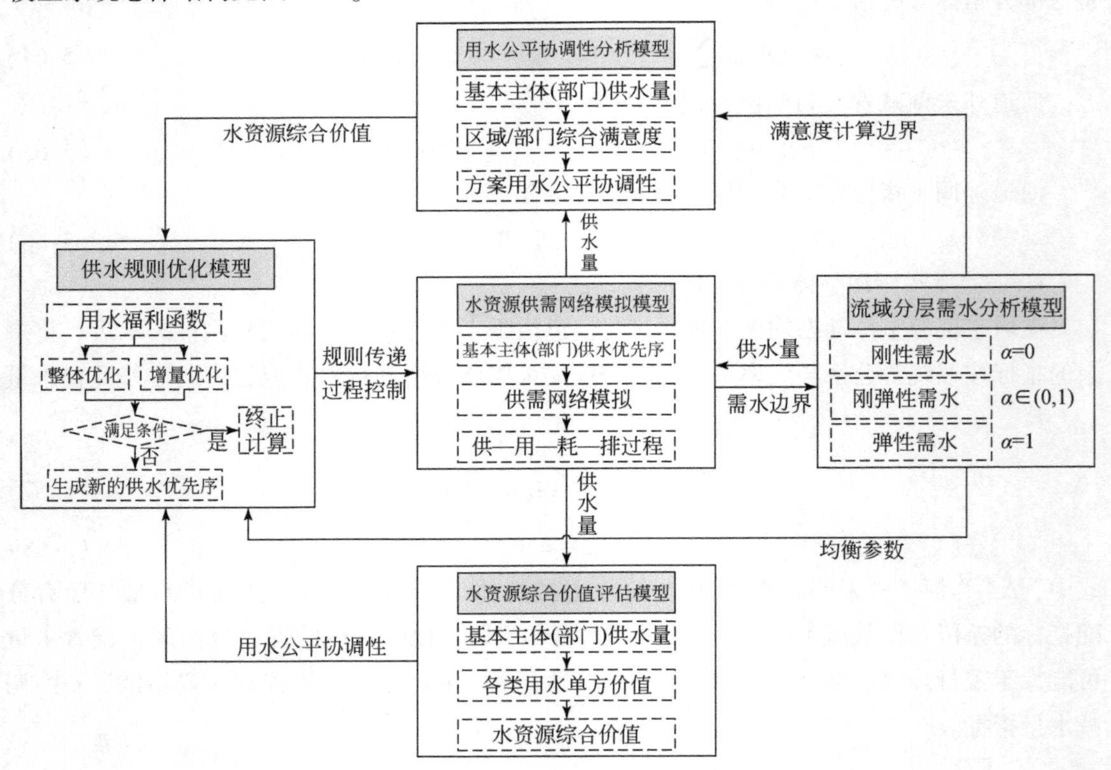

图5-17　黄河流域水资源动态均衡配置模型系统总体结构图

流域分层需水分析模型通过刚性需水、刚弹性需水、弹性需水三个层次预测未来河道外社会经济用水需求。主要分为农业分层需水预测、工业分层需水预测、生活分层需水预测及河道外生态分层需水预测等部分。该模型为水资源供需网络模拟模型提供需水边界，为用水公平协调性分析模型提供满意度计算边界，并根据方案的供水总量反馈均衡参数给供水规则优化模型。

水资源综合价值评估模型是基于自然资源经济学和生态经济价值理论，采用能值分析方法，评价流域不同分区、行业的水资源价值量，进一步分析黄河流域水资源利用效率及其差异。该模型根据水资源供需网络模拟模型提供的基本主体（部门）供水量计算方案的水资源综合价值并将结果反馈给供水规则优化模型。

用水公平协调性分析模型包括用水主体满意度计算与公平协调性量化计算两个部分。用水主体满意度计算根据基本主体（部门）供水量与三层需水的满足程度进行计算。以用水主体满意度为输入，采用用水基尼系数计算方法，综合区域用水公平性与部门用水协调性得到用水公平协调性量化指标，并将结果反馈给供水规则优化模型。

供水规则优化模型根据水资源综合价值评估模型及用水公平协调性分析模型的反馈，计算每个方案的社会福利函数值并控制优化过程。如果不能满足计算终止条件则形成新的供水规则集进行下一次迭代计算，如果满足计算终止条件则停止计算并输出优化方案。

水资源供需网络模拟模型是在流域水资源条件、工程技术等约束和系统供水规则下，采用网络分析技术定量描述不同用水单元的水资源供—用—耗—排过程，完成时间、空间和行业间三个层面上从水源到用水的供需过程分析，并输出对应规则下经济、社会和生态环境供水保障情况，再将基本主体（部门）的供水结果反馈给流域分层需水分析模型、水资源综合价值评估模型及用水公平协调性分析模型。

5.4.2.2 模型系统计算分析流程

按照模型体系构建思路和总体框架，各模型之间是遵循一定逻辑关系与特定的决策内容、目标协调连接起来的。考虑水资源配置的目标和流域供用耗排过程的复杂性，采用“分层配水—协同计算—规则优化—网络模拟”技术进行模型间的数据反馈与迭代寻优，流程如下（图 5-18）。

步骤一：根据流域工程与环境变化初始化计算所需的参数及边界条件，并带入水资源供需模拟模型。

步骤二：将供水优先序带入水资源供需模拟模型，计算方案基本主体（部门）的供—用—耗—排过程。

步骤三：将方案基本主体（部门）的供水量反馈给用水公平协调性分析模型、流域分

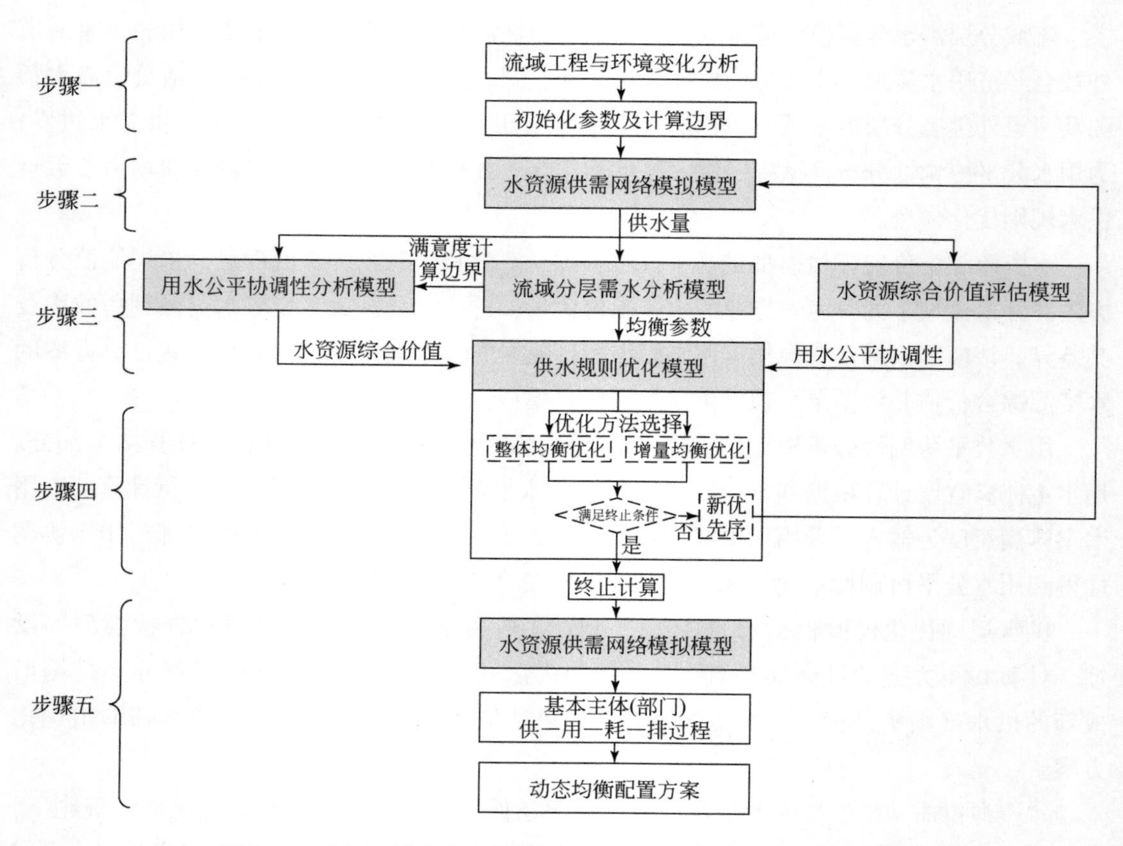

图 5-18　黄河流域水资源动态均衡配置模型系统计算流程示意图

层需水分析模型、水资源综合价值评估模型，分别计算得到用水公平协调性、均衡参数、水资源综合价值。

步骤四：将步骤三的计算结果代入供水规则优化模型，根据需求进行整体均衡优化及增量均衡优化的选择，计算得到方案的用水福利函数。当优化计算满足终止条件（迭代次数或用水福利极大值）进入步骤五，否则利用供水规则优化模型生成多组新的供水优先序，并返回步骤二。

步骤五：将最佳的供水优先序带入水资源供需网络模拟模型，输出最优配置方案基本主体（部门）供—用—耗—排过程、供水量、供水保障情况，得到该场景下动态均衡配置方案。

5.5 分水方案优化场景设置分析

5.5.1 黄河流域水资源调控策略

5.5.1.1 流域供给侧策略研究

(1) 非常规水源挖潜

预测 2030 年黄河流域非常规水源可供水量为 25.73 亿 m^3，其中再生水、雨水、矿井水分别占 72%、16%、12%。从各省（自治区）来看，陕西、山西、内蒙古非常规水源可供水量较大，分别为 5.85 亿 m^3、5.22 亿 m^3、5.05 亿 m^3，占总量的 63%，详见表 5-4。

表 5-4 黄河流域 2030 年非常规水源可供水量 （单位：亿 m^3）

非常规水源	青海	四川	甘肃	宁夏	内蒙古	陕西	山西	河南	山东	流域合计
再生水	0.44	0.00	2.42	1.10	3.61	4.18	3.31	1.94	1.48	18.48
雨水	0.04	0.00	0.82	0.05	0.16	0.76	1.24	0.56	0.57	4.20
矿井水			0.05	0.14	1.28	0.91	0.67			3.05
合计	0.48	0.00	3.29	1.29	5.05	5.85	5.22	2.50	2.05	25.73

(2) 输沙水量动态优化

在河道来沙阶段性偏少时，在保障河道内基本生态用水需求下，通过采用高效输沙方法，可以适当动态减少河道内汛期输沙用水，增加河道外供水。本次研究采用高效动态输沙技术，计算了中游四站来沙 4 亿～8 亿 t 情景下，保障生态用水后，下游河道冲淤平衡或适当淤积的利津断面汛期输沙水量。鉴于小浪底水库运用的复杂性、输沙水量计算方法尚不完全成熟等方面考虑，本次研究以中游来沙 6 亿 t 为代表，提高河道内非汛期生态用水至 60 亿 m^3，通过采用高效输沙模式河道内汛期输沙用水减少至 97.15 亿 m^3，河道内生态环境用水减少为 157.15 亿 m^3，较 490 亿 m^3天然径流条件下河道内应分配水量 177.4 亿 m^3（其中汛期输沙用水 127.4 亿 m^3，非汛期生态用水 50 亿 m^3），即可节省出 20.3 亿 m^3水量用于河道外分配。本次研究河道内调减水量考虑了 20.3 亿 m^3和 10 亿 m^3两种情景。

(3) 水库及外调水工程

进一步完善黄河流域水沙调控工程体系及跨流域调水是解决黄河水资源供需矛盾、支撑流域生态保护和高质量发展的需要。现状黄河干支流考虑龙羊峡、刘家峡、海勃湾、万家寨、三门峡、小浪底等大中型水利枢纽工程及南水北调东线一期、引乾济石、引红济石等调水工程。规划年考虑古贤水利枢纽，充分发挥干流骨干水利枢纽的综合效益，增强径流调节能力，提高枯水年份供水保障程度；调水工程考虑南水北调西线工程、引汉济渭工程等大型跨流域调水工程。

5.5.1.2 流域需求侧策略研究

（1）人口及经济合理增长

依据各省（自治区）建制市城市统计年鉴及相关统计资料，调查分析了建制市现状年的人口、工业增加值等经济社会指标及生态环境指标；参考相关省（自治区）新型城镇化规划、城市总体规划等，结合《全国主体功能区规划》、《国家新型城镇化规划（2014～2020年)》、《全国土地规划纲要（2016～2030年)》、生态文明建设等相关要求，以及各省（自治区）主体功能区规划、“十三五”经济社会发展规划等规划成果，按照国家“两个一百年”的发展目标，合理预测2030年黄河流域人口、经济与生态环境指标。

（2）产业用水结构调整

经济增长所需的水资源一般可以通过三种途径加以解决：从源头或调水入手，将新增的水资源来满足经济增长的用水需求；从提高水资源利用效率入手，将节省下来的水资源来满足经济增长的用水需求；从调整产业结构入手，将单位产值需水多的产业的用水量转移到单位产值需水少的产业中，来满足经济增长的水资源需求。采用用水量-效率-结构变化与GDP增量关系模型分析1980～2018年黄河流域的经济增长所需水资源来源贡献，见图5-19。从2005～2018年时段黄河流域产值增长所需水资源量主要通过用水效率提高的途径，在用水量小幅增长的同时实现了国民经济的快速发展。由于节水潜力有限，在国内先进的水平上很难再大幅提升，在未来用水效率平稳提高的基础上，用水结构的合理调整将是增加黄河流域总产值、减少用水总量的主攻方向。

（3）深度节水

节水技术主要通过采取工程和非工程措施等手段来提高用水效率。按行业分为农业节水、工业节水、生活节水等。黄河流域工农业用水水平较为先进，与国际先进水平相比，尚有一定的节水潜力。围绕农业、工业和城镇等重点领域节水和取、输、用、排水各环节，全面实施农业节水增效、工业节水减排、推进城镇节水降损等，充分挖掘黄河流域节水潜力，全面推进水资源高效利用。黄河流域节水策略见图5-20。

5.5.1.3 供需双侧联动分析

在水资源供需的共同因子分析、水资源供给侧策略研究、水资源需求侧策略研究的基础上，采用系统动力学方法，构建黄河流域整体水资源供需联动模型。通过分析社会经

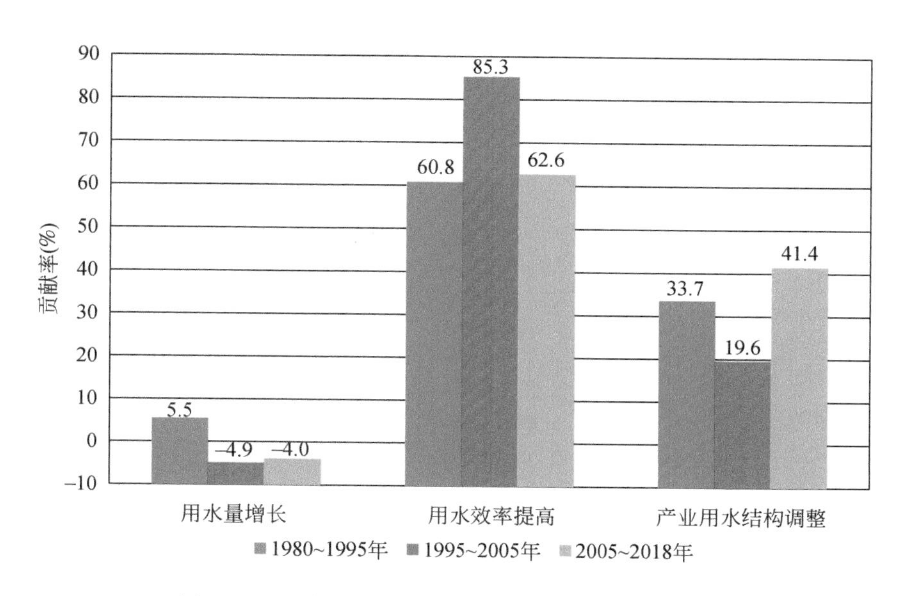

图 5-19　用水量–效率–结构变化对 GDP 增量的贡献

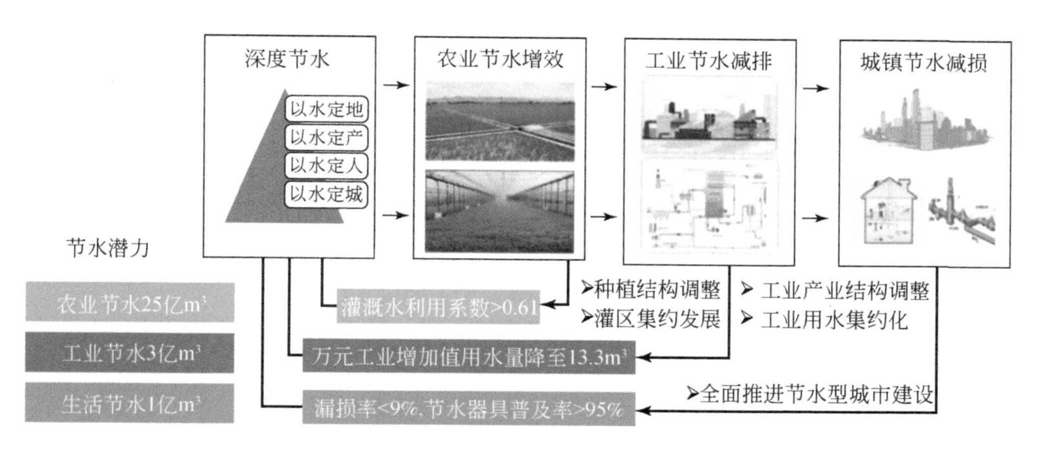

图 5-20　黄河流域节水策略示意

济、自然资源环境等系统之间的因果关系及其反馈机制，把组成系统的因素划分为状态变量、速率变量、辅助变量和常量变量等，利用软件绘制不同要素间因果闭合反馈关系图和系统流程图，综合考虑众多因子之间的相互关系建立仿真模型，对构建的模型进行精度验证并选出影响系统发展的关键变量，根据流域经济发展特点找出在现实经济发展中可以调控的变量，对关键变量中可调控因素进行调整，模拟流域社会经济发展与水资源利用之间的相互关系。通过模拟不同调控方案，对比分析模拟结果，找出提高流域水资源承载力的调控措施。

黄河流域水资源供需联动调控。建立了基于系统动力学模型的供需联动调控分析方法，在整体发展边界下进行全流域供需宏观调控，确定最小缺水率下代价最小的调控措施。通过调控关键因子，从总体上研判河道外需水预测方向及效果。黄河流域水资源供需联动调控方法如图 5-21 所示。

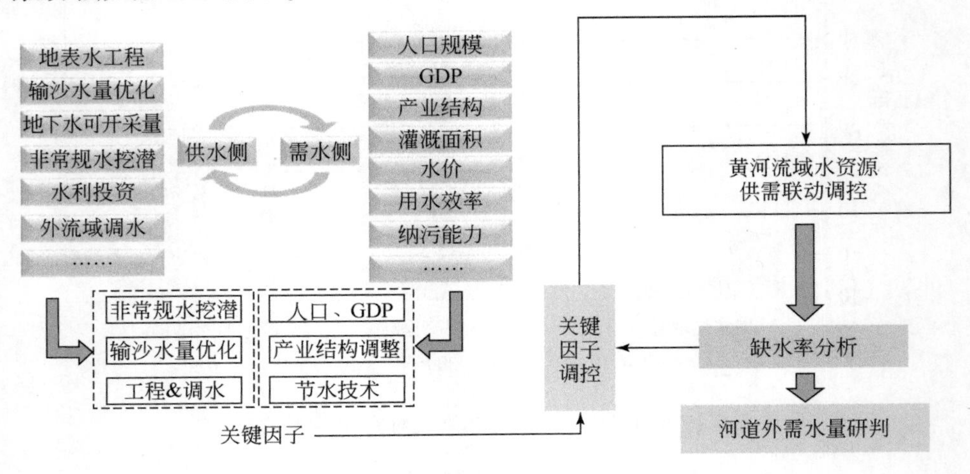

图 5-21　黄河流域水资源供需联动调控方法

5.5.2　重大工程和供水条件变化

5.5.2.1　南水北调东线、中线一期工程生效

黄河“八七”分水方案分配给河北、天津 20 亿 m^3 可供水量指标。南水北调东线一期、中线一期工程生效后，其供水区包含了河北、天津的部分地区，根据 2002 年国务院批复的《南水北调工程总体规划》和 2013 年国务院批复的《黄河流域综合规划（2012—2030 年）》，黄河向河北配置水量为 6.2 亿 m^3，目前已经在黄河水量调度中执行。现状场景考虑不调整河北、天津指标及调减了河北、天津分配指标 13.8 亿 m^3 指标两种情况。河北、天津调减 13.8 亿 m^3 分水指标，在天然径流量 490 亿 m^3 条件下按照丰增枯减的原则相当于调减分水指标 11.66 亿 m^3。

5.5.2.2　南水北调东线、中线二期工程生效

南水北调东线二期工程生效后山东流域外引黄指标调整。根据《南水北调东线二期工程规划报告》，东线二期工程实施后，南水北调东线供水范围内山东省城镇 2030 年多年平均河道外配置水量为 91.94 亿 m^3，其中包括当地地表水 14.75 亿 m^3，地下水 11.22 亿 m^3，

外调水 49.92 亿 m^3（其中引黄 12.90 亿 m^3、南水北调东线 37.02 亿 m^3），其他水源 16.05 亿 m^3。南水北调东线城镇供水范围规划年多年平均河道外水资源配置成果见表 5-5。

表 5-5　南水北调东线供水范围山东省城镇规划年多年平均水资源配置成果表（二期实施后）

（单位：亿 m^3）

分片	城镇需水（含农村生活）	当地地表水	分水源配置外调		地下水	其他水源	合计	缺水
			引黄	南水北调东线				
黄河以南	18.70	5.54		4.98	5.31	2.87	18.70	
山东半岛	55.48	8.63	9.81	21.29	4.48	11.27	55.48	
黄河以北	17.79	0.58	3.09	10.75	1.43	1.91	17.76	0.03
山东省合计	91.97	14.75	12.90	37.02	11.22	16.05	91.94	0.03

南水北调东线二期工程调水量是在考虑当地供水量和引黄水量的基础上分析确定的。东线二期工程供水区和引黄供水区的重叠区引黄指标为 12.9 亿 m^3，在东线工程水资源优化配置和提高供水能力情况下，可以将重叠区的引黄用水由东线供水替代。考虑供水配套、供水成本、水价承受能力等因素，本次研究考虑重叠区的城镇生活及第三产业用水 4.5 亿 m^3 由东线供水，即可以减少重叠区引黄指标 4.5 亿 m^3。

南水北调中线后续工程引江补汉生效后河南引黄水量调整。《引江补汉工程规划》分析提出，河南省引黄供水的城市有郑州、新乡、濮阳 3 市，共建有引黄工程 5 处，包括郑州市利用邙山提灌站、花园口提灌站、东大坝提灌站提水工程，新乡市利用人民胜利渠引水工程，濮阳市从渠村闸后埋设专用输水管道供水工程等。按照引黄水控制原则，城市引黄水量基本维持现状，规划 2035 年河南省引黄供水量为 3 亿 m^3，其中郑州市 2.3 亿 m^3，新乡市 0.5 亿 m^3，濮阳市 0.2 亿 m^3。南水北调中线受水区河南省 2035 年净需中线工程增加调水量见表 5-6。

表 5-6　南水北调中线受水区河南省 2035 年净需中线工程增加调水量

（单位：亿 m^3）

2035 年需水量					可供水量							净需中线新增调水量
城镇综合生活	工业	城镇生态环境	刁河灌区农业	合计	地表水		地下水	再生水利用量	引黄	中线一期工程	合计	
					蓄水工程	引提水工程						
21.5	25.1	3.7	4.5	54.8	2.47	0.67	2.09	4.4	3	32	44.6	10.2

南水北调中线后续工程调水量是在考虑当地供水量和引黄水量的基础上分析确定的。中线受水区和引黄供水区的重叠区引黄指标为 3.0 亿 m^3，考虑供水配套、供水成本、水

价承受能力等因素，本次研究考虑重叠区的城镇生活及第三产业用水2.5亿m^3由中线供水，即可以减少重叠区引黄指标2.5亿m^3。

5.5.2.3　古贤水库工程生效

2030年考虑古贤水库工程建成生效。古贤水库设计拦沙库容为93.4亿m^3，调水调沙库容为20亿m^3，与小浪底水库联合调控运用，可延长小浪底水库拦沙库容运用年限约10年，减少下游河道泥沙淤积72亿t，同时还可冲刷降低潼关高程，减轻渭河下游防洪压力，改善中游地区供水条件，提升生态环境质量。通过古贤水库与小浪底水库联合运用，持续提供汛期洪水期3500m^3/s的输沙动力，进一步塑造高效输沙洪水过程，减少河道内输沙用水。本次研究以中游来沙6亿t为代表，提高河道内非汛期生态用水至60亿m^3，通过采用高效输沙模式河道内汛期输沙用水减少至97.15亿m^3，河道内生态环境用水减少为157.15亿m^3，较490亿m^3天然径流条件下河道内应分配水量177.4亿m^3（其中汛期输沙用水127.4，非汛期生态用水50亿m^3），即可节省出20.3亿m^3水量用于河道外分配。本次研究河道内调减水量考虑了20.3亿m^3和10亿m^3两种情景。

5.5.2.4　西线一期工程生效

根据国务院批复的《南水北调总体规划》等有关规划成果，西线第一期工程从雅砻江干流、雅砻江和大渡河6条支流共调水80亿m^3进入黄河源头地区。西线调入水量约占黄河天然径流量的16.3%，应和黄河流域水资源进行统一配置。考虑下游河道不淤积和适宜生态用水等河道内生态环境用水，按照本次研究提出的流域水资源均衡配置方法，统筹考虑分水的公平性和效率因素，优化配置河道内和河道外用水以及河道外各省（自治区）用水。

5.5.3　场景分析与方案设置

综合考虑重大工程和水源条件变化、分水方案调整制约因素，均衡调控边界条件，本次分水方案优化共设置8类场景。

5.5.3.1　场景分析

场景1：现状南水北调东、中线一期工程生效，不考虑调减河北、天津指标。

场景2：现状南水北调东、中线一期工程生效，调减河北、天津指标11.66亿m^3。

场景3：考虑南水北调东、中线一期工程生效，调减河北、天津11.66亿m^3指标；考虑南水北调东、中线二期工程生效，调减河南2.5亿m^3指标、山东4.5亿m^3指标（河南、山东调减的7.0亿m^3指标中3.5亿m^3用于增加下游河道内生态用水）。

场景 4：考虑南水北调东、中线一期工程生效，调减河北天津 11.66 亿 m^3 指标；考虑南水北调东、中线二期工程生效，调减河南 2.5 亿 m^3 指标、山东 4.5 亿 m^3 指标（河南、山东调减的 7.0 亿 m^3 指标全部用于河道外消耗）。

场景 5：考虑南水北调东、中线一期工程生效，调减河北天津指标 11.66 亿 m^3；考虑古贤水库生效，动态减少河道内汛期输沙用水 10 亿 m^3 增加河道外供水。

场景 6：考虑南水北调东、中线一期工程生效，调减河北天津 11.66 亿 m^3 指标；考虑南水北调东、中线二期工程生效，调减河南 2.5 亿 m^3 指标、山东 4.5 亿 m^3 指标（河南、山东调减的 7.0 亿 m^3 指标中 3.5 亿 m^3 用于增加下游河道内生态用水）；考虑古贤水库生效，动态减少河道内汛期输沙用水 10 亿 m^3 增加河道外供水。

场景 7：考虑南水北调东、中线一期工程生效，调减河北天津指标 11.66 亿 m^3；考虑古贤水库生效，动态减少河道内汛期输沙用水 20.3 亿 m^3；增加河道外供水。

场景 8：考虑南水北调东、中线一期工程生效，不调减河北、天津指标；考虑南水北调西线一期工程生效，调入黄河上游 80 亿 m^3 水量。

5.5.3.2 方案设置

采用同比例调整、整体动态均衡配置、增量动态均衡配置 3 种优化方法，进一步将 8 类场景划分为 21 个方案，见表 5-7。场景 1，设置同比例调整方案（P1D）和整体动态均衡配置方案（P1W）两个方案；场景 8，设置整体动态均衡配置方案（P8W）；其余场景根据按照 3 种优化方法均设置 3 个方案。P1D 为基准方案。

表 5-7 方案设置

场景	重大工程条件	方案编号	优化方法	方案说明
场景 1（现状）	东、中线一期工程生效	P1D	同比例调整（基准方案）	现状南水北调东、中线一期工程生效，不考虑调减河北、天津指标
		P1W	整体动态均衡配置	
场景 2（现状）	东、中线一期工程生效	P2D	同比例调整	现状南水北调东、中线一期工程生效，调减河北、天津指标 11.66 亿 m^3
		P2W	整体动态均衡配置	
		P2I	增量动态均衡配置	
场景 3（规划中期）	东、中线一期和二期工程生效	P3D	同比例调整	考虑南水北调东、中线一期工程生效，调减河北、天津 11.66 亿 m^3 指标；考虑南水北调东、中线二期工程生效，调减河南 2.5 亿 m^3 指标、山东 4.5 亿 m^3 指标（河南、山东调减的 7.0 亿 m^3 指标中 3.5 亿 m^3 用于增加下游河道内生态用水）
		P3W	整体动态均衡配置	
		P3I	增量动态均衡配置	

续表

场景	重大工程条件	方案编号	优化方法	方案说明
场景4（规划中期）	东、中线一期和二期工程生效	P4D	同比例调整	考虑南水北调东、中线一期工程生效，调减河北天津11.66亿m^3指标；考虑南水北调东、中线二期工程生效，调减河南2.5亿m^3指标、山东4.5亿m^3指标（河南、山东调减的7.0亿m^3指标全部用于河道外消耗）
		P4W	整体动态均衡配置	
		P4I	增量动态均衡配置	
场景5（规划中期）	东、中线一期工程生效，古贤水库生效	P5D	同比例调整	考虑南水北调东、中线一期工程生效，调减河北天津指标11.66亿m^3；考虑古贤水库生效，动态减少河道内汛期输沙用水10亿m^3增加河道外供水
		P5W	整体动态均衡配置	
		P5I	增量动态均衡配置	
场景6（规划中期）	东、中线一期和二期工程生效，古贤水库生效	P6D	同比例调整	考虑南水北调东、中线一期工程生效，调减河北天津11.66亿m^3指标；考虑南水北调东、中线二期工程生效，调减河南2.5亿m^3指标、山东4.5亿m^3指标（河南、山东调减的7.0亿m^3指标中3.5亿m^3用于增加下游河道内生态用水）；考虑古贤水库生效，动态减少河道内汛期输沙用水10亿m^3增加河道外供水
		P6W	整体动态均衡配置	
		P6I	增量动态均衡配置	
场景7（规划中期）	东、中线一期工程生效，古贤水库生效	P7D	同比例调整	考虑南水北调东、中线一期工程生效，调减河北天津指标11.66亿m^3；考虑古贤水库生效，动态减少河道内汛期输沙用水20.3亿m^3；增加河道外供水
		P7W	整体动态均衡配置	
		P7I	增量动态均衡配置	
场景8（规划远期）	东、中线一期工程生效，西线一期工程生效	P8W	整体动态均衡配置	场景8：考虑南水北调东、中线一期工程生效，不调减河北、天津指标；考虑南水北调西线一期工程生效，调入黄河上游80亿m^3水量

*河北、天津调减13.8亿m^3分水指标，在天然径流量490亿m^3条件下，相当于调减分水指标11.66亿m^3。

5.6 变化环境下分水方案优化多场景研究

5.6.1 河道内外用水配置关系分析

场景1、场景2、场景4的8个方案，仅考虑河道外各省（自治区、直辖市）间水量指标的再分配，其河道内外配置关系维持黄河“八七”分水方案的36.21∶63.79。场景3的3个方案将河南、山东调减指标的一半（3.5亿m^3）还水于河，其河道内外配置关系调整为36.92∶63.08。场景5及场景7的6个方案采用高效输沙方法，适当减少了河道内汛期输沙用水，增加了河道外供水，河道内外分水比例发生了相应调整，场景5（P5D、P5W、P5I）河道内调整出2.04%的天然径流量，其河道内外水量比例关系调整为34.17∶65.83；场景7（P7D、P7W、P7I）河道内调整出4.14%的天然径流量，其河道内外水量比例关系调整为32.07∶67.93。场景6的3个方案将河南、山东调减指标的一半（3.5亿m^3）还水于河，同时采用高效输沙方法，适当减少了河道内汛期输沙用水，河道内外配置关系调整为34.88∶65.12。

将各场景下的配置方案的断面下泄水量及地表水资源开发利用率与基准方案进行对比，见表5-8。兰州、河口镇、三门峡、花园口、利津断面下泄水量变化分别为：-8.6亿～-1.7亿m^3、-28.2亿～-8.1亿m^3、-35.4亿～-11.7亿m^3、-34.4亿～-12.0亿m^3、-20.3亿～0亿m^3，断面以上地表水资源开发利用率变化分别为：0.6%～2.9%、3.3%～11.3%、3.3%～12.4%、3.0%～10.9%、-0.1%～8.2%。

表5-8　各方案断面下泄水量及地表水资源开发利用率变化（与基准方案相比）

与基准方案相比	断面下泄水量变化（亿m^3）					断面以上地表水资源开发利用率变化（%）				
	兰州	河口镇	三门峡	花园口	利津	兰州	河口镇	三门峡	花园口	利津
P1W	-6.0	-16.2	-17.0	-14.3	0.0	2.1	6.5	4.8	3.8	0.8
P2D	-4.4	-9.3	-11.7	-12.0	0.0	1.5	3.8	3.3	3.0	0.6
P2W	-6.4	-18.1	-19.9	-17.4	0.0	2.2	7.3	8.2	6.8	3.5
P2I	-4.5	-9.3	-11.8	-12.4	0.0	1.5	3.8	5.9	5.5	3.2
P3D	-1.8	-8.8	-14.8	-14.1	3.5	0.7	3.6	4.0	3.5	-0.1
P3W	-5.8	-15.0	-15.4	-14.1	3.5	2.0	6.0	4.4	3.7	0.1
P3I	-5.1	-12.1	-15.0	-14.1	3.5	1.8	4.9	4.2	3.6	0.0
P4D	-2.2	-10.9	-18.2	-17.6	0.0	0.8	4.4	4.9	4.3	0.7
P4W	-6.3	-17.3	-18.8	-17.6	0.0	2.2	6.9	5.3	4.5	0.9
P4I	-5.7	-14.8	-18.5	-17.6	0.0	2.0	5.9	5.2	4.4	0.8
P5D	-1.7	-8.1	-13.9	-16.2	-10.0	0.6	3.3	3.8	3.9	2.7
P5W	-7.5	-23.0	-27.5	-25.8	-10.0	2.6	9.2	10.3	8.9	5.8
P5I	-6.3	-16.9	-21.7	-22.3	-10.0	2.2	6.8	8.6	7.9	5.6
P6D	-3.0	-14.6	-24.6	-24.1	-6.5	1.1	5.9	6.6	5.9	2.2
P6W	-7.2	-21.5	-25.2	-24.1	-6.5	2.5	8.6	7.0	6.1	2.5

续表

与基准方案相比	断面下泄水量变化（亿 m³）					断面以上地表水资源开发利用率变化（%）				
	兰州	河口镇	三门峡	花园口	利津	兰州	河口镇	三门峡	花园口	利津
P6I	-6.8	-19.8	-25.0	-24.1	-6.5	2.3	7.9	6.9	6.0	2.4
P7D	-2.5	-11.9	-20.5	-23.7	-20.3	0.9	4.8	5.5	5.7	5.1
P7W	-8.6	-28.2	-35.4	-34.4	-20.3	2.9	11.3	12.4	10.9	8.2
P7I	-8.0	-24.9	-32.0	-32.5	-20.3	2.7	10.0	11.4	10.4	8.1

将各场景下利津断面下泄水量与现状实测水平（167.26 亿 m³）和黄河“八七”分水方案新径流条件下利津水量（177.43 亿 m³）进行对比，见表 5-9。场景 1、场景 2、场景 4 利津断面下泄水量较现状实测增加 13.21 亿 m³，较黄河“八七”分水方案新径流条件下配置水量增加 3.04 亿 m³；场景 3 利津断面下泄水量较现状实测增加 16.71 亿 m³，较黄河“八七”分水方案新径流条件下配置水量增加 6.54 亿 m³；场景 5 利津断面下泄水量较现状实测增加 3.21 亿 m³，较黄河“八七”分水方案新径流条件下配置水量减少 6.96 亿 m³；场景 6 利津断面下泄水量较现状实测增加 6.25 亿 m³，较黄河“八七”分水方案新径流条件下配置水量减少 3.92 亿 m³；场景 7 利津断面下泄水量较现状实测减少 7.07 亿 m³，较黄河“八七”分水方案新径流条件下配置水量减少 17.24 亿 m³。

表 5-9　利津断面下泄水量对比　（单位：亿 m³）

场景	本次配置	较现状实测变化	较黄河“八七”分水方案新径流配置水量变化
场景 1	180.47	13.21	3.04
场景 2	180.47	13.21	3.04
场景 3	183.97	16.71	6.54
场景 4	180.47	13.21	3.04
场景 5	170.47	3.21	-6.96
场景 6	173.51	6.25	-3.92
场景 7	160.19	-7.07	-17.24

5.6.2　河道外各省（自治区、直辖市）用水配置关系分析

（1）同比例调整方法下区域配置关系

该方法下除了指标调减的省（自治区、直辖市）之外，其余省（自治区）配置水量

较基准方案均有增加，详见表 5-10。其中，P2D、P5D、P7D 3 个方案分别考虑了河北和天津调减指标与河道内节省输沙水量的组合情况，沿黄 9 省（自治区）可重新分配水量分别为 11.66 亿 m^3、21.66 亿 m^3、31.94 亿 m^3，主要增加了山东、河南、内蒙古的配置占比。P3D、P4D 两个方案同时考虑了河北、天津、河南、山东指标调减，上中游 7 省（自治区）可重新分配水量分别为 15.16 亿 m^3、18.66 亿 m^3，主要增加了内蒙古、山西、宁夏的配置占比。P6D 方案同时考虑了河北、天津、河南、山东指标的调减及河道内节省的输沙水量，上中游 7 省（自治区）可重新分配水量为 25.16 亿 m^3，主要增加了内蒙古、山西、宁夏的配置占比。采用同比例调整方法，重新分配水量的配置由各省（自治区、直辖市）黄河“八七”分水方案的分水指标决定，其特点是相对简单和协调难度小，同时对流域社会经济和水资源等变化情况反映不足。方案中各个省（自治区、直辖市）配置成果用配置占比表示，即省（自治区、直辖市）配置水量与利津断面天然径流量的比值，下同。

表 5-10　方案（P2D ~ P7D）各省（自治区、直辖市）配置占比与基准方案比较

（单位：%）

方案差值	河道外配置占比变化	各省（自治区、直辖市）配置占比变化									
		青海	四川	甘肃	宁夏	内蒙古	陕西	山西	河南	山东	河北、天津
P2D-P1D	0	0.10	0.00	0.21	0.27	0.40	0.26	0.29	0.38	0.48	-2.38
P3D-P1D	0.71	0.19	0.01	0.42	0.55	0.81	0.52	0.59	-0.51	-0.92	-2.38
P4D-P1D	0	0.24	0.01	0.52	0.68	0.99	0.64	0.73	-0.51	-0.92	-2.38
P5D-P1D	2.04	0.18	0.01	0.38	0.51	0.74	0.48	0.54	0.70	0.88	-2.38
P6D-P1D	1.33	0.32	0.01	0.69	0.91	1.34	0.87	0.99	-0.31	-0.41	-2.38
P7D-P1D	4.14	0.26	0.01	0.57	0.74	1.09	0.71	0.80	1.03	1.30	-2.38

（2）整体动态均衡配置方法下区域配置关系

P1W 方案对分水方案涉及的全部省（自治区、直辖市）进行了整体动态均衡优化，其结果显示在兼顾流域整体配置的效率与公平后，山西、河南、山东、河北和天津的配置水量较基准方案均有所调减，详见表 5-11。P2W、P5W、P7W 3 个方案主要优化增加了青海、甘肃、宁夏、内蒙古、陕西的配置占比，减少了山西、河南、山东的配置占比。P3W、P4W、P6W 3 个方案固定调减河南、山东的配置占比，优化增加了青海、甘肃、宁夏、内蒙古、陕西的配置占比。整体动态均衡配置方法下，区域间配置关系变化明显，上游省（自治区）及陕西配置占比增加，下游各省及山西配置占比减少。

表 5-11　方案（P1W ~ P7W）各省（自治区、直辖市）配置占比与基准方案比较

（单位:%）

方案差值	河道外配置占比变化	各省（自治区、直辖市）配置占比变化									
		青海	四川	甘肃	宁夏	内蒙古	陕西	山西	河南	山东	河北、天津
P1W-P1D	0	0.71	0.02	1.23	0.97	0.80	0.47	-0.71	-1.10	-0.75	-1.63
P2W-P1D	0	0.74	0.02	1.34	1.10	0.95	0.54	-0.63	-1.01	-0.67	-2.38
P3W-P1D	0.71	0.68	0.02	1.16	0.90	0.70	0.42	-0.78	-0.51	-0.92	-2.38
P4W-P1D	0	0.73	0.02	1.29	1.04	0.89	0.51	-0.67	-0.51	-0.92	-2.38
P5W-P1D	2.04	0.84	0.02	1.63	1.42	1.36	0.73	-0.38	-0.75	-0.45	-2.38
P6W-P1D	1.33	0.81	0.02	1.54	1.32	1.23	0.67	-0.46	-0.51	-0.92	-2.38
P7W-P1D	4.14	0.94	0.02	1.94	1.75	1.78	0.92	-0.12	-0.48	-0.23	-2.38

（3）增量动态均衡配置方法下区域配置关系

增量动态均衡配置方法与整体动态均衡配置方法优化思路基本一致，区别在于增量动态均衡配置在保证各省（自治区、直辖市）分水指标不减少的前提下进行各省（自治区、直辖市）间效率和公平的统筹。从整体上看其配置幅度小于整体动态均衡配置。P2I、P5I、P7I 3 个方案优化增加了甘肃、青海、宁夏、内蒙古、陕西的配置占比。P3I、P4I、P6I 3 个方案固定调减了河南、山东的配置占比，优化增加了甘肃、青海、宁夏、内蒙古、陕西的配置占比，详见表 5-12。

表 5-12　方案（P2I ~ P7I）各省（自治区、直辖市）配置占比与基准方案比较

（单位:%）

方案差值	河道外配置占比变化	各省（自治区、直辖市）配置占比变化									
		青海	四川	甘肃	宁夏	内蒙古	陕西	山西	河南	山东	河北、天津
P2I-P1D	0	0.59	0.02	0.73	0.56	0.23	0.25	0.00	0.00	0.00	-2.38
P3I-P1D	0.71	0.63	0.02	0.98	0.70	0.46	0.31	0.00	-0.51	-0.92	-2.38
P4I-P1D	0	0.68	0.02	1.14	0.88	0.68	0.41	0.00	-0.51	-0.92	-2.38
P5I-P1D	2.04	0.75	0.02	1.25	1.00	0.87	0.54	0.00	0.00	0.00	-2.38
P6I-P1D	1.33	0.78	0.02	1.44	1.21	1.09	0.60	0.00	-0.51	-0.92	-2.38
P7I-P1D	4.14	0.89	0.02	1.75	1.53	1.52	0.81	0.00	0.00	0.00	-2.38

5.6.3　不同配置方案调整的幅度分析

综合以上方案，将 3 种优化方法下沿黄各省（自治区）配置占比的均值、最大值、最

小值绘制入图5-22。3种优化方法下，青海配置占比变幅分别为0.10%～0.32%、0.68%～0.94%、0.59%～0.89%，甘肃配置占比变幅分别为0.21%～0.69%、1.16%～1.94%、0.73%～1.75%，宁夏配置占比变幅分别为0.27%～0.91%、0.90%～1.75%、0.56%～1.53%，内蒙古配置占比变幅分别为0.40%～1.34%、0.70%～1.78%、0.23%～1.52%，陕西配置占比变幅分别为0.26%～0.87%、0.42%～0.92%、0.26%～0.81%，山西配置占比变幅分别为0.29%～0.99%、-0.78%～-0.12%、0，河南配置占比变幅分别为-0.51%～1.03%、-1.10%～-0.48%、-0.51～0，山东配置占比变幅分别为-0.92%～1.30%、-0.92%～-0.23%、-0.92～0。整体来看，同比例调整方法下山东、内蒙古、河南、山西等黄河“八七”分水方案分水指标较大的省（自治区）配置增幅较大，整体动态均衡配置方法下甘肃、内蒙古、宁夏、青海、陕西配置增幅较大，增量动态均衡配置方法下与整体动态均衡配置方法的省（自治区）配置占比变化基本一致，各省（自治区）的配置增幅略小。配置占比减幅主要出现在整体动态均衡配置方法下的山西、河南、山东三省，减幅均值分别为0.53%、0.70%、0.70%，以及增量动态均衡配置方法下的河南（-0.51%）及山东（-0.92%）。

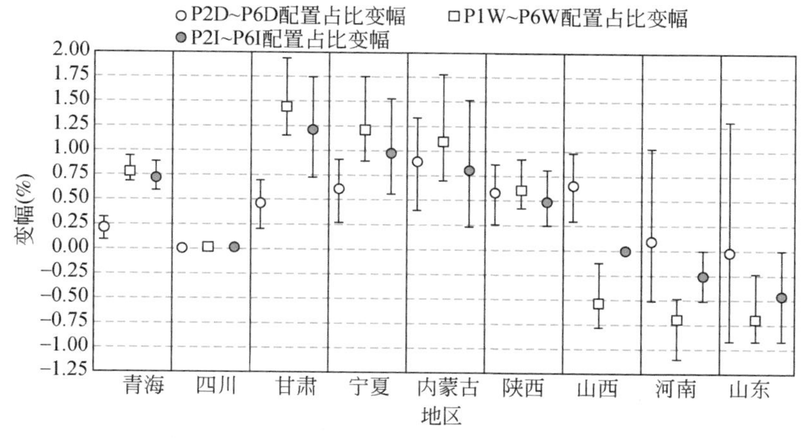

图5-22　各方案省（自治区）配置占比变幅（与基准方案相比）

5.6.4　方案减淤效果分析

分别采用下游河道冲淤量计算的经验公式、下游河道高效输沙公式、小浪底水库和下游河道冲淤长系列模拟等方法，计算不同汛期输沙水量下的下游河道全年淤积比，见表5-13。在中游来沙6亿t，小浪底年平均拦沙2亿t，进入下游河道4亿t情境下，分析各类方案下游河道的冲淤效果。场景1至场景4中的11个方案汛期输沙用水为117.43亿m^3，下游河道基本可以实现全年冲淤平衡。场景5、场景6的6个方案，减少10亿m^3输沙水量用于河道外配置，汛期输沙用水为107.43 亿 m^3，下游河道全年淤积比为2.8% ~ 5.1%，淤积量在0.11 亿 ~0.20 亿 t。场景7 的3 个方案，减少20.28 亿 m^3输沙水量用于河道外配置，汛期输沙用水为97.15 亿 m^3，下游河道全年淤积比为10.0% ~14.3%，淤积量在0.40 亿 ~0.57 亿 t。

表5-13　不同输沙水量下游河道冲淤效果对比

场景	汛期输沙需水量（亿 m^3）	全年淤积比（%）	利津断面河道内需水量（亿 m^3）
场景1 ~4	117.43	冲淤平衡	177.43
场景5 和6	107.43	2.8 ~5.1	167.43
场景7	97.15	10.0 ~14.3	157.15

5.6.5　方案缓解缺水分析

从各方案的流域内供需结果来看（表5-14），场景1 的P1D（基准方案）流域内缺水量达113.3 亿 m^3，缺水率高达21.2%，为本次所有方案计算中缺水率最大的方案；场景7 的P7W 流域内缺水量为69.4 亿 m^3，缺水率为13.0%，为本次所有方案计算中缺水率最小的方案。

表5-14　各方案2030 年流域水资源供需分析

场景	方案编号	流域内		
		供水量（亿 m^3）	缺水量（亿 m^3）	缺水率（%）
场景1	P1D（基准方案）	421.36	113.26	21.2
	P1W	439.77	94.85	17.7
场景2	P2D	439.54	95.08	17.8
	P2W	443.68	90.94	17.0
	P2I	440.04	94.58	17.7
场景3	P3D	438.98	95.64	17.9
	P3W	441.20	93.42	17.5
	P3I	440.69	93.93	17.6
场景4	P4D	442.90	91.72	17.2
	P4W	445.31	89.31	16.7
	P4I	444.89	89.73	16.8

续表

场景	方案编号	流域内		
		供水量（亿 m^3）	缺水量（亿 m^3）	缺水率（%）
场景 5	P5D	446.42	88.20	16.5
	P5W	454.29	80.33	15.0
	P5I	451.74	82.87	15.5
场景 6	P6D	450.42	84.19	15.7
	P6W	452.94	81.68	15.3
	P6I	452.65	81.96	15.3
场景 7	P7D	456.11	78.51	14.7
	P7W	465.21	69.41	13.0
	P7I	463.34	71.28	13.3

5.6.6 方案适应性评价

基于系统可持续定向理论，根据 4.3 节提出的黄河“八七”分水方案适应性综合评价方法，从存在性、功能性、灵活性、稳定性、应变性、共生性六个方面评价本次不同场景下配置方案，见表 5-15。从综合得分上看，随着可调整水量的增加，相同配置方法下的方案得分呈现增加趋势，方案适应性不断提高；相同场景下，同比例调整方法下方案的得分均小于同场景的动态均衡配置方案；而整体动态均衡配置方案得分略高于增量动态均衡配置方案。

表 5-15 方案适应性评价

场景	方案编号	存在性	功能性	灵活性	稳定性	应变性	共生性	综合得分
场景 1	P1D（基准方案）	0.9375	0.5453	0.5262	0.5468	0.7246	0.9095	0.6778
	P1W	0.9375	0.5615	0.5715	0.5819	0.7863	0.9095	0.7073
场景 2	P2D	0.9375	0.5537	0.5553	0.5734	0.7703	0.9095	0.6982
	P2W	0.9375	0.5643	0.5862	0.5997	0.7851	0.9095	0.7143
	P2I	0.9375	0.5600	0.5691	0.5965	0.7576	0.9095	0.7050
场景 3	P3D	0.9375	0.5549	0.5522	0.5711	0.7515	0.9095	0.6944
	P3W	0.9375	0.5642	0.5839	0.6097	0.7700	0.9095	0.7134
	P3I	0.9375	0.5610	0.5761	0.6067	0.7595	0.9095	0.7090

续表

场景	方案编号	存在性	功能性	灵活性	稳定性	应变性	共生性	综合得分
场景4	P4D	0.9375	0.5551	0.5536	0.5646	0.7456	0.9095	0.6925
	P4W	0.9375	0.5646	0.5860	0.5973	0.7744	0.9095	0.7122
	P4I	0.9375	0.5619	0.5805	0.6017	0.7797	0.9095	0.7122
场景5	P5D	0.9375	0.5603	0.5673	0.5781	0.7869	0.9095	0.7055
	P5W	0.9375	0.5718	0.6149	0.6219	0.7920	0.9095	0.7270
	P5I	0.9375	0.5694	0.5987	0.6252	0.7802	0.9095	0.7221
场景6	P6D	0.9375	0.5620	0.5864	0.6065	0.7507	0.9095	0.7099
	P6W	0.9375	0.5720	0.6227	0.6451	0.7783	0.9095	0.7309
	P6I	0.9375	0.5701	0.6085	0.6379	0.7948	0.9095	0.7289
场景7	P7D	0.9375	0.5668	0.5884	0.6069	0.7784	0.9095	0.7156
	P7W	0.9375	0.5791	0.6267	0.6466	0.7897	0.9095	0.7353
	P7I	0.9375	0.5783	0.6298	0.6453	0.7809	0.9095	0.7341
场景8	P8W	0.9375	0.5964	0.6625	0.6924	0.7893	0.9095	0.7543

5.6.7 分水方案调整建议

1）分水方案调整要考虑供水工程条件变化以及水沙变化情况，研究多种情景方案组合。

一是新增供水工程情景。黄河“八七”分水方案是南水北调生效之前的黄河分水方案，当前东中线一期工程已经生效，二期工程正在规划实施，这些新增的水源工程供水区和黄河下游引黄地区有一定的重叠关系，本次研究考虑东中线一期工程生效调减了河北、天津引黄指标，将部分引黄地区的城镇生活用水由东中线二期供水，据此调减河南、山东的引黄指标。

二是考虑动态调整河道内外的配置关系情景。根据近期黄河来沙偏少的阶段性和动态性特点，首先保证和增加河道内生态用水，并通过运用动态高效输沙，适当减少部分输沙水量，增加河道外供水。本研究将这些影响因素导致的“配置变量”组合为不同的情景进行各省（自治区、直辖市）引黄指标的均衡配置。

2）黄河“八七”分水方案要根据重大水源条件变化，采取适应的优化配置方法和策略，进行分阶段优化调整。南水北调西线生效之前采用增量动态均衡配置方法，实现分水方案的微调优化。南水北调西线生效后采用整体动态均衡配置方法，对西线调水水量和黄河流域水资源统一进行再优化配置。

一是南水北调西线生效之前黄河分水方案调整应考虑以黄河“八七”分水方案为基础

进行增量动态均衡配置。由于南水北调西线尚未生效，东线和中线工程对黄河下游地区的贡献优先，黄河流域水资源配置大的水源和工程条件没有发生变化，因此分水方案调整应以黄河“八七”分水方案为基础。再者，黄河分水涉及方方面面利益关系，加之现状环境变化较为显著，分水调整应均衡考虑用水的公平性和效率两方面的因素。为此，本研究了同比例调整、整体均衡配置、增量均衡配置三种配置方法。同比例调整方法的优点是方法简单，但是没有考虑各省（自治区、直辖市）社会经济发展的新形势及水资源需求的新变化，各省（自治区、直辖市）弹性缺水差异较大，配置对变化环境的适应性不高。整体均衡配置方法在满足各省（自治区、直辖市）刚性需求后更好地兼顾了各省（自治区、直辖市）之间的用水效率与公平，优化调整的幅度较大，且山西、河南、山东三省配置占比较黄河“八七”分水方案减小，方案协调可能面临较大难度。增量均衡配置方法对增量指标进行均衡优化，其配置方向与整体均衡配置方法一致，但调整的幅度较小，且保证有关省（自治区、直辖市）配置占比不减少。黄河流域分水具有的流域资源性缺水且天然径流量显著减少的大背景，南水北调东中线生效也从一定程度上改变了黄河“八七”分水方案的水源工程条件，本次研究建议在南水北调生效之前采用增量均衡配置方法。增量均衡配置方法既可以保证有关省（自治区、直辖市）分水占比不减少，维持黄河“八七”分水方案总体格局，并根据新的水源条件和水沙变化情况，兼顾公平性和效率性而对分水方案有所微调优化。

二是流域分水方案调整应体现生态优先原则，还水于河，增加河流生态用水。综合考虑黄河下游干流生态需水、河口近海水域生态需水、淡水湿地生态补水及汛期输沙需水量，本次研究将利津断面非汛期生态水量由《黄河流域综合规划（2012—2030 年）》的 50 亿 m^3 提升至 60 亿 m^3，有利于维持下游河道生境健康和稳定。通过在优化配置中优先保障基本生态用水以及考虑东中线和引汉济渭等调水工程向干支流补水，增加河道内生态水量，利津断面入海水量较现状水平（2001～2018 年）均有所提高，其中场景 2、场景 4、场景 5 利津断面入海水量达到 180.47 亿 m^3，较现状水平增加 13.21 亿 m^3；场景 3 利津断面入海水量达到 183.97 亿 m^3，较现状水平增加 16.71 亿 m^3；场景 6 利津断面入海水量达到 173.97 亿 m^3，较现状水平增加 6.71 亿 m^3；另外，通过对河道内水量及流量过程的优化调配，黄河干支流主要断面生态基流保证率较现状水平均有所提升。

三是综合考虑流域重大水源条件、上游刚性需求及上游河段生态流量保障、各河段水资源开发利用等情况，研究认为：现状场景建议 P2I，南水北调东中线二期生效后建议 P3I，古贤水库生效之后建议 P6I。根据流域分水方案适应性评价方法，推荐方案 P2I、P3I、P6I 综合得分分别为 0.7050、0.7090、0.7289，较基准方案 P1D 的 0.6778 均有所提升。

P2I 与基准方案相比，优化配置调整方向为上游增加，中游微增，下游和河北、天津减少，调整的幅度为上游 2.13%，中游 0.25%，下游和河北、天津−2.38%。考虑现状天然径流 490 亿 m^3 条件，上述变化幅度相对应的水量指标为上游增加配置指标 10.44 亿 m^3，中游增加配置指标 1.22 亿 m^3，下游和河北、天津减少 11.66 亿 m^3。

P3I 与基准方案相比，优化配置调整方向为上游增加，中游微增，下游和河北、天津减少，调整的幅度为上游 2.78%，中游 0.31%，下游和河北、天津−3.81%。考虑现状天然径流 490 亿 m^3 条件，上述变化幅度相对应的水量指标为上游增加配置指标 13.65 亿 m^3，中游增加配置指标 1.51 亿 m^3，下游和河北、天津减少 18.66 亿 m^3。

P6I 与基准方案相比，优化配置调整方向为上游增加，中游微增，下游和河北、天津减少，调整的幅度为上游 4.53%，中游 0.60%，下游和河北、天津−3.81%。考虑现状天然径流 490 亿 m^3 条件，上述变化幅度相对应的水量指标为上游增加配置指标 22.21 亿 m^3，中游增加配置指标 2.95 亿 m^3，下游和河北、天津减少 18.66 亿 m^3。

四是通过上述大量场景和建议方案分析，研究了多种情景下的分水方案调整优化方向和变化幅度，南水北调西线工程生效之前河段之间配置调整的幅度宜在 10 亿 ~ 22 亿 m^3。通过 P2I、P3I、P6I 3 个方案与基准方案对比，可以看出分水方案优化调整方向为上游增加、中游微增、下游和河北天津减少。调整的幅度为上游（2.13% ~ 4.53%），中游（0.25% ~ 0.60%），下游和河北、天津（−3.81% ~ −2.38%），考虑现状天然径流 490 亿 m^3 条件，上述变化幅度相对应的水量指标为上游增加配置指标 10.44 亿 ~ 22.21 亿 m^3，中游增加配置指标 1.22 亿 ~ 2.95 亿 m^3，下游和河北、天津减少 11.66 亿 ~ 18.66 亿 m^3。按照近期（2001 ~ 2018 年系列）上游河段水资源开发利用率将达到 62.2% ~ 65.0%，河道内生态用水较现状水平有所减少。综合以上建议方案成果，南水北调西线生效之前河段之间配置水量调整的幅度宜控制在 10 亿 ~ 22 亿 m^3。

五是基于不同场景的推荐方案，提出分阶段减少流域缺水路线图。现状场景下，考虑南水北调东中线一期工程生效，推荐方案 P2I 较基准方案可减少流域内缺水 18.7 亿 m^3；规划中期场景二，考虑南水北调东中线二期工程生效，推荐方案 P3I 较基准方案可减少流域内缺水 19.3 亿 m^3，增加下游生态用水 3.5 亿 m^3；规划中期场景三，考虑南水北调东中线二期工程生效及古贤水库生效，推荐方案 P6I 较基准方案可减少流域内缺水 31.3 亿 m^3，增加下游生态用水 3.5 亿 m^3。减少流域缺水路线图见图 5-23。

六是南水北调西线生效后统筹考虑西线调入水量和黄河流域水资源进行整体动态均衡优化配置。按照有关规划和前期工作，南水北调西线调入 80 亿 m^3 进入黄河源头地区，约占现状天然径流量的 16.3%，将大大改变黄河流域水源条件。在这种情况下，应统筹考虑黄河流域水资源和调入水量统一配置，维持适宜的河道生态条件，兼顾河道外各省（自治区、直辖市）的用水公平性和效率因素，进行流域水资源整体动态优化再配置。

3）分水方案调整是流域水资源存量的再分配，改变了流域缺水的分布，但是不改变

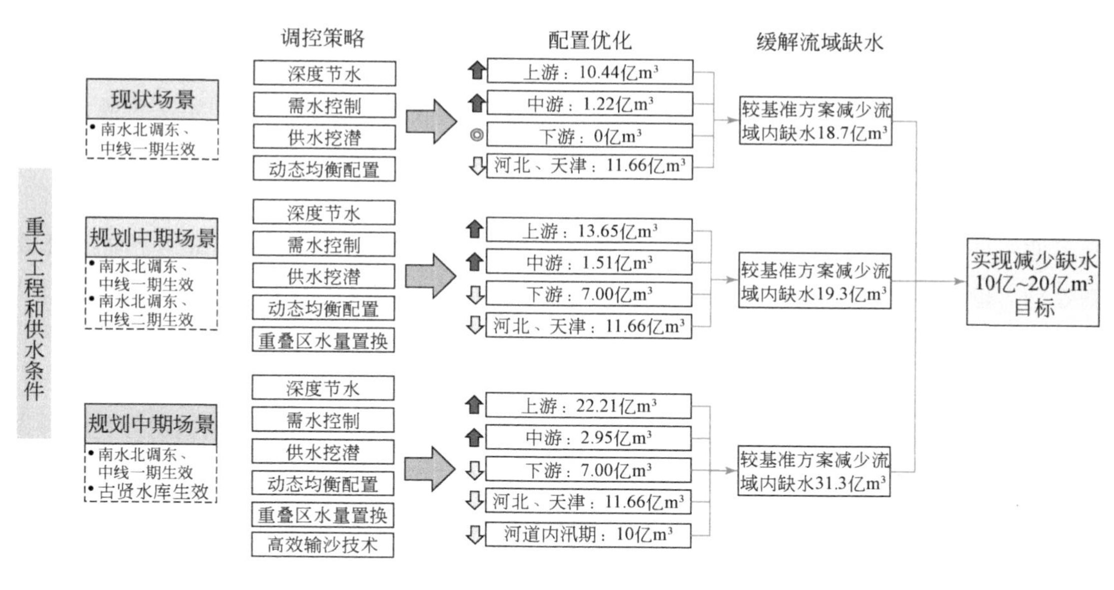

图 5-23　减少流域缺水路线图

缺水总量。分水方案调整并没有改变流域经济社会发展及其需水要求，在一定程度上分水方案调整改变了流域缺水的空间分布，但是并没有改变黄河流域总体缺水程度，黄河流域仍然是严重缺水流域，黄河流域资源性缺水问题仍然需要依靠南水北调西线等跨流域调水工程来解决。

4）分水方案调整应开展技术方案制定等深化工作。黄河“八七”分水方案调整十分复杂，本次研究取得的初步成果主要从配置思路、技术方法、策略上进行了一些研究探索，由于黄河河情与分水方案调整的复杂性，一些问题仍需要进一步深化研究，包括：变化环境下下游河道内生态和输沙用水量，东中线对黄河下游地区供水的可能性、可行性以及规模等等。另外，分水方案调整需要开展规划层面的技术方案研究工作，以及后续大量的管理协调工作。

5.7　本章小结

本章针对以往水资源配置的技术难点，基于黄河流域的新变化与新问题，提出基于水沙生生态多因子的流域水资源动态配置机制、统筹公平与效率的流域水资源均衡调控原理、黄河流域水资源动态均衡配置方法及模型系统；在全面分析流域水资源调控策略与分水方案优化场景的基础上，开展了变化环境下黄河“八七”分水方案优化研究。主要结论如下：

1）构建了基于水沙生态多因子的流域水资源动态配置机制。当前黄河流域水资源配置仅关注径流年度变化，对于多沙河流还应关注泥沙变化。为提高水资源配置对水沙动态变化及生态保护的适应性，需要建立基于水沙生态多因子的动态配置，用于优化河道内外配置关系、确定经济社会配置总量。在未来黄河来沙量4亿~8亿t的情景下，考虑规划的古贤水库及小浪底水库联合调水调沙运用，从更符合黄河下游冲淤规律的角度出发，构建了非汛期、汛期平水期河道冲刷，汛期洪水期高效输沙（排沙比大于80%）的全下游高效动态输沙技术。将断面生态需水过程、动态输沙需水过程、三角洲淡水湿地生态补水量、河口近海生态需水量进行流量过程及水量的科学耦合，合理确定出生态优先的河道内保障水量。综合高效动态输沙技术和生态流量过程耦合方法，动态减少洪水期输沙水量，适当增加非汛期河道内生态水量，突破黄河“八七”分水方案河道内外按比例分配的静态限制，形成河道内水量动态配置，构建了基于水沙生态多因子的水资源动态配置机制。

2）构建了统筹公平与效益的流域水资源均衡调控原理与方法。流域水资源均衡调控是通过统筹兼顾流域内区域及行业间用水效率及用水公平性，实现水资源的可持续利用与生态环境系统良性维持。本次研究基于分层需水及社会福利函数，创建基于综合价值和公平协调性的流域水资源均衡调控原理，并提出水资源分级分类均衡配置方法，解决缺水流域经济社会用水的合理配置问题。主要包括以下四个方面：①黄河流域水资源需求分层原则和分析方法。引入马斯洛层次需求理论，将农业、生活、工业、生态等需水过程分成三个层次，分别为刚性需求、刚弹性需求和弹性需求，采用缺水率指标反映不同部门不同阶段的供需满足情况，并对黄河流域内2030年生活、工业、农业、生态环境和输沙需水进行了计算分析。②基于能值的流域水资源综合价值评估方法。针对水资源价值表现形式和量纲不统一的问题，根据生态经济学原理，从水资源生态经济系统物质循环和能量流动角度，界定了流域水资源综合价值的内涵，提出了流域水资源经济、社会、生态环境和输沙等4项16类价值构成体系。基于泥沙动力学原理，创新提出了具有物理机制的输沙价值计算方法。创建了以能值为统一度量单位的流域水资源综合价值评估方法。绘制了黄河流域分地市单元的水资源价值图谱。③用水公平协调性计算方法。引进马斯洛层次需求理论，针对不同用水区域和用水部门的特点，将其满意度函数按照需求层次进行分层计算，力求通过满意度函数来表征不同用水区域和用水部门对于水资源配置方案的满意程度。引入模糊隶属函数用于对不同水资源分区各用水部门的需水量与配水量之间的满意关系进行衡量。根据配水量与各用水部门层次需求的需水量满足程度，构建基于需水分层的戒上型(单调减函数）满意度函数。采用基尼系数来衡量各用水户满意度之间的差异，分别构建了部门用水协调性指标与区域用水公平协调性指标，并将二者合称为流域用水公平协调性表征指标，统一衡量区域及部门间的用水状态。④引入福利经济学中的社会福利函数，将水资源使用过程中效率与公平相互不兼容的两个主要方面相统一，形成水资源均衡调控的基本目标。

3）提出了黄河流域水资源动态均衡配置方法及模型系统。根据是否保障各省（自治区、直辖市）原有分水指标不减少设计了整体动态均衡、增量动态均衡两种优化配置方法；并根据流域水量调控实践中的分水方案丰增枯减调整方式，设计同比例调整方法，作为本次研究的对比方法。流域水资源动态均衡配置模型系统由流域分层需水分析模型、水资源综合价值评估模型、用水公平协调分析模型、流域水资源供需网络模拟模型、流域供水规则优化模型耦合而成。①流域分层需水分析模型通过刚性需水—刚弹性需水—弹性需水三个层次预测未来河道外社会经济用水需求。主要分为农业分层需水预测、工业分层需水预测、生活分层需水预测及河道外生态分层需水预测等部分。该模型为水资源供需网络模拟模型提供需水边界，为用水公平协调性分析模型提供满意度计算边界，并根据方案的供水总量反馈均衡参数给供水规则优化模型。②水资源综合价值评估模型是基于自然资源经济学和生态经济价值理论，采用能值分析方法，评价流域不同分区、行业的水资源价值量，进一步分析黄河流域水资源利用效率及其差异。该模型根据水资源供需网络模拟模型提供的基本主体（部门）供水量计算方案的水资源综合价值并将结果反馈给供水规则优化模型。③用水公平协调性分析模型包括用水主体满意度计算与公平协调性量化计算两个部分。用水主体满意度计算根据基本主体（部门）供水量与三层需水的满足程度进行计算。以用水主体满意度为输入，采用用水基尼系数计算方法，综合区域用水公平性与部门用水协调性得到用水公平协调性量化指标，并将结果反馈给供水规则优化模型。④供水规则优化模型根据水资源综合价值评估模型及用水公平协调性分析模型的反馈，计算每个方案的社会福利函数值并控制优化过程。如果不能满足计算终止条件则形成新的供水规则集进行下一次迭代计算，如果满足计算终止条件则停止计算并输出优化方案。⑤水资源供需网络模拟模型是在流域水资源条件、工程技术等约束和系统供水规则下，采用网络分析技术定量描述不同用水单元的水资源供—用—耗—排过程，完成时间、空间和行业间三个层面上从水源到用水的供需过程分析，并输出对应规则下经济、社会和生态环境供水保障情况，再将基本主体（部门）的供水结果反馈给流域分层需水分析模型、水资源综合价值评估模型及用水公平协调性分析模型。

4）提出了黄河流域水资源调控策略。影响供水系统的驱动因素包括地表地下水工程、输沙水量变化、地下水可开采量、废污水排放量、水利投资、水价等。影响需水系统的驱动因素包括人口规模、GDP、产业结构、灌溉面积、水价、用水效率、纳污能力等。通过对黄河流域水资源供需的驱动因素分析，识别出黄河流域影响水资源供需的共同因子包括自然和社会两个方面。自然因子包括降水、来沙、纳污能力等；社会因子包括 GDP、水价、再生水回用等。从非常规水源挖潜、输沙水量动态优化、水库及外调水工程三个方面研究了未来黄河流域水资源供给侧的关键要素；从人口及经济合理增长、产业用水结构调整、深度节水三个方面研究了未来黄河流域水资源需求侧的关键要素。建立了基于系统动力学模型的供需联动调控分析方法，在整体发展边界下进行全流域供需宏观调控，确定最小缺水率下代价最小的调控措施。通过调控关键因子，从总体上研判河道外需水预测方向及效果。

5）研究了变化环境下分水方案分期优化调整场景。根据重大工程和供水条件变化，形成四期分水方案优化调整场景，分别为：现状场景，东中线一期工程生效；中期场景，东中线二期工程生效；中期场景，古贤工程生效；远期场景，西线工程生效。考虑黄河流域水沙变化、经济社会发展、生态环境演变、工程调控措施、分期优化调整场景等，构建了黄河流域水资源调控的方案集，包括 8 个场景的 21 个调整方案。

研究了多种方法的优化调整方向和变化幅度，综合目前流域重大水源条件、上游刚性需求及上游水资源开发利用率结合分水方案适应性评价结果，分阶段提出本次研究的推荐方案。现状场景建议 P2I，南水北调东中线二期生效后建议 P3I，古贤水库生效之后建议 P6I。P2I 调整的幅度为上游 2. 13%，中游 0. 25%，下游和河北、天津-2. 38%；对应的水量指标为上游增加配置指标 10. 44 亿 m^3，中游增加配置指标 1. 22 亿 m^3，下游和河北、天津减少 11. 66 亿 m^3。P3I 调整的幅度为上游 2. 78%，中游 0. 31%，下游和河北、天津-3. 81%；对应的水量指标为上游增加配置指标 13. 65 亿 m^3，中游增加配置指标 1. 51 亿 m^3，下游和河北、天津减少 18. 66 亿 m^3。P6I 调整的幅度为上游 4. 53%，中游 0. 60%，下游和河北、天津-3. 81%；对应的水量指标为上游增加配置指标 22. 21 亿 m^3，中游增加配置指标 2. 95 亿 m^3，下游和河北、天津减少 18. 66 亿 m^3。未来，西线工程生效后将调入 80 亿 m^3 进入黄河源头地区，大大改变黄河流域水源条件。在这种情况下，应统筹考虑黄河流域水资源和调入水量统一配置，维持适宜的河道生态条件，兼顾河道外各省（自治区、直辖市）的用水公平性和效率因素，进行流域水资源整体动态优化再配置。

第6章 黄河梯级水库群水沙电生态多维协同调度

黄河梯级水库群规模庞大，供水、输沙、发电、生态等目标存在复杂竞争与协作的非线性关系，不能实现协同调控，将导致水资源系统的无序演化，科学调度是实现综合效益最大化的重要手段。随着流域梯级水库数量不断增加、调度目标日益多元化，调度目标、过程之间相互制约和冲突关系逐渐加剧，水库群联合调度已成为当今流域管理共同面临的难题。

6.1 水沙电生态多过程对水库群调度的响应规律

2018年，黄河干支流龙羊峡水库以下已建大型水库32座，总库容超过700亿 m^3，形成了黄河龙羊峡、刘家峡、海勃湾、万家寨、三门峡、小浪底等水利枢纽为主体的大型梯级水库群，对流域经济社会发展和河流生态保护影响显著。梯级水库群规模庞大，是一个复杂巨系统，当前研究对复杂梯级水库群系统多过程耦合关系的认知不足。本章揭示了多目标间的互馈作用与耦合机制，形成了对多目标之间作用机制和耦合机理的基础认知。

6.1.1 供水过程的响应规律

黄河天然径流量年际变化较大，但地表水耗水量基本维持稳定，这与水库调度的作用密不可分。多年调节水库在丰水年存蓄水量，在枯水年进行补水，从而避免干旱枯水年份发生严重缺水。黄河水量统一调度以来黄河流域地表水耗水量占地表水资源量的比例和水库蓄变量如图6-1所示。在来水偏枯、地表水耗水占比较大的年份，水库补水。例如，2002年地表水资源量仅246亿 m^3，地表水耗水占比116%，水库补水70.6亿 m^3；在来水偏丰、地表水耗水占比较小的年份，水库蓄水，例如2003年地表水资源量567亿 m^3，地表水耗水占比43%，水库蓄水138.2亿 m^3。

对于年内供水，水库在汛期存蓄水量，在非汛期社会经济需水量较大的时段增加下泄流量，使径流过程更加匹配需水过程。2010年7月~2013年6月兰州水文站实测与还原月均径流过程及宁蒙河段引水量如图6-2所示。天然径流与实际引水量存在不匹配，例

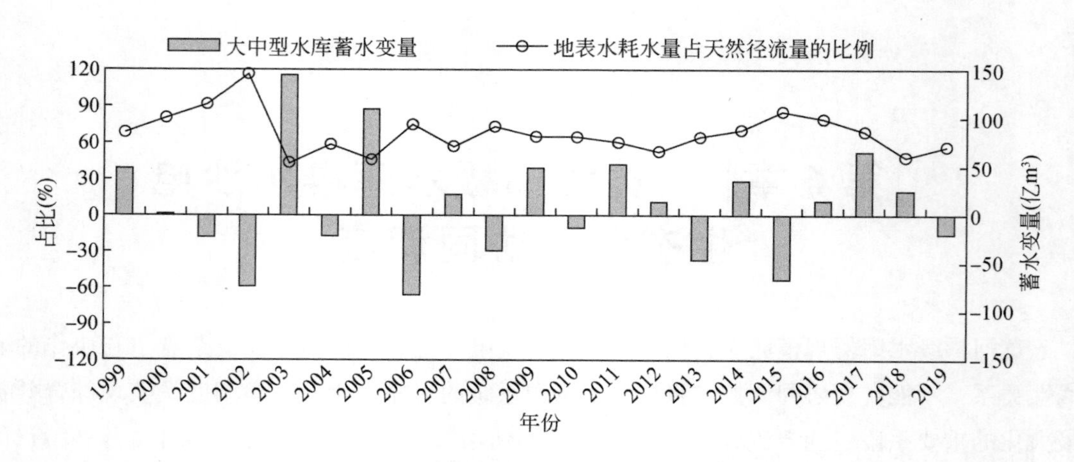

图 6-1　黄河流域地表水耗水占比和水库蓄变量

如，4～5 月已经进入宁夏和内蒙古两自治区灌溉用水高峰期，但兰州断面天然来水仍相对较小，难以满足用水需求。与天然径流相比，经过调蓄后兰州断面的流量过程更加符合宁蒙河段的需水过程。经过水库调蓄后，兰州断面非汛期实测径流量高于天然径流量以满足灌溉需水，汛期实测径流量虽然低于天然径流量，但仍能满足宁蒙河段需求。

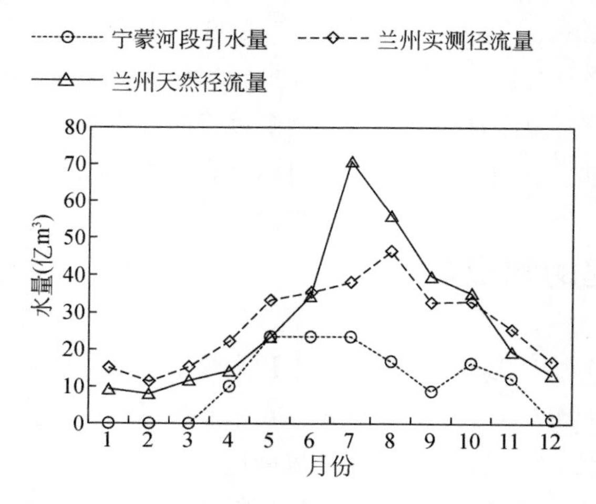

图 6-2　兰州径流量与宁蒙河段引水量匹配关系

6.1.2　输沙过程的响应规律

黄河输沙量大，水流含沙量高，水沙关系不协调。对黄河主要水文站实测水量、沙量资料的统计分析表明，近几十年来黄河输沙过程发生了显著变化。

黄河来沙量大幅减少，汛期有利于输沙塑槽的大流量历时明显减少。下河沿、头道拐、潼关站1919～1959年多年平均实测沙量分别为1.85亿t、1.42亿t、15.92亿t，1987～1999年多年平均沙量分别减至0.88亿t、0.45亿t、8.07亿t，2000年以来黄河来沙量尤其是中游来沙量大幅减少，2000～2014年潼关站年均沙量2.60亿t，为历史上实测最枯沙时段。近期黄河泥沙减少主要集中在中游尤其是头道拐至龙门区间，潼关站沙量由1919～1959年平均15.92亿t减少到1987年以来的5.14亿t，其中，头道拐至龙门区间减少了6.35亿t，占58.93%；龙门至潼关区间减少了3.45亿t，占32.04%。中游潼关水文站，1960～1968年汛期日均流量大于2000m³/s出现的天数为78.4天，1969～1986年减少至47.6天，1987～1999年为15.3天，2000～2015年为10.9天，相应水沙量占汛期的比例也在不断降低。

宁蒙河段淤积萎缩加重，且主要发生在汛期。20世纪80年代以前宁蒙河段冲淤交替，略有冲刷；80年代中期以后发生持续淤积，1969～1986年、1987～2014年年均淤积量分别为0.210亿t、0.582亿t（图6-3）。1968年以前，宁蒙河段汛期年均冲刷量0.369亿t，非汛期淤积0.042亿t；1969～1986年，汛期、非汛期均表现为淤积，淤积量分别为0.029亿t、0.181亿t；1987～2014年汛期、非汛期淤积量分别为0.454亿t、0.128亿t，汛期淤积占全年淤积量的78.0%（图6-4）。淤积加重主要集中在主槽，断面萎缩，中水河槽过流能力下降，巴彦高勒至头道拐河段平均平滩流量从20世纪70年代的约4000m³/s减少到2004年的不足1000m³/s，其后有所恢复，平均约2000m³/s。

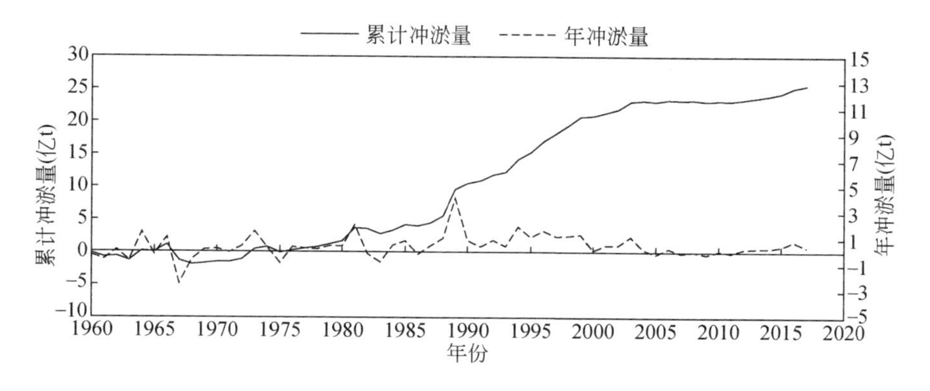

图6-3　宁蒙河段年冲淤量和累积冲淤量变化

黄河下游具有“多来、多排、多淤，少来、少排、少淤”的输沙特性。三门峡水库修建前（1950～1960年），下游河道年均淤积3.61亿t；1960～1964年三门峡水库蓄水拦沙使下游年均冲刷5.78亿t；1964～1986年三门峡水库拦沙结束，下游河道年均淤积2.22亿t；1986年至小浪底水库蓄水运用前，下游河道年均淤积2.28亿t；小浪底水库运行后，水库蓄水拦沙作用和调水调沙作用使黄河下游河道全线冲刷，断面主槽展宽、冲深，1999

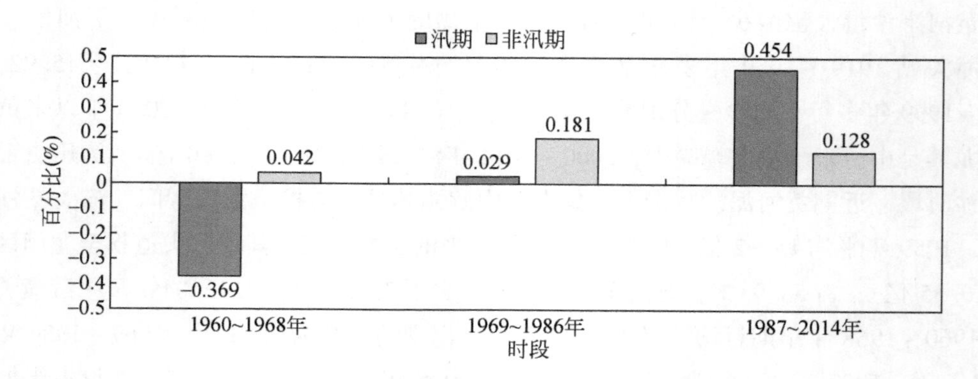

图 6-4　宁蒙河段冲淤量汛期、非汛期变化

年 10 月至 2017 年 4 月下游河道利津以上累计冲刷量达 28.15 亿 t，下游河道最小平滩流量已由 2002 年汛前的 $1800m^3/s$ 增加至 $4250m^3/s$（图 6-5）。

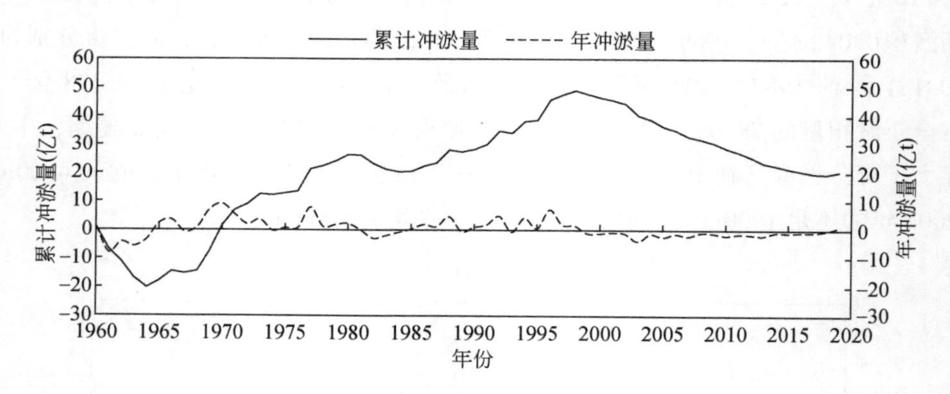

图 6-5　下游河段冲淤变化过程

相关研究成果显示，黄河干流多个测站含沙量变化与干流三门峡（1960 年）、刘家峡（1968 年）、龙羊峡（1985 年）和小浪底（1999 年）等水库蓄水淤沙密切相关。利用黄河下游一维水沙数学模型，计算得到 2000 ~ 2018 年无小浪底水库运用条件下，黄河下游河道累计淤积量可达到 9.2 亿 t，年均淤积 0.51 亿 t（图 6-6）。而小浪底水库实际运用条件下，下游河道则累计冲刷泥沙 28.20 亿 t，小浪底水库对下游河道起到了很好的减淤作用，相应减淤量为 37.4 亿 t。

6.1.3　发电过程的响应规律

1946 年以前，黄河流域内仅有甘肃省的天水水电站和青海省的北山寺水电站两座小水

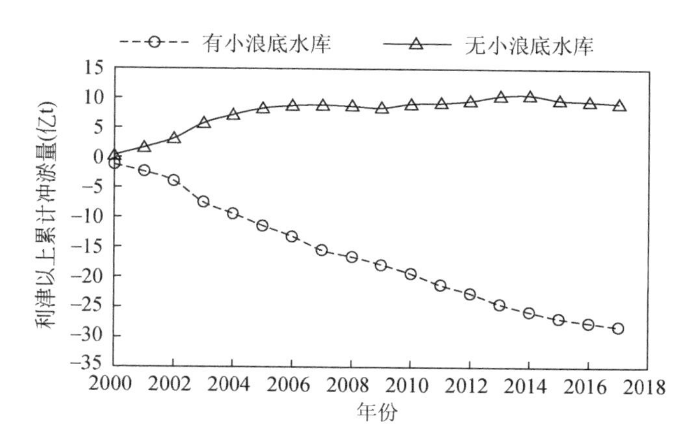

图 6-6　有无小浪底水库下黄河下游累计冲淤量变化对比

电站，总装机容量仅为 378kW。新中国成立以来，在黄河干流修建了一系列大中型水电站，截至 2017 年底，已建、在建有龙羊峡、拉西瓦、李家峡、公伯峡、刘家峡、海勃湾、万家寨、三门峡、小浪底等水电站共计 30 座，总装机容量为 19 258MW。

水电站水力发电过程取决于来水情况和水库调度过程。如图 6-7 所示，龙羊峡水库、刘家峡水库与小浪底水库年发电量均与水库下游水文站实测年径流量间存在较好的相关关系，相关系数分别为 0. 77、0. 88 和 0. 90。

6. 1. 4　生态过程的响应规律

水库对河流生态的影响可以分为 3 级：第 1 级是对非生物要素水文、泥沙、水质等的影响，第 2 级指受第 1 级要素引发的初级生物和地形地貌变化；第 3 级则为由第 1 级和第 2 级综合作用引发的较高级和高级生物要素变化。

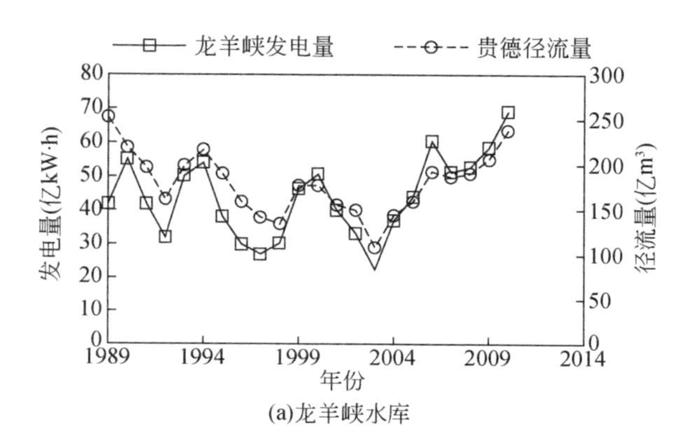

(a)龙羊峡水库

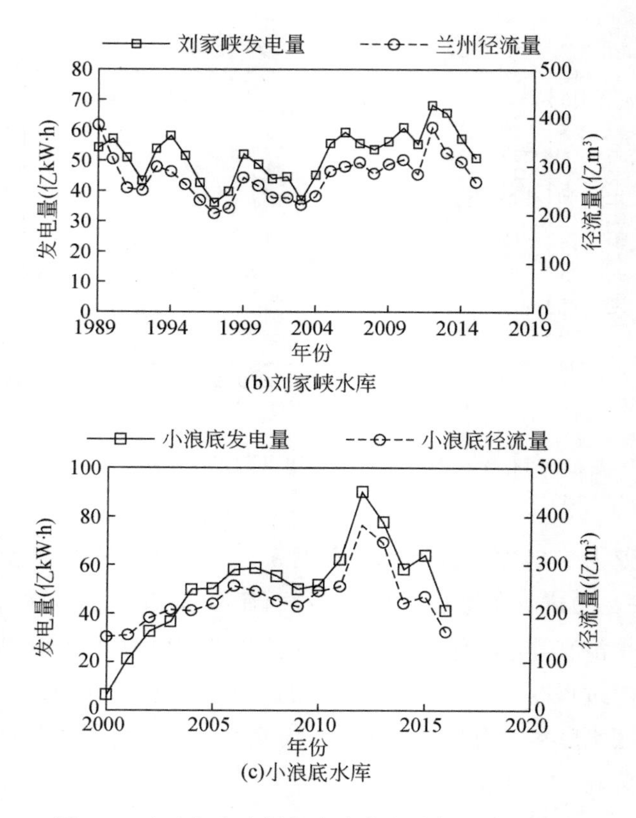

(b)刘家峡水库

(c)小浪底水库

图 6-7　水库年发电量与出库水文站年径流量变化

随着水库群的建设运行，黄河径流过程发生了显著变化，突出表现为径流坦化和高流量事件减少，但小浪底水库实施调水调沙后下游高流量事件的流量量级显著增加（图 6-8）。上游兰州和头道拐水文站、中游龙门水文站、下游花园口和利津水文站 IHA 评价结果显示，从上游到下游，越来越多的月份出现了流量减少的现象。贡献率分割结果显示，梯级水库群调度是改变黄河上中游水文情势的重要因素（图 6-9），引起径流过程坦化、高流量事件大幅减少；小浪底水库入库和出库径流过程对比显示，水库运行减少了下游枯水小流量事件、增加了高流量事件。

黄河流域具有较丰富的生境类型，沿河形成了各具特色的生物群落。20 世纪 60 年代黄河河南段有淡水鱼类 112 种，山东段有淡水鱼类 125 种；2008 年调查资料显示河南段和山东段淡水鱼类种类显著减少；2018～2019 年生物调查结果显示，河南段与山东段淡水鱼类种类均有所回升（表 6-1）。

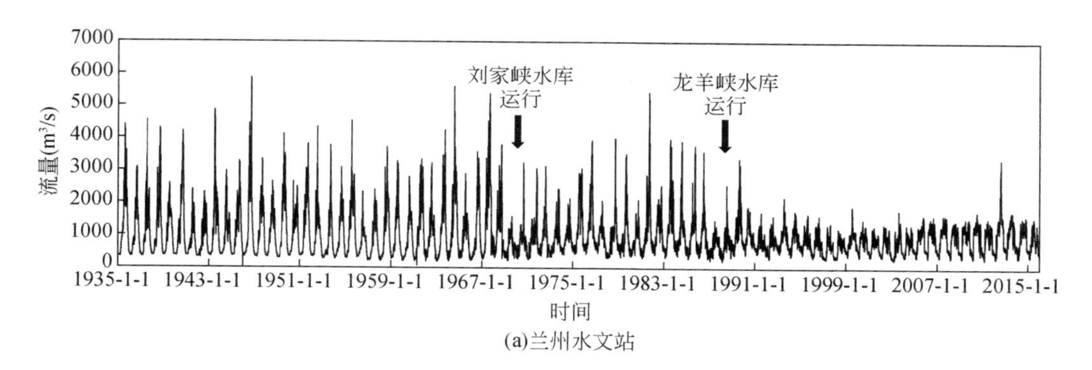

(a)兰州水文站

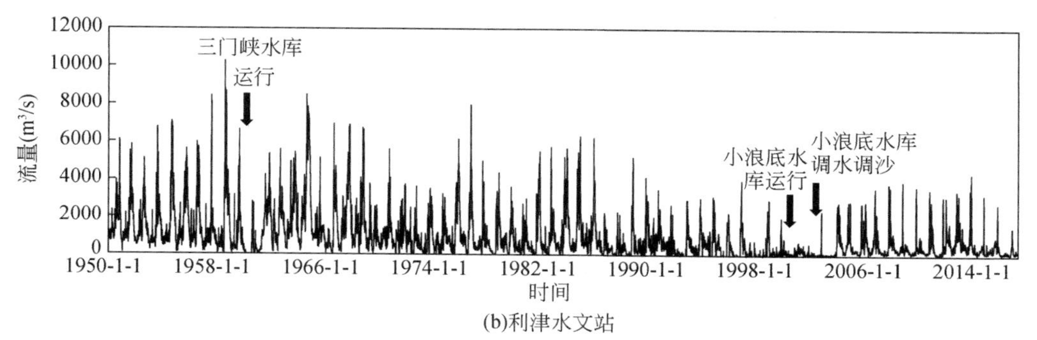

(b)利津水文站

图 6-8　水文站实测日径流变化

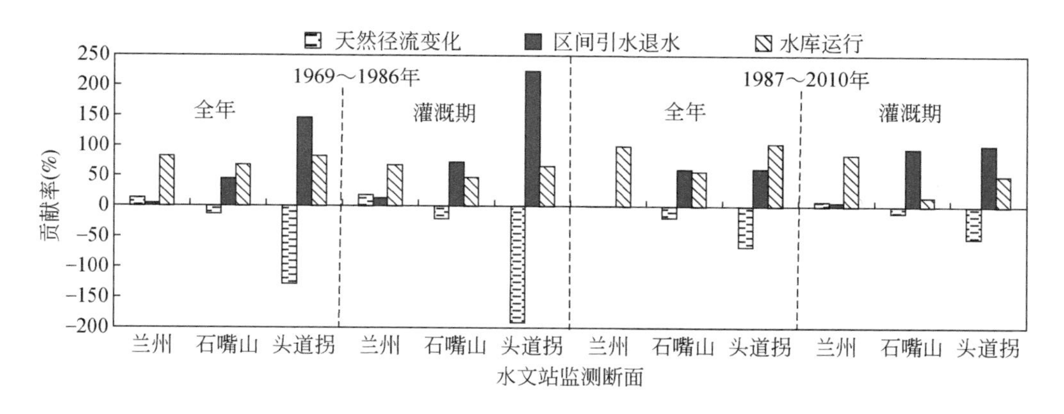

图 6-9　不同影响因子对月均流量变化的贡献率

表 6-1　黄河河南山东段淡水鱼类种类变化

河段	1965 年	2008 年	2018 ~ 2019 年
河南段	112	32	54
山东段	125	24	48

由于生态流量偏低、人工开垦等因素，黄河宁蒙、小北干流、下游等河段河流湿地面积与20世纪80年代相比，减少了约30%～40%，河湖天然湿地萎缩。20世纪80年代黄河下游花园口至利津河段河漫滩湿地面积43 900hm²；90年代河漫滩湿地面积降至16 000hm²；近年来湿地面积有所恢复，2018年河漫滩湿地面积18 700hm²。

黄河河口湿地是我国主要江河河口中最具重大保护价值的生态区域之一，在我国生物多样性维持中具有重要地位。根据遥感解译结果，20世纪80年代以来黄河河口三角洲湿地总面积呈现出先增加后减小最后保持相对稳定的状态［图6-10（a）］。由于入海水量偏低以及不合理开发开垦等问题，与20世纪80年代相比，河口三角洲坑塘、盐田等面积增加了11倍，沿海滩涂湿地减少40%，天然湿地萎缩50%，但2008年以来，随着湿地修复力度的加大，沼泽湿地面积迅速回升，2015年已经恢复至20世纪90年代初水平［图6-10（b）］。

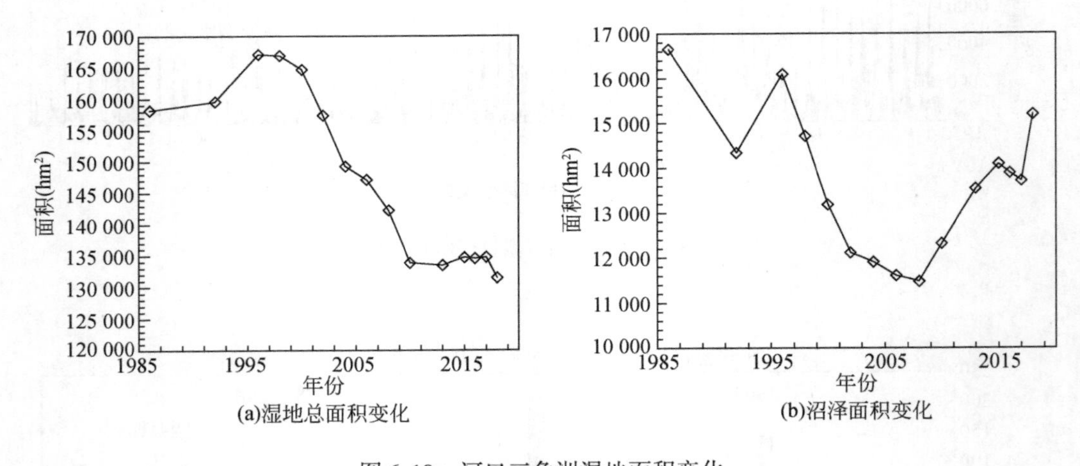

(a)湿地总面积变化　(b)沼泽面积变化

图6-10　河口三角洲湿地面积变化

6.2　梯级水库群水沙电生态多过程间的耦合机制与控制原理

梯级水库群调度受水文过程、用水需求、发电控制、输沙冲淤、生态要求等因素影响，服务和调度主体非单一，具有高维、非线性以及多目标、多层次、多过程的特征，梯级水库群水沙电生态的耦合方式与协同运行机制是什么？如何控制才能实现多维协同？一直是水利科学与系统科学交叉研究的前沿和难点问题。研究通过揭示梯级水库群水沙电生态耦合机制，融合协同学与混沌理论构建了梯级水库群多维协同控制原理，形成了复杂系统定量控制方法。

6.2.1 多过程互馈作用与耦合机制

(1) 概念解析

物品的排他性和竞争性属性在经济学中得到了广泛应用和分析：排他性（excludability）指可以阻止一个人使用该物品的特性；非排他性（non-excludability）指使用者在使用物品中难以排除其他人对该物品的使用的特性。根据以上概念，将水资源的排他性定义为当一个用水户使用水资源时，可以阻止其他用水户使用该水资源的特性；如果一份水资源可以同时被多个用水户使用，则在该用水方式下水资源具有非排他性。本研究中水资源是否具有排他性仅受到用水方式的影响。

用水的协作关系指一份水资源同时被两个及以上的用水部门利用。当多个用水部门均属于非排他性用水部门，且部分需水在时间和空间上具有一致性时，就可以用同一份水资源满足多个用水部门间时空一致的需水，即形成协作关系。在水资源供给中，当某一时刻总需水量超过可供水量时，不能共享水资源的用水部门间需要竞争有限的可供水量，就形成了竞争关系。

(2) 量化方法

协作关系代表了不同用水部门间的“一水多用”。在某一时段内被多个用水部门共享的水量占比越大，意味着用水部门间的协作关系越强（图 6-11）。将 $t_1 \sim t_2$时段内各用水部门间的协作度 C_R定义为被两个及以上的用水部门共享的供水量占总供水量的比例：

$$C_R = \frac{S_{\mathrm{CR}}}{S_{\mathrm{NT}}} = \frac{\int_{t_1}^{t_2} \min(M_{\mathrm{N},t}, D_{\mathrm{NEMAX2},t})\,\mathrm{d}t}{\int_{t_1}^{t_2} \min(M_{\mathrm{N},t}, \max(D_{\mathrm{NE},1,t}, D_{\mathrm{NE},2,t}, \cdots D_{\mathrm{NE},n,t}))\,\mathrm{d}t} \tag{6-1}$$

式中，S_{NT}是 $t_1 \sim t_2$时段内的非排他用水部门的供水量；S_{CR}是 S_{NT}中能够被多个用水部门共享的水量；$M_{\mathrm{N},t}$是 t 时刻非排他用水部门的可供水量；$D_{\mathrm{NE},i,t}$是 t 时刻第 i 种非排他性用水部门的需水量，$i=1$，$2\cdots$，n；$D_{\mathrm{NEMAX2},t}$是 t 时刻需水量第二大的非排他性用水部门的需水量。协作度 C_R取值范围 0 ~ 1，C_R越大，说明不同用水部门间的协作关系越强。

竞争关系代表了不同用水部门对不充足的水资源的争夺。在某一时段内需水量与可供水量之差越大，不同用水部门间对水资源的竞争也就越激烈（图 6-12）。将 $t_1 \sim t_2$时段内各用水部门间的竞争度 C_{P}定义为

$$C_{\mathrm{P}} = \frac{D_{\mathrm{T}} - S_{\mathrm{T}}}{D_{\mathrm{T}}} = \frac{\int_{t_1}^{t_2} D_{\mathrm{T},t}\,\mathrm{d}t - \int_{t_1}^{t_2} \min(M_t, D_{\mathrm{T},t})\,\mathrm{d}t}{\int_{t_1}^{t_2} D_{\mathrm{T},t}\,\mathrm{d}t} \tag{6-2}$$

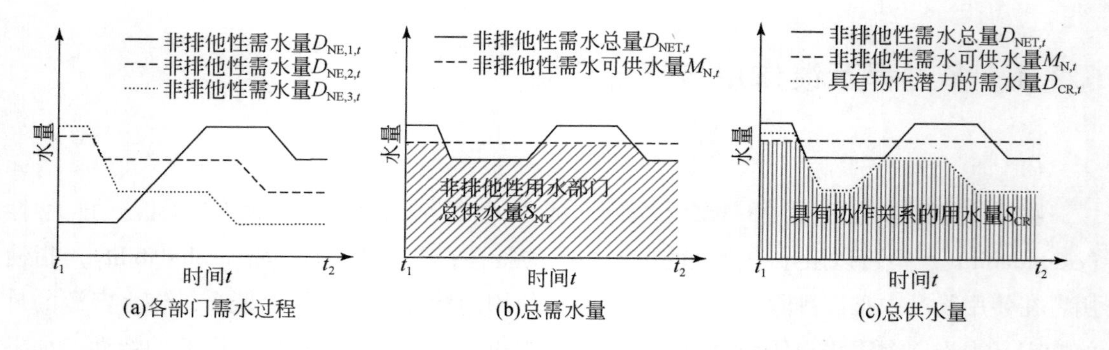

图 6-11　不同影响因子对上游水文站月径流量变化的贡献率

$$D_{T,t}=D_{NET,t}+\sum_{j=1}^{m}D_{E,j,t} \tag{6-3}$$

式中，D_T是 $t_1\sim t_2$时段内的总需水量；S_T是 $t_1\sim t_2$时段内的总供水量；M_t是 t 时刻的可供水量；$D_{T,t}$是 t 时刻的总需水量；$D_{NET,t}$是 t 时刻所有非排他性需水总量；$D_{E,j,t}$是 t 时刻第 j 个排他性用水部门的需水量，$j=1$，2…，m。竞争度 C_P取值范围 0～1，且 C_P越大，竞争关系越强。

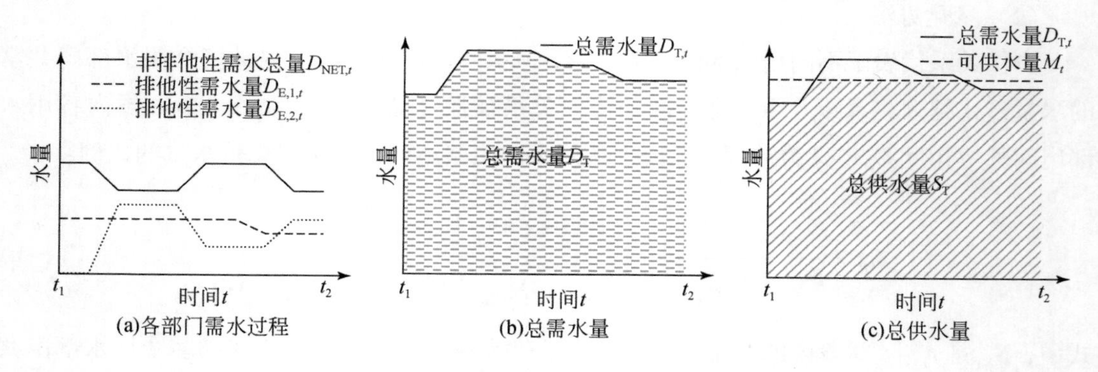

图 6-12　多个用水部门间的竞争关系

基于多过程之间的竞争与协作关系，提出协调度指标反映多过程的耦合程度。协调度 C_H表达式如下：

$$C_H=\alpha C_R+(1-\alpha)(1-C_P) \tag{6-4}$$

协调度反映了供水过程与可供水量间的协调程度，协调度越高，说明在给定的水资源可利用量下，水资源利用过程越有利于缓解水资源供需矛盾。

（3）黄河多用水过程耦合关系演变

1988～2016 年黄河流域用水协作与竞争关系演变过程如图 6-13 所示。利津断面河道内生态用水与输沙用水的协作度的变化范围为 0～0.16，均值 0.06。同时作为生态用水和输沙用水使用的协作水量年均6.70亿m^3，部分年份协作水量为0，原因在于7~9月没有形成有效的输沙流量。黄河流域河道内外用水的竞争度0.11~0.68，均值0.35。受来水和统一调度的影响，2001~2012年间黄河流域河道内外用水竞争度呈下降趋势，但在来水偏枯的2013~2016年间竞争度再度增长。

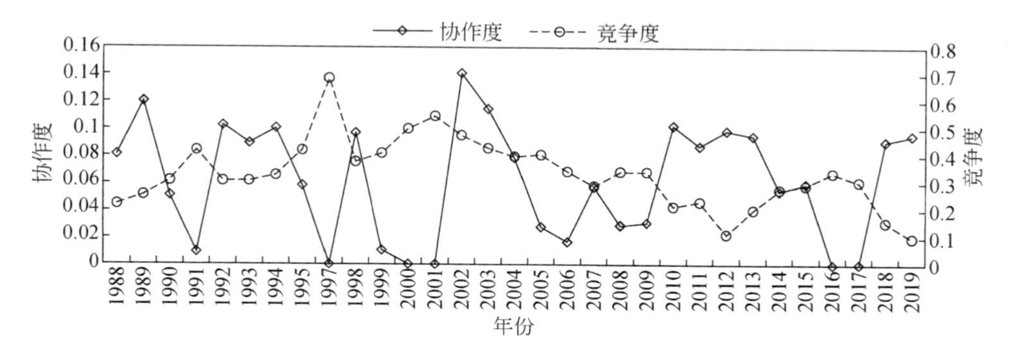

图6-13 黄河流域用水协作与竞争关系演变过程

1988~2016年黄河多用水过程间的协调度演变过程如图6-14所示。1988~2001年随着用水竞争加剧，协调度呈下降趋势；2002~2012年用水竞争减小，且河道内用水协作度较高，协调度呈增加趋势；2013~2016年由于来水偏枯用水竞争加剧，协调度再度减小。

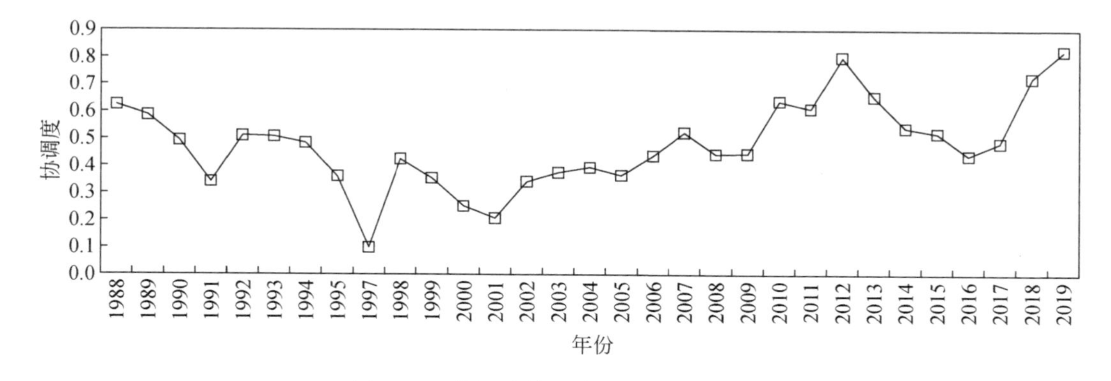

图6-14 黄河流域用水协调度演变过程

6.2.2 复杂梯级水库群多维协同控制原理与方法

6.2.2.1 多维协同控制原理

“协同学”是由原联邦德国科学家赫尔曼·哈肯（Harmann-Haken）在20世纪70年

代创建的一门跨越自然科学和社会科学新兴的交叉学科，它是研究系统通过内部的子系统间的协同作用从无序到有序结构转变的机理和规律的学科。协同学思想中整体系统的协同演进与否是由各子系统的有序度共同决定的，整体系统协同度（H）则是度量各目标子系统协同优化的总体程度。各目标子系统有序度（h_i）反映了子系统对整体系统协同度的贡献程度。序参量是决定子系统发展演化的主导因素，子系统有序度可由该子系统各序参量有序度（d_{ij}）线性加权得到。

黄河梯级水库群水沙电生态多维协同调控总体原则为：各用水子目标在协同合作的过程中，均有一些各自的关键利益的刚性需求，可视为各用水目标的基本保障需求层，在各目标保障各自关键利益不受损失的基础上，通过统筹协调甚至必要时适度牺牲各目标非关键利益来实现整体梯级水库多维调度系统的协同有序。

6.2.2.2 多维协同描述方法与优化引导

（1）梯级水库群多维协同描述方法

将梯级水库多维调度系统第 n 个水文年的协同度 H_n 表达为

$$H_n=\sqrt[4]{h_n(S_{\mathrm{w}})\times h_n(S_{\mathrm{ele}})\times h_n(S_{\mathrm{eco}})\times h_n(S_{\mathrm{sed}})} \tag{6-5}$$

式中，H_n为第 n 个水文年的梯级水库水沙电生态多维协同度；$h_n(S_{\mathrm{w}})$、$h_n(S_{\mathrm{ele}})$、$h_n(S_{\mathrm{eco}})$、$h_n(S_{\mathrm{sed}})$分别为第 n 个水文年的供水、发电、生态、调沙子系统的有序度。

识别各子系统的序参量，如表 6-2 所示。各子系统的有序度表达为

$$h_n(S_{\mathrm{w}})=w_1^1d_n(\alpha_{\mathrm{w}}^1)+w_1^2d_n(W_{\mathrm{s}}^1)+w_1^3d_n(D_{\mathrm{w}})+w_1^4d_n(\alpha_{\mathrm{w}}^2)+w_1^5d_n(W_{\mathrm{s}}^2) \tag{6-6}$$

$$h_n(S_{\mathrm{ele}})=w_2^1d_n(P_{\mathrm{ele}}^1)+w_2^2d_n(\overline{N_{\mathrm{ele}}^1})+w_2^3d_n(P_{\mathrm{ele}}^2)+w_2^4d_n(\overline{N_{\mathrm{ele}}^2}) \tag{6-7}$$

$$h_n(S_{\mathrm{eco}})=w_3^1d_n(\alpha_{\mathrm{eco}}^1)+w_3^2d_n(M_{\mathrm{eco}}^1)+w_3^3d_n(M_{\mathrm{eco}}^2) \tag{6-8}$$

$$h_n(S_{\mathrm{sed}})=w_4^1d_n(Q_{\mathrm{sed}})+w_4^2d_n(T_{\mathrm{sed}})+w_4^3d_n(F_{\mathrm{sed}}) \tag{6-9}$$

$$\sum_{i}^{I} w_j^i=1,j=1,2,3,4 \tag{6-10}$$

式中，w_j^i为第 j 个子系统第 i 个序参量的权重。

表 6-2 黄河各用水目标序参量选取

目标	关键利益序参量	非关键利益序参量
供水	工业生活用水保证率 α_{w}^1；农业关键期缺水量 W_{s}^1；农业关键期最大缺水深度 D_{w}	农业非关键期供水保证率 α_{w}^2、农业非关键期缺水量 W_{s}^2
输沙	调沙流量 Q_{sed}；调沙历时 T_{sed}	调沙频率 F_{sed}
发电	非枯水期（4～10 月）的发电保证率 P_{ele}^1、平均出力 $\overline{N}_{\mathrm{ele}}^1$	枯水期的发电保证率 P_{ele}^2、平均出力 $\overline{N}_{\mathrm{ele}}^2$
生态	生态基流保证率 α_{eco}^1；一次生态脉冲 M_{eco}^1	多次生态脉冲 M_{eco}^2

（2）梯级水库群系统优化的方向引导参数

对于黄河梯级水库群水沙电生态多维协同控制需从长系列多个水文年的多目标协同控制进行分析，寻求梯级水库群长系列总周期的水沙电生态多维协同度最大，即多个水文年的水沙电生态多维协同度之和最大，实现水沙电生态各目标在长系列梯级水库群联合调度过程中总体协同、有序控制：

$$S = \max H = \max \left(\sum_{n=1}^{N} H_n \right) \tag{6-11}$$

式中，S 为梯级水库群系统优化目标；H 为梯级水库多维调度系统长系列总协同度。

6.2.2.3 多维协同调控方法

依据梯级水库群水沙电生态多维协同调控原理，构建了以长系列总协同度最大为寻优目标的黄河梯级水库群水沙电生态多维优化方向，通过水库群调度模型模拟和优化，可得到长系列梯级水库群调度下总协同度最大的运行方案。在此基础上，还需要进一步检验水沙电生态多目标在逐时段内的利益满足程度是否合理，并评判梯级水库群水沙电生态多维协同控制系统的复杂程度和混沌程度，作为进一步引导多目标多维协同的依据。

（1）逐时段多维协同检验与调控方法

为了保障逐时段的水沙电生态利益均得到合理保障，在获得长系列梯级水库群水沙电生态总协同度最大的运行方案基础上，逐时段检验当前时段的水库群下泄流量能否均衡满足水、沙、电、生态四个目标的满意度在合理区间内，并对满意度不在合理区间内的目标进行调控。

单目标利益满意度表达为

$$M(x_t) = \frac{x_t}{\max x_t} \tag{6-12}$$

式中，x_t为 t 时段的目标利益值；$\max x_t$为 t 时段的目标利益期望值；$M(x_t)$ 为 t 时段的目标满意度，取值范围为 0～1。

单一时段多维协同检验与调控如图 6-15 所示。坐标轴中蓝色方框区域代表各目标满意度的合理取值区间，该时段供水目标的满意度不在合理区间内，则对该目标进行调控，增加该目标利益的用水流量，使得其满意度取值在合理区间内。

（2）多维协同调控措施评价

单一时段水沙电生态多目标满意度的闭合面积反映了该时段的多目标利益满足状态：

$$U_t = \frac{1}{2}\left[\left(M(W_t) + M(Q_t^{\text{sed}}) \right) \times \left(M(E_t) + M(Q_t^{\text{eco}}) \right) \right] \tag{6-13}$$

式中，U_t为 t 时段的多目标满意度闭合面积；$M(W_t)$、$M(Q_t^{\text{sed}})$、$M(E_t)$、$M(Q_t^{\text{eco}})$ 分别是 t 时段的供水满意度、输沙满意度、发电满意度、生态满意度。

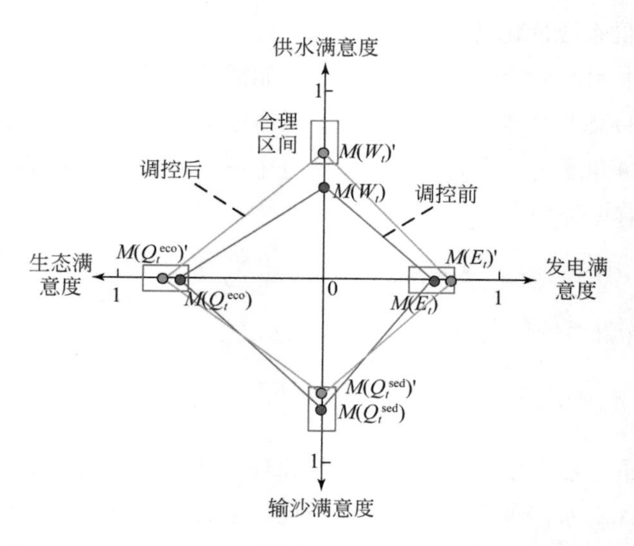

图 6-15　单一时段的水沙电生态多维协同检验与调控示意图

长系列梯级水库群水沙电生态多维协同控制过程可以用多目标满意度闭合面积的时间序列来表示。水库群水沙电生态多维协同控制系统处于复杂的非线性动态环境中，引入混沌理论中的分形维数定量描述系统结构的复杂程度，通过熵理论中的 Kolmogorov 熵（以下简称 K 熵）度量系统的混沌程度。

对于长系列多目标满意度闭合面积时间序列 $\{U_1, U_2, \cdots, U_t\}$，对其进行相空间重构得到 m 维空间。空间中两个相点之间的欧氏距离为 $r_{ij}(m)$，关联积分 $C(m, r)$ 是距离小于 r 的向量对在所有向量对中所占的比例。当 $r \to 0$ 时，则可求得关联维数 $D(m, r)$：

$$D(m,r)=\lim_{r\to 0}\frac{\ln C(m,r)}{\ln r} \tag{6-14}$$

关联维数 $D(m, r)$ 值越小，表明该系统的层次越高，复杂度越低，趋势越显著。

采用关联积分法求解长系列梯级水库群“水沙电生态”多维协同控制系统的 K 熵。改变相空间维数 m 的大小，由式（6-15）计算一系列的 $K(m, r)$ 值，当 $K(m, r)$ 值不再随着 m 的增大而变化时，即为最终的 K 熵值。

$$K(m,r)=\frac{1}{\tau}\ln\frac{C(m,r)}{C(m+1,r)} \tag{6-15}$$

减小关联维数 D 及 K 熵即减少了系统的复杂程度和混沌程度，有利于动态系统的有序运行。因此，以梯级水库群水沙电生态多维协同控制系统的关联维数 D 及 K 熵是否减小来作为评判调控措施是否合理可行的依据，引导水沙电生态多维协同控制系统向有序方向演进。

（3）梯级水库群多维协同调控流程

梯级水库群水沙电生态多维协同检验与调控步骤如图 6-16 所示。以优化调度模型得到的长系列梯级水库群水沙电生态总协同度最大运行方案为初始方案，逐时段检验和调整方案，保障逐时段的供水、发电、生态、输沙各目标利益满意度均在合理区间内；保持当前时段及其前所有时段的水库群运行过程不变，从下一时段开始重新寻求水沙电生态总协同度最大的水库群运行过程；计算关联维数及 K 熵，如果调整措施使关联维数及 K 熵减

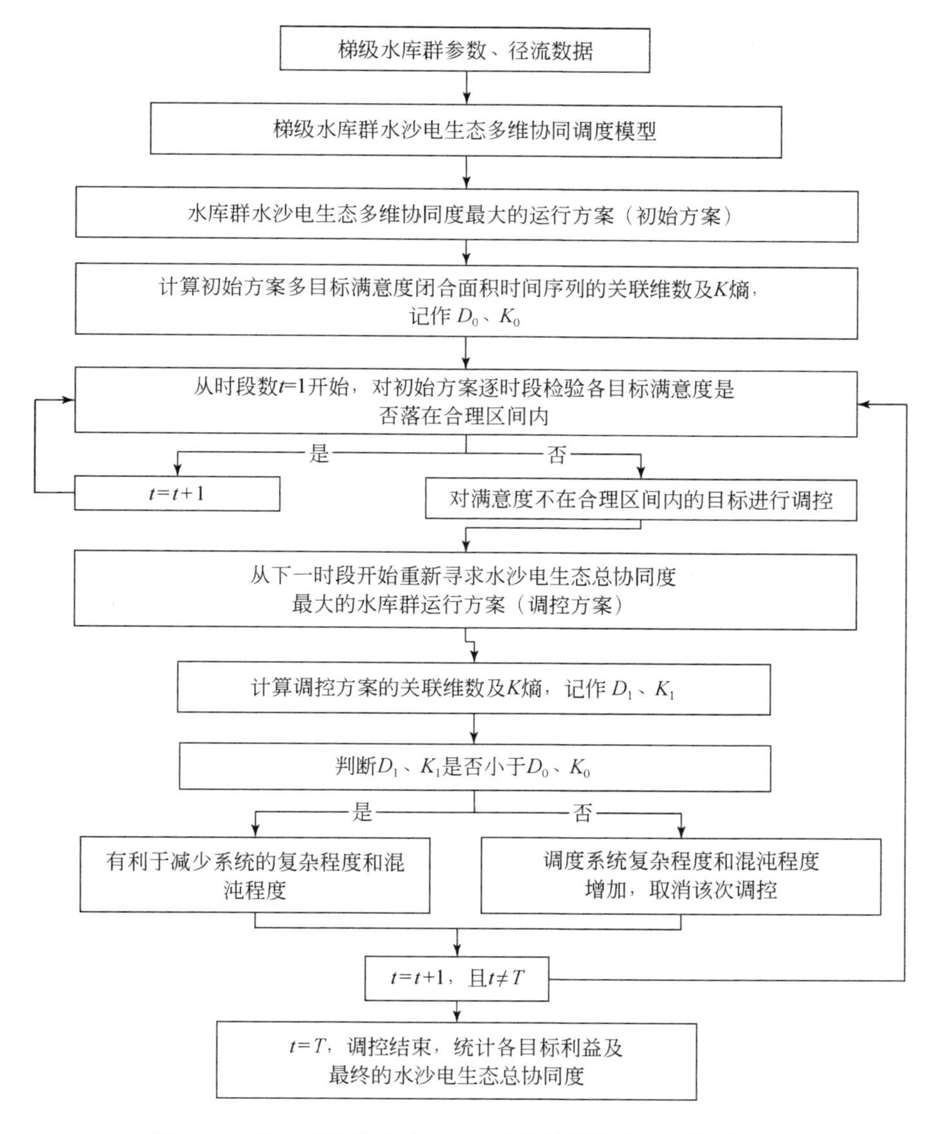

图 6-16　单一时段的水沙电生态多维协同检验与调控示意图

小，则调控措施有效，否则取消该次调控，确保水库群多目标调度系统向降低混沌特征的方向演进。

6.3 水沙电生态多维协同调度仿真模型与方案

随着流域梯级水库数量不断增加、调度目标日益多元化，调度目标、过程之间相互制约和冲突关系逐渐加剧，水库群联合调度已成为当今流域管理共同面临的难题。目前梯级水库群联合调度模型主要通过约束、权重等方法协调多目标，水库群优化调度技术无法适应超大梯级水库群综合效益最大化发挥的新需求，亟须创新水库群协同调度方法。本小节建立了多时空尺度嵌套和多过程耦合的黄河梯级水库群多维协同调度仿真模型，提出了复杂系统自适应优化控制求解技术，优化了不同来沙情景下黄河流域复杂梯级水库协同调度方案。

6.3.1 多维协同调度仿真模型

6.3.1.1 目标函数

本节耦合水沙电生态等多过程建立了黄河梯级水库群多维协同调度仿真模型，发展了复杂巨系统多过程数值模拟技术手段。

黄河梯级水库群多维调度是以水库出库水量过程优化为手段，协调供水、输沙、发电、生态等不同需求，实现流域整体效益的最优。因此多维协同调度的目标函数包括：

（1）综合缺水量最小目标 $[\min(f_1)]$。提高调度期供水效益，减少缺水，为流域内及相关供水区生活、生产提供稳定的水资源保障。

$$\min(f_1)=\min\left(\sum_{i=1}^{I}\sum_{t=1}^{T}\gamma(i,t)\left(Q_{\mathrm{d}}(i,t)-Q_{\mathrm{s}}(i,t)\right)\cdot\Delta t\right) \tag{6-16}$$

（2）河流输沙量最大目标 $[\max(f_2)]$。改善河道输水输沙能力和维持河道稳定，将尽可能多的泥沙输送入海，减少水库和河道的泥沙淤积。

$$\max(f_2)=\max\left(\sum_{j=1}^{J}\sum_{t=1}^{T}\eta Q_{\mathrm{c}}^{\beta}(j,t)S^{b}(j,t)\cdot\Delta t\right) \tag{6-17}$$

（3）梯级水库群发电量最大目标 $[\max(f_3)]$。梯级水库群调度周期内发尽可能多的电量，实现梯级水库群的经济效益。

$$\max(f_3)=\max\left(\sum_{m=1}^{M}\sum_{t=1}^{T}KQ_{\mathrm{out}}(m,t)\left(H_{\mathrm{s}}(m,t)-H_0(m,t)\right)\Delta t\right) \tag{6-18}$$

（4）生态缺水量最小化目标 $[\min(f_4)]$，保证水库下游维持河道基本功能的需水量、模拟贴近自然水文情势的水库泄流方式以及增强水系连通性调度。满足河道生态需水要求，维持和改善河流健康状况。

$$\min(f_4) = \min\left(\sum_{k=1}^{K}\sum_{t=1}^{T}\left(Q_e(k,t) - Q_c(k,t)\right)\cdot \Delta t\right) \tag{6-19}$$

式中，$\gamma(i,\ t)$ 为 i 节点 t 时段缺水的重要性系数，无量纲；$Q_d(i,\ t)$、$Q_s(i,\ t)$ 分别为 i 节点 t 时段需水量和供水量，m^3/s；η 为经验系数，β、b 为指数，均无量纲；$Q_c(j,\ t)$ 为 j 断面 t 时刻的流量，m^3/s；$S(j,\ t)$ 为 j 断面 t 时刻的含沙量，kg/m^3；K 是综合出力系数，无量纲；$H_s(m,\ t)$、$H_0(m,\ t)$ 分别为水库水头和发电尾水位，m；$Q_e(k,\ t)$、$Q_c(k,\ t)$ 分别为第 k 控制断面的生态需水流量和断面下泄流量，$Q_R(x,\ t)$ 为 x 河段 t 时段的区间入流，$Q_s(x,\ t)$ 是 t 时段第 x 河段供水量，$Q_L(i,\ t)$ 为 x 河段 t 时段的水量损失，$Q_T(x,\ t)$ 是 t 时段第 x 河段退水量，m^3/s；Δt 为计算步长。$Q_{RI}(m,\ t)$ 和 $Q_{RO}(m,\ t)$ 分别是 m 水库 t 时段的入库流量和出库流量，m^3/s；$W_L(m,\ t)$ 是 m 水库 t 时段的蒸发渗漏损失，m^3。$S(m,\ t)$、$S(m,\ t-1)$ 分别为 m 水库 t 时段和 $t-1$ 时段坝址含沙量，kg/m^3；$W_{S1}(m,\ t)$ 为 m 水库 t 时段入库沙量，kg；η_s 为排沙比，无量纲。

6.3.1.2 模型框架

融合流域供用耗排、水库河道泥沙冲淤、电站电力电量、断面水量下泄等过程，建立具有多时空尺度嵌套和多过程耦合的河流梯级水库群水沙电生态多目标调度的仿真模型。

(1) 多尺度嵌套

梯级水库群多维协同调度研究的尺度分为宏观、中观和微观调度（图 6-17）。宏观尺度上，通过水库群中长系列与年调度模型，优化水库中长期和年度的蓄泄过程并实现流域的水量分配，并作为中观尺度调度的边界条件，保证水库在多年运行期间的水量调度策略的科学和合理性；中观尺度上，建立梯级水库年内调度与河段配水模型，利用中长期调度结果作为边界条件，模拟水库群年内蓄泄过程及河流取用水过程，优化梯级水库群年内的蓄泄关系和河段/地区和不同时段的取水过程，输出的为月旬时间尺度的水库出库和河流径流过程，作为微观尺度调度的边界条件，保证梯级水库群年内蓄泄过程和取水过程的科学和合理性；微观尺度上，建立水库群调度的水流演进及水动力过程模型，旨在揭示水库群调度下水流演进及水动力过程演化的规律，营造适宜河流输沙和生态系统的水库实时人工生态洪水过程，保证水库在生态关键期的生态调度方案的科学和合理性，输出日过程的水库出库和河流径流过程。

(2) 多过程耦合

梯级水库群发电过程优化是根据水库调度规程，按照梯级发电出力约束要求，按照梯级系统发电量最大为目标、综合考虑供水、生态和河道输沙需求，合理安排梯级水库群中

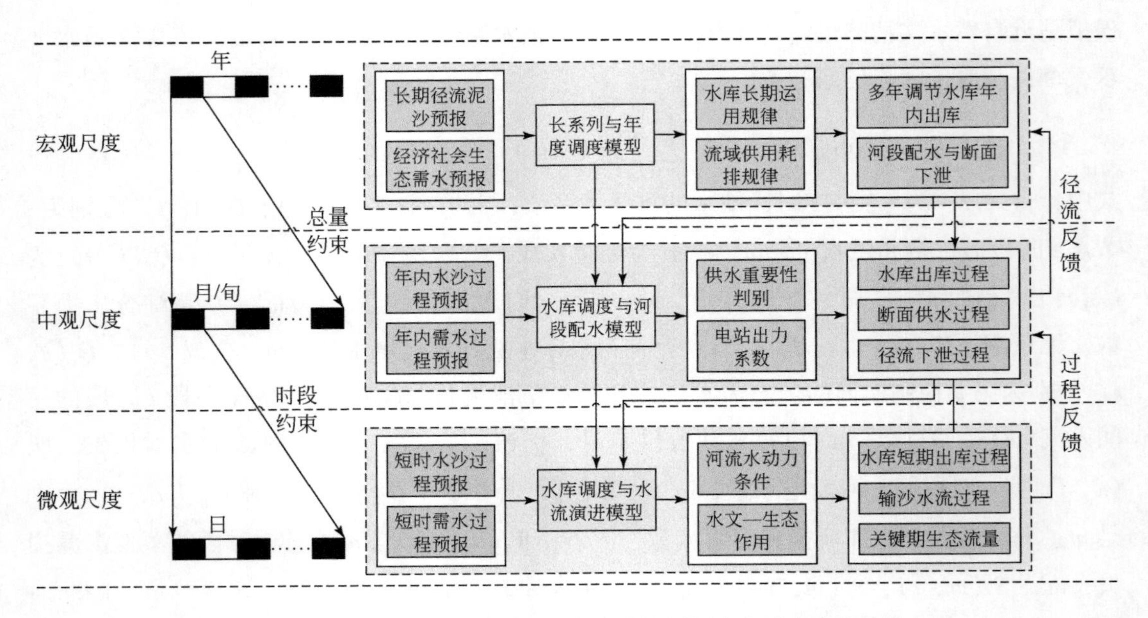

图 6-17　梯级水库群水沙电生态多维协同调度多尺度嵌套结构

长期和年度的蓄泄秩序，优化出库过程作为其他过程优化的基础；河段配水优化是在流域供用耗排水规律基础上，按照综合缺水量最小为目标，安排各个时段和各个取水口的取水量过程，并向水库反馈需水满足程度；河流生态过程优化是基于水库出库过程、断面取水过程，考虑水流演进核算断面生态流量的满足程度。供水、输沙、发电和生态四个过程以水库下泄流量和断面流量为纽带相互关联，通过动态反馈输出满意的水库下泄流量过程（图 6-18）。

（3）计算单元划分

为保证模型模拟精度，河段概化和节点划分遵循五条原则：反映河段产流、产污特性；反映水力联系及运动转化过程；反映取、用、排水特性；反映河段工程条件；反映河段水量、流量要求。根据黄河流域行政区划和水系分布，并考虑主要断面控制要求和工程情况，将全流域共划分为 240 个计算单元（图 6-19），按流域水系连接起来。

6.3.2　复杂梯级水库群多维协同调度自适应求解方法

6.3.2.1　自适应控制技术

协同调度仿真模型采用双层架构，上层为多目标协同控制优化模型，以关联维数和 K 熵最小为目标控制优化出库水量过程。下层采用具有合作博弈功能的模型，协调河段之间

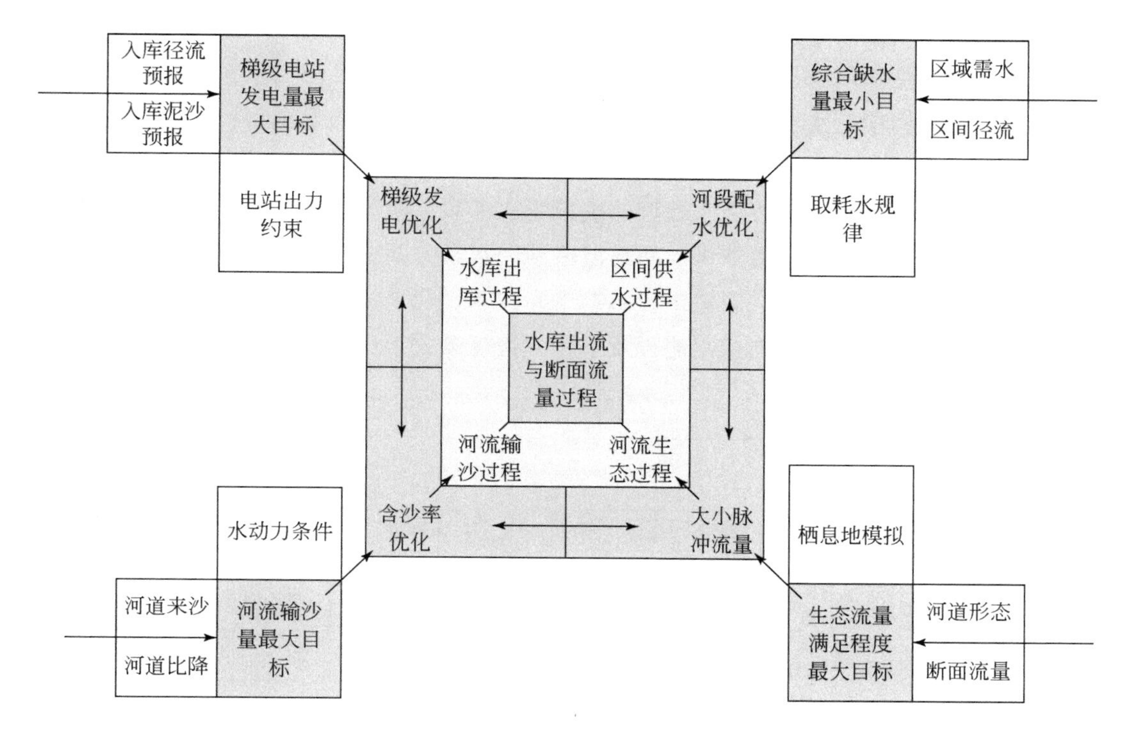

图 6-18　梯级水库群水沙电生态多维协同调度多过程耦合

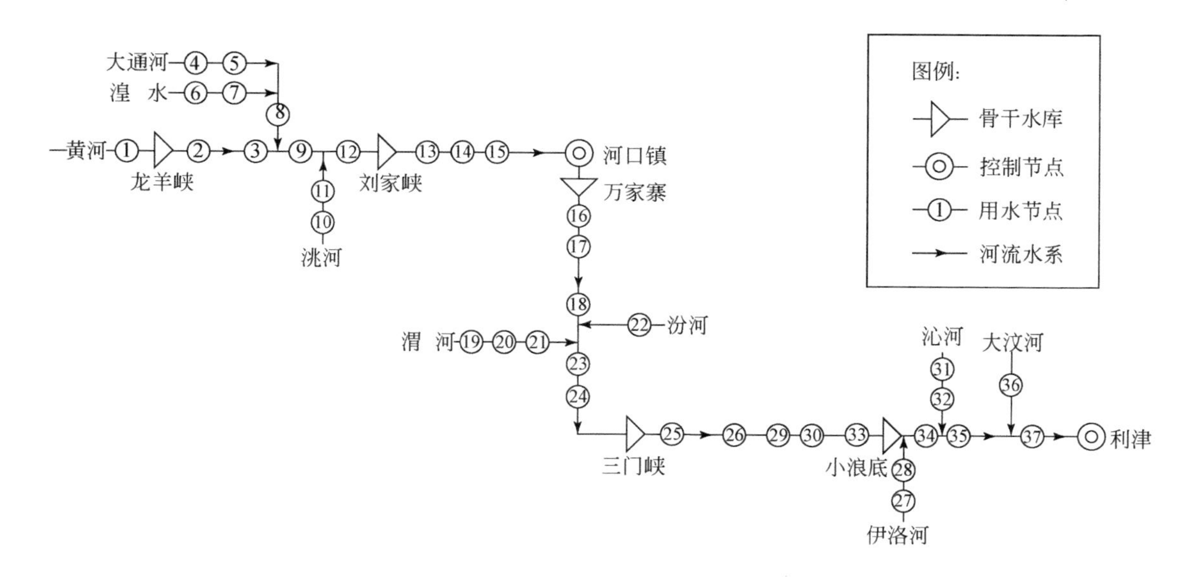

图 6-19　黄河流域概化节点图

以及河段内供水、生态等多种用水的行为选择。

出库控制模型的输入参数为河流的径流预报、来沙预报和下游需水预测，其中下游需要下泄的流量由河段配水模型通过平衡供水、输沙、断面控制流量求得；出库控制的决策变量即梯级水库群的出库流量过程，通过水流演进形成河流主要断面的径流过程，与下游需水、河流来沙过程形成河段配水模型的决策输入参数，河段配水模型采用合作博弈，按照最大化河流总效益作出河道外供水和河流输沙的水量分配，与河段流量控制相比较反馈下游需要下泄的流量过程，进而进一步影响出库控制。两个模型之间的参数传递构成了迭代过程。梯级水库群调度协同控制流程及水库河道互馈关系详见图 6-20 和图 6-21。

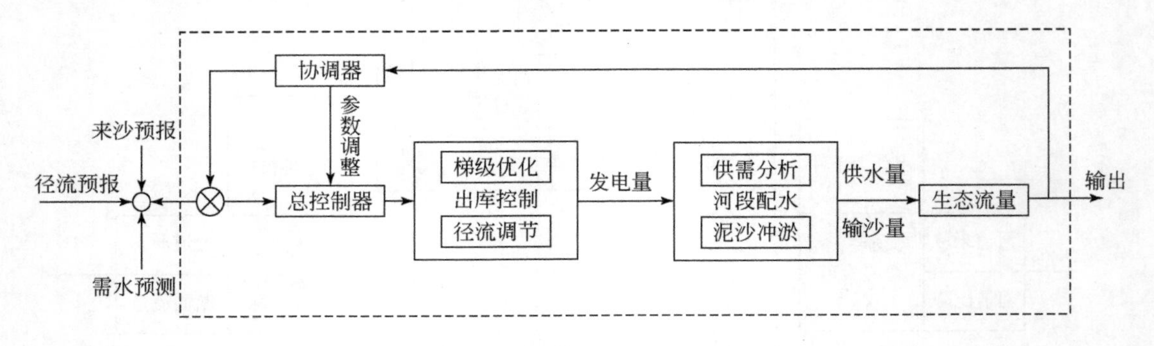

图 6-20　梯级水库群调度协同控制流程

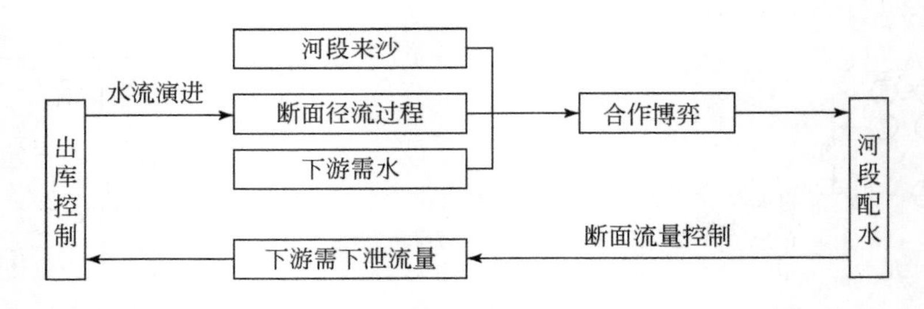

图 6-21　梯级水库群调度水库河道互馈关系

6.3.2.2　协同控制实现及模型求解

梯级水库群协同调度就是优化控制水库下泄水量，控制断面取水过程，实现河流供水、输沙、发电和生态四大过程的协同。

结合水情预报与用水需求控制年度河段配水：根据入库径流和区间入流，统筹河段用水需求，调整水库调节逐时段下泄水量，河段可分配水量按照河段水量扣除必要的下泄生态水量，确定各时段水量可分配系数。

$$k(i,t)=\frac{\sum_{i=1}^{I}\left(Q_{\mathrm{in}}(i,t)+Q_{\mathrm{R}}(i,t)-Q_{\mathrm{out}}(i,t)\right)}{\sum_{i=1}^{I}Q_{\mathrm{d}}(i,t)} \tag{6-20}$$

式中，$Q_{\mathrm{R}}(i,\ t)$ 为 i 节点 t 时刻的径流量，$\mathrm{m^3/s}$；$Q_{\mathrm{d}}(i,\ t)$ 为 i 节点 t 时刻的需水量，$\mathrm{m^3}$；$Q_{\mathrm{in}}(i,\ t)$、$Q_{\mathrm{out}}(i,\ t)$ 分别表示 i 节点 t 时刻进入和流出的径流量，$\mathrm{m^3/s}$。

结合泥沙预报控制水库年内年际输沙：根据上游来沙情况，在满足水库本身以及下游防洪安全的前提下，控制时段出库排沙比最大。水库输沙率的控制：

$$\max\eta_{\mathrm{s}}=\frac{\sum_{t=1}^{T}\left(Q^{\mathrm{out}}(m,t)S(m,t)+Q^{\mathrm{out}}(m,t-1)S(m,t-1)\right)\Delta t}{2W_{\mathrm{is}}(m)} \tag{6-21}$$

式中，$Q^{\mathrm{out}}(m,\ t)$、$Q^{\mathrm{out}}(m,\ t-1)$ 分别为 m 水库 t 时刻和 $t-1$ 时刻下泄的流量；$S(m,\ t)$、$S(m,\ t-1)$ 分别为 m 水库 t 时刻和 $t-1$ 时刻坝址含沙量；$W_{\mathrm{is}}(m)$ 为水库入库沙量；η_{s} 为排沙比。

为控制 Δn 年的淤积量不超过给定初始值 $\Delta W_{\mathrm{s}}(m,\ 0)$，对水库运用方式进行调整，以汛期排沙水位为调节控制关键点。

当 $\sum_{t=n}^{n+\Delta n}\Delta W_{\mathrm{s}}(m,\ n)<\Delta W_{\mathrm{s}}(m,\ 0)$ 时，水库以发电、供水等综合利用任务为主，坝前水位以发电、供水、河道输沙等调节计算水位 H_{bx} 控制。

当 $\sum_{t=n}^{n+\Delta n}\Delta W_{\mathrm{s}}(m,\ n)\geqslant\Delta W_{\mathrm{s}}(m,\ 0)$ 时，水库以冲刷泥沙、恢复库容为主，主汛期降低坝前水位，以最低排沙水位 H_{bmin} 为控制，直至水库连续 Δn 年的淤积量接近 0。

结合入库径流预报控制梯级水库蓄泄关系：梯级水库群联合蓄泄，控制调度期内梯级系统整体水能损失最小，采用 K 值判别式法：

$$K_i=\frac{W_i+\sum_i V_i}{S_i\sum_i H_i}V(m,t) \tag{6-22}$$

式中，W_i 表示梯级水库群中第 i 个水库的入库总水量；H_i 和 V_i 分别表示第 i 个水库及其所有下游水库的总水头和上游梯级各水库可供发电的总蓄水量；S_i 表示第 i 个水库的水面面积；$V(i,\ t)$ 表示第 i 个水库 t 时刻的蓄水量。

结合河流不同断面生态需水过程，控制主要断面生态流量，减少对河流生态的改变干扰，采用水文指标改变度来量化：

$$D_i=\left|\frac{N_i-N_{\mathrm{e}}}{N_{\mathrm{e}}}\right|\times100\%\leqslant D_0 \tag{6-23}$$

式中，D_i 为第 i 个指标的水文改变度；D_0 为可接受幅度；N_i 为第 i 个指标受影响后仍落于

RVA 阈值范围内年数；N_e为指标受影响后预期落于 RVA 阈值范围内年数。

在多目标非线性水库群调度模型求解中，采用粒子群优化算法处理多目标问题。首先根据仿真技术获得初始方案集，对初始方案集中各目标关键利益及非关键利益序参量的有序度值进行计算，依次对关键利益进行调控，生成水沙电生态总协同度较大有序方案集，结合粒子群优化算法，将每一个有序方案视为一个粒子进行适应度评价和迭代，找出最优解前沿。判断各个解集各时段目标满意度是否在满意边界内，优选最优解，并计算关联维数及 K 熵，通过调控措施，使关联维数和 K 熵减小，寻求水沙电生态总协同度大的运行方案。多维协同控制流程详见图 6-22。

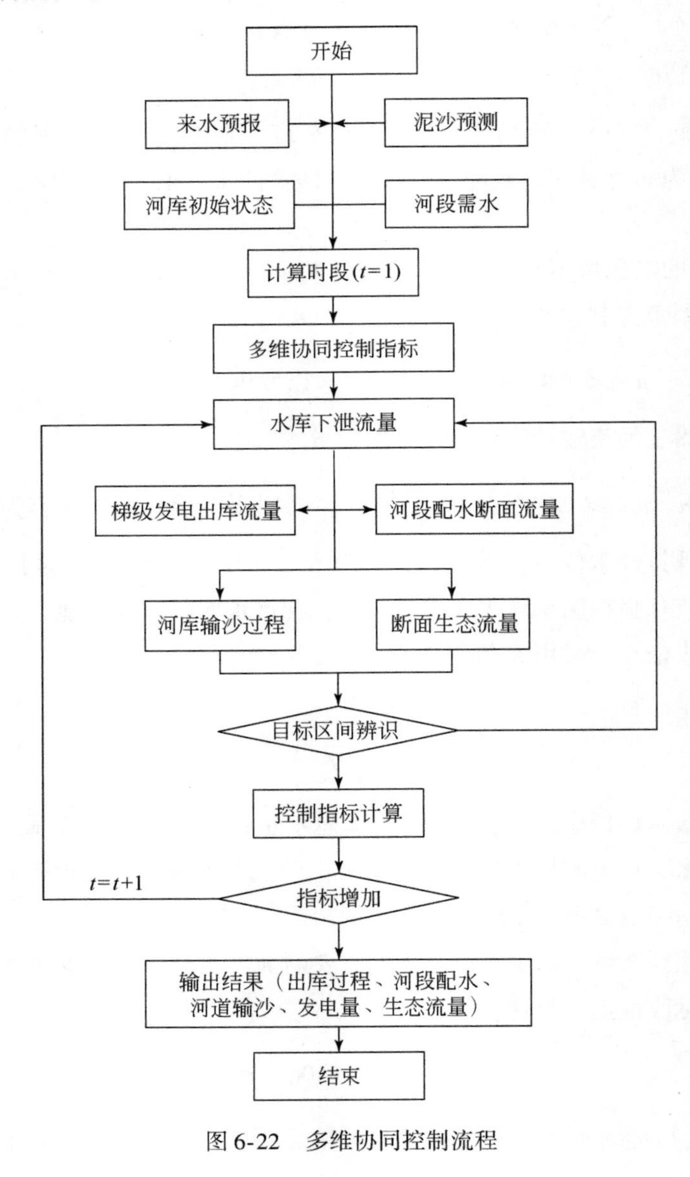

图 6-22　多维协同控制流程

6.3.3 黄河梯级水库群水沙电生态多维协同调度方案

采用梯级水库群多维协同调度仿真模型，优化提出了适应未来环境变化、供水高效合理、水沙过程协调、水电出力优化、水生态与环境健康的水沙电生态多维协同调度方案。

考虑南水北调东、中线一期工程生效，依据《黄河流域综合规划（2012—2030 年）》调减河北、天津分水指标；采用 1956 ~ 2016 年系列，利津断面多年平均天然河川径流量为 490.0 亿 m^3，针对黄河来沙量 2 亿 ~ 10 亿 t 等不同情景，以长系列增量动态均衡配置方案为基础，开展了丰、平、枯和连续枯水的水库群多维协同调度。

根据当前时段的各目标满意边界对各目标满意度进行判断，逐时段分析流域梯级供水、发电、生态、输沙各目标利益满意度及多目标满意度闭合面积，关联维数及 K 熵，按照关联维数和 K 熵减小方向，寻求水沙电生态总协同度大的水库群运行方案，根据调控方案的水沙电生态多目标满意度闭合面积时间序列求解关联维数和 K 熵（D_1、K_1）。调控方案的双对数曲线见图 6-23，调控方案 K 熵随嵌入维数 m 的变化曲线见图 6-24。

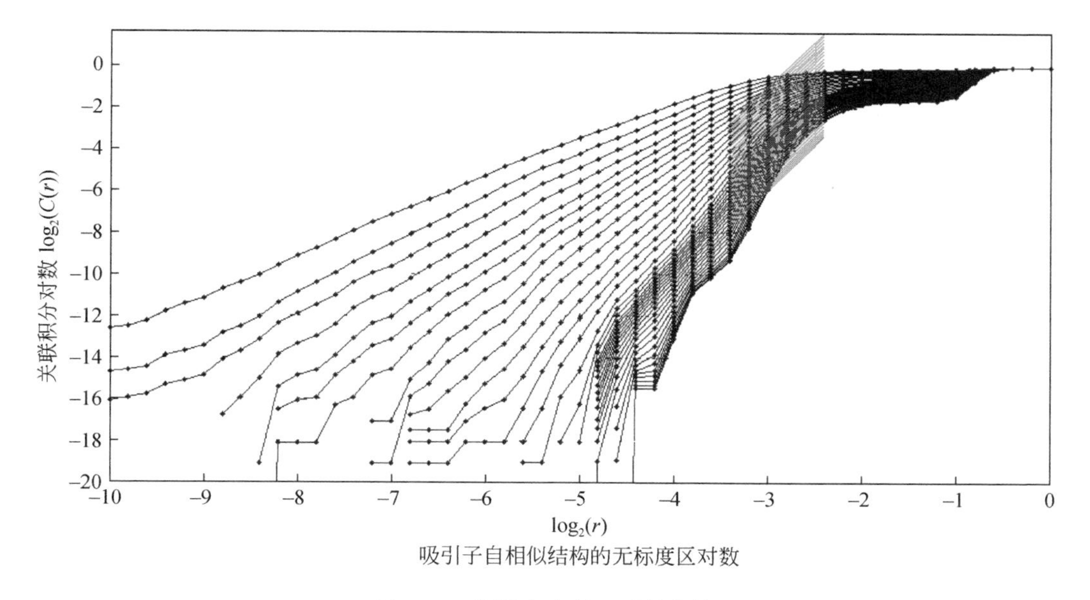

图 6-23 调控方案的双对数曲线

在黄河来沙 6 亿 t 的情景下，长系列调度中优化水库出库过程实现水沙电生态多过程的协同。龙羊峡水库发挥多年调节作用蓄丰补枯，平水年龙羊峡蓄水 9.34 亿 m^3，丰水年龙羊峡等水库蓄水 69.60 亿 m^3，枯水年和特殊枯水年龙羊峡补水量分别为 26.24 亿 m^3 和 47.38 亿 m^3。主要水库出入库流量及水位变化详见图 6-25。

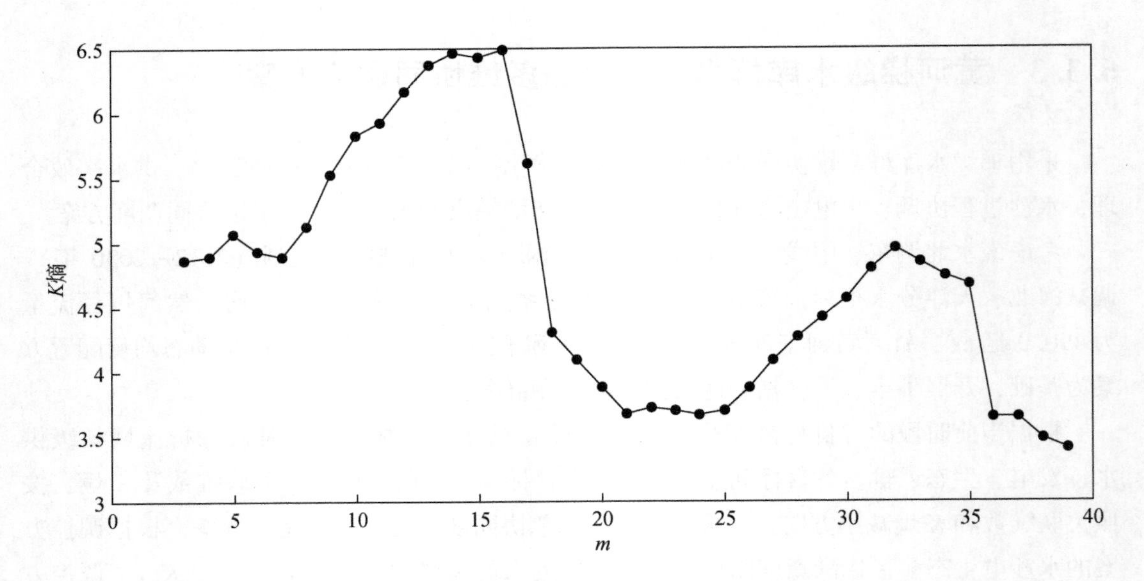

图 6-24 调控方案 K 熵随嵌入维数 m 的变化曲线

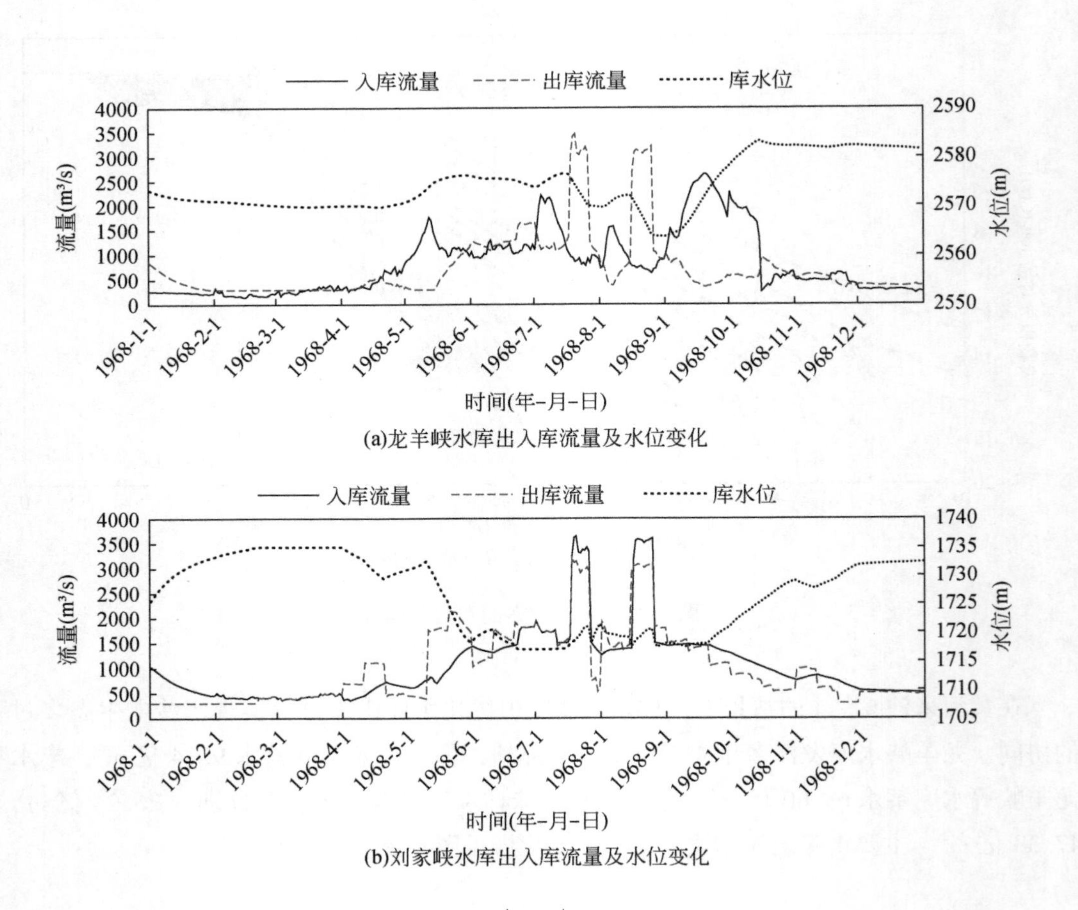

(a)龙羊峡水库出入库流量及水位变化

(b)刘家峡水库出入库流量及水位变化

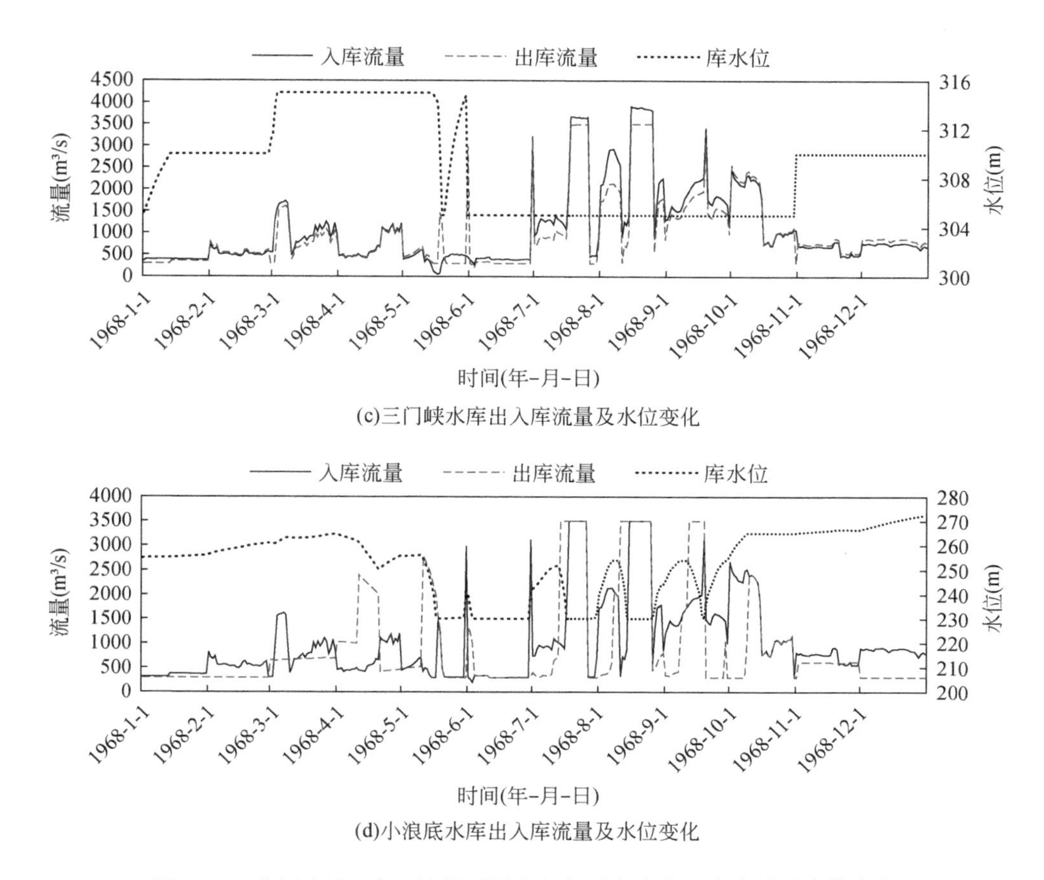

(c)三门峡水库出入库流量及水位变化

(d)小浪底水库出入库流量及水位变化

图6-25 黄河来沙6亿t情景下平水年主要水库出入库流量及水位变化

在黄河来沙6亿t情景下，梯级水库群水沙电生态协同调度结果见表6-3。流域多年平均地表水供水量为357.29亿m^3；丰水年小浪底水库汛期塑造大洪水排沙，实现排沙2.29亿t，枯水年小浪底蓄水拦沙，年度拦沙量2.23亿t；梯级系统年均发电量622.00亿kW·h，丰水年发电量达到765.06亿kW·h；利津断面非汛期生态流量>100m^3/s，4～6月生态关键期流量控制在300～500m^3/s，7～10月结合来水情况年均实施2～3次大于3500m^3/s的大流量调沙过程。

表6-3 黄河来沙6亿t情景下梯级水库群水沙电生态协同调度结果

项目	多年平均	丰水年	平水年	枯水年	特殊枯水年	连续枯水段
水库拦沙量（亿t）	0.71	-2.29	-0.68	2.23	3.61	2.99
河道输沙量（亿t）	5.03	6.75	6.29	4.06	2.69	2.87
发电（亿kW·h）	622.00	765.06	608.32	497.60	396.18	444.29

续表

项目	多年平均	丰水年	平水年	枯水年	特殊枯水年	连续枯水段
地表水供水量（亿 m^3）	357.29	390.19	355.34	329.60	298.68	305.25
入海水量（亿 m^3）	169.38	193.47	165.06	152.22	129.58	135.49
输沙水量（亿 m^3）	115.38	136.43	105.15	100.64	82.01	85.64
生态水量（亿 m^3）	54.00	57.04	59.91	51.58	47.57	49.85

由于在多维协同模型中协调了供水、输沙、发电、发电等多目标需水过程，减少各过程的竞争和水量冲突，提高各目标用水的协同性，实现“一水多用”。协同模型与传统模型的优化调度结果主要从四个方面进行比较，结果显示：①对于供水目标，多维协同模型较传统模型的多年平均供水量增加 11.92 亿 m^3；②对于发电目标，多维协同模型较传统模型增加了 12.79 亿 kW · h；③对于输沙目标，总输沙量相同，多维协同模型输沙水量减少 18.48 亿 m^3；④对于生态目标，协同模型与传统模型的长系列相比，非汛期生态水量多维协同模型较传统模型增加 3.93 亿 m^3。

6.4 黄河梯级水库群协同调度规则

目前在制定水库群调度规则过程中对梯级水库群的协同作用和相互影响考虑不足，不能够从目标间的内在机理出发，导致所得的调度规则缺乏一定的物理背景做支撑，对于河流径流变化、需求变化、目标变化等外界环境变化适应性不强。需要从多目标间的作用机制和耦合机理出发，研究能够应对变化环境的梯级水库群多维协同调度规则。

6.4.1 调度规则的挖掘方法

（1）数据挖掘方法

Apriori 算法是一种挖掘布尔关联规则频繁项集的算法，它使用逐层搜索的迭代方法，算法基本表达为

$$f(count) = \{\text{Support}(A,B)\} > \text{Support}_0 \cup \text{Confidence}(A \Rightarrow B) > \text{Confidence}_0\}$$

$$st.\ \text{Support}(A,B) = P(AB) = \frac{\text{number}(AB)}{\text{number}(\text{AllSamples})}$$

$$\text{Confidence}(A \Rightarrow B) = P(B/A) = \frac{P(A \cup B)}{P(A)} \tag{6-24}$$

其中，支持度 $\text{Support}(A,B)=P(AB)$ 表示关联规则（A，B）的支持度，指的是事件 A

和事件 B 同时发生的概率（相当于联合概率）。置信度 Confidence$(A \rightarrow B) = P(B|A) = P(AB)/P(A)$，指的是发生事件 A 的基础上发生事件 B 的概率（相当于条件概率），表示该规则的可靠度。Support_0 和 Confidence_0 为预设的支持度和置信度阈值。若一个规则能够同时大于支持度和信度阈值，则称作强关联规则。

本研究将调度时期划分为7月~10月、11月~次年3月和4月~6月，最小支持度设为10%，最小置信度设为50%。

（2）集对分析方法

针对黄河梯级龙羊峡和小浪底两库联合调度问题，采用集对分析方法（set pair analysis，SPA），构建集合 $H(B_x, B_j)$，其中 $B_j(S_{1j}, S_{2j})$ 为优化模型确定的供水决策，$B_x(S_{1x}, S_{2x})$ 通过调度图确定的供水决策。同一蓄水组合状态在两种方法下的供水决策可能并不一致，根据联合调度图确定的某水库同一蓄水组合状态下的供水决策 B_j 与 B_x 越接近，调度图也就越接近最优。确定水库调度图的集对分析模型表示为

$$\max(\omega) = \max\left(\frac{1}{m}\sum_{k=1}^{4}\sum_{j=1}^{n_k}\mu_{\theta_k \sim \xi}^{j}\right)$$

$$\text{st. } X_{i-\max} \geqslant X_{i1} \geqslant X_{i2} \geqslant X_{i3} \geqslant X_{i-\min}$$

$$m = \sum_{k=1}^{4} n_k \tag{6-25}$$

式中，ω 为联系度函数；$\mu_{\theta_k \sim \xi}$ 表示按优化模型得到的第 k 种供水决策与同一蓄水量按调度图确定的供水决策 ξ 间的联系数；x 表示水库蓄水量；$X_{\max}$ 与 $X_{\min}$ 表示水库死库容与水库上限蓄水量；X_{i1}、X_{i2}、X_{i3} 表示调度线位置，是需要优化的变量；i 是一年中的第 i 个调度时段；j 表示水库的第 j 种蓄水状态；k 表示供水决策 θ 的类别；n_k 表示第 k 种决策的水库蓄水状态数目；m 表示水库调度序列年数。

6.4.2 梯级水库间的库容补偿及蓄泄秩序

通过分析长系列优化调度结果，得到梯级上下游水库间的蓄泄规律及库容补偿关系：

1）上游龙刘水库蓄泄秩序。上游龙羊峡、刘家峡水库联合调度运行基本遵循“供水不足，由刘家峡水库先补偿；出力不足，由龙羊峡水库先补偿”的原则。11月至次年3月，龙羊峡防凌蓄水，刘家峡水库防凌控制下泄流量300~600m^3；4月至6月，龙羊峡和刘家峡两库结合补水保证灌溉、下泄生态脉冲流量过程；7月至9月，龙刘蓄水防洪，龙羊峡以拦为主，刘家峡以泄为主，联合调节2次2500m^3/s大流量过程；10月至11月，以刘家峡优先下泄满足宁蒙河段秋浇，腾出防凌库容。

2）中下游库容补偿。11月至次年2月，下游三门峡、小浪底水库以蓄为主，小浪底水库下泄满足生态流量过程；3月至6月上中旬，三门峡与小浪底水库联合调度保障春

灌用水，并满足脉冲流量过程；6 月下旬小浪底水库控制低水位输沙，三门峡联合调水调沙制造 3500m³/s 以上大流量过程；7 月至 9 月，三门峡汛期敞泄、小浪底防洪运用；10 月，黄河下游防洪安全前提下，优先利用三门峡、小浪底水库拦蓄汛末洪水实现资源化利用。

3）上下游梯级间的补偿。6 月下旬至 9 月，汛期龙羊峡小浪底遵循“一高一低”的补水原则，即龙羊峡水库蓄水在 2570m 以上时，向下游补水提供调水调沙后续动力，小浪底水库降低库水位至 238m 以下进行高效输沙，汛期单次补水量 10 亿 ~ 12 亿 m³。在遭遇 75% 频率以上枯水年或下游年度需水超过多年平均 12% 时，通过龙羊峡刘家峡联合调节主要在 4 ~ 6 月高峰期向下游小浪底进行补水，补水量为 10 亿 ~ 15 亿 m³。90% 频率的特枯年份，龙羊峡水库提供全河补水量 25 亿 ~ 50 亿 m³，刘家峡和小浪底年度蓄泄平衡。梯级水库群的蓄补水量见表 6-4。

表 6-4　黄河干流骨干水库长系列优化调度结果

分期	龙羊峡水库		刘家峡水库		万家寨水库		三门峡水库		小浪底水库	
	下泄水量	蓄补水量	下泄水量	蓄补水量	下泄水量	蓄补水量	下泄水量	蓄补水量	下泄水量	蓄补水量
汛期(亿 m³)	68.5	7.8	86.5	7.9	67.4	2.7	92.2	0.2	70.2	21.8
汛后(亿 m³)	9.1	-0.3	13.0	-3.6	9.0	-2.1	12.6	-0.2	17.9	-5.4
凌汛期(亿 m³)	27.2	-13.8	25.6	5.8	13.9	0.4	24.1	2.6	14.2	9.9
用水高峰期（亿 m³）	81.3	-31.4	98.9	-10.1	63.7	-1.0	74.5	-2.6	100.0	-26.3
全年(亿 m³)	186.1	-37.7	224	0	154	0	203.4	0	202.3	0

注：负值为水库补水量，正值为水库蓄水量。

6.4.3　协同调度规则

在使用关联规则进行调度时，当在同一时期限制条件一致，而决策表现不同时，首先根据支持度优先选择出现频率大的规则，若支持度相同，则根据置信度的大小选择。若支持度和置信度均一致，则进行试算，根据目标协同度大小选择相应规则。根据得到的强关联调度规则结果建立水库泄流规模响应曲面（图 6-26），可快速准确地定位出水库当前时段的下泄流量。Apriori 算法提取的强关联规则能有效指导梯级调度，与常规调度图相比，梯级水库年均发电量和供水量分别提高了 4.2% 和 5.3%，详见表 6-5。

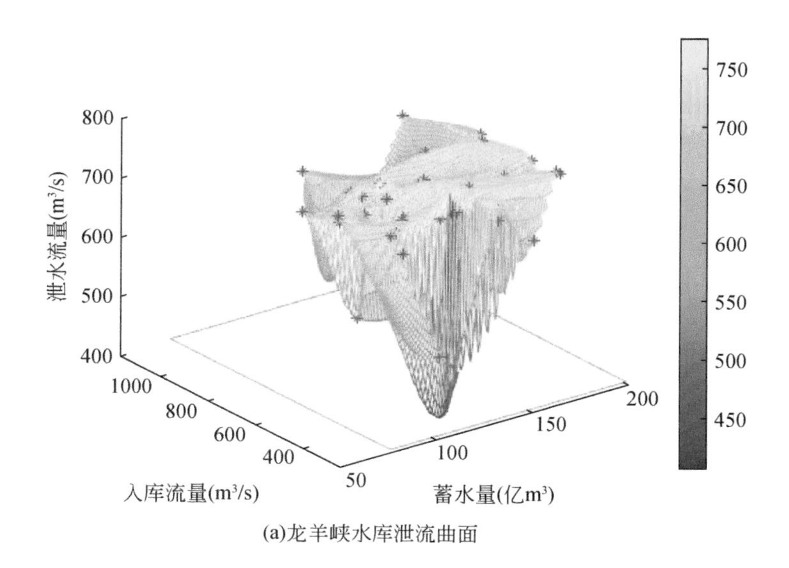

(a)龙羊峡水库泄流曲面

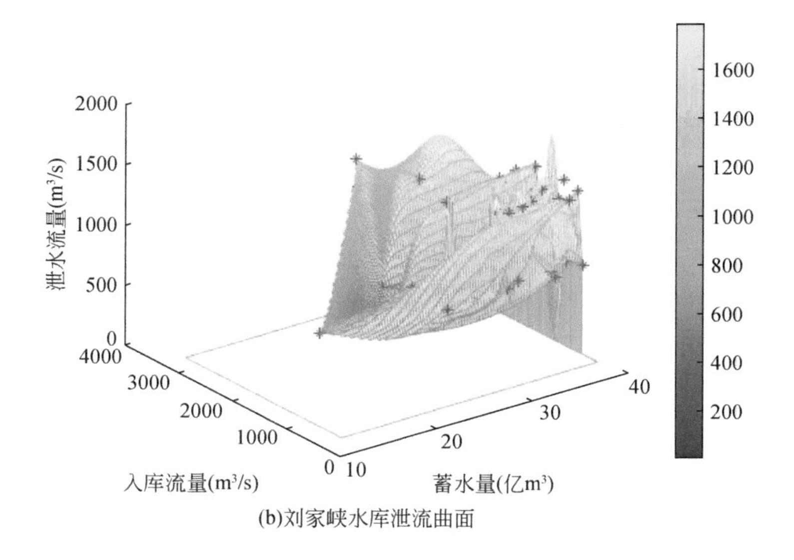

(b)刘家峡水库泄流曲面

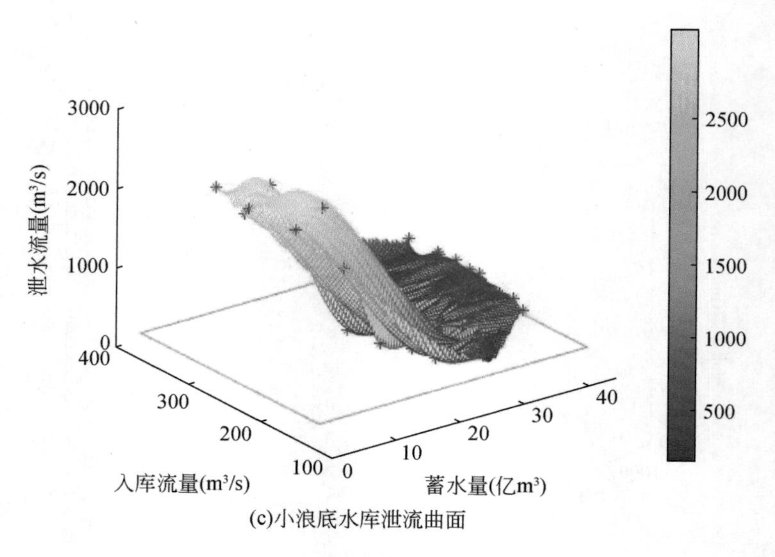

(c)小浪底水库泄流曲面

图 6-26 梯级水库泄流规模响应曲面

表 6-5 梯级水库强关联调度规划挖掘结果

时期	强关联规则集			支持度	置信度
	入流规则	蓄水规则	出库流量规则		
11 月 ~ 次年 3 月	1	3	3	0.4	0.938
	1	2	3	0.373	1
	2	2	4	0.128	1
	2	3	6	0.128	1
	1	3	8	0.127	1
	3	3	9	0.113	1
	…	…	…	…	…
4 月 ~6 月	4	2	4	0.165	1
	4	3	5	0.165	1
	4	2	5	0.143	1
	2	2	6	0.143	0.667
	4	2	6	0.143	0.667
	3	2	5	0.13	0.667
	3	3	6	0.109	0.625
	…	…	…	…	…

续表

时期	强关联规则集			支持度	置信度
	入流规则	蓄水规则	出库流量规则		
7 月 ~10 月	4	2	3	0. 245	0. 6
	3	2	4	0. 197	0. 857
	4	3	5	0. 197	0. 600
	3	3	6	0. 165	1
	4	3	7	0. 165	0. 8
	4	1	5	0. 148	1
	4	2	6	0. 132	1
	4	3	5	0. 132	0. 667
	2	2	4	0. 116	1
	…	…	…	…	…

6.5 多因子扰动因素识别

6.5.1 多源要素驱动下的黄河水文气象实时集合预报

6.5.1.1 基于多源数据的天气预报模式（weather research and forecasting, WRF）同化试验

（1）基于松弛逼近方法（Nudging）的四维同化变分

Nudging 是利用模式和观测之间的偏差进行建模，构造不同变量与偏差之间的函数，并将该函数带入模式趋势方程中进行模式模拟结果向观测的微调。在 WRF 模式中，趋势方程为

$$\frac{\partial qu}{\partial t}=(x,y,z,t)=F_q(x,y,z,t)+\mu G_q\frac{\sum_{i=1}^{n}w_q^2(i,x,y,z,t)[q_0(i)-q_m(x_i,y_i,z_i,t_i)]}{\sum_{i=1}^{n}w_q(i,x,y,z,t)} \tag{6-26}$$

式中，q 为水汽混合比；μ 为干空气流体静压气压；F_q 为 q 的趋势项；G_q 为 q 的逼近强度系数；n 为观测的样本量；i 为同化序列号；w_q 为时空权重函数（模式和观测的时空差异）；q_0 为 q 的观测值；q_m 为模拟模拟值 q 在站点位置上的插值。q_0-q_m 的值就是逼近值，而逼近值与时间有关。因此模式模拟值越接近观测值，逼近值越小。与 q 变量一样，u、v

等变量的 Nudging 方法类似。在温度的逼近中，温度需要转化为位温后再进行逼近。模式同化是空间场的同化，并不是站点水平的数据校正，因此基于站点的 Nudging 方法遵循一个假设，即单个站点的误差与水平空间的其他站点是一致的。以 2019 年 6 月中旬黄河源区持续降水过程为案例，分析采用基于 Nudging 方法的四维同化变分 WRF 模型的回报试验效果。

（2）多源数据同化下的数值模拟

以 2017 年 7 月 26 日黄河中游强降水过程为案例，分析采用基于 Nudging 方法的四维同化变分 WRF 模型的回报试验效果。

1）降水实况和天气形势。

2017 年 7 月 25 日 8 时至 26 日 8 时，黄河中游山陕区间北部的无定河流域出现了近几十年来罕见的突发性暴雨天气，主要降水时段出现在 26 日凌晨，最大雨强出现时间段在 7 月 26 日 2～8 时。最大雨强出现的区域主要位于黄河流域山陕区间的无定河流域，最大降水量超过 100mm 的站点有 3 个，其余大部分站点降水量在 50mm 以下。

2）卫星 TBB 资料分析。

从逐小时的风云 2e 卫星 TBB 分布演变上，可以清楚地看到造成 26 日 2～8 时无定河流域强降水的中尺度对流系统（图 6-27）。时间演变上，对流云团自 7 月 25 日午后开始不断生成，在西风带短波槽引导下汇入西风带短波槽前西南气流中。25 日 20 时，随着无定河流域南部 700hPa 以下开始形成具有较强组织性的偏南气流水汽输送，对流运动进一步加强，对流云团开始快速发展［图 6-27（a）］。2017 年 7 月 26 日 2 时，对流云团开始在榆林东部逐渐稳定发展［图 6-27（b）］，云体中心 TBB 降至 -40℃ 以下；伴随主要降水过程结束，4 时［图 6-27（c）］对流云团边缘开始毛化，对流强度减弱。6 时［图 6-27（d）］，对流云团在研究区东部加强东移。

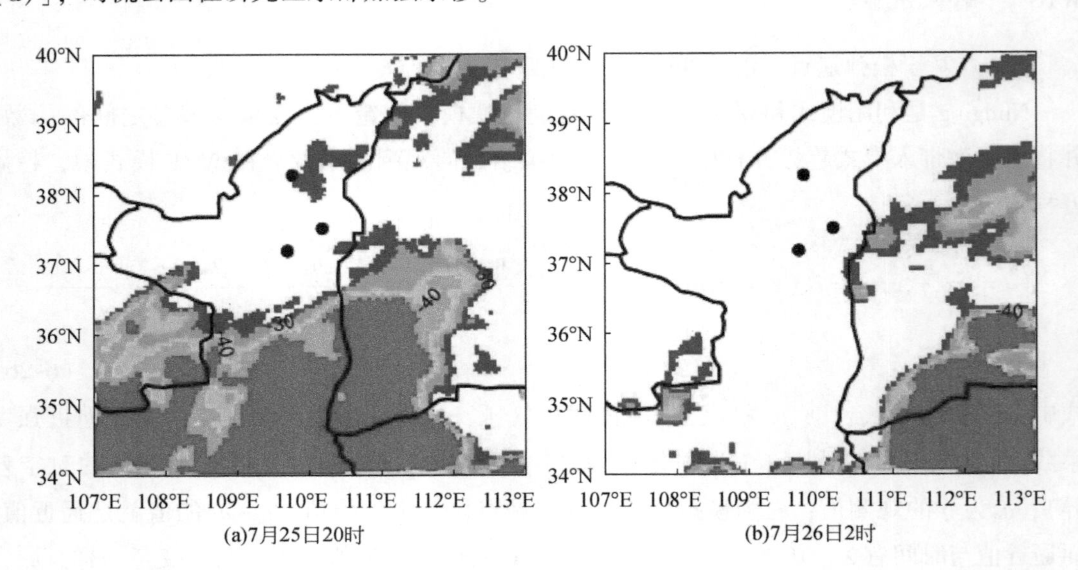

(a)7月25日20时　　(b)7月26日2时

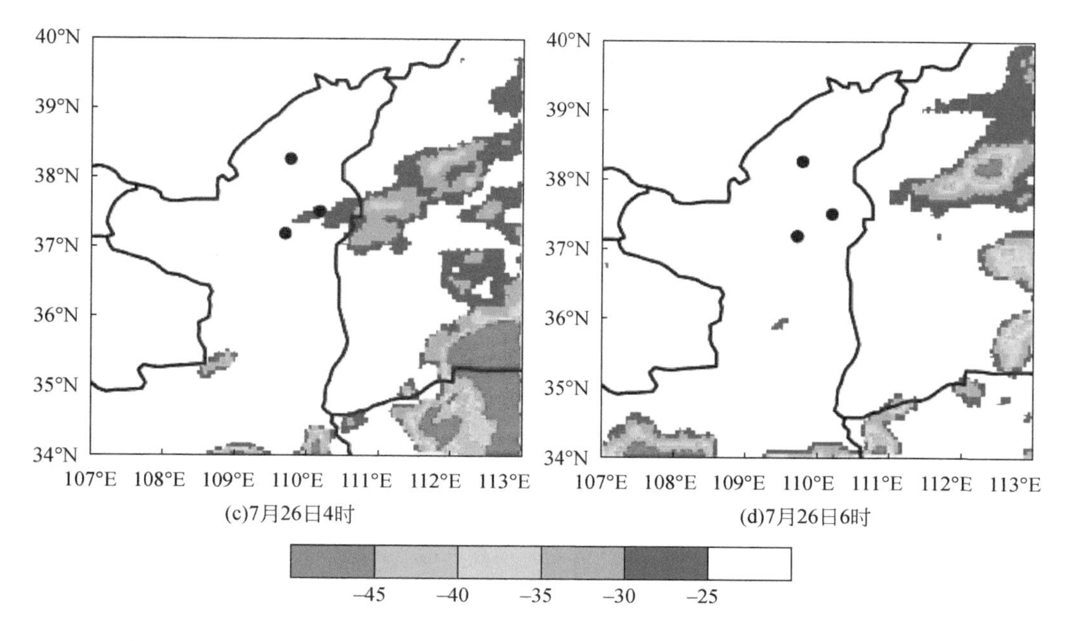

图 6-27　2017 年 7 月 25 日 20（a）、26 日 2（b）、4（c）、6（d）时风云 2e 卫星 TBB/（℃）分布（图中点为强降水中心位置）

3）基于多源数据同化的数值模拟。

未同化常规观测资料的模拟结果［图 6-28（a）］与观测的 6h 降水量对比，模式回报的降水整体分布呈东西向的块状分布，模拟的降水中心位置较观测偏北，强降水范围和强度较观测偏大偏强。图 6-28（b）为同化了站点观测的模式回报结果。相较于未同化模拟结果，同化试验模拟结果模拟的降水区分为南北两个降水中心，主要降水区东西走向，强降水区范围明显缩小。南部的降水中心接近实际降水区位置，但位置较观测略偏北。整体而言，同化站点观测资料的试验结果与观测更接近。

利用 TS（Treat Score）评分对此次短时局地强降水模拟结果进行评估。评估区域同样为 35°～45°N，105°～115°E 范围内的站点降水。整体而言，同化试验的降水模拟 TS 评分为 74%，未同化试验为 63%。在划定的 6 个阈值范围的降水中，同化试验对≤10mm 的降水改进效果最明显（图 6-29）；而对于该次强降水中 10～50mm 范围降水改进效果不明显；对≥100mm 降水无任何改进效果。

6.5.1.2　基于贝叶斯模式平均的模式订正技术

贝叶斯方法主张利用所有能够获得的资料和信息，包括样本信息和县域样本的信息，以做出良好的判断和决策。贝叶斯模型平均（Bayesian model averaging，BMA）是一种集

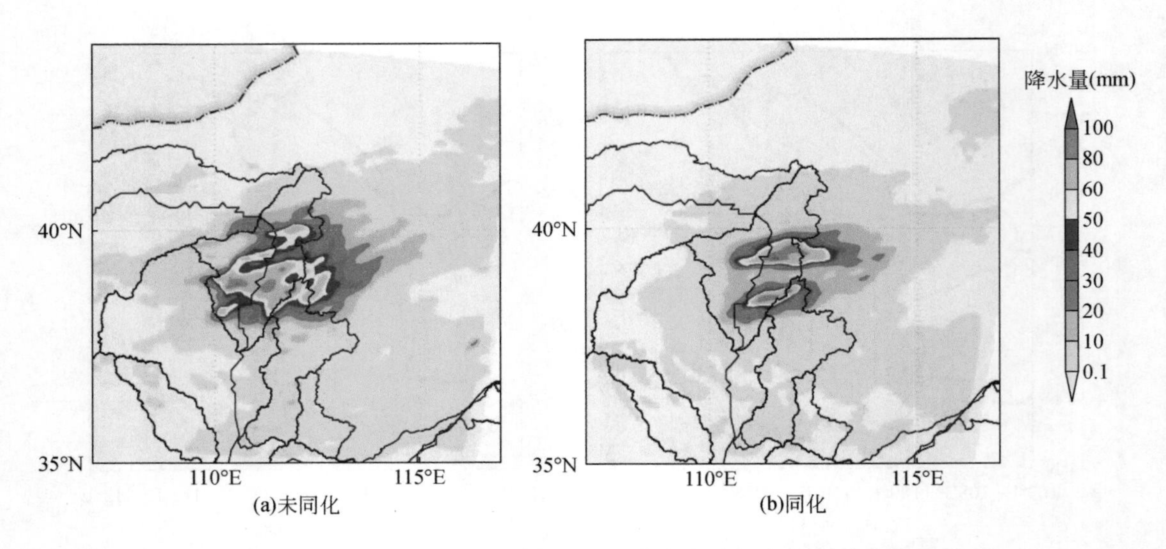

(a)未同化 (b)同化

图 6-28 2017 年 7 月 26 日 02 ~ 08 时模式内层区域 6h 累计降水量

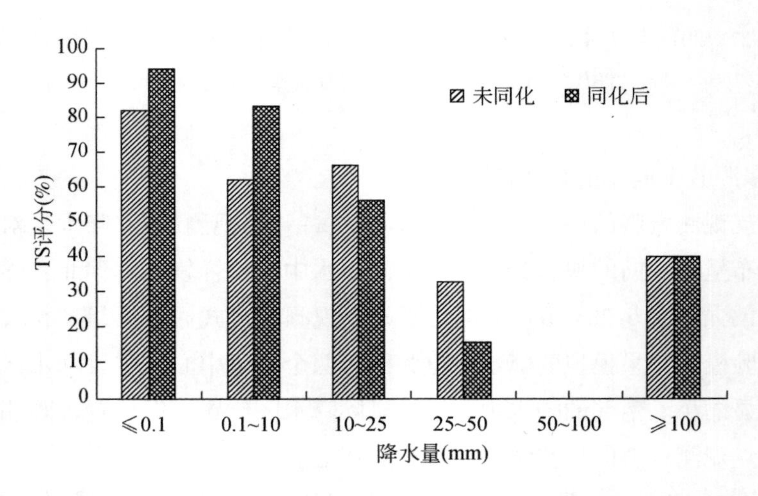

图 6-29 2017 年 7 月 26 日 02 ~ 08 时模式模拟的 6h 降水量的 TS 评分分布

50 ~ 100mm 降水范围未做模拟

合预报的前处理方法，可以产生有预测效果的概率密度函数（probability density function，PDF）。BMA 模型不仅能提供最大的预报可能性，而且也是天气预报不确定的现实描述。

使用的降水预报资料为 2020 年 7 月 30 日至 8 月 10 日黄河水利委员会水文水资源局 CMAcast 地面气象数据接收系统获取的逐日欧洲中部天气预报中心（European Centre for Medium-Range Weather Forcasts，ECMWF）、GERMAN、全球预测系统（Global Forecast System，GFS）、WRF 本地化在内的 4 家模式预报资料，模式资料空间分辨率为 0. 125°×

0.125°，最长预报时效为9天，采用的模式预报时效为48h。降水观测数据资料为预报时效对应时段的站点24h累计降水量。

表6-6中CRPS评分为黄河流域349个气象站点预报与实况观测的CRPS评分的平均值。从结果可以看出，除了2020年8月8日BMA没有订正效果外，所有BMA平均的预报结果均优于原始模式集合平均（MME），BMA模型的订正效果优势明显。随着训练期天数增长BMA模型订正效果更加明显。

表6-6　不同训练天数下原始集合预报（MME）与贝叶斯平均模型集合预报（BMA）的48h预报CRPS评分对比

训练期（天）	2020年8月11日		2020年8月10日		2020年8月9日		2020年8月8日	
	MME	BMA	MME	BMA	MME	BMA	MME	BMA
9	7.68	5.35						
8	7.68	5.54	6.57	5.16				
7	7.68	5.75	6.57	5.49	5.11	4.9		
6	7.68	5.56	6.57	5.88	5.11	5.4	5.37	5.51

平均绝对误差（mean absolute error，MAE）指数的变化特征与连续概率排位分数（continous ranked probability score，CRPS）变化相似，亦呈现出随训练期长度增加而订正效果更优的特征。不同的是，MAE指数在训练期大于7天时，BMA平均的模式预报优势最明显，而CRPS指数则是在训练期大于5天时，BMA方法的订正优势已经有明显表现，详见表6-7。

表6-7　不同训练天数下原始集合预报（MME）与贝叶斯平均模型集合预报（BMA）的48h预报MAE评分对比

训练期（天）	2020年8月11日		2020年8月10日		2020年8月9日		2020年8月8日	
	MME	BMA	MME	BMA	MME	BMA	MME	BMA
9	8.32	6.82						
8	8.32	7.15	7.28	6.4				
7	8.32	7.5	7.28	7.02	5.82	6.14		
6	8.32	7.41	7.28	7.69	5.82	7.08	6.15	6.75

CRPS和MAE评分是对降水观测场预测的总体效率系数的变化特征，但是对于降水预报，提高不同量级降水的预报水平才是降水预报的重点，根据2020年8月8日至11日逐日黄河流域降水空间分布特征，选取雨日、小雨、中雨3种量级的降水预报精度进行贝叶

斯评分（图6-30）。

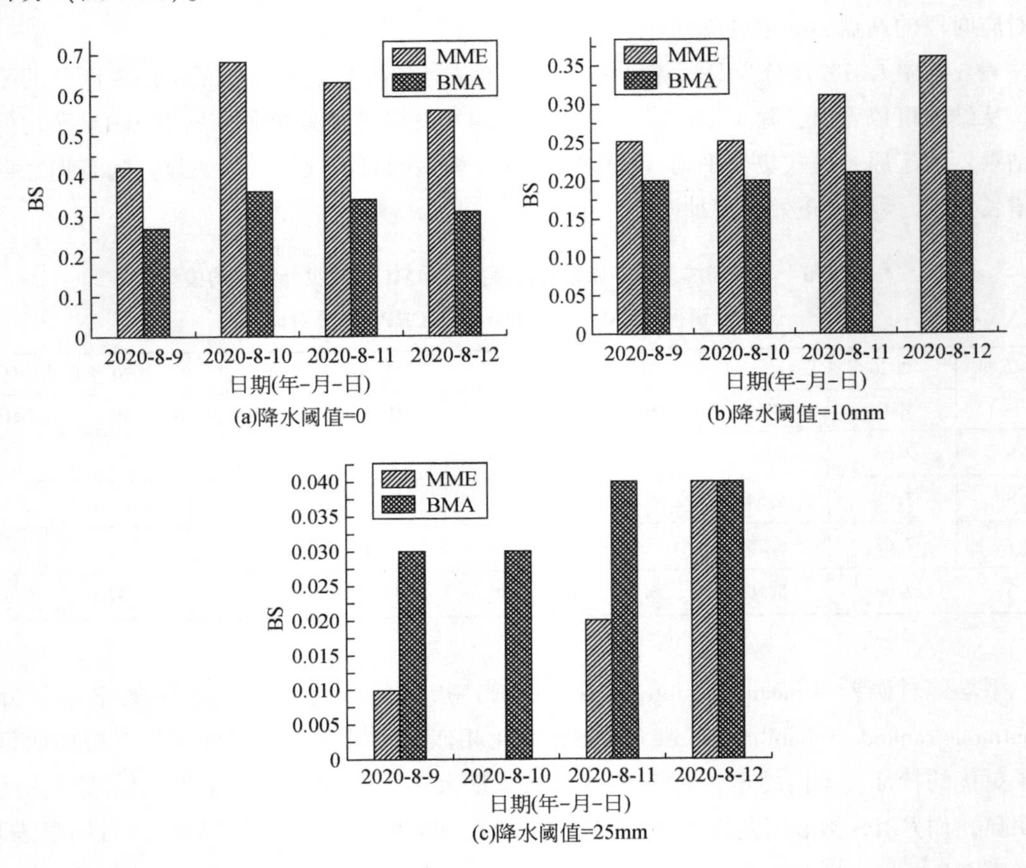

图6-30　48小时原始预报（MME）和BMA贝叶斯平均模式预报大雨以下3种降水阈值的贝叶斯评分

BMA预报在本次试验的4天预报中，在对大雨以下量级降水，相对于MME订正效果明显，评分整体较原始模式结合结果减少约0.1；但针对大雨及以上量级降水，BMA基本不具有订正效果，4天中BMA的贝叶斯评分均不大于原始集合预报评分。

整个试验时段上，BMA模型相对于MME原始模式集合起到明显的偏差订正效果。本案例中，对不同降水阈值的贝叶斯评分而言，BMA方法对大雨及以上量级降水不具有订正效果；不同训练期对BMA订正效果影响明显，相对于其他学者研究认为训练期为5～6天时BMA订正效果最优不同，本试验中模式训练期为7天以上时BMA订正效果更优。

6.5.1.3　黄河水文模型输入集合及多模型集合预报

流域各水库入库或区间径流短期预报主要基于高精度降水预报和分布式水文模型的气陆耦合模型来实现，预报误差采用集合预报的方式进行描述。本节从模型输入、模型结构和模型输出三个层次分析分布式水文模型误差来源；对数值天气预报得出的精细化降水预报数据进行概率分析，并对降水数据进行前处理；依据丰平枯不同来水条件进行筛选，对多种水文模型（萨克拉门托模型、新安江模型和 Hymod 模型等）、多种来源的降水数据和多种模型参数进行组合，针对各组合进行短期径流预报；利用数据同化、贝叶斯等方法对模型输出结果进一步后处理及统计分析，最终实现可靠度更高的流域日/小时尺度的入库径流集合预报。

以唐乃亥以上流域开展集合水文预报为例进行分析，该区域为黄河流域的主要产水区。本站水沙异源，径流 71% 来自黄河玛曲以上，涨落较缓，峰型矮胖，区间洪水较小。在参数率定的基础上，利用 WRF 降水预报数据驱动不同水文模型进行黄河唐乃亥站的逐日径流预报，采用水文集合预报方法。方案输入为玛曲站和军功站流量过程，以及区间降雨过程。采用新安江模型、萨克拉门托模型以及 Hymod 模型，按照三水源滞后演算法和模型为马斯京根法推算汇流过程；方案输出为唐乃亥站流量过程。集合预报结果如图 6-31 所示。

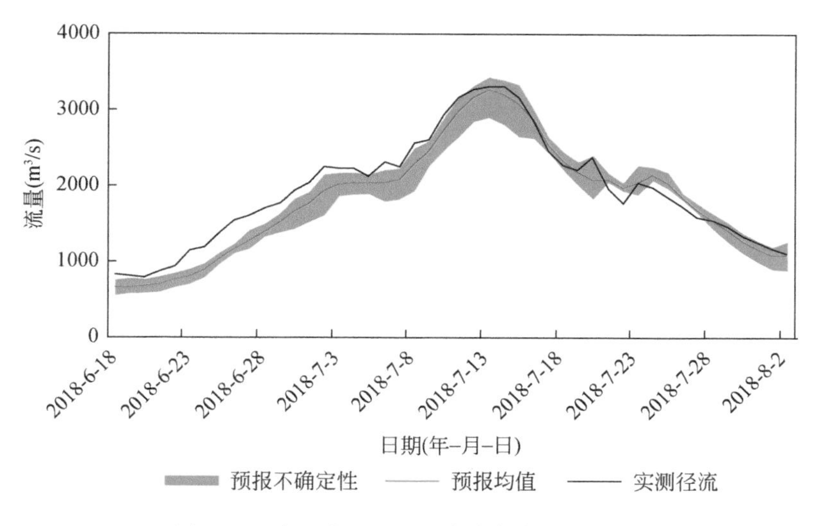

图 6-31　唐乃亥以上区间来水集合预报结果

6.5.2　实时调度下的扰动影响分析

6.5.2.1　扰动的基础理论

水库调度是基于不同的来水情况和满足需求目标对径流进行调控分配，提高效益。然而实际的来水和用水与计划不同给水库实时调度带来一定风险和效益损失。来水和用水与计划相比的偏差主要来源于预报及规划的不确定性，由于水系统的复杂程度以及技术的局限，这些不确定性无法消除，会持续对水库调度及用水效益带来扰动。因此，本次研究定义实时调度中的扰动是由某种自然或人为因素对原水库调度计划执行造成新的干扰，使得效益产生偏差的现象。水量扰动对产生效益影响的主要因素包括扰动量、发生位置、持续时间、影响范围。

针对扰动因素的调度决策分析包括扰动识别、扰动估计、扰动评价和扰动决策四个步骤，如图 6-32 所示。

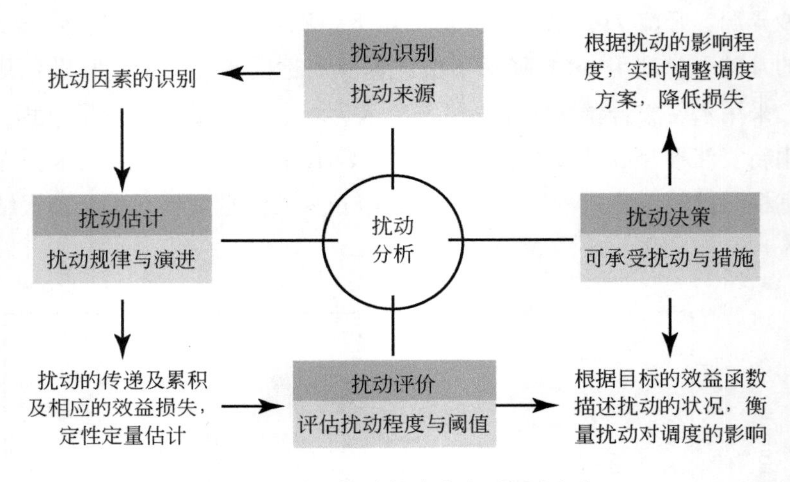

图 6-32　基于扰动的水库实时调度框架

6.5.2.2　扰动因素的传递规律与效益影响

基于常规调度模型，模拟不同来水累积偏差情景下的扰动因素传递过程，分析扰动因素在流域水系统中的传递规律及其对效益的影响。考虑黄河流域各个主要区间均有大型水利工程的特点，分析方式基于前期维持调度计划下泄，调度期末控制末水位，确保下个调度周期效益不受影响。

（1）情景设置因素

分析扰动时空演进规律的情景包括基准方案选择与扰动因素组合。

1）基准方案选择。考虑黄河水资源紧缺，枯水期和用水高峰期调度影响极为敏感。扰动分析主要针对来水条件较差时，来水减少和用水增加对水库运行及用水效益的影响。每年 4 ~ 6 月是黄河流域及其引水灌区的主要灌溉期，也是流域保护鱼类的繁殖生长期，对生态需水量要求严苛，该时段流域用水矛盾突出，水量紧缺对全流域用水效益敏感性较大，故选取该时段作为基准方案研究具有较强的实际意义。水流在全黄河干流的演进时间长达数十天，需考虑一个调度周期内的扰动情景及水流演进的影响。综合上述因素，选择来水偏枯的2015年作为基准年，模拟时间选取为2015年5月1日～2015年6月30日。水库调度计划按照基准方案时段的黄河水利委员会水资源管理与调度局提供的水库群调度方案进行模拟，并以此为对比方案，分析不同扰动情景下对该方案的影响程度。

2）扰动因素组合。考虑扰动的水库实时调度情景设置基于扰动的随机模拟，考虑扰动指标的组合作分析。

①扰动量。实际来水和用水需求与预报计划的偏差作为扰动量，也即执行第一阶段（5月）调度方案产生的偏差及其累积量。

②累积时间。累积时间与调度计划的执行时间一致，第一阶段是扰动的模拟，第二阶段为余留期，分析扰动恢复回归调度计划，来水和需水仍按照原计划作为输入分析。考虑调度计划中月为调度时段，扰动累积时间范围分布为1～31天。

③发生位置。与来水区间一致，根据发生位置分析传递效应。

（2）效益评价方法

扰动对效益的影响主要是造成用水单元供水不足、河段生态的破坏和发电效益偏差，从这三方面分析扰动对效益的影响。评价方法与实时调度模型部分相同，根据三个方面效益影响叠加作为综合效益偏差。

（3）枯水条件下的扰动分析

选取刘家峡水库到万家寨水库段研究枯水条件下的扰动传递规律分析。针对第一阶段调度期（5月），设置扰动持续时间为1～31天，分析扰动对效益的影响。扰动量为来水减少百分比，根据统计最大可减少60%，每个方案设置变幅为减少2%。为了保证来水随机性特征，每种情景抽样次数为100次，然后分析抽样的均值结果。故共设情景（31×30）组，模拟次数（31×30×100）次。

根据水库应对扰动的调度对策，前期通过自身库容调控扰动影响，按原计划下泄，但调度期（月）末水库水位需要达到调度计划末水位，故后期水库将扰动效应释放至下游，确保下个调度周期水库的调节能力。不同的扰动量、持续时间在月末恢复到计划水位需要不同的控制下泄时间，同时也会带动扰动影响至下游。下游接收上游水库调整后的扰动影响后，按照同样的原则作月末恢复调度计划调整控制。通过全流域的系统分析，可以分析扰动因素的传递规律和效益影响。为了直观看出扰动对各断面不同在不同时间的水量的影响程度，选取来水扰动量为-20%，扰动持续发生为15天、30天。图6-33为扰动效果演进规律图，扰动对断面的影响采用断面流量的偏差百分比表示，颜色越深越接近红色表示断面流量削减较多，扰动对该断面的影响越大。

从扰动结果的传递效应分析，可以发现：同一扰动量，由于水库调蓄作用，不同的扰动时间对水库及水库下游断面的影响相同；水库恢复原调度计划的能力与其蓄水能力最相

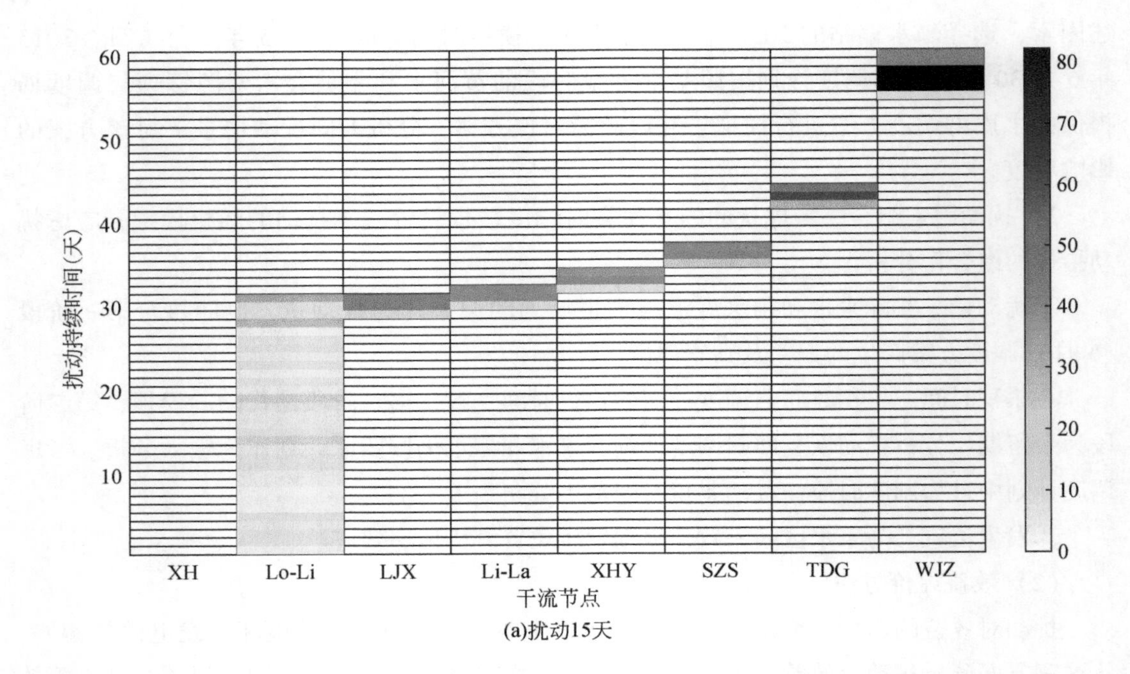

(a)扰动15天

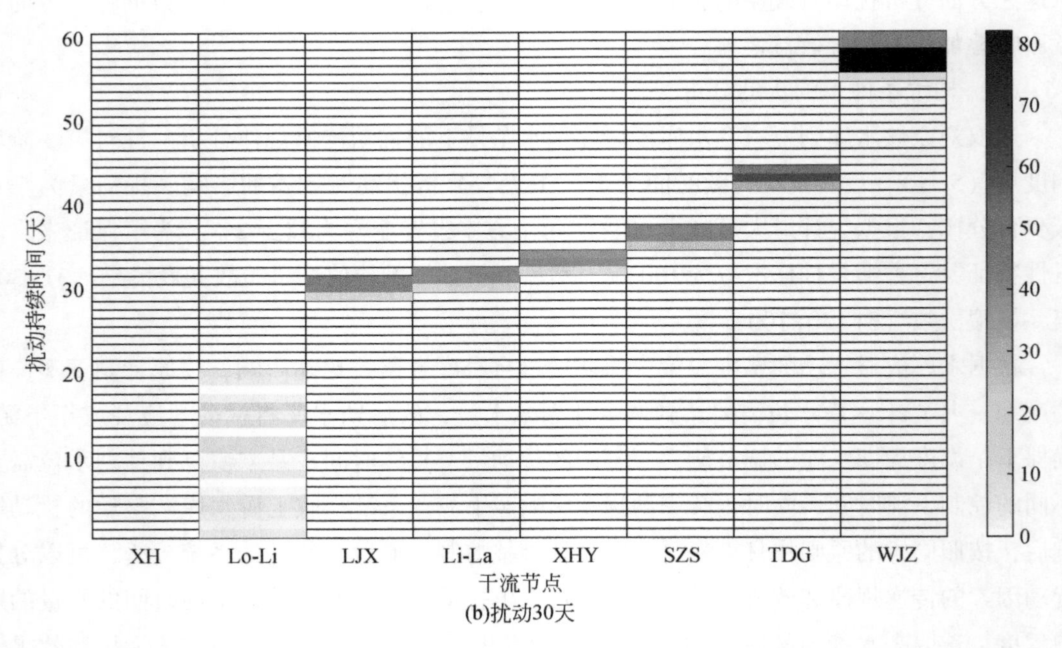

(b)扰动30天

图 6-33　扰动量为−20%的来水偏枯扰动因素时空演进图

XH：循化；Lo-Li：龙羊峡至刘家峡区间；LJX：刘家峡；Li-La：刘家峡至兰州区间；XHY：下河沿；SZS：石咀山；TDG：头道拐；WJZ：万家寨

关；各断面来水扰动的响应时间，与断面间水流的演进时间一致。

根据上述典型情景可知，水库前期利用自身调控能力消纳来水扰动，调度期末通过改变下泄流量恢复调度计划水位保证下个调度期效益。骨干水库水位对来水偏差扰动的恢复能力是扰动变化适应力的重要指标，本研究分析了不同扰动情景下水库水位恢复到原调度计划水位的适应时间，并对下泄流量变化调整过程作了分析。

改变下泄流量释放扰动所需要的时间（天数）受扰动量大小以及水库调控能力双重影响。图 6-34 为刘家峡与万家寨水库在不同扰动量下，调度期末所需要恢复的时间。以万家寨和刘家峡两个水库对比，万家寨水库由于自身调控能力较低，故所需要天数多于刘家峡水库；同时水库下泄变化天数与扰动量基本呈直线关系，扰动越大，需要恢复时间越长，可以通过图中线性公式进行大致估算。

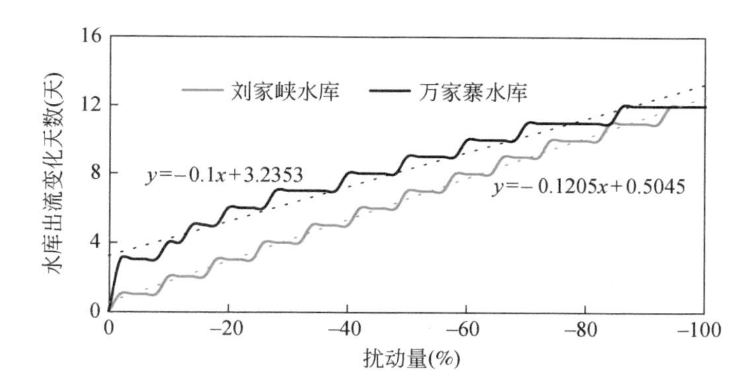

图 6-34　扰动量与调度期末水库恢复调度计划所需时间关系图

按照不同来水区间叠加来水减少的影响，根据效益评价方法计算从全流域角度扰动量对调度效益的影响评价，结果如图 6-35 所示。

发电效益损失：整体随着来水减少累积量的增加，发电量损失加大。当扰动较小时，唐乃亥以上来水区间扰动量对发电量损失影响最大；当累积量达−40% 后，发电量损失百分比随扰动量的增加幅度减小，呈缓慢增加。

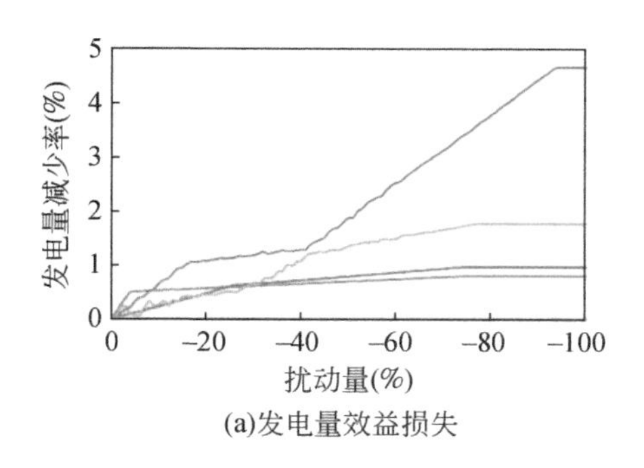

(a)发电量效益损失

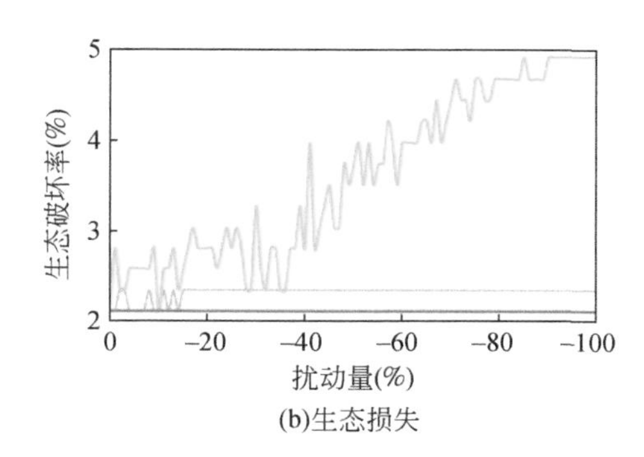

(b)生态损失

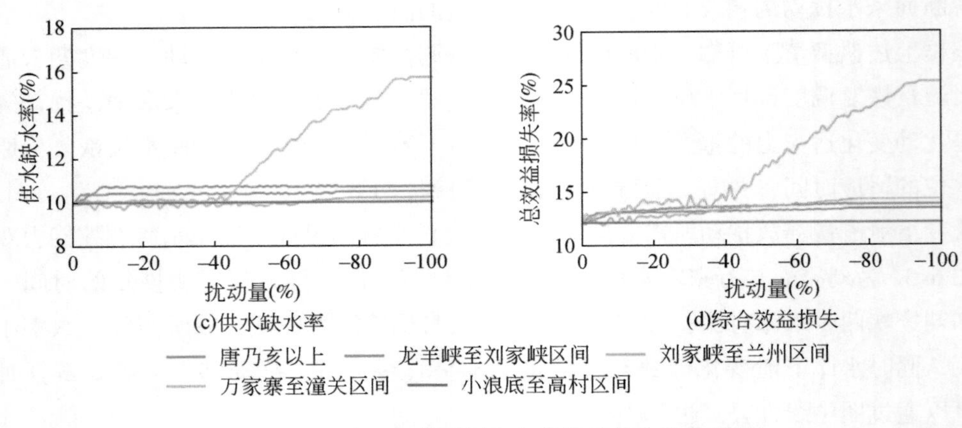

图 6-35　五大区间扰动量与各类效益损失的关系图

生态效益损失：以生态流量满足的破坏率分析，随着累积量变化的增加，生态破坏率增高。小浪底至高村区间的扰动对生态效益损失无影响，其他三个来水区间的扰动量少于−18%时，对生态破坏率的影响呈现波动。

供水效益损失：在同等来水相对偏差累积量情景下，龙刘区间对供水缺水率影响大于唐乃亥以上区间和刘家峡至兰州区间。万家寨至潼关区间的来水累积偏差存在突变效应，当累积偏差在−40%内时，对供水效益损失的影响波动平稳变化，当累积量超过−40%后，供水效益损失迅速随扰动累积呈直线增长。

综合效益损失：考虑了供水缺水率、生态破坏率和发电量减少百分比进行叠加。唐乃亥以上区间、龙羊峡至刘家峡区间、刘家峡至兰州区间这三个上中游来水区间对综合效益的损失影响相差较小。下游万家寨至潼关区间扰动量在−40%以内时，与上游三个来水区间对总效益的损失影响相近，当偏差继续不断累加时，综合效益损失迅速增加，万家寨至潼关区间−40%的来水偏差扰动是对流域用水综合效益的转折点。

（4）气象干旱条件下的扰动分析

根据不同的干旱等级，按照轻旱、中旱、重旱、特旱四种干旱级别分析需水量呈增加的趋势，增加量范围选择30%～80%。根据多年黄河干流用水单元的供需水情况，主要干旱缺水发生在中下游灌区，主要是汾河灌区（山西）、渭河灌区（陕西）、下游引黄灌区（河南、山东），按照发生位置进行模拟分析。与枯水条件下来水扰动分析相似，按照保证按原调度计划执行的原则，分析不同来水区间来水量不同程度减少等扰动影响和传递规律。在不同灌区的在重旱条件下的需水扰动影响与该灌区的灌溉时间和灌溉需水量的大小有关；下游引黄灌区扰动影响较大，尤其是山东灌区；扰动演进也与河道水流传递的时滞同步。蓄水侧扰动的演进与来水侧扰动演进规律相一致。

不同省（自治区）用水的扰动对供水、生态、发电以及综合效益的影响不同，从演进规律分析结果看（图 6-36），汾河灌区和渭河灌区的用水量扰动对效益的损失相似，随着扰动量的增大效益损失呈线性上升，而对于汾河灌区，扰动量小于 60% 时，生态破坏率为 2.1%，当扰动量大于 70% 时，生态破坏率达 2.3%。下游灌区（河南+山东）需水扰动对供水、生态以及综合效益的影响最为突出，而对发电不产生影响。生态效益损失较为固定，生态破坏率为 2.3%；供水和整体效益损失的变化趋势为随着用水的增加，效益损失量先缓慢增加，直至用水增加 40% 后增加幅度增大，其中综合效益中供水效益为主导影响。

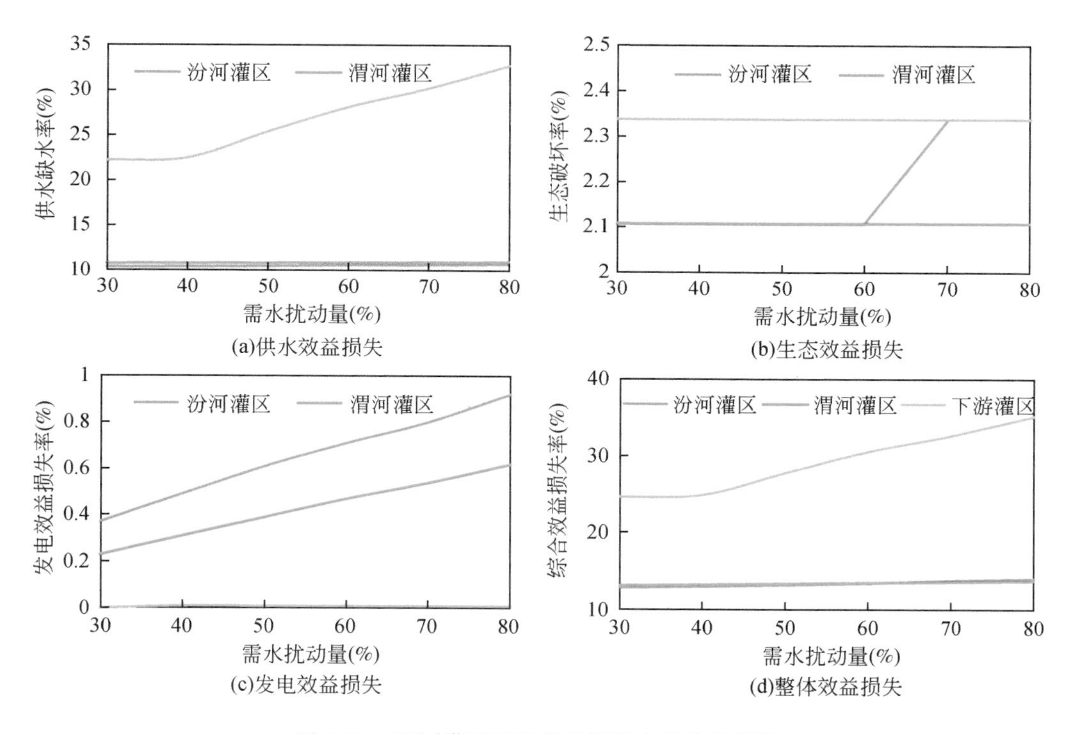

图 6-36　不同灌区需水扰动所带来的效益损失

（5）来水偏枯与气象干旱叠加的扰动分析

当上游来水偏枯同时下游产生气象干旱时，此时来水侧与需水侧同时产生扰动，来水量减少，从而可供水量减少，同时农业灌溉需水因干旱而有所增加，供需矛盾加剧，需要通过水库调度的手段缓解缺水问题，需要实时调整调度计划，降低损失。

设置一组双重因素共同扰动的情景，分析其扰动传递和对效益的影响。万潼区间作为对来水扰动最敏感的区间，以及该河道的用水扰动作为扰动的来水，组合情景设置为万潼区间来水量减少 25% +山西省用水增加 30%。

参考单因素扰动下的演进传递规律分析。分析表明，其扰动的演进遵循水量在河道演进的规律，干旱枯水条件双重扰动的时空演变规律与单因素扰动演进的规律为一致的（图6-37）。该情景下，效益损失见表6-8，其中供水效益的影响最大，缺水率达10.8%，占总效益损失的近1/3；而对发电的影响较小，主要由于该区间只影响小浪底的发电效益，影响范围较小；生态用水破坏率为3%。

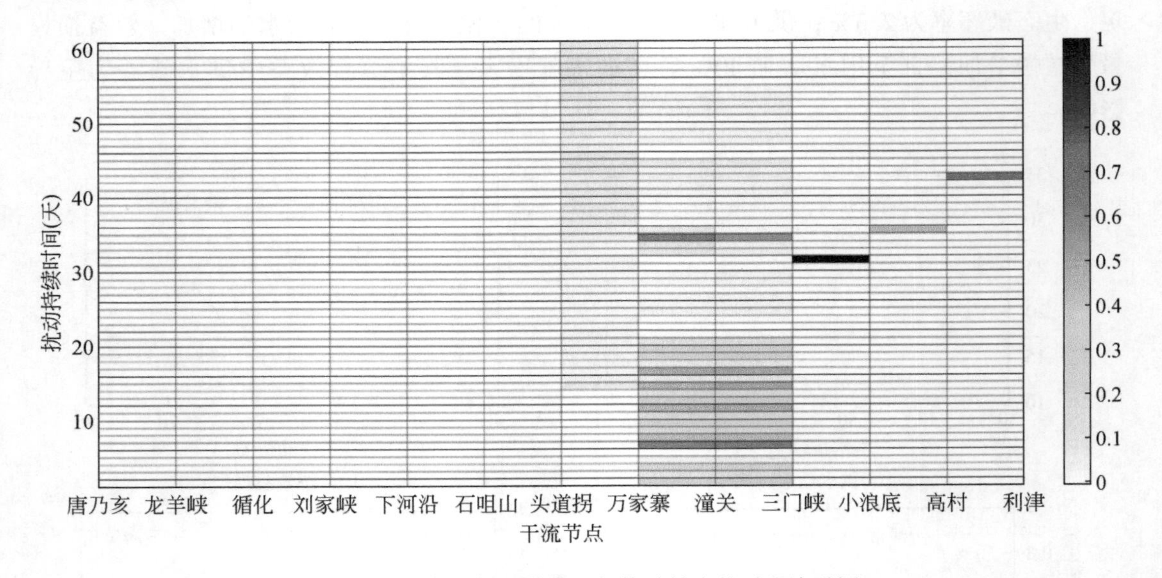

图6-37　气象干旱和枯水叠加扰动效应的时空演进图

表6-8　干旱枯水扰动对各类效益的影响

发电效益损失率	生态用水破坏率	供水缺水率	总效益损失
1.2%	3.0%	10.8%	15.0%

6.5.3　扰动因素的阈值分析

针对单区间扰动对各类效益损失的影响评价，可定义各类效益损失阈值，确定来水累积偏差量的预警指标；针对多区间扰动对综合效益的影响，可根据整体效益损失阈值，确定各区间扰动预警指标。

针对单区间扰动，若在调度计划执行阶段，扰动量超过预警指标，为了降低效益损失，需重新制定余留期的调度计划。对于多区间扰动，在调度计划阶段实时反馈多区间扰动的累积情况，通过拟合的多元线性函数或训练好的深度学习网络模拟总效益损失，若超过阈值，余留期需重新制定调度计划。

6.5.3.1 来水扰动阈值分析

（1）关系拟合

效益损失由各个区间来水引起，故本研究各个区间扰动与效益损失的关系，可为扰动阈值研究提供研究基础。将五个来水区间扰动量从-60% ~ -10%，间隔 5%，组成 15552 组情景模拟效益损失，采用多元线性回归和 LSTM 两种统计学方法对五个区间扰动量与总效益损失进行关系拟合。

LSTM 是一种特殊的循环神经网络（RNN）。RNN 的特征是隐藏层神经元既可以接收来自输入层的信息 x，也可以接收前一个时间段的隐藏层神经元的状态变量 h。这使得 RNN 可以学习时间序列数据中的规律。

模型建立扰动变量与累积效益偏差之间的关系，扰动变量作为输入，总效益偏差作为输出。选用均方差（MSE）作为训练 LSTM 的目标函数，经过多组参数方案的效果对比，网络参数最终设定为：隐藏层数量为 1；学习率为 0.0005；训练代数为 500。采用自适应运动估计算法进行优化。

通过两种方法对个区间扰动和总效益拟合结果如图 6-38 所示。由图可以看出两种方法拟合结果分布在模拟总效益样本两侧，基本把握总效益走向。由图 6-38 和表 6-9 可知，拟合效果较为满意，尤其是 LSTM 方法，具有较小的不确定性，模拟精度高，拟合样本中值和分布与模拟总效益样本相似。

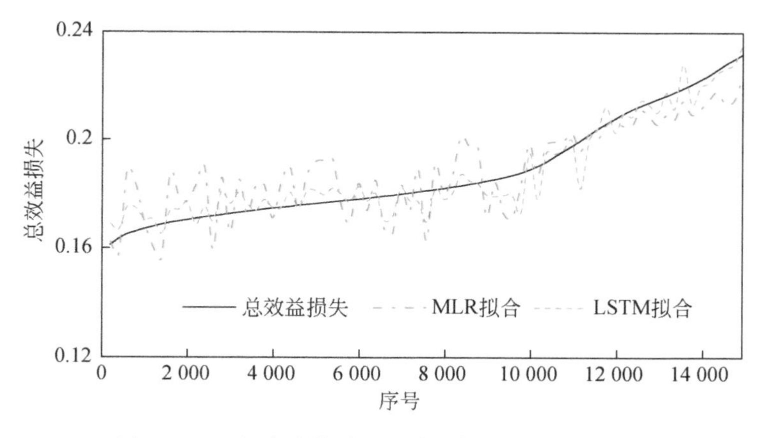

图 6-38 区间来水扰动与总效益损失拟合曲线对比

虽然 LSTM 拟合效果较好，但不能明确表达各区间扰动量与总效益的函数关系，多元线性回归具有可以拟合关系函数的优势，便于实时调度执行过程中的使用。根据拟合结果分析，黄河干流各区间的扰动量与总效益偏差函数如下：

$$L=-0.00658\,R_1-0.0075\,R_2-0.01716\,R_3-0.10021\,R_4-0.0002\,R_5+0.139803 \quad (6\text{-}27)$$

式中，L为总效益损失值；R_1为唐乃亥以上区间来水扰动量；R_2为龙刘区间来水扰动量；R_3为刘兰区间来水扰动量；R_4为万潼区间来水扰动量；R_5小花区间来水扰动量。

表 6-9　不同方法拟合效果评价表

项目	相关系数	均方根误差	Nash	相对偏差（%）	合格率（%）
MLR	0.87	0.01	0.75	4.50	100
LSTM	0.97	0.01	0.93	2.21	100

（2）阈值确定

在大型流域水库群联合调度时，不同区间的来水通常同步发生不同程度的偏差，多区间扰动共同对水库群调度产生影响，从而影响全流域用水效益。但是多区间共同产生扰动时，无法通过上述单区间阈值分析方法确定累积偏差预警值。多区间扰动的预警分析需要在上述五大区间扰动与总效益损失拟合关系的基础上分析。

图 6-39 为多区间扰动下黄河干流综合效益损失频率曲线，效益损失阈值也可以通过该频率曲线确定。若全流域可承受 20% 的总效益损失，则综合效益损失阈值为 0.158。在实时调度执行的过程中，实时反馈各区间扰动量，可通过两种方式：

1）将各区间扰动量代入前面分析得出的多元线性函数公式（6-27），通过判断 L 是否超过 0.158 作为扰动阈值。

2）将扰动量带入训练好的 LSTM 模型中进行模拟偏差组合对应的综合效益，判断与阈值的关系，进而对余留期调度进行决策。

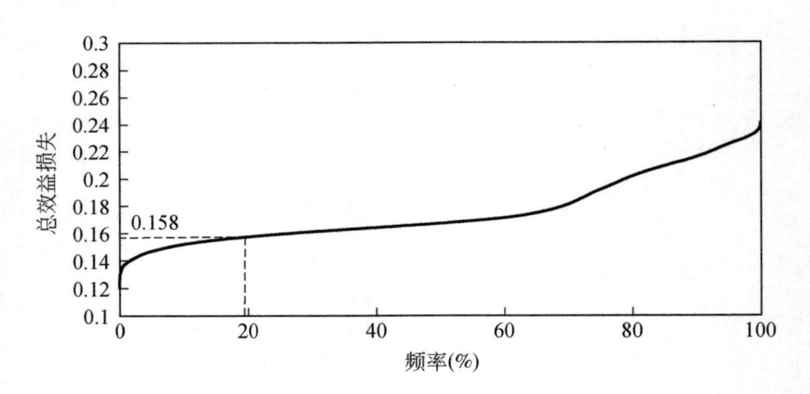

图 6-39　多区间扰动下黄河干流综合效益损失频率曲线

6.5.3.2　需水扰动阈值分析

根据各灌区间需水扰动量与各类效益损失的关系图，可以定义不同的效益损失阈值，确定不同区间扰动量的预警值。表 6-10 给出了不同程度效益损失对于扰动累量的阈值。在实时调度执行的过程中，可实时对比相应区间扰动量预警值，当超过该预警值时，进入下一步优化余留期调度计划。

表 6-10　不同程度效益损失对应不同灌区扰动量阈值

效益损失		山西	陕西	下游灌区 山东+河南
发电量减少百分比	1%	/	/	/
生态破坏率	3%	/	/	/
	10%	+30%	+30%	/
	11%	/	+60%	/
供水缺水率	20%	/	/	+30%
	30%	/	/	+67%
	13.0%	+19%	+25%	/
	15.0%	+89%	/	/
总效益损失	20.0%	/	/	/
	30.0%	/	/	+58%

6.6　扰动下调度方案的调整恢复

6.6.1　面向调度方案恢复的多目标效益与风险协调实时调度优化

实时调度过程中对多因素扰动作用的应对策略是考虑余留期内尽快回归调度计划为目标，提出效益损失最小的余留期优化调度方案。具体做法是：通过实时监控信息评估扰动累积量，评估扰动对调度计划执行的影响，当扰动较小且持续时间较短时，由于对调度计划影响较小，可忽略不计；当扰动量不断累积，对效益影响超过的阈值时，调整调度计划使其在预留期回到调度计划，若扰动继续产生、发展，短期调度无法将其衰减至效益偏差范围内时，必须重新修正年度调度计划，来减少效益的损失。

调度计划的回复需要根据水库及断面的约束要求，基于短期径流集合预报和调度期末水位预测，结合风险调度模型提出调度方案调整要求，来削减扰动对控制断面的不利影响，使其风险降至最低，具体流程如图 6-40。

本研究主要设计的扰动方案有区间来水减少扰动、下游需水增加扰动、区间来水减少和下游需水增加同时扰动。分析内容是针对各个扰动方案进行重优化调度后的发电量、供

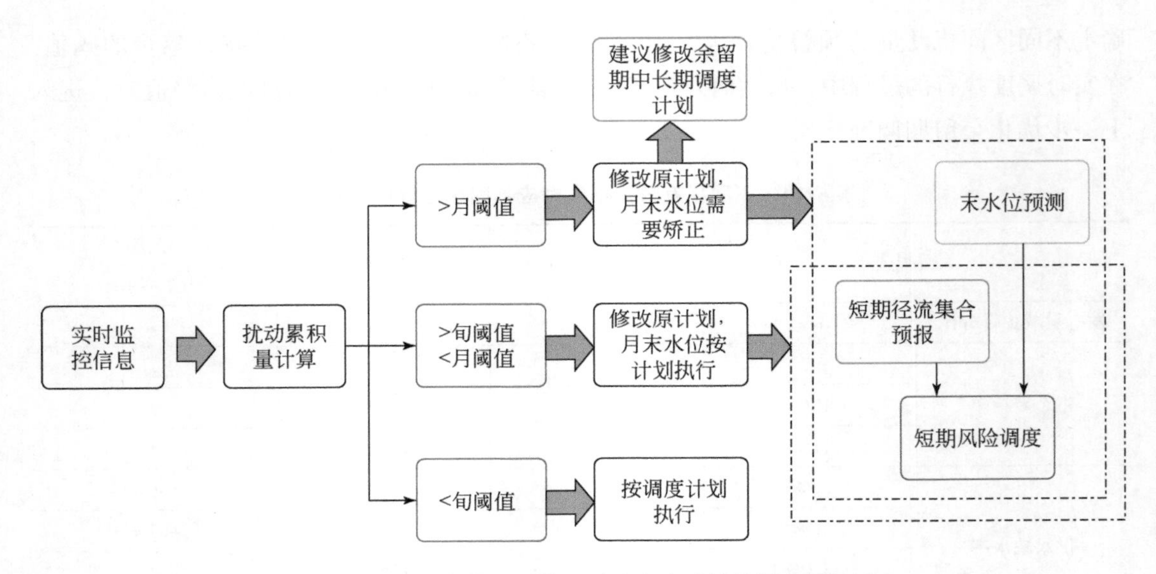

图 6-40　多因素扰动下黄河干流水库群风险调度框架图

水破坏率、生态破坏率与未发生扰动时的原调度计划及扰动后不做计划调整的方案进行对比，比较其发电、供水、生态效益的变化。

在实时调度计划执行过程中，若来水偏差累积效应带来的效益损失超过了阈值，则需要对余留期调度方案进行重优化，从而降低流域用水效益损失，尽可能不影响下一调度周期的用水效益。基于区间来水偏差累积效应的余留期调度决策取决于效益损失阈值或者对应的来水偏差累积量预警值。当余留期调度方案需要进行重优化时，采用流域总效益损失最小为优化目标，优化时段取决于余留期长短。故此时来水偏差的累积效应的累积时间指标成为余留期长短的决定性因素，其中扰动阈值和余留期调度决策是关键。

按照前面的阈值分析方式，针对单区间和对多区间来水偏差分别确定阈值，预留期调度是基于来水偏差累积效应和阈值对比判断作调度决策，分析余留期是否重新制定调度计划。

6.6.2　黄河干流水量实时调度模型构建与求解

6.6.2.1　黄河干流水量实时调度模型构建

根据水资源系统概化原则，绘制黄河干流实时调度系统概化图，包括 5 个调节型水库的梯级水库群、8 个来水区间、18 个用水单元及 8 个关键控制断面，如图 6-41 所示。

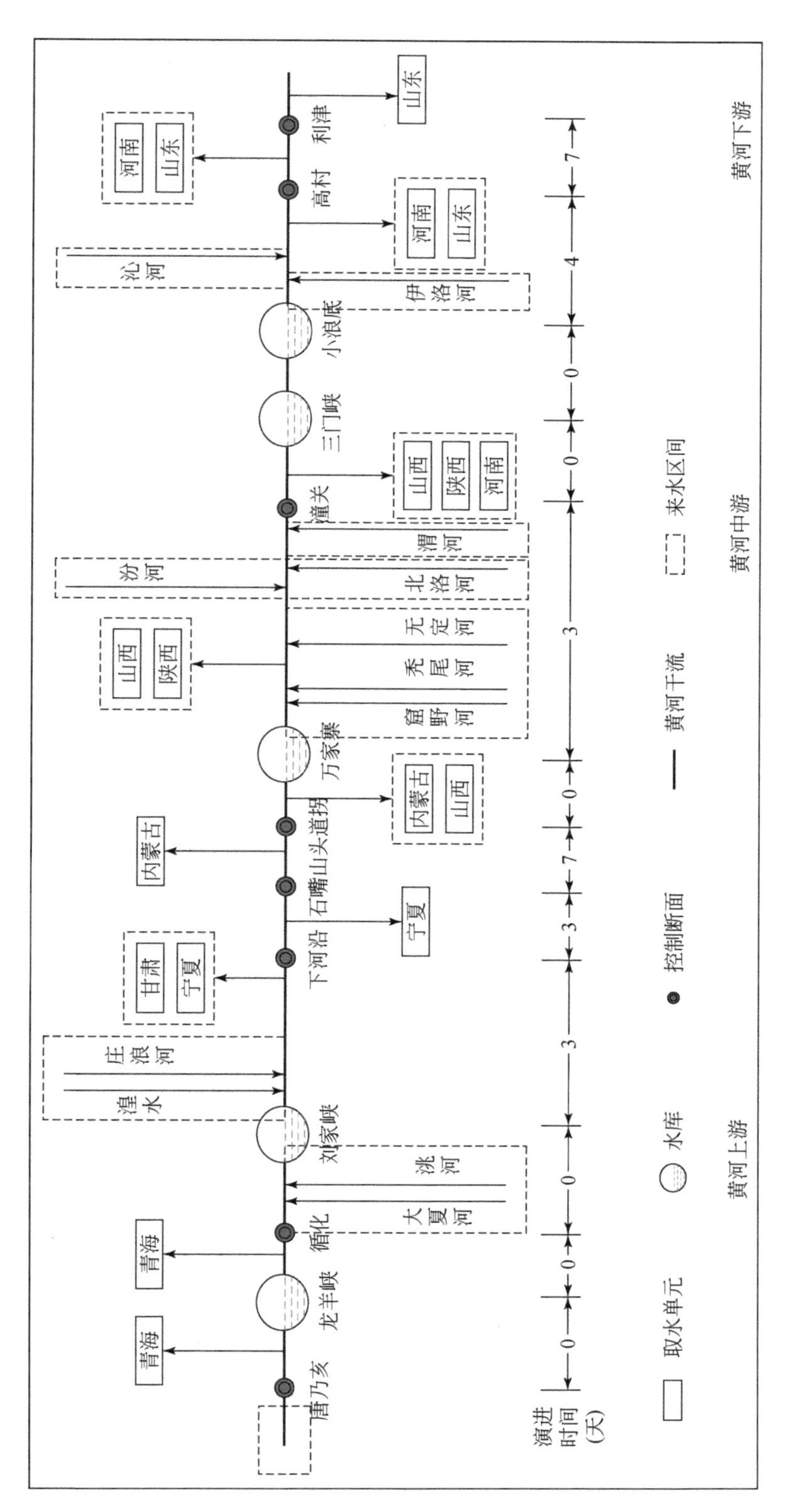

图 6-41 黄河干流调度系统概化图

根据流域调度概化图建立水量平衡关系，利用水量平衡公式，自上而下计算各单元水量传递。水量平衡主要是用于率定枯水流量演进模型中的退水参数，水量平衡模块整体框架如图6-42所示。

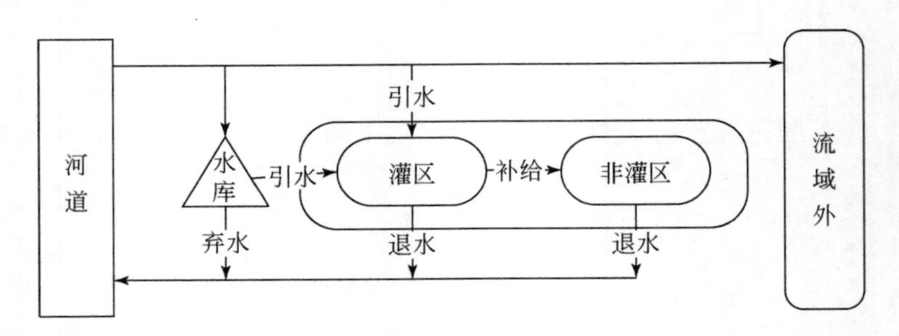

图6-42　水量平衡模块整体框架简图

6.6.2.2　多目标优化调度模型

（1）模型的构建

通过分析区域内骨干水库之间的关系，兼顾骨干水库发电和水量调度，建立水库联合调度模型，以缺水量最小、发电效益最大为目标计算水库联合调度的运行方案。考虑黄河流域的实际情况，模型在满足梯级水库群运行边界条件和流域重要控制断面水资源控制指标的前提下，以梯级水库群的各供水断面供水缺额最小为主要目标，以梯级水库群发电效益最大为次要目标，通过高效求解算法快速制定不同时间、季节、区间来水条件以及运用情景下的水量优化调配方案。

主要目标：供水缺额最小。

$$\text{obj} = \min\sum_{i=1}^{M}\sum_{j=1}^{T}\Delta Q_{i,j}\Delta t \tag{6-28}$$

次要目标：发电效益最大。

$$\text{obj} = \max\sum_{i=1}^{M} K_i \tag{6-29}$$

式中，$\Delta Q_{i,j}$为i水库j时段的供水缺额；K_i为i水库的蓄满率；M为水库数量；T为时段数量。同时要满足水库之间的水力联系、水库水量平衡约束、库容约束、流量约束、出力约束、边界条件各类约束条件。

（2）模型优化求解算法

为实现骨干水库群联合调度模型的高效求解，采用逐步优化算法（progressive optimality algorithm，POA）求解。POA适用于求解多阶段动态优化问题，它不需要像DP那样离散状态变量，可以避免“维数灾”的问题。该算法在水库调度研究中应用较多，是一个较成熟的优化算法，具有占内存少、计算速度快、可获得较精确解的优点。

考虑到 POA 对初始解的要求比较高，因此本次考虑采用 DP 算法生产 POA 的初始解，再进行 POA 计算，其计算流程如下。

步骤一，确定水库计算顺序。针对黄河干流五大区间，按照“先上游后下游”的原则编制水库计算序列。

步骤二，POA 水位过程离散。POA 循环计算是在 DP 计算结果的基础上实现的，从第一个时段开始，按照如下方式进行逐时段修正：固定 i 时段以外其余时段的水位过程，针对 i 时段，用离散精度向量（$S_{i,1}$，$S_{i,2}$，…，$S_{i,N}$）对 i 时段各水库的水位进行离散，点数为 M。如果 i 为最后一个时段，跳转到步骤四。

步骤三，时段动态规划计算。运用动态规划方法优化 $i-1$ ~ $i+1$ 时段的水位过程，并修正水位过程。所有时段修正完成后判断计算结果，时段 $i=i+1$，跳转到步骤二。

步骤四，POA 循环判断。在一次 POA 计算完成后，需要进行判断决定是否进行下一次计算或者计算完成：如果 POA 循环次数达到限定值或者多次循环结果差异在给定的差限范围内时，终止计算输出当前的优化结果，否则修改离散精度向量（$S_{i,1}$，$S_{i,2}$，…，$S_{i,N}$）和离散点数 M，跳转到步骤二。

6.6.2.3 多因素扰动风险调度技术

（1）技术框架

基于黄河流域实时多目标优化调度方案，结合风险评价指标及集合径流情景，采用蒙特卡洛风险估计方法对黄河实时水量调度方案进行风险分析与决策，分析流程如图 6-43 所示。

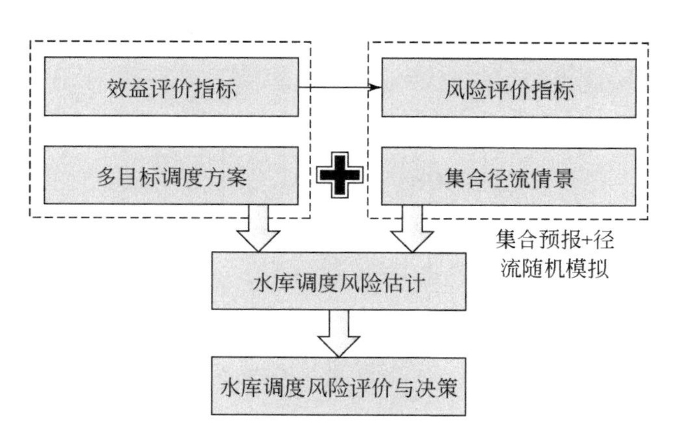

图 6-43　风险分析流程

（2）风险因子识别及风险计算

水库调度过程中涉及多个因素的输入与输出，水库调度目标及约束条件也有所不同，使得水库调度面临不同的风险。水库调度过程中存在的各风险因子间相互影响、联系复杂，所以水库调度风险是由多个风险因子作用的结果。本研究中以来水和需水扰动作为主要的分项因子进行分析。

根据水库调度风险因子的识别及水库调度所需发挥的功能和要求，水库调度综合风险计算一般考虑用三层风险指标体系来概化描述水库调度风险指标，如图 6-44 所示。本项目主要选取发电风险、供水风险及生态风险进行龙羊峡、刘家峡、万家寨、小浪底、三门峡梯级水库多目标优化调度综合风险计算。

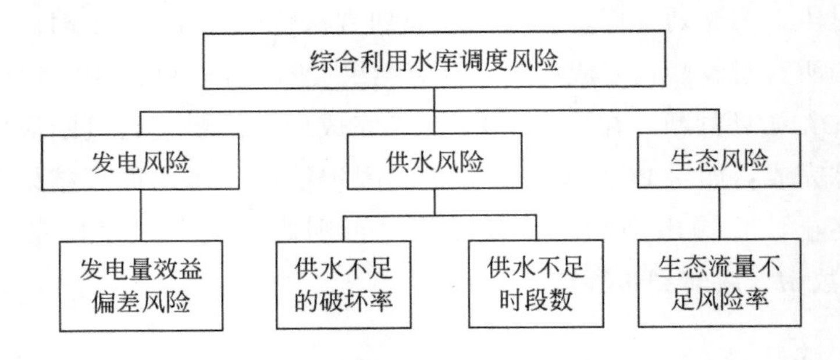

图 6-44　水库调度概化风险计算指标体系

根据上述风险计算指标体系设置方案集，确定风险计算指标及各风险指标计算方法，具体计算步骤如下所示。

步骤一，方案集的设置。对于水库调度的各类风险指标值：设方案集 $X=\{x_1, x_2, \cdots, x_m\}$，指标集 $K=\{k_1, k_2, \cdots, k_n\}$，对于方案集 x_i 对应指标值为 k_{i1}，k_{i2}，$\cdots$，k_{in}，综合方案指标值构成决策矩阵：

$$\boldsymbol{A}=\begin{bmatrix} k_{11} & \cdots & k_{1n} \\ \vdots & \ddots & \vdots \\ k_{m1} & \cdots & k_{mn} \end{bmatrix} \tag{6-30}$$

式中，m 为方案数，n 为指标数。

步骤二，计算决策矩阵 $\boldsymbol{B}$。应用逼近理想解的排序方法，令正理想点（正理想方案）$x^+=(0, 0, \cdots, 0)$，负理想点（负理想方案）$x^-=(1, 1, \cdots, 1)$。对矩阵 $\boldsymbol{A}$ 进行处理得决策矩阵 $\boldsymbol{B}$：

$$B=\begin{bmatrix} b_{11} & \cdots & b_{1n} \\ \vdots & \ddots & \vdots \\ b_{m1} & \cdots & b_{mn} \end{bmatrix} \tag{6-31}$$

步骤三，水库调度风险计算

$$P = \sum_{j=1}^{n} \omega_j b_{ij} \tag{6-32}$$

式中，P 为综合风险率；b_{ij}为第 i 个方案中第 j 个指标的风险率；ω_j为第 j 个目标的权重。

根据黄河水资源综合利用的要求，水资源利用效益主要包括供水效益、生态用水效益以及水力发电效益等，扰动对效益的影响主要是造成用水单元供水不足和河段生态的破坏，引起发电效益偏差。本研究中水库调度风险指标主要包括供水风险（供水量不足的破坏率以及供水不足的时段数）、发电风险（发电量偏差风险率）及生态风险（生态破坏率）的3个指标来计算。

6.6.3 多因素扰动下的干旱年实时调度方案分析

当扰动量超过预警值时，需要重新优化余留期水库调度计划，减少水库调度效益损失并确保能尽快回归原有调度计划。本小节基于效益损失结论，阈值设定为总效益损失为15%，则来水区间偏差累计量为30%，需水单元偏差累积量为-25%，累积时间为20天时，总效益损失将达到阈值，需要重新制定调度计划弥补效益损失。按照不同的效益权重组合，根据风险评估方法对重优化后的调度方案进行风险评估，结果显示发电权重0.9和供水权重0.1的方案4为风险最低方案，以此作为重优化调度计划，具体评价结果见图6-45。

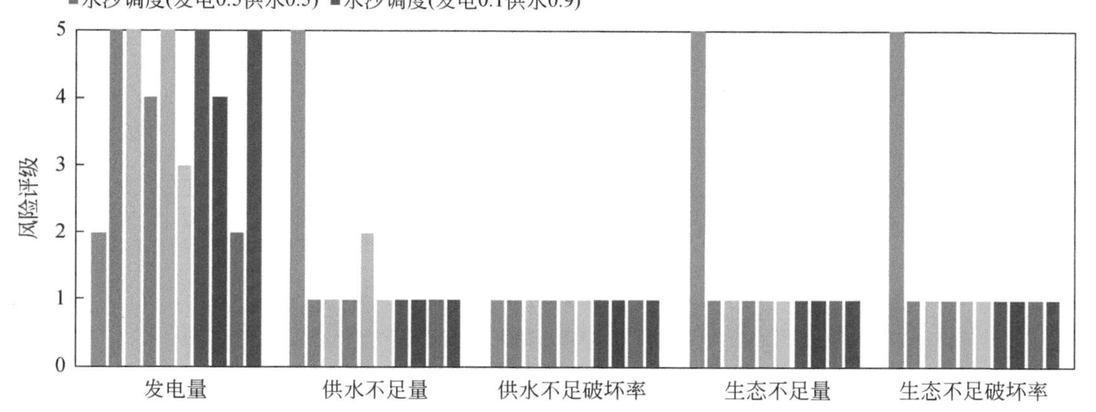

图6-45 来水+需水扰动后重优化调度风险评级

图例中数字分别为发电和供水的权重

根据 6. 5. 2. 2 小节研究，山西扰动和万潼区间的来需水偏差在第一个调度期影响三门峡水库运行，经过三门峡水库调节，该偏差在第二个调度期影响下游小浪底水库，故在第一调度期内通过上游两个水库联合调度调整余留期调度计划；第二调度期内，通过水库群联合重新优化调度计划。重调整后干流主要水库的计划调度方案、按原方案调度和优化重调整后的水库水位、出库过程如图 6-46 所示。

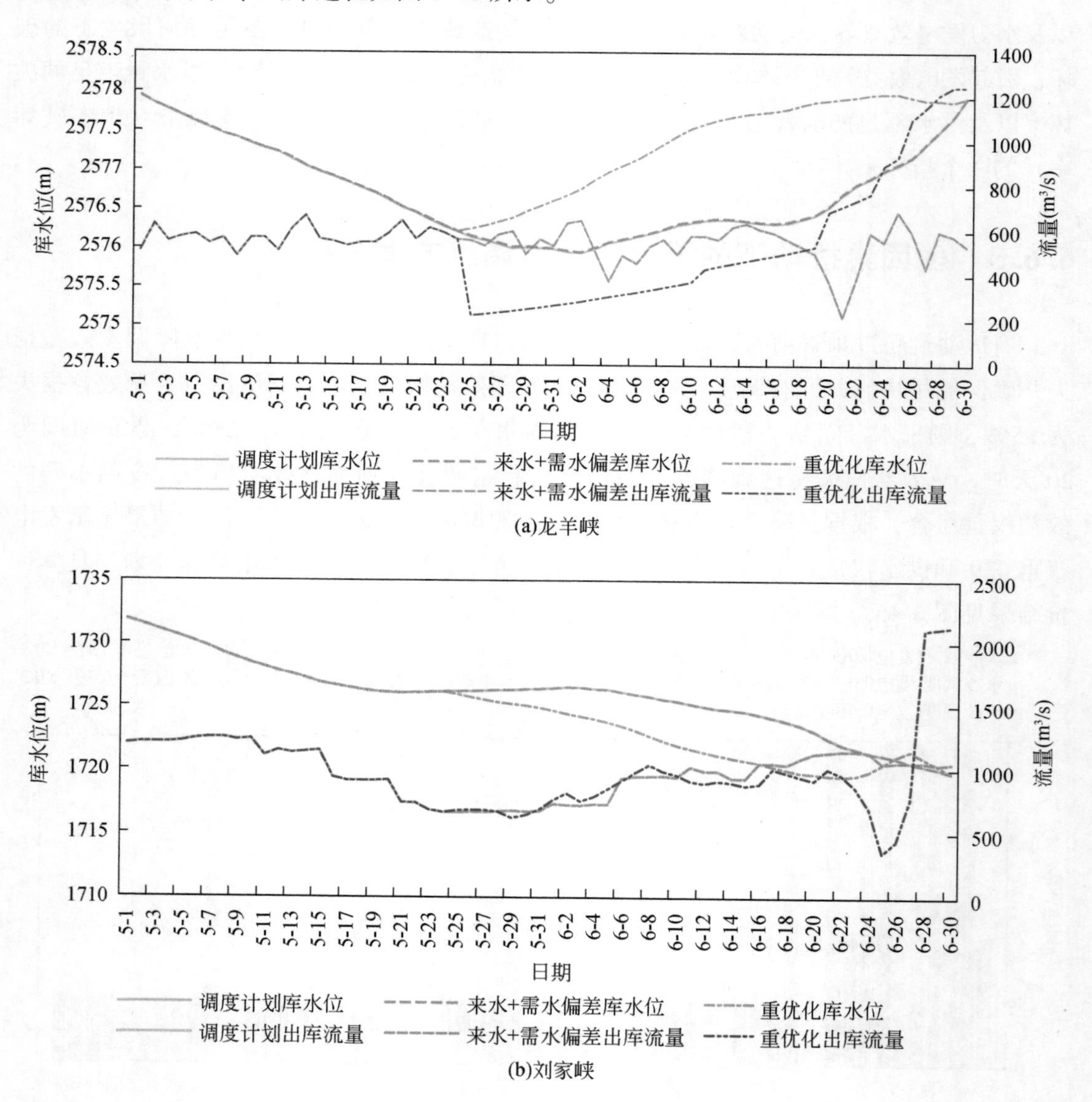

(a)龙羊峡

(b)刘家峡

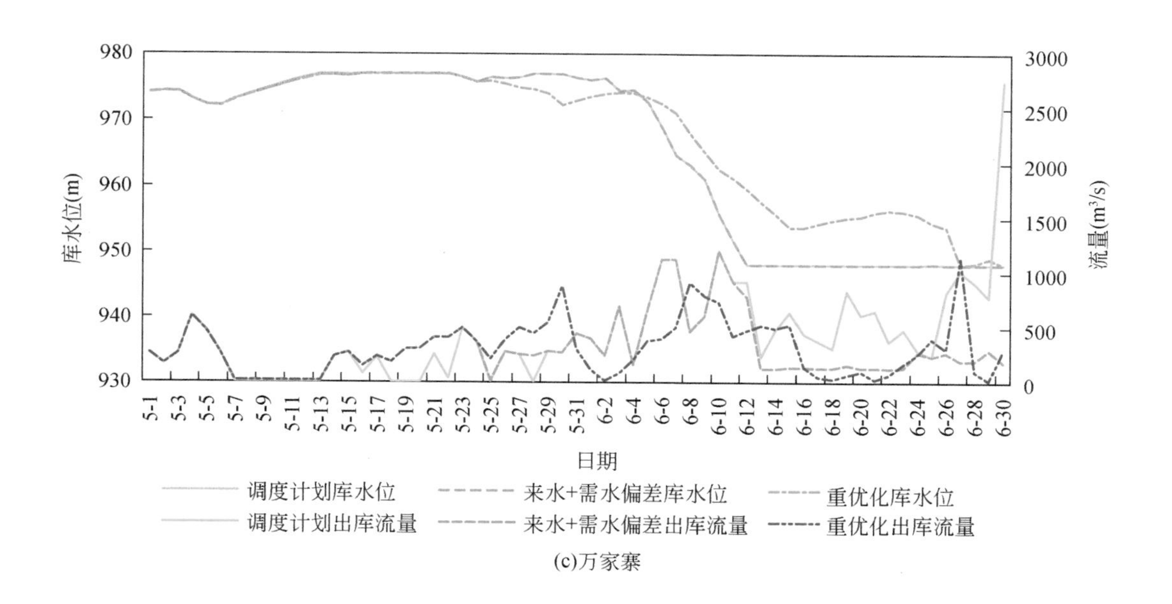
库水位(m)
流量(m³/s)
日期
调度计划库水位
来水+需水偏差库水位
重优化库水位
调度计划出库流量
来水+需水偏差出库流量
重优化出库流量

(c)万家寨

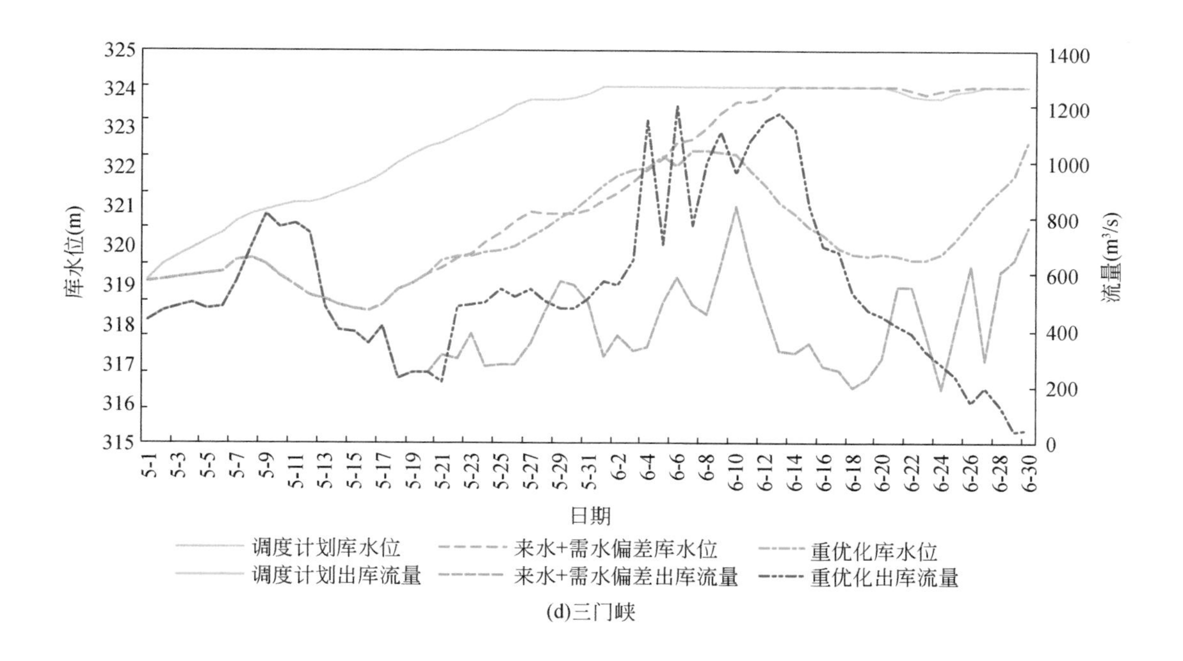
库水位(m)
流量(m³/s)
日期
调度计划库水位
来水+需水偏差库水位
重优化库水位
调度计划出库流量
来水+需水偏差出库流量
重优化出库流量

(d)三门峡

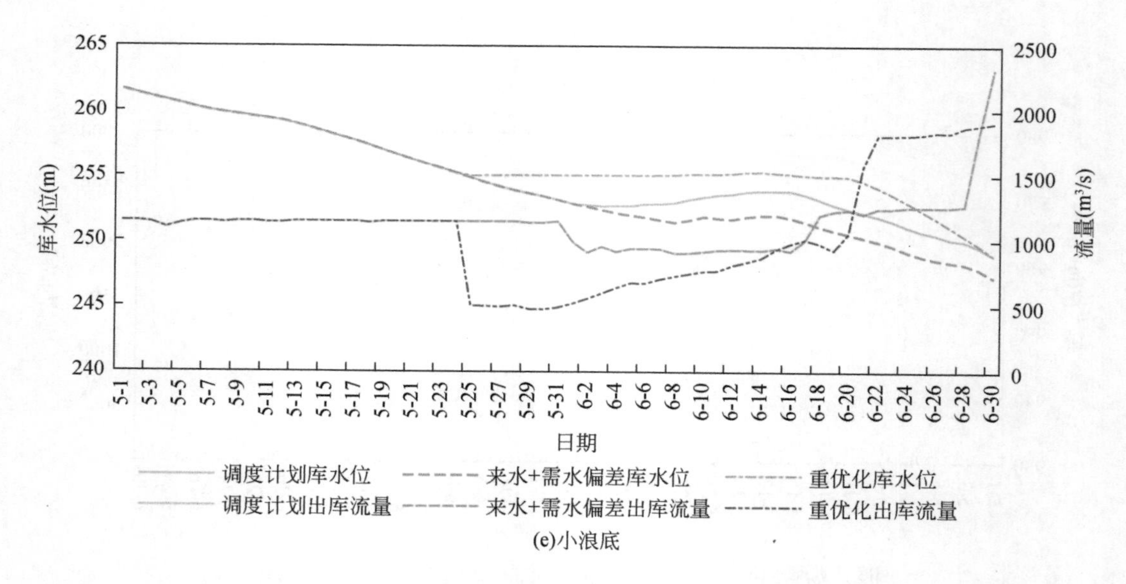

图 6-46　基于来水+需水偏差累积量预警值的优化调度对比图

来水+需水偏差调度相对原计划调度均有所降低。根据多因素扰动下的调度原则，在偏差累积量达到预警指标后在预留期重优化，减少效益损失，见表 6-11。结果表明，重优化调度后供水不足的情况有所缓解，通过牺牲发电效益提高了供水和生态效益，优化后的调度可使综合效益损失控制在阈值以内，用更小的损失回归原有调度计划。

表 6-11　来水+需水偏差调度和重优化调度的发电、供水、生态效益变化对比

（单位:%）

方案	发电效益	供水效益	生态效益	总效益
来水+需水偏差调度	-1.2	-3	-10.8	-15
重优化调度	-0.9	-3	-10	-13.9

6.7 本章小结

针对当前梯级水库群协同调度的理论和方法不完善，面临复杂系统耦合机制认知、多过程仿真建模、高维非线性优化求解等诸多科学问题和方法难题，本章研究了梯级水库群调度下多过程竞争与协作关系，揭示系统耦合机制与协同控制原理，开发了梯级水库群水沙电生态多维协同调度仿真模型与优化控制技术，研发了多维协同调度平台，提出了适应环境变化的多维协同调度方案并集成了调度规则。针对水文预报偏差和变化因素带来调度的不确定问题，本章开展了构建精细化短期数值降水预报和扰动因素下的调度研究，构建了多因素扰动下的风险效益协调模型，提出了多因素扰动下以效益损失最小回归年度调度计划的黄河流域实时调度方案构建。

1）明晰了黄河流域供用水、河道冲淤、梯级发电及河流生态对水库调度的过程响应，剖析了梯级水库群供水、输沙、发电、生态用水之间以水为纽带的竞争与协作关系，揭示梯级水库群多目标间的互馈作用与耦合机制；融合耗散结构、协同学等理论，构建了多维协同控制原理，建立数学模型定量描述了复杂系统协同演变的轨迹，提出了梯级水库群系统优化的方向性引导参数，形成了复杂系统定量控制方法。

2）耦合水沙电生态等多过程建立了黄河梯级水库群多维协同调度仿真模型，发展了复杂巨系统多过程数值模拟技术手段；开发了复杂系统自适应优化控制求解技术，实现梯级水库群水沙电生态复杂系统的优化控制；基于黄河流域水资源动态均衡配置成果，采用梯级水库群多维协同调度仿真模型，针对黄河来沙量2亿～10亿t等不同情景，开展了丰、平、枯和连续枯水的水库群多维协同调度，优化提出了适应未来环境变化、供水高效合理、水沙过程协调、水电出力优化、水生态与环境健康的水沙电生态多维协同调度方案。

3）采用Apriori算法与集对分析方法，挖掘了梯级水库群之间水文补偿、库容补偿的方法原则与蓄泄秩序，集成了黄河梯级水库群水沙电生态多维协同调度的规则，提出了应对变化环境的黄河梯级水库群多维协同调度的模式。

4）识别了实时调度过程的多因子扰动因素及其影响分析。一是加强了来水预报分析，通过融合雷达、卫星、地面站等多源观测资料，建立基于Nudging的四维同化变分的黄河流域WRF间歇同化模式系统，增强了精细化中短期数值降水预报模式，通过临近数值降水预报和实时订正模型，为黄河源区提供了更准确的预报降水区位置和强度，实现可靠度更高的流域日/小时尺度的入库径流集合预报。二是从来水和需求两侧分析了扰动因素的影响规律，通过分析实时调度中扰动的基本概念和指标，识别了黄河水量实时调度中的径流、用水及其他突发扰动因素，分析了扰动影响、传递规律和指标阈值。

5）提出了结合年度调度计划的实时调度调整方案。根据扰动因素及其组合，考虑供水侧、需水侧约束耦合作用，以黄河干流河道水量演进分析为基础建立黄河干流复杂水量调度系统的水库群实时多目标效益与风险协调优化模型，根据多因素扰动的传递规律和阈值分析，协调风险与效益提出水库调度计划调整，针对干流主要骨干水库提出优化效益损失下的调度方案调整。

第7章　平台研发与示范基地建设及应用

本章针对黄河流域的新变化与新问题，构建基于供水规则优化嵌套水资源供需网络模拟的流域水资源动态均衡配置模型系统，构建了集模型、数据、知识管理统一融合的资源管理系统，集成了黄河梯级水库群水沙电生态多维协同调度平台，开展了黄河流域需水分类分层—供水规则优化—供需平衡模拟—动态均衡配置—综合调度应用示范，依托黄河勘测规划设计研究院有限公司和黄河水利委员会水资源管理与调度局，建成黄河流域水资源动态均衡配置示范基地和黄河梯级水库群水沙电生协同调度示范基地，为黄河水资源优化配置、水量调度与管理提供了重要技术支撑。

7.1　流域水量分配与综合调度系统平台研发

7.1.1　研发目标

按照数据层、服务层、应用层的三层架构的设计原则，构建具有精细需水预测、配置方案优化、分水方案评价、多维调度方案拟定等功能的综合性业务平台，为黄河流域水资源调度和管理提供业务化工具。

7.1.2　平台架构

基于微服务架构、前后端分离等技术，采用数据动态组织、模型自主适配、应用灵活定制、流程自动导航等智能控制方法，构建具有应用层、服务层及数据层三层架构的黄河流域水资源动态均衡配置和多维协同调度平台，可实现流域需水精细预测、水资源动态均衡配置、分水方案适应性评价、多维协同调度等功能，见图7-1。

7.1.3　主要功能

数据层包括流域工程数据库、流域专业模型数据库、流域水文数据库、流域空间数据

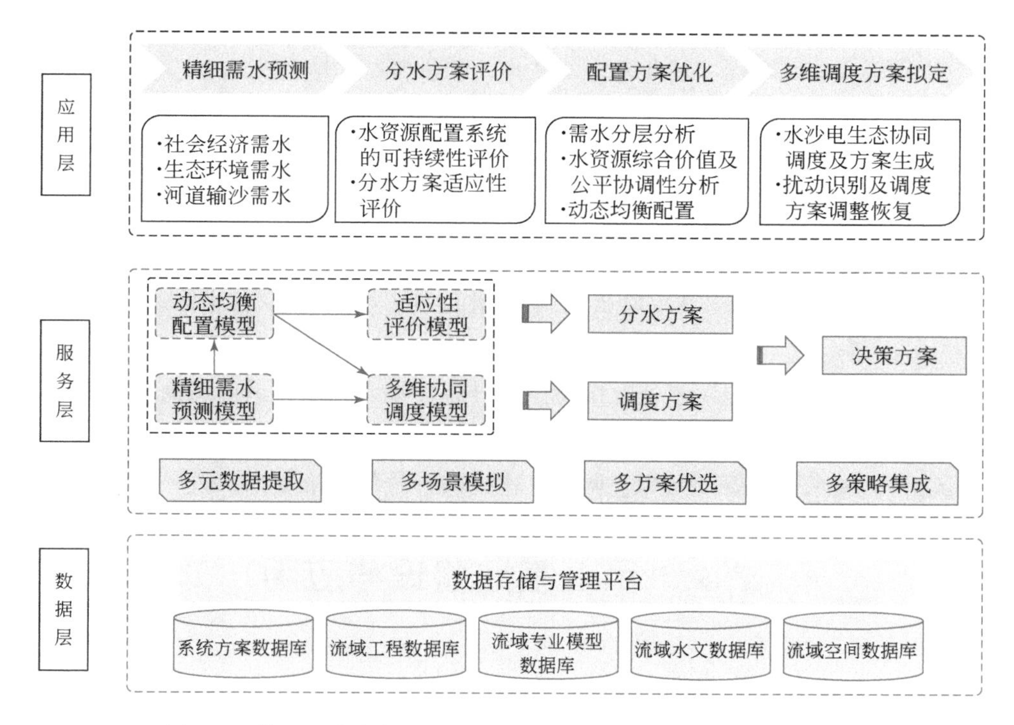

图 7-1 黄河流域水资源动态均衡配置和多维协同调度平台架构图

库及系统方案数据库。该层为服务层提供模型边界条件、各类参数、水文数据、社会经济发展数据、GIS 数据等基础输入信息。

服务层是系统运行的支撑部分和公共计算部分，通过调用数据层的相应数据库为应用层提供数据服务、模型计算及 GIS 场景的应用支撑服务。服务层的公共计算部分主要由精细需水预测模型、动态均衡配置模型、适应性评价模型及多维协同调度模型相互嵌套、迭代、配合完成应用层所需的多元数据提取、多场景模拟、多方案优选、多策略集成等工作。

应用层负责实现平台的四项业务功能，包括精细需水预测、配置方案优化、分水方案评价、多维调度方案拟定。

精细需水预测功能主要运用服务层的精细需水预测模型，实现多因子驱动与多要素胁迫下流域经济社会需水预测、水文-环境-生态复杂作用下黄河生态需水预测、河道内动态高效输沙需水预测及黄河流域生态保护和高质量发展战略下全口径的需水量预测。

配置方案优化功能需要在需水预测成果的基础上，启动动态均衡配置模型，运用分层配水-协同计算-规则优化-网络模拟技术，统筹用水公平与效率，开展多场景水资源动态均衡配置方案推演分析，提出动态均衡配置方案集。

分水方案适应性功能需要根据配置方案优化后得到的方案集，运用分水方案适应性评价模型，从共生性、存在性、功能性、灵活性、稳定性、应变性六方面，对动态均衡配置方案集进行综合评价，并推荐适应程度最高的分水方案，为流域水资源分配提供决策支撑。

多维调度方案拟定功能，依据需水预测成果和推荐的配置方案为边界条件，以水沙电生态系统协调度最大为目标，运用熵原理，协调流域供水、河段输沙、梯级发电、河流生态等不同用水过程，优化梯级水库群出库流量过程，提出水沙电生态多维协同的调度方案。

针对变化环境下黄河流域水资源供需矛盾日趋尖锐的问题，运用黄河流域水资源动态均衡配置和多维协同调度平台，得到不同场景下推荐配置方案与梯级水库群多维协同调度成果，可以为流域水资源管理及综合调度工作提供有效的决策支撑。

7.2 示范基地建设与应用

7.2.1 示范基地建设

依托黄河水利委员会黄河水量总调度中心和黄河流域生态保护和高质量发展工程技术中心，将项目研发的黄河流域水资源均衡配置与协同调度平台嵌入黄河水量调度系统中，完善了黄河水量调度系统的软硬件环境，建立了具有多元数据提取、多场景模拟、多方案优选、多策略集成等流域水资源配置调度智慧决策中心，提升了流域分水方案优化配置和梯级水库群协同调度能力，建成黄河流域水资源动态优化配置和协同调度示范基地（图7-2）。结合重大国家战略，开展分水方案优化和水量调度方案编制等业务化应用和示范，直接服务于流域机构和沿黄省（自治区）水资源配置和调度管理，支撑黄河流域生态保护和高质量发展顶层设计以及政策制订等。

在黄河流域水资源动态均衡配置和多维协同调度平台的基础上，依托黄河水量总调度中心建成示范基地，开展了黄河流域水资源动态优化配置和协同调度应用示范。

7.2.2 水资源动态均衡配置应用

1）研究提出的黄河“八七”分水方案实施情况、运用30年来发挥的多方面重要作用、当前存在的不适应特征分析为黄河流域生态保护和高质量发展国家战略制定和落地提供了重要技术支撑；提出的2030年黄河流域河道外刚性需水（319.01亿m^3）、刚弹性需

(a)项目示范基地挂牌

(b)黄河水量总调度中心

图 7-2　黄河流域水资源动态优化配置和协同调度示范基地

水（200.01 亿 m^3）和弹性需水（15.60 亿 m^3）成果及分阶段的方案优化调整策略，在《黄河流域生态保护和高质量发展水安全保障规划》等国家重大规划的水资源安全保障章节中得到采纳，支撑了未来流域水资源配置格局的优化。

2）研究提出了黄河流域水资源动态均衡配置方法、南水北调西线生效之前多场景分析、根据水源工程建设分阶段分水方案调整策略等，编制了政策咨询报告，得到流域机构黄河水利委员会肯定和采纳。提出的南水北调西线工程生效前河段之间配置调整幅度宜在 10 亿～22 亿 m^3，其中上游增加配置指标 10.44 亿～22.21 亿 m^3，中游微增配置指标 1.22

亿~2.95 亿 m^3，下游和河北、天津减少 11.66 亿~18.66 亿 m^3，在水利部《黄河“八七”分水方案调整方案制定》中等得到应用和采纳，成为分水方案调整技术分析的重要基础。

3）研发的流域水资源动态均衡配置方法和模型体系应用于黄河支流分水方案编制，成果得到水利部的批复，包括《北洛河流域水量分配方案》《无定河流域水量分配方案》《洮河流域水量分配方案》《渭河流域水量分配方案》《伊洛河流域水量分配方案》。成果列入《第一批重点河湖生态流量保障目标（试行）》《第二批重点河湖生态流量保障目标（试行）》，由水利部印发实施，成为断面生态流量管理的重要依据。

4）研究提出的水资源均衡配置原理、模型及技术，水资源适应性调控方案等成果为青海引黄济宁工程、甘肃兰州市水源地供水工程、宁夏银川都市圈城乡供水工程、陕甘宁革命老区供水工程、内蒙古岱海生态应急补水工程、乌梁素海生态修复专用补水通道工程、河南西水东引工程、黄河下游引黄闸改建工程等重大工程论证提供了重要支撑。

5）研究成果应用于黄河流域各省（自治区）水资源规划与管理。

应用于青海省水资源规划与管理。提出的黄河流域水资源动态均衡配置模型和技术等成果，在《青海黄河流域生态保护和高质量发展水安全保障规划》《湟水流域综合规划》《湟水流域水网规划》等重大规划中得到应用。提出的水资源动态均衡配置方案在青海省最严格水资源管理、主要支流水量分配方案中得到应用，指导了水资源精细化管理实践，提高了供水保证率、湟水等主要支流入黄断面水质达标率和生态流量保证率。

应用于甘肃省水资源规划与管理。提出的适应环境变化的水资源调控方案等成果，在《甘肃省水安全保障规划》《洮河流域综合规划》《兰州市黄河水生态修复规划》等重大规划中得到应用。提出的流域水资源动态配置模型及方案，在甘肃省祖厉河、葫芦河、马莲河等中小河流流域综合治理中推广应用，指导了最严格水资源管理实践，显著提高了供水保证率、河流生态流量保障程度和水功能区水质达标率。

应用于宁夏回族自治区水资源规划与管理。提出的黄河流域水资源动态配置技术和模型等成果，在《宁夏水安全保障战略规划纲要》《宁夏黄河流域生态保护和高质量发展先行区水利专项规划》《宁夏引黄灌区现代化建设规划》等重大规划中得到应用。提出的适应环境变化的黄河流域水资源动态均衡配置方案在宁夏回族自治区最严格水资源管理、主要支流水量分配方案中得到应用，指导了水资源精细化管理，提高了青铜峡、红寺堡等灌区的供水保证率，显著改善了清水河、苦水河等主要河流的水量和水质状况，提升了黄河水资源管理与保护的科技水平。

应用于内蒙古自治区水资源规划与管理。提出的黄河水资源适应性调控方案等成果，在《内蒙古自治区黄河流域生态保护和高质量发展规划》《呼和浩特市水资源综合规划》等重大规划中得到应用。提出的适应环境变化的黄河流域水资源动态均衡配置方案，已在内蒙古自治区最严格水资源管理、主要支流水量分配方案中得到应用，指导了内蒙古自治区水资源科学保护、高效利用和精细化管理。

应用于河南省水资源规划与管理。提出的黄河流域水资源动态均衡配置理论和模型等成果，在《河南省黄河流域生态保护和高质量发展水利专项规划》《郑州市水资源综合规划》等规划中得到应用。研究提出的水资源调控策略和适应环境变化的黄河流域水资源动态均衡配置方案等成果，已应用于河南省伊洛河和沁河水资源精细化管理实践，有效保障了供水保证率和重要断面生态流量保证程度，提高了水功能区水质达标率。

应用于山东省水资源规划与管理。提出的黄河流域水资源动态均衡配置理论和模型等成果，在《山东省水安全保障总体规划》《山东省水资源综合利用中长期规划》等规划中得到应用。研究提出的水资源调控策略和适应环境变化的黄河流域水资源动态均衡配置方案等成果，已应用于山东省黄河干支流水资源精细化管理实践，有效协调了4～6月灌区用水高峰同河口三角洲生态用水的矛盾，提高了位引黄灌区的供水保证率和利津断面生态流量保证率。

7.2.3 水沙电生态协同调度应用

研究开发的黄河水沙电生态多维协同调度技术，运用于黄河径流预报—需水预测—生态调度—排沙调度—防洪调度—水量调度示范，为黄河水量调度与管理提供了重要技术支撑。成果应用于2018～2021年黄河年度水量方案编制，得到水利部批准实施；支撑了黄河生态调度方案编制，得到黄河水利委员会批准实施。

（1）生态效果

在生态敏感期4～6月，精细调度小浪底水库，强化下游用水管理，保障各断面流量达到预期指标。黄河下游是黄河鲤及平原性过河口鱼类的重要栖息地和洄游通道，是黄淮海地区鱼类生物多样性较丰富河段。该河段鱼类产卵繁殖及栖息地保护需水的关键期为4～6月。综合考虑下游鱼类及湿地生态习性、生态用水情况、农业农村部关于禁渔期要求及下游春灌用水情况等因素，确定4～6月为黄河下游生态调度期，其间生态调度控制指标如图7-3所示。

汛期大流量洪水下泄还进一步打开了黄河下游的生态调度空间，为河口三角洲和近海地区生态环境带来“输血型”改善。汛前黄河三角洲国家自然保护区累计补水1.15亿m^3，补水量创历史新高。湿地面积扩大7万多亩，河海交汇线平均向外扩移约23km，河口地区的地下水位抬高1.3m，湿地沟壑劣Ⅴ类水变为Ⅳ类。

（2）输沙效果

充分利用中游干支流水库群联合调度中下游洪水泥沙，塑造高输沙流量，实现水库排沙减淤。2020年典型洪水黄河下游利津以上河道整体上发生冲刷，冲刷量为0.642亿t；

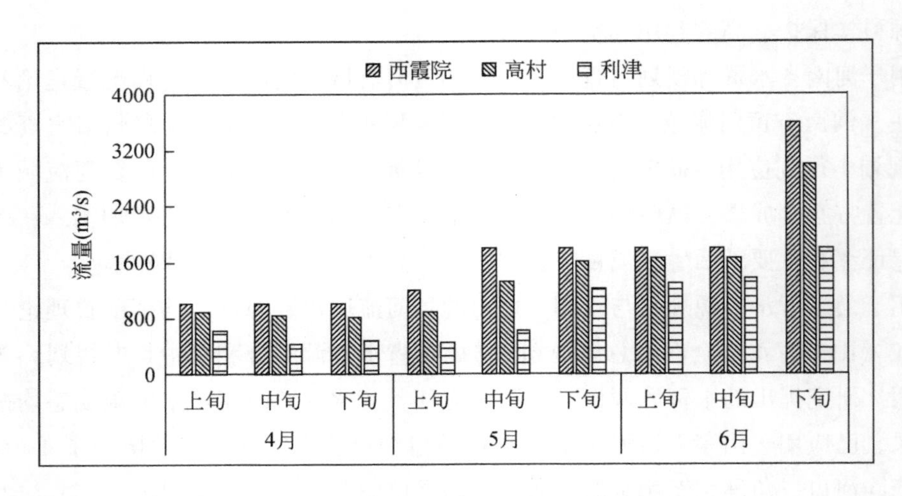

图 7-3　黄河下游生态调度控制指标

2018 年典型洪水黄河下游利津以上河道发生淤积，淤积量为 0.906 亿 t，相应时段下游河道实测淤积量（输沙率法，不含引沙）为 2.7 亿 t，下游河道减淤量均在 65% 以上。从以上典型洪水过程水库调水调沙效果可以看出，按照拟定的调水调沙方案，可以实现在确保下游防洪安全的前提下，减小下游河道淤积，提高河道输沙效率。

（3）防洪效果

2020 年汛期，黄河上中游主要来水站（区）来水明显偏丰。2020 年 1 ~ 10 月来水 525.56 亿 m^3，较常年偏多 26%。7 ~ 10 月来水 350.24 亿 m^3，较常年偏多 27%，其中，黄河上游来水 268.59 亿 m^3，较常年偏多 51%；唐乃亥站来水近 192.92 亿 m^3，较常年偏多 61%。

基于水库上游实时水雨情预报，以最大化主要水库实时调洪库容和最大削峰为目标，形成水库防洪优化调度方案。为应对上游持续来水，保证下游河道防洪安全，龙羊峡、刘家峡两库适度拦洪削峰，实时调整水库下泄流量，控制下游河段流量平稳。1 号洪水期间，将刘家峡水库天然入库流量 3500m^3/s 削减为出库流量 2400m^3/s，龙羊峡和刘家峡两库联合削峰率 31.4%。2020 年 3 号、5 号、6 号中游洪水调度中，为确保下游滩区防洪安全，三门峡和小浪底水库联合防洪运用，拦洪削峰。如 5 号洪水期间，小浪底拦蓄后，将建库以来最大洪峰流量由 6300m^3/s 削减为 4000m^3/s，下游各河段流量均未超过平滩流量。

（4）供水效果

结合本年度黄河可供耗水量，开展水库下泄调度和全河配水。根据《黄河可供水量分配方案》以及《黄河流域综合规划（2012—2030 年）》，在调度过程中，将根据雨情、水情、凌情和墒情变化，对各月分配水量、水库及断面泄流指标进行实时调整。对比计划分配水量和实际调度水量结果，水量调度执行效果较好，各省份水量调度误差基本控制在3%以内。

7.3 本章小结

本章利用建立的黄河流域水资源动态均衡配置技术和模型，结合1956～2016年径流量和河道外用水需求情况，开展了黄河流域需水分类分层—供水规则优化—供需平衡模拟—动态均衡配置的应用示范；利用建成的黄河梯级水库群多维协同调度平台，开展黄河径流预报—需水预测—生态调度—排沙调度—防洪调度—水量调度应用示范，建成黄河流域水资源动态均衡配置示范基地和黄河梯级水库群水沙电生协同调度示范基地。主要结论如下。

1）利用建立的基于供水规则优化嵌套水资源供需网络模拟的流域水资源动态均衡配置模型系统，采用增量动态均衡配置方法，开展了现状工程条件、南水北调东线和中线二期工程生效、南水北调东线和中线二期工程及古贤水利枢纽工程生效等三阶段分水方案优化，提出了三阶段分水方案，优化了流域水资源配置格局：调减下游和河北天津用水指标、调增上中游用水指标，河段之间调整幅度宜在10亿～22亿m^3，可减少2030年前流域缺水18.7亿～31.3亿m^3。相关成果直接应用于《黄河流域生态保护和高质量发展水安全保障规划》《黄河“八七”分水方案调整方案制定》，上报水利部，支撑了黄河流域生态保护和高质量发展国家战略的实施。

2）研发了集数据管理、模型管理、方案管理、模型计算流程控制、GIS综合显示分析及模型开发调试子系统等功能为一体的黄河梯级水库群多维协同调度平台。结合2019～2020年不同时段的水文和泥沙情势等，开展黄河径流预报—需水预测—生态调度—排沙调度—防洪调度—水量调度。开展了2019年11月～2020年6月黄河干流主要水文站非汛期径流预报；在汛前4～6月的生态敏感期，通过精细化调度小浪底水库，将水库排沙减淤和下游生态调度有机结合，充分利用中游干支流水库群联合调度中下游洪水泥沙，塑造高输沙流量，实现水库排沙减淤，2020年典型洪水黄河下游利津以上河道整体上发生冲刷，冲刷量为0.642亿t；同时打开了黄河下游的生态调度空间，给河口三角洲和近海地区生态环境带来“输血型”改善，汛前黄河三角洲国家自然保护区累计补水1.15亿m^3，补水量创历史新高。湿地面积扩大7万多亩，河海交汇线平均向外扩移约23km，河口地区的地下水位抬高1.3m，湿地沟壑水质由劣Ⅴ类变为Ⅳ类。

第8章　主要成果和创新点

8.1　主要研究成果

本书针对变化环境下黄河流域水资源供需矛盾日趋尖锐的难题，聚焦三大科学问题，创建了四项关键技术，提出了五项定量成果，支撑了两项重大决策，显著提升了黄河流域水资源安全保障的科技支撑能力。项目成果体系见图8-1。

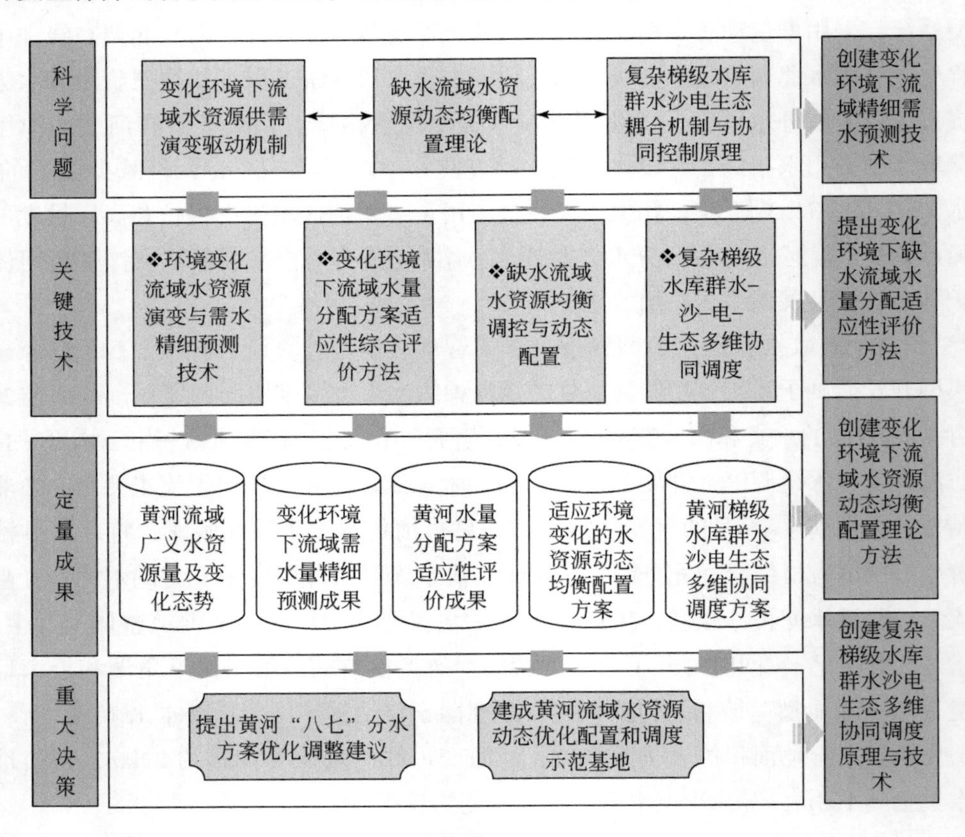

图8-1　项目成果体系示意图

8.1.1 突破了三大科学问题

（1）变化环境下流域水资源供需演变驱动机制

变化环境下黄河流域水文循环与水资源系统演变复杂，气候变化、水利工程条件、水资源管理制度等内外部条件变化对流域供水侧和需水侧均已产生显著影响，研究揭示了变化环境下流域水资源供需演变驱动机制。一是基于 Budyko 框架分析气候变化和人类活动对径流变化的贡献率，量化气候变化及黄河上游冻土融化、中游淤地坝建设等对径流变化的影响，揭示变化环境下黄河径流演变驱动因子；采用全球气候模式预测了未来 30 年不同排放情景和不同下垫面条件下黄河流域水资源量的动态变化。二是基于 DPSIR 模型和主成分分析识别了人均工业产值、人均 GDP、农村消费水平、城镇消费水平等主要驱动因子，以及水价、污水排放量等主要胁迫要素；采用系统动力学方法，量化了各驱动因子和胁迫要素对流域需水的贡献率和非线性关系，明晰了工业、农业和生活需水的物理机制。三是以气候、经济、政策等为关键因子，分析了流域可供水量、需水量及缺水量对各种因子变化的响应关系，建立了流域水资源供需双侧联动的驱动机制，提出了流域增水、节水、蓄水等缓解水资源供需矛盾的调控措施，为科学研判缺水流域水资源供需形势提供了重要基础。

（2）缺水流域水资源动态均衡配置理论

缺水流域的典型特征是水资源供需矛盾尖锐、生态环境问题突出，变化环境下水资源量持续减少、用水需求不断增加导致供需严重失衡，流域水量分配方案通过优化以提高对水沙条件、经济社会发展、工程布局、生态保护需求的适应性，建立缺水流域水资源动态均衡配置理论。一是针对流域水资源配置对水沙动态变化及生态保护的适应性不高的问题，建立生态流量过程耦合方法，优先满足并提高河道内生态环境用水量及关键期生态流量；根据来沙量动态变化，运用高效输沙技术，动态确定河道内汛期输沙用水；建立基于水沙生态多因子的流域水资源动态配置机制，将河道内外静态配置关系优化为动态配置关系。二是针对流域水资源配置的公平与效率调控难题，引入福利经济学理论，以流域水资源综合价值为驱动，以用水公平协调性为导向，建立统筹公平与用水效率的流域水资源社会福利函数；定义了可权衡经济社会用水公平与效率的均衡参数 α，通过调节 α 来实现流域水资源均衡配置，实现缺水流域水资源调控的公平和效率的科学统筹。建立缺水流域水资源动态均衡配置理论，开创了提升缺水流域分水方案对环境变化适应性的新途径。

（3）复杂梯级水库群水沙电生态耦合机制与协同控制原理

针对当前梯级水库群供水、输沙、发电、生态等目标存在复杂竞争与协作的非线性关系不能实现协同调控的难题，揭示了复杂梯级水库群水沙电生态耦合机制，建立了梯级水库群多维协同控制原理。一是定义了水资源及用水部门的排他性属性和非排他性属性，建立了以竞争和协作关系为基础的水沙电生态多过程耦合程度的定量分析方法，揭示了多过程间的协作度越高、竞争度越低、耦合程度越高的规律。二是融合协同学、混沌理论和熵理论，建立了梯级水库群多维协同描述方法，识别了梯级水库群系统的结构与序参量，以协同度衡量梯级水库群供水、输沙、发电、生态等子系统协同优化的总体程度，以满意度衡量多目标逐时段均衡程度并识别了合理区间，通过分形维数与 Kolmogorov 熵表征系统结构的复杂程度和混沌程度。三是以长系列总协同度最大作为梯级水库群系统优化的方向引导参数，建立了梯级水库群多维协同控制原理，实现引导系统在长系列优化中向有序方向演化。创新了梯级水库群多维协同控制理论方法，夯实了缺水流域梯级复杂系统多过程优化的理论基础。

8.1.2 创建了四项关键技术

（1）环境变化流域水资源演变与需水精细预测技术

针对变化环境下黄河流域水文循环与水资源系统演变复杂，当前需水预测缺乏基于物理机制的全口径度量方法的难题，创建了变化环境下黄河流域水资源动态评价和经济社会-生态-高效输沙需水预测技术体系。一是系统性分析了黄河水文循环要素及水资源量变化，评估了变化环境下流域广义水资源量动态变化，发现流域非径流性水资源量呈增加趋势，北洛河、泾河等支流径流性水资源呈显著减少趋势；建立基于 Budyko 框架水资源演变归因分析方法，发现流域下垫面变化对径流的影响均高于气候条件变化的影响。二是结合驱动-压力-状态-影响-响应（DPSIR）体系、系统动力学理论和不同行业需水机理，定量揭示了气候、经济、社会、环境等 30 个指标对农业、工业和生活需水的正向驱动机制和反向胁迫作用，构建黄河流域多因子驱动和多要素胁迫作用下的流域需水预测系统模型。三是分析了黄河干支流、河口和近海等水体主要生态系统物种、群落结构与水质、水文动态响应关系，提出了耦合鱼类生境模拟和水文情势特征的干支流生态需水评估方法，揭示了水盐交汇驱动下近海水域盐度、低盐区面积、入海水量之间的定量关系，提出了维持河流健康的多目标下的黄河干支流、河口近海的生态环境需水阈值与过程，揭示了未来不同发展情景下黄河流域生态环境需水演变态势。四是揭示了黄河流域洪水输沙效率与水沙过程作用机制，提出小浪底单库调度和干支流水库群联合调控塑造高效输沙过程的运用方式，创建了自然变化与人工干预二元机制下黄河动态高效输沙过程塑造技术，集成了变化环境下流域需水精细预测技术体系。

（2）变化环境下流域水量分配方案适应性综合评价方法

分水方案是流域水资源管理的重要基础，环境变化改变流域水资源供需格局、影响水量分配方案的适应性。针对环境变化流域水量分配方案适应性调整方向不明晰等问题，提出了流域分水方案适应性综合评价理论方法。一是运用可持续定向理论，从可靠性、弹性和脆弱性等方面，构建流域分水方案适应性评价的分层指标体系，发现系统要维持生存和保持可持续发展，需要有六种功能来应对系统环境六个特征的影响，即存在性、功能性、灵活性、稳定性、应变性和共生性，提出将环境变化可持续性作为水量分配方案具有良好适应性的重要判据。二是结合黄河流域的具体情况，将黄河水资源系统分为人类系统、支撑系统、自然系统三个部分，构建由系统完整性、最大缺水度、保证率、恢复力、协调力、标准化河口湿地面积六个定量指标组成的分水方案适应性评价指标体系，量化了各指标评价阈值和准则，为黄河“八七”分水方案评价和优化调整提供了技术支撑。

（3）缺水流域水资源均衡调控与动态配置技术

环境变化导致缺水流域水资源问题日益尖锐，加剧了水资源配置的复杂性，需要创新水资源配置机制、方式、模式，本次研究创建了流域水资源均衡调控与动态配置技术体系。一是建立流域刚性-刚弹性-弹性需水分层分析方法。针对缺水流域需水的紧迫性和破坏情况下的影响程度，根据马斯洛需求层次理论结合部门用水特点，提出了生产、生活、生态的刚性需水、刚弹性需水和弹性需水的三层次需水的分层原则和分析方法。二是建立流域用水公平协调性分析方法。针对区域及行业用水难以有效公平分配的问题，提出基于模糊隶属度的用水满意度，基于基尼系数概念与方法构建了用水基尼系数，建立了区域用水公平性和部门用水协调性指标，提出流域用水公平协调性表征函数。三是建立多泥沙河流水资源综合价值评估方法。针对水资源价值表现形式和量纲不统一的问题，提出了多泥沙河流水资源综合价值内涵和构成，包括经济价值、社会价值、生态环境价值等，创建了以能值为统一度量单位的流域水资源综合价值评估方法，绘制了黄河流域4项16类分地市单元的水资源价值图谱。四是提出流域水资源整体动态均衡配置和增量动态均衡配置方法。基于水沙生态多因子的流域水资源动态配置机制，创建高效动态输沙技术和生态流量过程耦合方法，优先满足并提高河道内生态环境用水量及关键期生态流量，动态确定河道内汛期输沙用水，将河道内外静态配置关系优化为动态配置关系。考虑变化环境和流域重大供水工程条件变化，对黄河流域水资源进行再优化配置，提出流域水资源整体动态均衡配置方法。以黄河“八七”分水方案为基础，考虑变化环境和流域重大供水工程的供水量增加，对供水增量进行均衡配置，提出增量动态均衡配置优化方法；研发了黄河流域水资源动态均衡配置模型。创建流域水资源均衡调控与动态配置技术体系，为黄河“八七”分水方案调整提供重要技术支撑。

（4）复杂梯级水库群水沙电生态多维协同调度技术

针对复杂梯级水库群水沙电生态协同优化调度的动态、高维非线性问题，创新了复杂梯级水库群水沙电生态多维协同调度技术。一是提出了梯级水库群系统优化的方向性引导参数，以长系列协同度最大为优化目标，建立了以满意度、Kolmogorov 熵和关联维数为评价指标的多维协同过程优化判别方法，构建了梯级水库群多维协同调控技术。二是融合流域供用耗排、水库河道泥沙冲淤、电站电力电量、断面水量下泄等过程，建立了具有多时空尺度嵌套和多过程耦合的河流梯级水库群水沙电生态多目标调度的仿真模型，融合合作博弈和智能算法提出了复杂系统自适应优化控制求解技术。三是采用 Apriori 算法和集对分析法挖掘梯级水库群调度入库径流、初始水位、下游需水与出库流量的关系，集成黄河梯级水库群联合调度模式。

8.1.3 提出了五项定量成果

（1）黄河流域广义水资源量及变化态势

评价了黄河流域广义水资源量并预测了未来天然径流量演化趋势，为流域以水而定提供了重要基础。一是提出了广义水资源量变化的评价成果。1984～2013 年，贵德以上流域、北洛河流域、泾河流域多年平均广义水资源量为 626.70 亿 m^3、142.75 亿 m^3、205.98 亿 m^3。变化趋势上，贵德以上流域和北洛河流域广义水资源量呈现上升趋势，其中贵德以上流域上升趋势超过 0.05 的显著性水平，泾河流域没有明显变化趋势；北洛河、泾河流域径流性水资源量呈显著下降趋势，包括生态系统利用的雨水、土壤水等的非径流性水资源量均呈上升趋势。二是提出了未来天然径流量演化态势预测成果。在历史期（1971～2016 年），贵德以上多年平均天然径流量为 213 亿 m^3，花园口为 467 亿 m^3。2050 年前后，贵德以上流域下垫面维持现状时，各排放情景下径流均增加，与历史期相比径流增幅基本不超过 10%。下垫面植被覆盖度增加 10% 时，在不同的排放情景下基本保持不变（±5%）；同时考虑植被和冻土的影响时，地表径流减少了 12%～15%。花园口以上流域，下垫面维持现状，仅考虑未来气候变化的影响时，各排放情景下的径流均较历史期有所增加；下垫面的改变均使得径流减少。在 SSP126 排放情景下，花园口径流在 467 亿～497 亿 m^3，SSP370 情境下为 459 亿～491 亿 m^3，SSP585 情景下为 466 亿～494 亿 m^3。

（2）变化环境下流域需水量精细预测成果

基于研究建立的流域精细化需水预测技术方法，提出了流域经济社会、生态环境和高效输沙需水预测成果，为新阶段流域生态保护格局和经济社会发展布局优化提供了重要依据。一是至 2030 年，流域农田灌溉需水量下降至 297.5 亿 m^3，工业需水量达 102.8 亿 m^3，生态需水量保持增长，达 31.1 亿 m^3，总需水量为 534.62 亿 m^3。二是考虑小浪底拦沙与调水调沙作用，中游来沙 4 亿 t、5 亿 t、6 亿 t、7 亿 t、8 亿 t 情景下，利津断面基本生态环境综合需水量分别为 129.73 亿 m^3、150.46 亿 m^3、157.15 亿 m^3、174.32 亿 m^3、180.98 亿 m^3，下游河道淤积比为 0、0、10.0%、10.0%、15.0%；中游来沙 6 亿 t、8 亿 t 情景下，利津断面适宜生态环境综合需水量分别为193.00亿m^3、210.53亿m^3，下游河道淤积比为10.0%、15.0%。

（3）黄河水量分配方案适应性评价成果

提出了黄河水量分配方案适应性评价成果，为黄河“八七”分水方案优化调整指明了方向。一是分水方案对社会经济用水调节能力的适应度不断改变。1999～2003年下降、2004～2011年持续上升、2011～2019年总体稳定，反映了分水方案对于协调黄河径流量和经济社会发展用水支撑能力的变化。二是分水方案对自然生态用水调节能力的适应度持续增强。1999～2003年稳定上升、2004～2011年快速上升、2012～2019年不断提升，反映了分水方案实际对生态用水的支撑度的变化。三是全系统应变性指标呈先上升后下降趋势。2004～2011年，分水方案对社会经济和生态用水的支撑能力都有提高，但系统应变性指标由87.5%下降为70.8%；2012～2019年，社会经济供水保障各项指标总体维持稳定，生态用水保障仍维持较高水平且不断提升，系统应变性持续下降至66.1%。

（4）适应环境变化的水资源动态均衡配置方案

提出了适应未来环境变化的黄河流域水资源动态均衡配置方案及减少流域缺水的路线图，实现了2030年前减少流域缺水10亿～20亿m^3的目标。一是针对不同时期水资源条件，建立包括8个情景21个方案的调整方案集。二是提出了现状至南水北调西线生效前的三阶段分水方案调整策略。现状场景下，调整的幅度为上游2.13%，中游0.25%，下游和河北、天津-2.38%；南水北调东中线二期生效后，调整的幅度为上游2.78%，中游0.31%，下游和河北、天津-3.81%；古贤水库生效之后，调整的幅度为上游4.53%、中游0.60%，下游和河北、天津-3.81%。河段之间调整幅度宜在10亿～22亿m^3。三是提出了减少流域缺水的路线图。建立了流域深度节水、需水控制、动态挖潜、均衡配置等调控策略，优化了流域水资源配置格局，可减少2030年前流域缺水18.7亿～31.3亿m^3。

（5）黄河梯级水库群水沙电生态多维协同调度方案

优化提出了适应未来环境变化的水沙电生态多维协同调度方案，为黄河水资源精细化管理提供了重要科技支撑。一是针对黄河来沙量2亿t、3亿t、6亿t、8亿t、10亿t等不同情景，提出了丰、平、枯和连续枯水的水库群多维协同调度方案。二是提出了不同方案优化成果。流域多年平均地表水供水量357.29亿m^3；丰水年小浪底水库汛期塑造大洪水排沙，实现排沙2.29亿t，枯水年小浪底蓄水拦沙，年度拦沙量2.23亿t；梯级系统年均发电量622亿kW·h，丰水年发电量达到765.06亿kW·h；利津断面非汛期生态流量>100m^3/s，4～6月生态关键期流量控制在300～500m^3/s，7～10月结合来水情况年均实施2～3次大于3500m^3/s的大流量调沙过程。调度结果表明，水库群供水、输沙、发电、发电等多目标用水协同性有所提高，有效减少了各过程的竞争和水量冲突。

8.1.4 支撑了两项重大决策

（1）提出了黄河“八七”分水方案优化调整建议，被流域机构采纳

依托项目研发的统筹公平与效率的水资源动态均衡配置方法及模型系统，采用增量动态均衡配置方法，提出了现状工程、南水北调东中线二期工程生效、南水北调东中线二期工程及古贤水利枢纽工程生效等三阶段分水方案优化调整建议，实现了对流域水资源配置格局的优化：调减下游和河北天津用水指标、调增上中游用水指标，河段之间调整幅度宜在10亿～22亿m^3，可减少2030年前流域缺水18.7亿～31.3亿m^3。研究成果直接支撑了《黄河流域生态保护与高质量发展水安全保障规划》等国家重大规划的编制，提交的《“八七”分水方案调整问题研究》重大咨询报告被流域机构和水利部采纳，成为了分水方案调整的重要基础。

（2）建成黄河流域水资源动态优化配置和协同调度示范基地，应用于黄河调度实践

采用研发的流域水资源动态均衡配置模型和梯级水库群水沙电生态协同调度模型，创建了黄河流域水资源动态均衡配置和多维协同调度平台，依托黄河流域生态保护和高质量发展工程技术中心和黄河水量总调度中心，建成黄河流域水资源动态优化配置和协同调度示范基地，为黄河水资源优化配置、水量调度与管理提供了重要工具，有力支持了“智慧黄河”的建设。2018年以来，持续开展黄河水量调度以及中下游洪水调度、生态调度实践，实现了三门峡水库和小浪底水库的冲刷，增加了水库有效库容，同时下游最小平滩流量从2018年汛前的4200m^3/s增加到2020年的4500m^3/s。结合调水调沙塑造大流量过程，持续向黄河三角洲自然保护区生态补水，有效改善了黄河河口地区生态环境，河口三角洲芦苇沼泽湿地面积增加1794hm^2，近海水域鱼卵和仔稚鱼密度稳步提高，生态环境持续向好。

8.2 主要创新点

8.2.1 创建了变化环境下流域精细需水预测技术

变化环境下流域供水和需水规律发生明显变化，研究针对当前需水预测多基于统计学分析，缺乏基于物理机制的全口径度量方法的问题，揭示变化环境下流域水资源供需演变驱动机制，揭示了水文-环境-生态相互作用下黄河干支流和近海生态需水机理，创建了黄河动态高效输沙过程塑造技术，预测了黄河流域不同发展情势下需水变化趋势。

1）揭示了不同因子对经济社会需水的正向驱动机制和反向胁迫作用，构建了黄河流域多因子驱动和多要素胁迫作用下的流域需水预测系统模型，预测了黄河流域不同发展情势下未来经济社会需水变化。

揭示了变化环境下流域水资源供需演变规律和多因子驱动与多要素胁迫的流域经济社会需水机制。从水资源需求与经济社会、气候等角度出发，提出了水资源需求与人口增长、经济发展、土地利用变化、气候变化和水资源禀赋的互动机制。基于DPSIR模型和主成分分析识别了主要驱动因子和主要胁迫要素，明晰了不同驱动和胁迫因子对流域社会经济需水的贡献率和非线性关系，并阐明了其影响机制与变化规律。

构建了具有物理机制的流域社会经济需水预测模型。考虑经济社会驱动因子、生态环境和节水政策调整等因子间的非线性和耦合反馈机制，明晰了工业、农业和生活需水的物理机制。基于系统动力学理论建立了经济社会精细化需水预测模型，预测了黄河流域不同发展情势下未来经济社会需水变化，黄河流域多年平均河道外总需水量由现状年的483亿m^3，增加到2030年的534.62亿m^3。

2）揭示了水文–环境–生态相互作用下黄河干支流和河口近海生态需水机理，提出了维持河流健康的多目标下的黄河干支流、河口近海的生态环境需水阈值与过程。

提出了基于生态水文机制的河道内外需水量计算方法。分析了黄河干支流主要生态系统物种、群落结构与水质、水文动态响应关系，建立了水文–环境–生态相互作用下的河流生态环境需水技术方法和指标，提出了黄河干支流主要控制断面生态环境需水阈值和过程。基于FAO生态需水定额核算方法并改进了Ks系数确定方法，计算了河道外生态需水及其变化特征。

揭示了水盐交汇驱动下近海水域盐度–低盐区面积–入海水量之间的定量关系，建立了河口近海生态需水机理与定量评估方法。基于黄河河口近海水域水文–环境–生态监测数据，构建了近海水域食物链及营养级结构关系和河口近海水域径流–盐度–生态量化响应关系，揭示了水盐交互驱动下黄河河口入海径流与生态系统的生态需水作用机制，建立了河口近海水域水文过程改变生态限度生态需水定量评估方法，提出了基于合理保护目标的近海生态需水。

3）建立了变化环境下黄河高效输沙模式，创建了自然变化与人工干预二元机制下黄河动态高效输沙过程塑造技术，提出了黄河下游基于高效输沙的不同来沙情景下的输沙需水量。

建立了变化环境下黄河高效输沙模式。建立了水沙条件、水库调控及河道整治工程等变化条件下黄河下游洪水输沙效率与洪水水沙过程、河床边界条件之间的响应关系，揭示了河道高效输沙的机理，建立了黄河下游洪水高效输沙阈值确定方法，提出了黄河下游河道高效输沙洪水的水沙阈值。

创建了自然变化与人工干预二元机制下黄河动态高效输沙过程塑造技术。揭示了不同排沙模式下水库排沙规律，建立了出库水沙过程与入库水沙、库区边界条件、库水位等多元响应关系；提出了中游水库群联合调控、塑造高效输沙洪水的调度原则、运用方式和调控指标体系，构建了自然变化与人工干预二元机制下黄河动态高效输沙过程塑造技术。

提出了中游水库群泥沙多年调节运用方式。基于下游河道高效动态洪水调控的判别指标和调控指标，提出了基于泥沙多年调节的黄河中游水库群联合调控原则、运用方式和调控指标体系，建立了水库群-河道联合动态模拟模型，开展了不同水沙情景下大尺度、长时间序列的水沙演进和泥沙冲淤分析计算，优化提出了水库群泥沙多年调节、塑造高效输沙水沙的运用方式。

提出了变化环境下黄河动态高效输沙需水量。建立了变化环境下黄河上、中、下游各典型河段输沙水量的相互制约及耦合机制，提出了不同来沙情景下黄河典型断面高效输沙需水量，显著提高了黄河输沙效率。与黄河流域综合规划相比，在同样的来沙和淤积水平下，运用动态高效输沙调控模式，可节省输沙水量5% ~6.7%。

8.2.2 提出了变化环境下缺水流域水量分配适应性评价方法

围绕变化环境下缺水流域水量分配适应性评价技术难题，建立了经济社会耗水的Budyko模型，揭示了经济社会用水行为基本规律，创建了流域水量分配方案适应性评价理论与准则，提出了变化环境下缺水流域水量分配方案适应性综合评价方法，评价了黄河“八七”分水方案的适应性。

1）建立了经济社会耗水的Budyko模型，绘制了黄河流域经济社会耗水的Budyko曲线，揭示了黄河流域经济社会用水行为基本规律。

建立了经济社会耗水的Budyko模型。辨识了可利用水资源和潜在用水需求等影响经济社会耗水的主要影响因素，基于用水效益最大准则、经济社会用水与环境用水的长期水平衡约束，推导建立了经济社会耗水Budyko模型，形成了人类活动与自然水文循环系统互馈关系统这一描述概念框架。

揭示了黄河流域经济社会用水行为基本规律。绘制了黄河流域各省（自治区）长系列经济社会耗水的Budyko曲线，揭示了经济社会用水行为基本规律：当经济社会需水增大、水资源总量减少时，经济社会耗水需求指数增加，则不可避免地带来社会经济耗水比例增加；当经济社会需水减小、水资源总量增加时，经济社会耗水需求指数降低，则社会经济耗水比例减小。

2）构建了流域水量分配方案适应性评价指标体系，提出了变化环境下复杂流域水量分配方案适应性综合评价方法，评价了黄河“八七”分水方案的适应性。

提出了黄河流域水量分配方案适应性评价方法。基于 Bossel 可持续定向理论，解析了6 项维持水资源系统生存和可持续发展的基本功能，即存在性、功能性、灵活性、稳定性、应变性和共生性。面向变化环境建立了黄河“八七”分水方案适应性综合评价方法，提出了系统完整性、最大缺水度、保证率、恢复力、协调力、标准化河口湿地面积6 个评价指标，建立了量化方法及评价标准。

评价了黄河流域水量分配方案的适应性。评价了黄河“八七”分水方案不同实施阶段对经济社会用水调节能力、自然生态用水调节能力和自然-社会复合系统的适应性，揭示了黄河“八七”分水方案对经济社会用水调节能力的适应度不断改变、对自然生态用水调节能力的适应度持续增强，平衡经济社会用水和生态输沙用水协调能力呈现先上升后下降态势。

8.2.3 创建了变化环境下流域水资源动态均衡配置理论方法

围绕流域水资源优化配置的重大科学问题和实践难题，系统开展了理论创建—技术构建—应用实践的全链条创新，建立了缺水流域水资源动态均衡配置理论，创建了流域水资源均衡调控与动态配置技术与模型系统，构建了多场景下分水方案调整集，提出了黄河“八七”分水方案分阶段调整策略。

1）针对流域水资源配置的公平与效率调控难题，以流域水资源综合价值为驱动，以用水公平协调性为导向，建立了流域水资源社会福利函数，提出了统筹公平与效率的流域水资源均衡调控原理，实现了缺水流域水资源调控的公平和效率的科学统筹。

构建了流域水资源社会福利函数。针对缺水流域水资源配置中公平与效率的权衡难题，应用福利经济学中社会福利的概念及理论，建立统筹公平与用水效率的流域水资源社会福利函数，并引入均衡参数 α，通过调节 α 来实现流域水资源均衡配置，实现统筹公平与效率的流域水资源均衡调控。流域水资源社会福利函数为 $F=F_{\mathrm{V}}^{\alpha}F_{\mathrm{E}}^{1-\alpha}$，其中，$F$ 为水资源调控效果的表征函数，F_{V}是流域用水效率表征函数，F_{E}是流域用水公平表征函数，α 为均衡参数，取值范围 0 ~ 1。

提出了统筹用水公平与效率的流域水资源均衡调控原理。基于流域水资源社会福利函数，均衡参数 α 引导流域水资源调控策略，权衡用水公平和用水效率，追求流域水资源社会福利整体最大化。构建基于分层需水的流域水资源分级分类均衡调控：对于刚性需水，按照公平优先的原则进行水量配置，均衡参数 α 取值为 0；对于刚弹性需水，采用统筹兼顾效率与公平的方法，均衡参数 α 取值为（0，1）；对于弹性需水，按照效率优先原则，水资源优先配置给效率高的区域，均衡参数 α 取值为 1。

2）建立了流域刚性-刚弹性-弹性需水分层分析方法、流域用水公平协调性表征方法、多泥沙河流水资源综合价值评估方法、流域水资源动态配置机制，创建了流域水资源均衡调控与动态配置技术体系，发展了缺水流域水资源优化配置新技术新方法。

建立了流域刚性-刚弹性-弹性需水分层分析方法。针对缺水流域需水的紧迫性和破坏情况下的影响程度，根据马斯洛需求层次理论结合部门用水特点，提出了生产、生活、生态的刚性、刚弹性和弹性需水分层原则和分析方法。

建立了流域用水公平协调性分析方法。提出基于模糊隶属度的用水满意度，引入基尼系数的概念和计算方法，建立了用水基尼系数，构建了区域用水公平性和部门用水协调性的综合表征函数。

建立了多泥沙河流水资源综合价值评估方法。考虑水资源的经济价值、社会价值、生态环境价值等，提出了多泥沙河流流域水资源综合价值内涵和构成，创建了以能值为统一度量单位的流域水资源综合价值评估方法，绘制了黄河流域 4 项 16 类分地市单元的水资源价值图谱。

建立了基于水沙生态多因子的流域水资源动态配置机制。针对流域水资源配置对水沙动态变化及生态保护的适应性不高的问题，建立生态流量过程耦合方法，优先满足并提高河道内生态环境用水量及关键期生态流量；根据来沙量动态变化，运用高效输沙技术，动态确定河道内汛期输沙用水；将河道内外静态配置关系优化为动态配置关系。

提出了流域水资源整体动态均衡配置和增量动态均衡配置方法。考虑变化环境和流域重大供水工程条件变化，对黄河流域水资源进行再优化配置，提出流域水资源整体动态均衡配置方法。维持黄河“八七”分水方案总体格局，考虑变化环境和流域重大供水工程的供水量增加，对供水增量进行均衡配置，提出增量动态均衡配置优化方法，对黄河“八七”分水方案微调优化。

3）研发了黄河流域水资源动态均衡配置模型系统，建立了多种场景下分水优化调整方案集，提出了黄河“八七”分水方案分阶段优化调整策略，完成的政策建议为流域机构采纳作为黄河流域水资源优化配置的重要理论与技术支撑。

研发了黄河流域水资源动态均衡配置模型系统。研发了流域水资源综合价值评估模型、流域分层需水分析模型、用水公平协调性分析模型、供水规则优化模型、水资源供需网络模拟模型，集成了黄河流域水资源动态均衡配置模型系统。

构建了黄河“八七”分水方案分阶段优化调整策略和减少流域缺水路线图。采用不同优化配置方法，建立了 8 类场景 21 个调整方案集。研究提出：南水北调西线生效前分水指标优化调整策略为上游增加 2.13%～4.53%，中游微增 0.25%～0.60%，下游和河北、天津减少 2.38%～3.81%，河段之间配置调整幅度宜控制在 10 亿～22 亿 m^3，并还水于河增加河流生态用水。提出减少流域缺水的路线图，实现 2030 年减少流域缺水 10 亿～20 亿 m^3 的目标。

8.2.4 创建了复杂梯级水库群水沙电生态多维协同调度原理与技术

围绕复杂梯级水库群调度高维、非线性等重大科学问题，系统开展了机制揭示—技术创建—方案优化—规则集成—风险控制的全链条创新，创建了梯级水库群水沙电生态耦合机制与协同控制原理，建立了梯级水库群多维协同调度技术和多因素扰动下的水量实时风险调度技术，提升了复杂梯级水库群联合调度技术水平。

1）解析了水沙电生态多过程用水竞争与协作关系，揭示了多目标间的耦合机制，创建了梯级水库群多维协同控制原理，提出了梯级水库群系统优化的方向性引导参数和定量控制方法。

揭示了梯级水库群水沙电生态耦合机制。揭示了供用水、河道冲淤、水力发电和河流生态等对黄河梯级水库群调度的过程响应规律，解析了水资源的排他性与非排他性特征；识别多过程用水竞争与协作关系，建立竞争度指标和协作度指标，量化评估多过程耦合程度，揭示了黄河水沙电生态多过程耦合关系和长期演变。

创建了梯级水库群多维协同控制原理。通过识别黄河流域供水、输沙、发电和生态目标序参量，解析各目标的关键利益和非关键利益，建立梯级水库群多维协同描述方法，提出了水沙电生态子系统的有序度表达式，将多维协同度最大作为梯级水库群系统优化的方向引导参数，实现各目标在长系列调度过程中总体协同与有序控制。

建立了梯级水库群多维协同调控方法。提出各目标利益满意度及合理区间，建立逐时段多维协同检验与调控方法，实现时段内利益均衡；构建以分形维数与 Kolmogorov 熵为指标的调控措施评判方法，建立梯级水库群多维协同调控流程，以复杂程度与混沌程度降低为方向引导梯级水库群调度优化。

2）构建了多时空尺度嵌套和多过程耦合的梯级水库群多维协同调度仿真模型，建立了复杂系统自适应优化控制求解技术，提出了黄河梯级水库群水沙电生态多维协同调度方案和应对变化环境的调度模式，提升了复杂梯级水库群联合调度技术水平。

建立了黄河梯级水库群多维协同调度仿真模型平台。建立具有多时空尺度嵌套和多过程耦合的黄河梯级水库群水沙电生态多维协同调度仿真模型，融合合作博弈与人工智能算法建立复杂系统自适应优化控制求解技术；采用面向服务（SOA）的技术架构和动态知识构建的设计方法，集成黄河梯级水库群多维协同调度平台。

优化了黄河梯级水库群水沙电生态多维协同调度方案。针对不同水沙情景，优化提出了适应未来环境变化的黄河梯级水库群水沙电生态多维协同调度方案集。来沙 6 亿 t 情景下，多维协同调度方案多年平均供水量增加 11.92 亿 m^3、输沙水量减少 18.48 亿 m^3、发电量增加 12.79 亿 kW · h、非汛期生态水量增加 3.93 亿 m^3。

提出了应对变化环境的黄河梯级水库群多维协同调度模式。挖掘黄河梯级水库群之间的水文补偿、库容补偿关系与蓄泄规律，建立了主要水库的泄流规模响应曲面，集成了适应未来环境变化的黄河梯级水库群多维协同调度规则。

3）构建了黄河流域精细化中短期数值降水预报模式，识别了黄河水量实时调度的主要扰动因素及传递规律，构建了黄河梯级水库群实时风险调度模型，提出了水量实时风险调度方案，建立了多因素扰动下的水量实时调度技术。

提出了精细化中短期数值降水预报方法。融合多源数据建立了基于 Nudging 的四维同化变分的黄河流域 WRF 间歇同化模式系统，开发了模式参数化方案评价与订正模型，提升了中短期数值降水预报精度；耦合数值降水预报产品，构建了黄河流域主要来水区分布式水文预报模型，实现流域小时尺度的入库径流集合预报。

揭示了水量调度多因素扰动影响及传递规律。通过解析黄河水量实时调度系统的扰动来源，识别来水偏差、用水偏差等关键扰动因素，定量评估扰动的累积过程及综合效益损失，揭示了枯水、气象干旱等条件下各因素扰动传递规律，建立了深度学习网络识别黄河不同河段的扰动因素预警指标。

建立了梯级水库群实时多目标效益与风险协调优化技术。构建了水库群调度的三层风险指标体系，建立了黄河流域实时多目标效益与风险协调优化模型；识别方案调整启动条件，提出了各种扰动因素组合下黄河梯级水库群调度调整时间、实时调度调整方案及综合效益影响。

8.3 研究展望

本书针对变化环境下黄河流域水资源供需矛盾日趋尖锐的难题，在对黄河“八七”分水方案进行适应性评价的基础上，创新了统筹公平和效率的水资源动态均衡配置理论和技术，开展了复杂梯级水库群水沙电生态多维协同调度研究与实践，提出了黄河“八七”分水方案的优化调整建议。结合当前研究现状和本研究的探索，有待进一步开展的研究内容如下。

1）黄河分水方案调整十分复杂，本研究取得的初步成果主要从配置思路、技术方法、策略上进行了一些学术性探索，由于黄河河情与分水方案调整的复杂性，一些问题仍需要进一步深化研究，包括：变化环境下下游河道内生态和输沙用水量，南水北调东线和中线对黄河下游地区供水的可能性、可行性及规模等。另外，分水方案调整需要开展规划层面的技术方案研究工作，以及后续大量的管理协调工作。

2）“2030 年实现碳达峰、2060 年实现碳中和”是我国未来一定时期新的任务。黄河流域的能源行业用水需求较大、增长较快，但由于水资源禀赋严重不足，在水资源刚性约束下，水资源供需矛盾愈加突出。双碳目标下的国家能源发展战略将会适时调整，下一步需要合理确定黄河流域未来能源产业发展路径，对流域水资源供需形势进行科学研判，为保障国家能源安全提供水资源支撑。

3）项目在复杂梯级水库群水沙电生态耦合机制与协同控制原理和技术等方面形成一系列成果，在一定程度上推动了水库群多维协同调度水平的提升，但由于变化环境下缺水流域水库群调度的科学问题极为复杂，随着研究的深入、认识的深化，发现对以下几个方面问题仍需持续深入地开展研究，包括应对干旱枯水的梯级水库群优化调度理论方法、梯级水库群的生态累积效应与多目标适应性协同调控、缺水流域水土资源多要素协同配置等。

4）黄河流域水资源分布和经济社会以及未来经济社会的发展格局不匹配，外调水资源在受水区的空间均衡问题成为衡量调水工程成效的关键因素。习近平总书记在中央财经领导小组第五次会议及黄河流域生态保护和高质量发展座谈会上的重要讲话，对“空间均衡”“科学配置全流域水资源”等做出了重要批示指示，下一步亟须识别制约经济社会发展与水资源空间均衡的关键因素，开展空间均衡下的水资源调配技术体系研究，为深入论证南水北调西线工程提供科学论据，为推动黄河流域生态保护和高质量发展国家战略实施提供科技支撑。

参考文献

艾学山，范文涛．2008. 水库生态调度模型及算法研究．长江流域资源与环境，17（3）：451-455.

安新代，石春先，余欣，等．2005. 水库调水调沙回顾与展望：兼论小浪底水库运用方式研究．泥沙研究，5：36-41.

白鹏，刘昌明．2018. 北京市用水结构演变及归因分析．南水北调与水利科技，16（4）：1-6，34.

白涛，阚艳彬，畅建霞，等．2016. 水库群水沙调控的单-多目标调度模型及其应用．水科学进展，27（1）：116-127.

白夏，戚晓明，汪艳芳．2016. 黄河上游梯级水库多目标水沙联合模拟优化调度模型．人民珠江，37（10）：12-17.

白夏，吴成国，黄强，等．2015. 黄河上游不同用水情景下可调输沙水量概念探析与估算分析水力发电学报，34（3）：96-102.

毕彩霞，穆兴民，赵广举，等．2013. 渭河流域气候变化与人类活动对径流的影响．中国水土保持科学，11（2）：33-38.

伯拉斯．1983. 水资源科学分配．戴国瑞，冯尚友，孙培华，译．北京：水利电力出版社．

陈杰，许崇育，郭生练，等．2016. 统计降尺度方法的研究进展与挑战．水资源研究，5（4）：299-313.

陈仁升，康尔泗，杨建平，等．2003. 水文模型研究综述．中国沙漠，3：15-23.

陈晓宏．2011. 湿润区变化环境下的水资源优化配置：理论方法与东江流域应用实践．北京：中国水利水电出版社．

陈雄波，杨丽丰，张厚军，等．2009. 渭河下游输沙用水量研究中的创新实践人民黄河，31（9）：38-42.

陈洋波，胡嘉琪．2004. 隔河岩和高坝洲梯级水电站水库联合调度方案研究．水利学报，3：47-59.

陈洋波，王先甲，冯尚友．1998. 考虑发电量与保证出力的水库调度多目标优化方法．系统工程理论与实践，4：95-101.

陈洋波，朱德华．2005. 小流域洪水预报新安江模型参数优选方法及应用研究．中山大学学报（自然科学版），3：93-96.

陈园，孔祥仟，王通，等．2020. 基于洛伦兹曲线和基尼系数的惠州市用水结构分析．人民珠江，41（3）：37-41，65.

崔瑛，张强，陈晓宏，等．2010. 生态需水理论与方法研究进展．湖泊科学，22（4）：465-480.

崔真真，谭红武，杜强．2010. 流域生态需水研究综述．首都师范大学学报：自然科学版，31（2）：70-74，87-87.

刁艺璇，左其亭，马军霞．2020. 黄河流域城镇化与水资源利用水平及其耦合协调分析．北京师范大学学报（自然科学版），56（3）：326-333.
董敏，吴统文，王在志，等.2009. 北京气候中心大气环流模式对季节内振荡的模拟. 气象学报，（6）：912-922.
董增川，卞戈亚，王船海，等. 2009. 基于数值模拟的区域水量水质联合调度研究. 水科学进展，20（2）：184-189.
董哲仁，孙东亚，赵进勇. 2007. 水库多目标生态调度. 水利水电技术，38（1）：28-32.
杜朝阳，钟华平，于静洁. 2013. 可持续水资源系统机制研究. 水科学进展，24（4）：581-588.
杜守建，李怀恩，白玉慧，等. 2006. 多目标调度模型在尼山水库的应用. 水力发电学报，25（2）：69-73.
费祥俊. 1998. 高含沙水流长距离输沙机理与应用. 泥沙研究，3：55-61.
费祥俊. 1999. 黄河小浪底水库运用于下游河道防洪减淤问题. 水利水电技术，30（3）：1-5.
丰华丽，王超，李剑超. 2002. 河流生态与环境用水研究进展. 河海大学学报，30（3）：19-23.
冯夏清，章光新. 2008. 湿地生态需水研究进展. 生态学杂志，27（12）：2228-2234.
冯耀龙，韩文秀，王宏江，等. 2003. 面向可持续发展的区域水资源优化配置研究. 系统工程理论与实践，23（2）：133-138.
冯仲恺，牛文静，程春田，等. 2017. 水库群联合优化调度知识规则降维方法. 中国科学：技术科学，47：210-220.
付意成，魏传江，王瑞年，等. 2009. 水量水质联合调控模型及其应用. 水电能源科学，27（2）：31-35.
高继卿，杨晓光，董朝阳，等. 2015. 气候变化背景下中国北方干湿区降水资源变化特征分析. 农业工程学报，31（12）：99-110.
高前兆，李小雁，仵彦卿，等. 2004. 河西内陆河流域水资源转化分析. 冰川冻土，26（1）：48-54.
高仕春，滕燕，陈泽美. 2008. 黄柏河流域水库水电站群多目标短期优化调度. 武汉大学学报，41（2）：15-17.
高雪莉，张剑，杨德伟，等. 2019. 基于生态位理论的厦门市耕地数量演变及驱动力研究. 中国生态农业学报（中英文），27（6）：941-950.
顾圣平，田富强，徐得潜. 2009. 水资源规划及利用. 北京：中国水利水电出版社.
郭磊，黄本胜，邱静，等. 2017. 基于趋势及回归分析的珠三角城市群需水预测. 水利水电技术，48（1）：23-28.
郭强，李文竹，刘心. 2018. 基于贝叶斯 BP 神经网络的区间需水预测方法. 人民黄河，40（12）：76-80.
郭生练，陈炯宏，刘攀，等. 2010. 水库群联合优化调度研究进展与展望. 水科学进展，21（4）：496-503.
郭旭宁，胡铁松，曾祥，等. 2011a. 基于二维调度图的双库联合供水调度规则研究. 华中科技大学学报（自然科学版），39（10）：121-124.
郭旭宁，胡铁松，黄兵，等. 2011b. 基于模拟–优化模式的供水水库群联合调度规则研究. 水利学报，42（6）：705-712.

郭志梅，缪启龙，李雄．2005．中国北方地区近50年来气温变化特征及其突变性．干旱区地理，（2）：176-182.
华士乾．1985．工程水文学的新进展及对我国进一步工作的建议．水利学报，5：9-14，95.
郝伏勤，黄锦辉，高传德，等．2006．黄河干流生态与环境需水量研究综述．水利水电技术，37（2）：60-63.
何霄嘉．2017．黄河水资源适应气候变化的策略研究．人民黄河，39（8）：44-48.
贺华翔，周祖昊，牛存稳，等．2013．基于二元水循环的流域分布式水质模型构建与应用．水利学报，44（3）：284-294.
贺瑞敏，张建云，鲍振鑫，等．2015．海河流域河川径流对气候变化的响应机理．水科学进展，26（1）：1-9.
胡春宏．2014．我国泥沙研究进展与发展趋向．泥沙研究，6：1-5.
胡德秀，熊江龙，刘铁龙，等．2018．基于生态位及其熵值模型的陕西省渭河流域用水结构特征．水利水电技术，49（11）：137-143.
胡和平，刘登峰，田富强，等．2008．基于生态流量过程线的水库生态调度方法研究．水科学进展，19（3）：325-332.
胡铁松，万永华，冯尚友．1995．水库群优化调度函数的人工神经网络方法研究．水科学进展，6（1）：53-60.
胡铁松，曾祥，郭旭宁，等．2014a．并联供水水库解析调度规则研究Ⅰ：两阶段模型．水利学报，（8）：883-891.
胡铁松，方洪斌，曾祥，等．2014b．双库并联系统蓄水量空间分布特性研究．水利学报，45（10）：1156-1164.
黄草，王忠静，李书飞，等．2014a．长江上游水库群多目标优化调度模型及应用研究Ⅰ：模型原理及求解．水利学报，45（9）：1009-1018.
黄草，王忠静，鲁军，等．2014b．长江上游水库群多目标优化调度模型及应用研究Ⅱ：水库群调度规则及蓄放次序．水利学报，45（10）：1175-1182.
黄航行，李思恩．2019．1968-2018年民勤地区参考作物需水量的年际变化特征及相关气象影响因子研究．灌溉排水学报，38（12）：63-67.
黄河流域水资源保护局．2009．黄河流域水资源保护规划（2010-2030年）.
黄锦辉，郝伏勤，高传德，等．2005．黄河干流生态与环境需水量研究综述．人民黄河，27（11）：60-64.
黄强，谢建仓，晏毅，等．1995．多年调节水库补偿调节联合运行模型及人机对话算法．应用基础与工程科学学报，3（2）：176-181.
黄强，蒋晓辉，刘俊萍，等．2002．二元模式下黄河年径流变化规律研究．自然科学进展，12（8）：874-877.
黄晓荣，张新海，裴源生，等．2006．基于宏观经济结构合理化的宁夏水资源合理配置．水利学报，37（3）：371-375.

贾绍凤，王国，夏军，等．2003. 社会经济系统水循环研究进展．地理学报，58（2）：255-262.
贾仰文，王浩．2006. 黄河流域水资源演变规律与二元演化模型研究成果简介．水利水电技术，37（2）：45-52.
贾仰文，王浩，甘泓，等．2010. 海河流域二元水循环模型开发及其应用Ⅱ．水资源管理战略研究应用．水科学进展，21（1）：9-15.
姜大膀，富元海．2012. 2℃全球变暖背景下中国未来气候变化预估．大气科学，36（2）：234-246.
姜立伟．2009. 黄河下游汛期输沙需水量．北京：清华大学硕士学位论文．
蒋晓辉，王洪铸．2012. 黄河干流水生态系统结构特征沿程变化及其健康评价．水利学报，43（8）：991-998.
蒋云钟，赵红莉，甘治国，等．2008. 基于蒸腾蒸发量指标的水资源合理配置方法．水利学报，39（6）：720-725.
焦士兴，王腊春，李静，等．2011. 基于生态位及其熵值模型的用水结构研究——以河南省安阳市为例．资源科学，33（12）：2248-2254.
金菊良，陈梦璐，郦建强，等．2018. 水资源承载力预警研究进展．水科学进展，29（4）：583-596.
靳美娟．2013. 生态需水研究进展及估算方法评述．农业资源与环境学报，30（5）：53-57.
李博，周天军．2010. 基于 IPCC A1B 情景的中国未来气候变化预估：多模式集合结果及其不确定性．气候变化研究进展，6（4）：270-276.
李承军，陈毕胜，张高峰．2005. 水电站双线性调度规则研究．水力发电学报，24（1）：11-15.
李国英．2006. 基于水库群联合调度和人工扰动的黄河调水调沙．水利学报，（12）：1439-1446.
李国英，盛连喜．2011. 黄河调水调沙的模式及其效果．中国科学：技术科学，54（6）：924-930.
李继伟．2014. 梯级水库群多目标优化调度与决策方法研究．北京：华北电力大学博士学位论文．
李继伟，纪昌明，张新明，等．2013. 基于改进 TOPSIS 的水库水沙联合调度方案评价．中国农村水利水电，10：42-45.
李晶晶，李俊，黄晓荣，等．2017. 系统动力学模型在青白江区需水预测中的应用．环境科学与技术，40（4）：200-205.
李娟．2015. 梯田措施对泾河流域水沙变化的影响研究．杨凌：西北农林科技大学硕士学位论文，
李丽娟，郑红星．2000. 海滦河流域河流系统生态环境需水量计算．地理学报，55（4）：495-500.
李凌云．2010. 黄河平滩流量的计算方法及应用研究．北京：清华大学博士学位论文．
李析男，赵先进，王宁，等．2017. 新设国家经济开发区需水预测——以贵安新区为例．武汉大学学报（工学版），50（3）：321-326，339.
李小平，李勇，曲少军．2010. 黄河下游洪水冲淤特性及高效输沙研究．人民黄河，32（12）：71-73.
李雪梅，程小琴．2007. 生态位理论的发展及其在生态学各领域中的应用．北京林业大学学报，（S2）：294-298.
李志，刘文兆，郑粉莉，等．2010. 黄土塬区气候变化和人类活动对径流的影响．生态学报，30（9）：2379-2386.
林秀芝，姜乃迁，梁志勇．2005. 渭河下游输沙用水量研究．郑州：黄河水利出版社．

刘丙军，陈晓宏，刘德地．2008. 南方季节性缺水地区水资源合理配置研究——以东江流域为例．中国水利，(5)：21-23.

刘丙军，陈晓宏．2009. 基于协同学原理的流域水资源合理配置模型和方法．水利学报，40（1）：60-66.

刘昌明，门宝辉，赵长森．2020. 生态水文学：生态需水及其与流速因素的相互作用．水科学进展，31（5）：765-774.

刘昌明，张丹．2011. 中国地表潜在蒸散发敏感性的时空变化特征分析．地理学报，66（5）：579-588.

刘方．2013. 水库水沙联合调度优化方法与应用研究．北京：华北电力大学博士学位论文．

刘方，纪昌明，向腾飞，等．2012. 基于鲶鱼效应多目标粒子群算法的水库水沙联合优化调度．中国农村水利水电，(11)：4-8.

刘涵，黄强，夏忠，等．2005. 黄河干流梯级水库补偿效益仿真模型的建立及求解．水力发电学报，24（5）：11-16.

刘家宏，秦大庸，王浩，等．2010. 海河流域二元水循环模式及其演化规律．科学通报，55（6）：512-521.

刘家宏，王建华，李海红，等．2013. 城市生活用水指标计算模型．水利学报，44（10）：1158-1164.

刘金华．2013. 水资源与社会经济协调发展分析模型拓展及应用研究．北京：中国水利水电科学研究院博士学位论文．

刘立权．2013. 辽河干流输沙水量研究．大连：辽宁师范大学博士学位论文．

刘闻，曹明明，邱海军．2012. 气候变化和人类活动的水文水资源效应研究进展．水土保持通报，32（5）：215-219，264.

刘小勇，李天宏，赵业安．2002. 黄河下游河道输沙用水量研究．应用基础与工程科学学报，10（3）：253-262.

刘晓燕．2005. 黄河健康生命理论体系框架．人民黄河，27（11）：1.

刘晓燕，申冠卿，李小平．2007. 维持黄河下游主槽平滩流量 4000m^3/s 所需水量．水利学报，38（9）：1140-1144.

刘忠恒，许继军．2012. 长江上游大型水库群联合调度发展策略及管理问题探讨．水利发展研究，(11)：20-25.

卢有麟．2012. 流域梯级大规模水电站群多目标优化调度与多属性决策研究．武汉：华中科技大学博士学位论文．

吕翠美．2009. 区域水资源生态经济价值的能值研究．郑州：郑州大学博士学位论文．

吕巍，王浩，殷峻暹，等．2016. 贵州境内乌江水电梯级开发联合生态调度．水科学进展，27（6）：919-927.

吕允刚，杨永辉，樊静，等．2008. 从幼儿到成年的流域水文模型及典型模型比较．中国生态农业学报，(5)：1331-1337.

马广慧，夏自强，郭利丹，等．2007. 黄河干流不同断面生态径流量计算．河海大学学报（自然科学版），35（5）：496-500.

马吉明．2015. 龙羊峡、刘家峡河段梯级水库联合运用相关问题研究．北京：清华大学硕士学位论文．

马黎，冶运涛．2015．梯级水库群联合优化调度算法研究综述．人民黄河，37（9）：126-132.
马翔堃，陈发斌．2018．甘肃省黄河流域现状用水及存在问题浅析．地下水，40（6）：186-188.
Neitsch S L，Arnold J G，Kiniry J R，等．2012．SWAT 2009 理论基础．郑州：黄河水利出版社．
倪晋仁，金玲，赵业安，等．2002．黄河下游河流最小生态环境需水量初步研究．水利学报，33（10）：1-7.
宁亮，钱永甫．2008．中国年和季各等级日降水量的变化趋势分析．高原气象，27（5）：1110-1019.
牛存稳，贾仰文，王浩，等．2007．黄河流域水量水质综合模拟与评价．人民黄河，29（11）：62-64.
欧春平，夏军，王中根，等．2009．土地利用/覆被变化对 SWAT 模型水循环模拟结果的影响研究——以海河流域为例．水力发电学报，28（4）：124-129.
欧阳硕．2014．流域梯级及全流域巨型水库群洪水资源化联合优化调度研究．武汉：华中科技大学博士学位论文．
潘贤娣，李勇，张晓华，等．2006．三门峡水库修建后黄河下游河床演变．郑州：黄河水利出版社．
彭少明，王煜，张永永，等．2016．多年调节水库旱限水位优化控制研究，水利学报，47（4）：552-559.
彭涛，陈晓宏，陈志和，等．2010．河口生态需水理论与计算研究进展．水资源保护，26（2）：77-82.
彭杨，李义天，张红武．2004．水库水沙联合调度多目标决策模型．水利学报，（4）：1-9.
齐璞，侯起秀．2008．小浪底水库运用后输沙用水量可以大量节省．泥沙研究，（6）：69-74.
齐璞，李世滢，刘月兰，等．1997．黄河水沙变化与下游河道减淤措施．郑州：黄河水利出版社．
钱意颖，叶青超，曾庆华．1993．黄河干流水沙变化与河床演变．北京：中国建材工业出版社．
秦长海，甘泓，汪林，等．2013．海河流域水资源开发利用阈值研究．水科学进展，24（2）：220-227.
秦大庸，陆垂裕，刘家宏，等．2014．流域“自然-社会”二元水循环理论框架．科学通报，59（4）：419-427.
秦欢欢．2020．气候变化和人类活动影响下北京市需水量预测．人民长江，51（4）：122-127.
秦欢欢，郑春苗．2018．基于宏观经济模型和系统动力学的张掖盆地水资源供需研究．水资源与水工程学报，29（1）：9-17.
秦立春，傅晓华．2013．基于生态位理论的长株潭城市群竞合协调发展研究．经济地理，33（11）：58-62.
屈亚玲．2007．三峡梯级水库多目标联合优化调度模型研究与实现．武汉：华中科技大学硕士学位论文．
商玲，李宗礼，于静洁．2013．宁波市用水结构分析．水利水电技术，44（9）：12-16.
尚晓三．2017．安徽省近 10 年用水结构变化特征分析．人民长江，48（18）：45-49.
邵东国，郭宗楼．2000．综合利用水库水量水质统一调度模型．水利学报，（8）：10-15.
邵东国，夏军，孙志强．1998．多目标综合利用水库实时优化调度模型研究．水电能源科学，（4）：8-12.
邵薇薇，李海红，韩松俊，等．2013．海河流域农田水循环模式与水平衡要素．水利水电科技进展，33（5）：15-25.
申冠卿，姜乃迁，李勇，等．2006．黄河下游河道输沙水量及计算方法研究．水科学进展，17（3）：407-413.

神祥金，周道玮，李飞，等．2015. 中国草原区植被变化及其对气候变化的响应．地理科学，35（5）：622-629.

师忱，袁士保，史常青，等．2018. 滦河流域气候变化与人类活动对径流的影响．水土保持学报，32（2）：264-269.

施丽姗，张曼．2014. 基于生态位理论的福建省用水结构研究．水资源与水工程学报，25（6）：109-112.

石伟，王光谦．2002. 黄河下游生态需水量及其估算．地理学报，57（5）：595-602.

石伟，王光谦．2003. 黄河下游最经济输沙水量及其估算．泥沙研究，（5）：32-36.

史红玲，胡春宏，王延贵，等．2007. 松花江干流河道演变与维持河道稳定的需水量研究水利学报，38（4）：473-480.

史尚渝，王飞，金凯，等．2019. 基于 SPEI 的 1981—2017 年中国北方地区干旱时空分布特征．干旱地区农业研究，37（4）：215-222.

水利部黄河水利委员会．2007. 黄河水量调度条例实施细则．

水利部黄河水利委员会．2013. 黄河流域综合规划（2012—2030 年）．郑州：黄河水利出版社．

宋进喜，刘昌明，徐宗学，等．2005. 渭河下游河流输沙需水量计算．地理学报，60（5）：717-724.

粟晓玲，谢娟，周正弘．2020. 基于 SD 变化环境下农业水资源供需平衡模拟．排灌机械工程学报，38（3）：285-291.

孙宇飞，肖恒．2020. 把水资源作为最大刚性约束的哲学思维分析和推进策略研究．水利发展研究，20（4）：11-14.

覃晖．2011. 流域梯级电站群多目标联合优化调度与多属性风险决策．武汉：华中科技大学博士学位论文．

覃晖，周建中，肖舸，等．2010. 梯级水电站多目标发电优化调度．水科学进展，21（3）：377-384.

汤万龙．2007. 基于 ET 的水资源管理模式研究．北京：北京工业大学硕士学位论文．

唐克旺，王浩，王研．2003. 生态环境需水分类体系探讨．水资源保护，19（5）：5-8.

唐榕．2020. 考虑多元信息的水库多目标优化调度研究．大连：大连理工大学博士学位论文．

唐幼林，曾佑澄．1991. 模糊非线性规划数学模型在多目标标综合利用水库规划中的应用．水电能源科学，9（1）：43-49.

王炳钦，江源，董满宇，等．2016. 1961—2010 年北方半干旱区极端降水时空变化．干旱区研究，33（5）：913-920.

王高旭，陈敏建，丰华丽，等．2009. 黄河中下游河道生态需水研究．中山大学学报（自然科学版），48（5）：125-130.

王国庆．2006. 气候变化对黄河中游水文水资源影响的关键问题研究．南京：河海大学博士学位论文．

王海锋，贺骥，庞靖鹏，等．2009. 经济社会用水趋势分析及对策研究．水利发展研究，9（8）：1-4.

王浩．2003. 黄淮海流域水资源合理配置．北京：科学出版社．

王浩．2010. 综合应对中国干旱的几点思考．中国水利，（8）：4-6.

王浩，贾仰文．2016. 变化中的流域“自然-社会”二元水循环理论与研究方法．水利学报，47（10）：1219-1226.

王浩，贾仰文，杨贵羽，等．2013. 海河流域二元水循环及其伴生过程综合模拟．科学通报，58（12）：1064-1077.

王贺年，张曼胤，崔丽娟，等．2019. 气候变化与人类活动对海河山区流域径流的影响．中国水土保持科学，17（1）：102-108.

王金星，张建云，李岩，等．2008. 近50年来中国六大流域径流年内分配变化趋势．水科学进展，（5）：656-661.

王劲峰，刘昌明，王智勇，等．2001. 水资源空间配置的边际效益均衡模型．中国科学（D辑），31（5）：421-427.

王森．2014. 梯级水电站群长期优化调度混合智能算法及并行方法研究．大连：大连理工大学博士学位论文．

王书华，王忠静，熊雁晖．2003. 现代水资源规划若干问题及解决途径与技术方法（四）．海河水利，（4）：15-18.

王同生，朱威．2003. 流域分质水资源量的供需平衡．水利水电科技进展，23（4）：1-3.

王小林，成金华，尹正杰，等．2010. 协同演化免疫算法提取水库调度规则研究．中山大学学报（自然科学版），49（6）：122-125.

王兴菊，赵然杭．2003. 水库多目标优化调度理论及其应用研究．水利学报，（3）：104-109.

王旭，郭旭宁，雷晓辉，等．2014. 基于可行空间搜索遗传算法的梯级水库群调度规则研究．南水北调与水利科技，12（4）：83-86.

王学斌，畅建霞，孟雪姣，等．2017. 基于改进NSGA-Ⅱ的黄河下游水库多目标调度研究．水利学报，48（2）：135-156.

王莺，张强，王劲松，等．2017. 基于分布式水文模型（SWAT）的土地利用和气候变化对洮河流域水文影响特征．中国沙漠，37（1）：175-185.

王煜，彭少明，张新海，等．2014. 缺水地区水资源可持续利用的综合调控模式．人民黄河，36（9）：54-56.

王中根，刘昌明，吴险峰．2003. 基于DEM的分布式水文模型研究综述．自然资源学报，（2）：168-173.

王宗志，王银堂，陈艺伟，等．2012. 基于仿真规则与智能优化的水库多目标调控模型及其应用．水利学报，43（5）：564-570．

魏传江．2006. 水资源配置中的生态耗水系统分析．中国水利水电科学研究院学报，4（4）：282-286.

魏榕，王素芬，訾信．2019. 区域用水结构演变研究进展．中国农村水利水电，（10）：81-83.

翁文斌，蔡喜明，史慧斌．1995. 宏观经济水资源规划多目标决策分析方法研究及应用．水利学报，（2）：1-11.

吴保生，李凌云，张原锋．2011. 维持黄河下游主槽不萎缩的塑槽需水量．水利学报，42（12）：1392-1397.

吴保生，郑珊，李凌云．2012. 黄河下游塑槽输沙需水量计算方法．水利学报，43（5）：594-601.

吴丹，王士东，马超．2016. 基于需求导向的城市水资源优化配置模型．干旱区资源与环境，30（2）：31-37.

吴恒卿，黄强，徐炜，等．2016. 基于聚合模型的水库群引水与供水多目标优化调度．农业工程学报，32（1）：140-146.

吴杰康，祝宇楠，韦善革．2011. 采用改进隶度函数的梯级水电站多Ⅱ标优化调模型．电网技术，35（2）：48-52.

吴泽宁，樊安新，翟渊军．2007. 基于生态经济学的水质水量统一优化配置模型体系框架．技术经济，26（5）：18-21.

夏军，石卫，陈俊旭，等．2015. 变化环境下水资源脆弱性及其适应性调控研究——以海河流域为例．水利水电技术，46（6）：27-33.

夏军，翟金良，占车生．2011. 我国水资源研究与发展的若干思考．地球科学进展，26（9）：905-915.

徐斌，钟平安，陈宇婷，等．2017. 金沙江下游梯级与三峡-葛洲坝多目标联合调度研究．中国科学：技术科学，47：823-831.

徐刚，昝雄风．2016. 拉洛水利枢纽联合优化调度模型研究．水力发电，（2）：90-93.

徐良辉．2001. 跨流域调水模拟模型的研究．东北水利水电，19（6）：1-4.

许继军，陈杰，尹正杰，等．2011. 长江流域梯级水库群联合调度关键问题研究．长江科学院院报，28（12）：48-51.

许银山，梅亚东，钟壬琳．2011. 大规模混联水库群调度规则研究．水力发电学报，30（2）：20-25.

严登华，何岩，邓伟，等．2002. 东辽河流域坡面系统生态需水研究．地理学报，57（6）：685-692.

严登华，王浩，王芳，等．2007a. 我国生态需水研究体系及关键研究命题初探．水利学报，38（3）：267-273.

严登华，王浩，杨舒媛．2007b. 干旱区流域生态水文耦合模拟与调控的若干思考．地球科学进展，23（7）：774-777.

严登华，罗翔宇，王浩，等．2007c. 基于水资源合理配置的河流" 双总量" 控制研究——以河北省唐山市为例．自然资源学报，22（3）：321-328.

严军．2003. 小浪底水库修建后黄河下游河道高效输沙水量研究．北京：中国水利水电科学研究院博士学位论文．

严军．2009. 用泥沙输移公式推求黄河下游河道输沙水量人民黄河，31（2）：25-26.

严军，胡春宏．2004. 黄河下游河道输沙水量的计算方法及应用．泥沙研究，（4）：25-32.

杨朝晖．2013. 面向生态文明的水资源综合调控研究．北京：中国水利水电科学研究院博士学位论文．

杨大文，张树磊，徐翔宇．2015. 基于水热耦合平衡方程的黄河流域径流变化归因分析．中国科学：技术科学，45（10）：1024-1034.

杨光，郭生练，陈柯兵，等．2016. 基于决策因子选择的梯级水库多目标优化调度规则研究拟．水利学报，48（6）：914-923.

杨侃，陈雷．1998. 梯级水电站群调度多目标网络分析模型．水利水电科技进展，18（3）：35-39.

杨丽丰，王煜，陈雄波，等．2007. 渭河下游输沙用水量研究．泥沙研究，（3）：24-29.

于洋，韩宇，李栋楠，等．2016. 澜沧江-湄公河流域跨境水量-水能-生态互馈关系模拟．水利学报，48（6）：720-729.

岳德军，侯素珍，赵业安，等．1996. 黄河下游输沙水量研究，人民黄河，8：32-41.
翟盘茂，潘晓华．2003. 中国北方近50年温度和降水极端事件变化．地理学报，(S1)：1-10.
张成凤，杨晓甜，刘酌希，等．2019. 气候变化和土地利用变化对水文过程影响研究进展．华北水利水电大学学报（自然科学版），40（4）：46-50.
张翠萍，尹晓燕，张超．2007. 渭河下游河道输沙水量初步分析．泥沙研究，(1)：63-66.
张红武，李振山，安催花，等．2016. 黄河下游河道与滩区治理研究的趋势与进展．人民黄河，(12)：1-10.
张洪波，兰甜，王斌．2018. 基于洛伦茨曲线和基尼系数的榆林市用水结构时空演化及其驱动力分析．华北水利水电大学学报（自然科学版），39（1）：15-24.
张军民．2006. 干旱区内陆河水文循环二元分化生态效应研究——以新疆玛纳斯河为例．水利经济，24（6）：1-22.
张磊，王春燕，潘小多．2018. 基于区域气候模式未来气候变化研究综述．高原气象，37（5）：1440-1448.
张丽，李丽娟，梁丽乔，等．2008. 流域生态需水的理论及计算研究进展．农业工程学报，24（7）：307-312.
张利平，夏军，胡志芳．2009. 中国水资源状况与水资源安全问题分析．长江流域资源与环境，18（2）：116-120.
张睿，张利升，王学敏，等．2016. 金沙江下游梯级水库群多目标兴利调度模型及应用．四川大学学报（工程科学版），48（4）：32-37.
张士锋，贾绍凤．2002. 黄河流域近期用水特点与趋势分析．资源科学，(2)：1-5.
张世法，苏逸深，宋德敦．2008. 中国历史干旱．南京：河海大学出版社．
张守平，魏传江，王浩，等．2014. 流域/区域水量水质联合配置研究Ⅰ：理论方法．水利学报，45（7）：757-766.
张树磊．2018. 中国典型流域植被水文相互作用机理及变化规律研究．北京：清华大学博士学位论文．
张腾，张震，徐艳．2016. 基于SD模型的海淀区水资源供需平衡模拟与仿真研究．中国农业资源与区划，37（2）：29-36.
张文鸽，黄强，蒋晓辉．2008. 基于物理栖息地模拟的河道内生态流量研究．水科学进展，19（2）：192-197.
张燕菁，胡春宏，王延贵，等．2007. 辽河干流河道演变与维持河道稳定的输沙水量研究．水利学报，38（2）：176-181.
张勇传．1993. 水电系统最优控制．武汉：华中理工大学出版社．
张勇传，刘鑫卿，王麦力，等．1988. 水库群优化调度函数．水电能源科学，6（1）：69-79.
张原锋，申冠卿．2009. 黄河下游维持主槽不萎缩的输沙需水研究．泥沙研究，(3)：8-12.
张原锋，申冠卿，张晓华，等．2007. 黄河干流输沙需水研究．黄河水利科学研究院．
赵麦换，付永峰，华黎明．2011. 黄河河道内生态环境需水与供需平衡分析．第十届中国科协年会黄河中下游水资源综合利用专题论坛．

赵延龙，张纪峰，郭金．2012. 集值系统的辨识与适应控制．系统科学与数学，32（10）：1257-1264.
赵勇，李海红，刘寒青，等．2021. 增长的规律：中国用水极值预测．水利学报，52（2）：1-13.
中国气象科学研究院，国家气象中心，中国气象局预测减灾司．2006. 气象干旱等级（GB/T20481-2006）. 北京：中国标准出版社．
中国主要农作物需水量等值线图协作组．1993. 中国主要农作物需水量等值线图研究．北京：中国农业科技出版社．
中华人民共和国国家统计局．2012. 中国统计年鉴 2012. 北京：中国统计出版社．
中华人民共和国国家统计局．2013. 中国统计年鉴 2013. 北京：中国统计出版社．
中华人民共和国国家统计局．2014. 中国统计年鉴 2014. 北京：中国统计出版社．
中华人民共和国国家统计局．2015. 中国统计年鉴 2015. 北京：中国统计出版社．
中华人民共和国国家统计局．2016. 中国统计年鉴 2016. 北京：中国统计出版社．
中华人民共和国国家统计局．2017. 中国统计年鉴 2017. 北京：中国统计出版社．
中华人民共和国国家统计局．2018. 中国统计年鉴 2018. 北京：中国统计出版社．
中华人民共和国水利部办公厅．2015. 中华人民共和国水利部公报．北京：水利部公报编辑部．
周建中，李英海，肖舸，等．2010. 基于混合粒子群算法的梯级水电站多目标优化调度．水利学报，4（10）：1212-1221.
周志鹏，孙文义，穆兴民，等．2019. 2001-2017 年黄土高原实际蒸散发的时空格局．人民黄河，41（6）：76-80+84.
周祖昊，王浩，贾仰文，等．2011. 基于二元水循环理论的用水评价方法探析．水文，31（1）：8-25.
周祖昊，王浩，秦大庸，等．2009. 基于广义 ET 的水资源与水环境综合规划研究 I：理论．水利学报，40（9）：1025-1032.
朱洁，王烜，李春晖，等．2015. 系统动力学方法在水资源系统中的研究进展述评．水资源与水工程学报，26（2）：32-39.
朱丽姗，肖伟华，侯保灯，等．2019. 社会水循环通量演变及驱动力分析——以保定市为例．水利水电技术，50（10）：10-17.
左吉昌，李承军，樊荣．2007. 水库优化调度函数的 SVM 方法研究．人民长江，38（1）：8-9.
Abdulbaki D，Al-Hindi M，Yassine A，et al. 2017. An optimization model for the allocation of water resources. Journal of Cleaner Production，164（15）：994-1006.
Adam D. 2002. Gravity measurement：amazing grace. Nature，416（6876）：10-11.
Ahmad A，El-Shafie A，Fatin S. 2014. Mohd Razali. Reservoir optimization in water resources：a review. Water Resour Manage，28：3391-3405.
Akbari A. 2011. Stochasticmultiobjective reservoir operation under imprecise objectives：multicriteria decision-making approach. Journal of Hydroinformatics，13（1）：1-11.
Ardisson P L，Bourget E. 1997. A study of the relationship between freshwater runoff and benthos abundance：a scale-oriented approach. Estuarine，Coastal and Shelf Science，45（4）：535-545.
Babel M S，Gupta A D，Nayak D K. 2005. A model for optimal allocation of water to competing demands. Water

Resources Management, 19 (6): 693-712.

Bai T, Chang J X, Chang F J. 2015. Synergistic gains from the multi-objective optimal operation of cascade reservoirs in the Upper Yellow Riverbasin. Journal of Hydrology, (523): 758-767.

Barbagallo S, Consoli S, Pappalardo N, et al. 2006. Discovering reservoir operating rules by a rough set approach. Water Resources Management, 20 (1): 19-36.

Bonabeau E. 2002. Agent-based modeling: methods and techniques for simulating human systems. Proceedings of the National Academy of Sciences, 99 (S3): 7280-7287.

Bossel H. 1999. Indicators for Sustainable Development: Theory, Method.

Brouwer M A, van den Bergh P J, Aengevaeren W R, et al. 2008. Use of multiobjective particle swarm optimization in water resources management. Journal of Water Resources Planning & Management, 134 (3): 659-665.

Castilla-Rho J C, Mariethoz G, et al. 2015. An agent-based platform for simulating complex human-aquifer interactions in managed groundwater systems. Environmental Modelling & Software, 73: 305-323.

Chang F J, Lai J S, Kao L S. 2003. Optimization of operation rule curves and flushing schedule in a reservoir. Hydrological Processes, 17 (8): 1623-1640.

Chen D, Chen Q W, Li R N. 2014. Ecologically-friendly operation scheme for the Jinping cascaded reservoirs in the Yalongjiang River, China. Front. Earth Sci., 8 (2): 282-290.

Chen H. 2013. Projected change in extreme rainfall events in China by the end of the 21st century using CMIP5 models. Chinese Science Bulletin, 58.

Chen L, Frauenfeld O. 2014. Surface air temperature changes over the twentieth and twenty-first centuries in China simulated by 20 CMIP5 models. Journal of Climate, 27: 3920-3937.

Chervin R. 1980. On the simulation of climate and climate change with general circulation models. Journal of the Atmospheric Sciences, 37: 1903-1913.

Chorley R J, Barry R G. 1969. Introduction to physical hydrology. Methuen, Distributed in the USA by Barnes and Noble.

Cohon J L, Markshead D H. 1975. Computational and formulation considerations in multiobjective analysis in water resource planning. IFAC Proceedings Volumes, 8 (1): 412-418.

Dai T, Labadie J W. 2002. River basin network model for integrated water quantity/quality management. Journal of Water Resources Planning & Management, 127 (5): 295-305.

Davijani M H, Banihabib M E, Nadjafzadeh A, et al. 2016. Multi-objective optimization model for the allocation of water resources in arid regions based on the maximization of socioeconomic efficiency. Water Resources Management, 30 (3): 927-946.

Deshmukh A, Singh R. A, 2019. Whittaker-Biome based framework to account for the impact of climate change on catchment behavior. Water Resources Research, 55 (12): 11208-11224.

Dong J W, Xia X H, Wang M H. 2015. Effect of water-sediment regulation of the Xiaolangdi Reservoir on the concentrations, bioavailability, and fluxes of PAHs in the middle and lower reaches of the Yellow River.

Journal of Hydrology，（527）：101-112.

Döll P，Siebert S. 2002. Global modeling of irrigation water requirements. Water Resources Research，38（4）：1-10.

Elshafei Y，Sivapalan M，Tonts M，et al. 2014. A prototype framework for models of socio- hydrology：identification of key feedback loops and parameterisation approach. Hydrology and Earth System Sciences，18（6）：2141-2166.

Giorgi F，Mearns L. 1991. Approaches to the simulation of regional climate change：a review. Reviews of Geophysics，29：191-216.

Glacken C J. 1967. Traces on the Rhodian Shore：Nature and Culture in Western Thought from Ancient Times to the End of the Eighteenth Century. California：University of California Press.

Gleick P H. 2000. The World's Water 1998-1999. The Biennial Report on Freshwater Resources. Island.

Gleick P H. 2003. Water use. Annual Review of Environment and Resources，28：275-314.

Gober P，Wheater H S. 2013. Socio-hydrology and the science-policy interface：a case study of the Saskatchewan River Basin. Hydrology & Earth System Sciences，10（5）：6669-6693.

Gosling S N，Arnell N W. 2016. A global assessment of the impact of climate change on water scarcity. Climatic Change，134（3）：371-385.

Grimble R J. 1999. Economic instruments for improving water use efficiency：theory and practice. Agricultural Water Management，40（1）：77-82.

Haimes，Yacov Y. 1975. Multi Objective Optimization in Water Resources Systems - The Surrogate Worth Trade-off Method Volume 3.

Harou J J，Pulido-Velazquez M，Rosenberg D E，et al. 2009. Hydro-economic models：concepts，design，applications，and future prospects. Journal of Hydrology，375（3-4）：627-643.

Harris D H. 1977. The Human Dimensions of Water-Resources Planning. Human Factors the Journal of the Human Factors & Ergonomics Society，19（3）：241-251.

He Y H，Yang J，Chen X H，et al. 2018. A two-stage approach to basin-scale water demand prediction. Water Resources Management，32（2）：401-416.

Hoekema D J，Sridhar V. 2013. A system dynamics model for conjunctive management of water resources in the Snake River Basin. American Water Resources Association，49（6）：1327-1350.

IUCN U. 1980. WWF，1980：World Conservation Strategy. World Conservation Union，United Nations Environment Programme，World Wide Fund for Nature，Gland.

Janga R M，Nagesh K D. 2006. Optimal reservoir operation using multi-objective evolutionary algorithm. Water Resource Management，20（6）：861-878.

Janga R M，Nagesh K D. 2007. Multi-objective particle swarm optimization for generating optimal trade-offs in reservoir operation. Hydrology Process，21（21）：2897-2909.

Jin X，Yan D H，Wang H，et al. 2011. Study on integrated calculation of ecological water demand for basin system. Science China Technological Sciences，54（10）：2638-2648.

Kandasamy J, Sounthararajah D, Sivabalan P, et al. 2014. Socio-hydrologic drivers of the pendulum swing between agricultural development and environmental health: a case study from Murrumbidgee River Basin, Australia. Hydrology and Earth System Sciences, 10 (3): 7197-7233.

Kasprzyk J R, Smith R M, Stillwell A S, et al. 2018. Defining the role of water resources systems analysis in a changing future. Journal of Water Resources Planning and Management, 144 (12): 01818003.

Kelman J, Kelman R. 2002. Water allocation for economic production in a semi-arid region. International Journal of Water Resources Development, 18 (3): 391-407.

Kim H C, Montagna P A. 2009. Implications of Colorado River (Texas, USA) freshwater inflow to benthic ecosystem dynamics: a modeling study. Estuarine, Coastal and Shelf Science, 83 (4): 491-504.

Konar M, Garcia M, Sanderson M R, et al. 2019. Expanding the scope and foundation of sociohydrology as the science of coupled human-water systems. Water Resources Research, 55 (2): 874-887.

Kong D, Miao C, Wu J, et al. 2016. Impact assessment of climate change and human activities on net runoff in the Yellow River Basin from 1951 to 2012. Ecological Engineering, 91: 566-573.

Kralisch S, Fink M, Fluegel W A, et al. 2003. A neural network approach for the optimisation of watershed management. Environmental Modelling & Software, 18 (8/9): 815-823.

Kramer R, Soden B. 2016. The sensitivity of the hydrological cycle to internal climate variability versus anthropogenic climate change. Journal of Climate, 29: 3661-3673.

Kucukmehmetoglu M. 2012. An integrative case study approach between game theory and Pareto frontier concepts for the transboundary water resources allocations. Journal of Hydrology, 450-451 (1): 308-319.

Kuil L , Evans T , Mccord P F , et al. 2018. Exploring the influence of smallholders' perceptions regarding water availability on crop choice and water allocation through socio-hydrological modeling. Water Resources Research, 54 (4): 2580-2604.

Kumar D N, Janga Reddy M. 2006. Ant colony optimization for multi-purpose reservoir operation water resources management, 20: 879-898.

Labadie J W. 2004. Optimal operation of multi-reservoir systems: state-of-the-artreview. Journal of Water Resources Planning and Management, 130 (2): 93-111.

Leavesley G. 1994. Modeling the effects of climate change on water resources - A review. Climatic Change, 28: 159-177.

Liang X, Lettenmaier D P, Wood E, et al. 1994. A simple hydrologically based model of land-surface water and energy fluxes for general-circulation models. J. Geophys. Res. , 99: 14415-14428.

Liu Q, Yang Z, Cui B, et al. 2009. Temporal trends of hydro-climatic variables and runoff response to climatic variability and vegetation changes in the Yiluo River basin, China. Hydrological Processes, 23 (21): 3030-3039.

Loucks D P. 1997. Quantifying trends in system sustainability. International Association of Scientific Hydrology Bulletin.

Loucks D P, Gladwell J S. 1999. Sustainability Criteria for Water Resource Systems. Sustainability Criteria for

Water Resource Systems. Cambridge, UK: Cambridge University Press.

Luo M, Liu T, Frankl A, et al. 2018. Defining spatiotemporal characteristics of climate change trends from downscaled GCMs ensembles: how climate change reacts in Xinjiang, China. International Journal of Climatology, 38: 2538-2553.

Mahan R C, Horbulyk T M, Rowse J G. 2002. Market mechanisms and the efficient allocation of surface water resources in southern Alberta. Socio-Economic Planning Sciences, 36 (1): 25-49.

Malekmohammadi B, Zahraie B, Kerachian R. 2011. Ranking solutions of multi-objective reservoir operation optimization models using multi-criteria decision analysis. Expert Systems with Applications, 38 (6): 7851-7863.

Massuel S, Riaux J, Molle F, et al. 2018. Inspiring a broader socio-hydrological negotiation approach with interdisciplinary field-based experience. Water Resources Research, 54 (4): 2510-2522.

Mathews R, Richter B D. 2007. Application of the indicators of hydrologic alteration software in environmental flow setting. Journal of the American Water Resources Association, 43 (6): 1400-1413.

Mckinney D C, Cai X. 2002. Linking GIS and water resources management models: an object-oriented method. Environmental Modelling & Software, 17 (5): 413-425.

Mechoso C R, Arakawa A. 2015. NUMERICAL MODELS | General Circulation Models. Oxford: Academic Press.

Mehta R, Jain S K. 2009. Optimal operation of a multi-purpose reservoir using Neuro-Fuzzy technique. Water Resources Management, 23 (3): 509-529.

Merrett S. 1997. Introduction to the Economics of Water Resources: An International Perspective. London: UCL Press.

Yu M, Wang G L, Dana P, et al. 2014. Future changes of the terrestrial ecosystem based on a dynamic vegetation model driven with RCP8.5 climate projections from 19 GCMs. Climatic Change, 127 (2): 257-271.

Minsker B S, Padera B, Smalley J B. 2000. Efficient methods for including uncertainty and multiple objectives in water resources management models using genetic algorithms, 13. Alberta: International Conference on Computational Methods in Water Resource, Calgary, A. A. Balkema.

Montanari A, Bloeschl G, Cai X, et al. 2013. Editorial: Toward 50 years of Water Resources Research. Water Resources Research, 49 (12): 7841-7842.

Mulligan K B, Brown C, Yang Y C E, et al. 2014. Assessing groundwater policy with coupled economic - groundwater hydrologic modeling. Water Resources Research, 50 (3): 2257-2275.

Nyagumbo I, Rurinda J. 2012. An appraisal of policies and institutional frameworks impacting on smallholder agricultural water management in Zimbabwe. Physics and Chemistry of the Earth, 47-48: 21-32.

Payetburin R, Bertoni F, Davidsen C, et al. 2018. Optimization of regional water - power systems under cooling constraints and climate change. Energy, 155: 484-494.

Percia C, Oron G, Mehrez A. 1998. Optimal operation of regional system with diverse water quality sources.

Journal of Water Resources Planning & Management, 123 (2): 105-115.

Peter H. Gleick. 2000. A look at twenty-first century water resources development. Water International, 25 (1): 127-138.

Peter H. Gleick. 2003. Water use. Annual Review of Environment and Resources, 28 (1): 275-314.

Peña- Guzmán C, Melgarejo J, Prats D. 2016. Forecasting water demand in residential, commercial, and industrial zones in Bogotá, Colombia, using least- squares support vector machines. Mathematical Problems in Engineering, (9): 1-10.

Prerna P, Dhanraj N B, Shilpa D, et al. 2021. Hybrid models for water demand forecasting. Journal of Water Resources Planning and Management, 147 (2): 04020106-1-13.

Prodanovic P, Simonovic R P. 2010. An operational model for support of integrated watershed management. Water Resources Management, 24 (6): 1161-1194.

Pulido-Velazquez M, Marques G F, Harou J J, et al. 2016. Hydroeconomic models as decision support tools for conjunctive management of surface and groundwater. New York: Springer International Publishing.

Reager J T, Solander C K, Thomas F B, et al. 2016. Simulating human water regulation: the development of an optimal complexity, climate-adaptive reservoir management model for an LSM. Journal of Hydrometeorology, 17 (3): 725-744.

Reddy M J, Nagesh Kumar. 2006. Optimal reservoir operation using multi-objective evolutionary algorithm. Water Resources Management, 20 (6): 861-878.

Richardson A, Keenan T, Migliavacca M, et al. 2013. Climate change, phenology, and phenological control of vegetation feedbacks to the climate system. Agricultural and Forest Meteorology, 169: 156-173.

Robert Willis; Brad A. Finney; Daoshuai Zhang. 1989. Water resources management in North China Plain . Journal of water resources planning and management, 115 (5): 598-615.

Roobavannan M, Kandasamy J, Panda S, et al. 2017. Role of sectoral transformation in the evolution of water management norms in agricultural catchments: A sociohydrologic modeling analysis. Water Resources Research, 53 (10): 8344-8365.

Sandoval-SolisS, Mckinney D C, Loucks D P. 2001. Sustainability index for water resources planning and management. Journal of Water Resources Planning and Management, 137 (5): 381-390.

Semple E C , Ratzel F. 1968. Influences of geographic environment, on the basis of Ratzel's system of anthropogeography. Russell & Russell.

Siebert S, Kummu M, Porkka M, et al. 2015. A global data set of the extent of irrigated land from 1900 to 2005. Hydrology and Earth System Sciences, 19 (3): 1521-1545.

Sivapalan M, Konar M, Srinivasan V, et al. 2014. Socio- hydrology: use- inspired water sustainability science for the Anthropocene. Earth's Future, 2 (4): 225-230.

Sivapalan M, Savenije H, Blöschl G. 2012. Socio- hydrology: a new science of people and water. Hydrological Processes, 26 (8): 1270-1276.

Sivapalan M. 2015. Debates Perspectives on socio- hydrology: Changing water systems and the ‘tyranny of small problems' Socio-hydrology. Water Resources Research, 51 (6): 4795-4805.

Sun P, Jiang Z Q, Wang T T. 2016. Research and application of parallel normal cloud mutation shuffled frog leaping algorithm in cascade reservoirs optimal operation. Water Resour Manage, 30 (3): 1019-1035.

Sun Y H, Liu N N, Shang J X, et al. 2017. Sustainable utilization of water resources in China: a system dynamics model. Journal of Cleaner Production, (142): 613-625.

Susan J H, Stevens L E. 2001. Experimental flood effects on the limnology of lake Powell reservoir, southwestern USA. Ecological Applications, 11 (3): 644-656.

Swyngedouw E. 1999. Modernity and hybridity. Nature, 89 (3): 443-465.

Tennant D L. 1976. Instream flow regimens for fish, wildlife, recreation and related environmental resources. Fisheries, 1 (4): 6-10.

Tharme R E. 2003. A global perspective on environmental flow assessment: emerging trends in the development and application of environmental flow methodologies for rivers. River Research and Applications, 19 (5/6): 397-441.

Theurillat J-P, Guisan A. 2001. Potential impact of climate change on vegetation in the European Alps: a review. Climatic Change, 50: 77-109.

Tisdell J G. 2001. The environmental impact of water markets: an Australian case-study. Journal of Environmental Management, 62 (1): 113-120.

Tu M Y, Hsu N S, Tsai F T C, et al. 2008. Optimization of hedging rules for reservoir operations. Journal of Water Resources Planning and Management, 134 (1): 3-13.

Viglione A, Baldassarre G D, Brandimarte L, et al. 2014. Insights from socio-hydrology modelling on dealing with flood risk - Roles of collective memory, risk-taking attitude and trust. Journal of Hydrology, 518: 71-82.

Voisin N, Hejazi M I, Leung L R, et al. 2017. Effects of spatially distributed sectoral water management on the redistribution of water resources in an integrated water model. Water Resources Research, 53 (5): 4253-4270.

Wagener T, Sivapalan M, Troch P A, et al. 2010. The future of hydrology: an evolving science for a changing world. Water Resources Research, 46 (5): 1-10.

Wang S, Yan M, Yan Y, et al. 2012. Contributions of climate change and human activities to the changes in runoff increment in different sections of the Yellow River. Quaternary International, 282: 66-77.

Wang X J, Zhang J Y, Shahid S. 2017. Forecasting industrial water demand in Huaihe River Basin due to environmental changes. Mitigation and Adaptation Strategies for Global Change, 23 (4): 469-483.

Watkins D W, Mckinney D C. 1995. Robust optimization for incorporating risk and uncertainty in sustainable water resources planning. IAHS Publications-Series of Proceedings and Reports-Intern Assoc Hydrological Sciences, 231: 225-232.

Wu H, Wang X, Shahid S, et al. 2016. Changing characteristics of the water consumption structure in Nanjing city, southern China. Water, 8 (8): 314-327.

Xu B, Zhong P A, Stanko Z, et al. 2015. A multi-objective short-term optimal operation model for a cascade system of reservoirs considering the impact on long-term energy production. Water Resources Research, 51 (5): 3353-3369.

Yang Y S, Kalin R M, Zhang Y, et al. 2001. Multi-objective optimization for sustainable groundwater resource management in a semiarid catchment. International Association of Scientific Hydrology Bulletin, 46 (1): 55-72.

Yuan Z, Yan D, Yang Z, et al. 2016. Attribution assessment and projection of natural runoff change in the Yellow River Basin of China. Mitigation and Adaptation Strategies for Global Change, 23: 27-49.

Zapata O. 2015. More water please, It's getting hot! The effect of climate on residential water demand. Water Economics and Policy, 1 (3): 1-20.

Zechman E M. 2011. Agent-based modeling to simulate contamination events and evaluate threat management strategies in water distribution systems. Risk Analysis, 5: 758-772.

Zhou B, Wen Q, Xu Y, et al. 2014. Projected changes in temperature and precipitation extremes in China by the CMIP5 multimodel ensembles. Journal of Climate, 27: 6591-6611.

Zhou Y, Guo S, Xu C Y, et al. 2015. Deriving joint optimal refill rules for cascade reservoirs with multi-objective evaluation. Journal of Hydrology, 524: 166-181.